岩石力学
与测试模拟方法

金爱兵　主编

清华大学出版社

北京

版权所有，侵权必究。举报：010-62782989，beiqinquan@tup.tsinghua.edu.cn。

图书在版编目（CIP）数据

岩石力学与测试模拟方法/金爱兵主编.—北京：清华大学出版社，2023.9
ISBN 978-7-302-63797-4

Ⅰ．①岩…　Ⅱ．①金…　Ⅲ．①岩石力学－测试方法－模拟方法　Ⅳ．①TU45

中国国家版本馆 CIP 数据核字（2023）第 105798 号

责任编辑：秦　娜　赵从棉
封面设计：陈国熙
责任校对：欧　洋
责任印制：沈　露

出版发行：清华大学出版社
　　　　　网　　　址：http://www.tup.com.cn，http://www.wqbook.com
　　　　　地　　　址：北京清华大学学研大厦 A 座　　　邮　　编：100084
　　　　　社 总 机：010-83470000　　　　　　　　　　邮　　购：010-62786544
　　　　　投稿与读者服务：010-62776969，c-service@tup.tsinghua.edu.cn
　　　　　质量反馈：010-62772015，zhiliang@tup.tsinghua.edu.cn
印 装 者：三河市龙大印装有限公司
经　　销：全国新华书店
开　　本：185mm×260mm　印　张：21.5　　　　　字　　数：523 千字
版　　次：2023 年 9 月第 1 版　　　　　　　　　　印　　次：2023 年 9 月第 1 次印刷
定　　价：69.80 元

产品编号：100178-01

前 言

PREFACE

岩石力学作为力学的一个分支,是一门研究岩石在内外因素作用下应力、应变、失稳、破坏以及加固处治的学科,涉及采矿、土木、水利、交通、地质、能源、海洋、军事等众多工程应用领域。它经历了初期经验阶段、经验理论阶段、经典理论阶段、现代发展阶段等几个重要的阶段,形成了力学、物理学、系统工程、现代数理科学、现代信息技术等多学科交叉融合的具有较强应用性和实践性的基础性学科。

本书在编写过程中,注重理论知识、试验方法、实例分析三者有机统一,坚持贯彻实时性、完整性、实用性和实践性的原则,比较全面地反映了国内外岩石力学的相关理论、技术、方法和工程实践成果。希望学生能够通过本书的学习,掌握岩石力学中的基本概念、基本理论和各种岩石力学常规试验方法;结合地下及边坡等典型岩石工程,熟悉设计原理、施工方法、现代测试技术以及数值分析方法;了解岩石力学领域的新工艺、新技术、新理论等最新进展;培养分析、判断、解决岩石力学与岩石工程问题的能力,激发和提升学习兴趣和实践能力。本书力求适应新时代国家对人才培养及新工科建设的要求,培养全方位复合型人才。

全书共分为 10 章:第 1 章介绍了岩石力学的发展简史、研究内容与研究方法、岩石力学学科发展;第 2 章详细介绍了岩石基本构成、地质分类、物理性质、强度特性、变形特性、流变特性及影响岩石力学性质的因素;第 3 章介绍了常用岩石强度理论(准则)的适用范围与优缺点以及弹性、塑性、流变等岩石本构关系的使用条件与应用范围;第 4 章介绍了结构面相关概念、岩体变形特征、强度特征,总结了应用广泛的工程岩体分级方法;第 5 章在对地应力基本概念、分布规律及测量原理进行简介的基础上,详细介绍了地应力的直接测量法和间接测量法;第 6 章介绍了岩石地下工程中围岩应力状态、地压计算与控制方法,并讲解了岩石地下工程施工方法及其监测技术;第 7 章在介绍岩石边坡破坏基本概念的基础上,详细介绍了边坡稳定性影响因素及评价指标、稳定性分析方法、边坡防护与监测措施;第 8 章详细介绍了单轴压缩试验、三轴压缩试验、直接剪切试验、巴西劈裂试验、点荷载强度试验等岩石力学常规试验方法;第 9 章详细介绍了 CT 测试技术、声发射测试技术、霍普金森压杆测试技术、数字图像相关测试技术、扫描电镜测试技术等岩石力学现代测试技术;第 10 章介绍了有限差分法、有限元法、离散单元法等岩石工程数值分析方法,并基于实例分别介绍了对应的数值模拟软件。

本书由金爱兵任主编并统稿。赵怡晴教授对本书进行了认真审阅,提出了许多宝贵意见和建议;陈龙、陈帅军、陆通、王杰、姚宝顺、张静辉、张舟、李海、唐坤林、朱东风、苏楠、尹泽松、钟士照、缪俊容、刘美辰、李木芽、韦立昌、李曦豪等研究生为本书的资料收集、编排与校对等工作投入了大量的时间和精力。本书的编写和出版得到北京科技大学教材建设基金资助,同时,本书编写过程中,参考了大量国内外文献,在此一并表示由衷的感谢!

　　本书可作为岩土工程、土木工程、采矿工程及相关专业的本科生、研究生教材,也可作为从事岩石力学、岩石工程与测试模拟等技术人员的专业参考书。

　　由于编者水平有限,书中难免存在错误和不妥之处,敬请各位读者提出宝贵意见,以便进一步修订及完善!

编　者

2023 年 5 月于北京

目 录

CONTENTS

第1章 绪 论 ……………………………………………………………………………………… 1

1.1 岩石力学发展简史 ……………………………………………………………………… 1

1.2 岩石力学研究内容和研究方法 ………………………………………………………… 5

    1.2.1 岩石力学基本研究内容 ………………………………………………………… 5

    1.2.2 岩石力学主要研究方法 ………………………………………………………… 7

1.3 岩石力学发展前景 ……………………………………………………………………… 8

课后习题 ………………………………………………………………………………………… 9

第2章 岩石的物理力学性质 ……………………………………………………………… 10

2.1 岩石的基本构成和地质分类 …………………………………………………………… 10

    2.1.1 岩石与岩体 ……………………………………………………………………… 10

    2.1.2 岩石的基本构成 ………………………………………………………………… 11

    2.1.3 岩石的地质分类 ………………………………………………………………… 14

2.2 岩石的物理性质 ………………………………………………………………………… 19

    2.2.1 岩石的质量指标 ………………………………………………………………… 19

    2.2.2 岩石的孔隙性 …………………………………………………………………… 21

    2.2.3 岩石的水理特性 ………………………………………………………………… 23

    2.2.4 岩石的抗风化指标 ……………………………………………………………… 26

    2.2.5 岩石的膨胀性 …………………………………………………………………… 28

    2.2.6 岩石的热学特性 ………………………………………………………………… 29

2.3 岩石强度特性 …………………………………………………………………………… 29

    2.3.1 单轴抗压强度 …………………………………………………………………… 29

    2.3.2 点荷载强度 ……………………………………………………………………… 30

    2.3.3 三轴抗压强度 …………………………………………………………………… 31

    2.3.4 抗拉强度 ………………………………………………………………………… 31

    2.3.5 抗剪强度 ………………………………………………………………………… 34

2.4 岩石变形特性 …………………………………………………………………………… 38

    2.4.1 岩石的变形指标及其计算 ……………………………………………………… 39

    2.4.2 岩石单轴压缩条件下的变形特征 ……………………………………………… 41

2.4.3 循环荷载作用下的变形特征 ┄┄┄┄┄┄┄┄┄┄┄┄┄┄┄ 45

2.4.4 三轴压缩条件下的变形特征 ┄┄┄┄┄┄┄┄┄┄┄┄┄┄┄ 47

2.4.5 岩石的扩容 ┄┄┄┄┄┄┄┄┄┄┄┄┄┄┄┄┄┄┄┄┄┄┄┄ 50

2.5 岩石的流变 ┄┄┄┄┄┄┄┄┄┄┄┄┄┄┄┄┄┄┄┄┄┄┄┄┄┄┄┄ 51

2.6 影响岩石力学性质的因素 ┄┄┄┄┄┄┄┄┄┄┄┄┄┄┄┄┄┄┄┄┄ 52

2.6.1 矿物成分的影响 ┄┄┄┄┄┄┄┄┄┄┄┄┄┄┄┄┄┄┄┄┄┄ 52

2.6.2 岩石结构构造的影响 ┄┄┄┄┄┄┄┄┄┄┄┄┄┄┄┄┄┄┄ 52

2.6.3 水的影响 ┄┄┄┄┄┄┄┄┄┄┄┄┄┄┄┄┄┄┄┄┄┄┄┄┄ 53

2.6.4 温度的影响 ┄┄┄┄┄┄┄┄┄┄┄┄┄┄┄┄┄┄┄┄┄┄┄┄ 53

2.6.5 风化程度的影响 ┄┄┄┄┄┄┄┄┄┄┄┄┄┄┄┄┄┄┄┄┄┄ 54

2.6.6 围压与加载速率的影响 ┄┄┄┄┄┄┄┄┄┄┄┄┄┄┄┄┄┄ 54

课后习题 ┄┄┄┄┄┄┄┄┄┄┄┄┄┄┄┄┄┄┄┄┄┄┄┄┄┄┄┄┄┄┄ 55

第 3 章 岩石强度理论与本构关系 ┄┄┄┄┄┄┄┄┄┄┄┄┄┄┄┄┄┄┄┄ 56

3.1 岩石强度理论 ┄┄┄┄┄┄┄┄┄┄┄┄┄┄┄┄┄┄┄┄┄┄┄┄┄┄┄ 56

3.1.1 岩石强度理论概念及发展 ┄┄┄┄┄┄┄┄┄┄┄┄┄┄┄┄ 56

3.1.2 最大正应力理论 ┄┄┄┄┄┄┄┄┄┄┄┄┄┄┄┄┄┄┄┄┄┄ 57

3.1.3 最大正应变理论 ┄┄┄┄┄┄┄┄┄┄┄┄┄┄┄┄┄┄┄┄┄┄ 57

3.1.4 最大剪应力理论 ┄┄┄┄┄┄┄┄┄┄┄┄┄┄┄┄┄┄┄┄┄┄ 57

3.1.5 莫尔-库仑强度理论 ┄┄┄┄┄┄┄┄┄┄┄┄┄┄┄┄┄┄┄┄ 58

3.1.6 德鲁克-普拉格强度理论 ┄┄┄┄┄┄┄┄┄┄┄┄┄┄┄┄┄ 63

3.1.7 格里菲斯强度理论 ┄┄┄┄┄┄┄┄┄┄┄┄┄┄┄┄┄┄┄┄ 63

3.1.8 霍克-布朗强度理论 ┄┄┄┄┄┄┄┄┄┄┄┄┄┄┄┄┄┄┄┄ 67

3.2 岩石本构关系 ┄┄┄┄┄┄┄┄┄┄┄┄┄┄┄┄┄┄┄┄┄┄┄┄┄┄┄ 68

3.2.1 平衡方程和几何方程 ┄┄┄┄┄┄┄┄┄┄┄┄┄┄┄┄┄┄┄ 68

3.2.2 岩石弹性本构关系 ┄┄┄┄┄┄┄┄┄┄┄┄┄┄┄┄┄┄┄┄ 71

3.2.3 岩石塑性本构关系 ┄┄┄┄┄┄┄┄┄┄┄┄┄┄┄┄┄┄┄┄ 76

3.2.4 岩石流变本构关系 ┄┄┄┄┄┄┄┄┄┄┄┄┄┄┄┄┄┄┄┄ 92

课后习题 ┄┄┄┄┄┄┄┄┄┄┄┄┄┄┄┄┄┄┄┄┄┄┄┄┄┄┄┄┄┄ 102

第 4 章 岩体的力学性质 ┄┄┄┄┄┄┄┄┄┄┄┄┄┄┄┄┄┄┄┄┄┄┄┄ 103

4.1 结构面 ┄┄┄┄┄┄┄┄┄┄┄┄┄┄┄┄┄┄┄┄┄┄┄┄┄┄┄┄┄┄┄ 103

4.1.1 结构面类型 ┄┄┄┄┄┄┄┄┄┄┄┄┄┄┄┄┄┄┄┄┄┄┄┄ 103

4.1.2 结构面特征及对岩体性质的影响 ┄┄┄┄┄┄┄┄┄┄┄┄ 106

4.1.3 结构面的力学性质 ┄┄┄┄┄┄┄┄┄┄┄┄┄┄┄┄┄┄┄┄ 113

4.2 岩体变形特征 ┄┄┄┄┄┄┄┄┄┄┄┄┄┄┄┄┄┄┄┄┄┄┄┄┄┄┄ 118

4.2.1 岩体变形曲线及其特征 ┄┄┄┄┄┄┄┄┄┄┄┄┄┄┄┄┄┄ 118

4.2.2 岩体各向异性变形特征 ┄┄┄┄┄┄┄┄┄┄┄┄┄┄┄┄┄┄ 120

4.2.3 岩体变形参数估算 ┄┄┄┄┄┄┄┄┄┄┄┄┄┄┄┄┄┄┄┄ 121

4.2.4 影响岩体变形性质的因素 ……………………………… 123

4.3 岩体强度特征 …………………………………………………… 124
4.3.1 岩体破坏及其方式 …………………………………… 124
4.3.2 岩体破坏判据——岩体强度理论 …………………… 126
4.3.3 岩体强度估算 ………………………………………… 128

4.4 岩体分级 ………………………………………………………… 131
4.4.1 普氏分类法 …………………………………………… 131
4.4.2 岩石质量指标(RQD)分级 …………………………… 131
4.4.3 岩体结构类型分级 …………………………………… 132
4.4.4 岩体地质力学分级 …………………………………… 132
4.4.5 巴顿岩体质量分级(Q) ……………………………… 135
4.4.6 岩体基本质量指标分级 ……………………………… 136

课后习题 ……………………………………………………………… 140

第5章 地应力测量原理与技术 ……………………………………… 141

5.1 地应力构成及分布规律 ………………………………………… 141
5.1.1 地应力基本概念 ……………………………………… 141
5.1.2 地应力分布规律 ……………………………………… 144

5.2 地应力测量原理 ………………………………………………… 147
5.2.1 地应力测量的必要性 ………………………………… 147
5.2.2 地应力测量的基本原则 ……………………………… 149

5.3 直接测量方法 …………………………………………………… 150
5.3.1 扁千斤顶法 …………………………………………… 150
5.3.2 刚性包体应力计法 …………………………………… 151
5.3.3 水压致裂法 …………………………………………… 152
5.3.4 声发射法 ……………………………………………… 154

5.4 间接测量方法 …………………………………………………… 156
5.4.1 全应力解除法(套孔应力解除法) …………………… 156
5.4.2 地球物理探测法 ……………………………………… 161

5.5 云南建云高速五老峰隧道地应力场测量实例 ………………… 162
5.5.1 工程地质条件 ………………………………………… 162
5.5.2 原位地应力试验选点 ………………………………… 162
5.5.3 应力测量过程 ………………………………………… 163
5.5.4 应变数据处理 ………………………………………… 165
5.5.5 室内温度标定及温度修正 …………………………… 165
5.5.6 右线出口−900m处测点应力计算 ………………… 168

课后习题 ……………………………………………………………… 170

第6章 岩石地下工程 ………………………………………………… 171

6.1 地下工程围岩应力状态解析 …………………………………… 171

6.1.1 围岩二次应力状态的弹性分布 ……………………………… 172

6.1.2 围岩二次应力状态的弹塑性分布 …………………………… 178

6.1.3 地下工程围岩稳定性判别 …………………………………… 182

6.2 地压计算与控制 …………………………………………………… 183

6.2.1 塑性形变压力计算 …………………………………………… 183

6.2.2 松动压力计算 ………………………………………………… 184

6.2.3 岩石地下工程压力控制 ……………………………………… 189

6.3 岩石地下工程施工 ………………………………………………… 190

6.3.1 岩石地下工程施工方法 ……………………………………… 190

6.3.2 岩石地下施工支护与加固技术 ……………………………… 192

6.4 岩石地下工程监测 ………………………………………………… 195

6.4.1 围岩位移与变形观测 ………………………………………… 196

6.4.2 围岩应力及支架压力监测 …………………………………… 200

6.4.3 光电技术在岩石地下工程监测中的应用 …………………… 203

课后习题 ……………………………………………………………… 205

第 7 章 岩石边坡工程 ……………………………………………………… 206

7.1 岩石边坡破坏 ……………………………………………………… 206

7.1.1 边坡的概念与分类 …………………………………………… 206

7.1.2 边坡的变形与破坏 …………………………………………… 206

7.1.3 边坡破坏后果 ………………………………………………… 208

7.2 边坡稳定性影响因素及评价指标 ………………………………… 209

7.2.1 边坡稳定性影响因素 ………………………………………… 209

7.2.2 边坡稳定性评价指标 ………………………………………… 211

7.3 边坡稳定性分析方法 ……………………………………………… 212

7.3.1 工程地质类比法 ……………………………………………… 212

7.3.2 图解法 ………………………………………………………… 213

7.3.3 极限平衡法 …………………………………………………… 214

7.3.4 数值模拟法 …………………………………………………… 216

7.3.5 敏感性分析法 ………………………………………………… 217

7.3.6 荷载抗力系数设计法 ………………………………………… 217

7.3.7 边坡稳定性分析方法选用原则 ……………………………… 218

7.4 岩石边坡防护与监测 ……………………………………………… 218

7.4.1 边坡防护与加固 ……………………………………………… 218

7.4.2 边坡稳定性监测 ……………………………………………… 220

课后习题 ……………………………………………………………… 221

第 8 章 岩石力学常规试验方法 ………………………………………… 223

8.1 单轴压缩试验 ……………………………………………………… 223

8.1.1　基本原理 ……………………………………………………… 223
8.1.2　试验操作方法 ………………………………………………… 225
8.1.3　试验实例 ……………………………………………………… 226
8.2　三轴压缩试验 ……………………………………………………………… 228
8.2.1　基本原理 ……………………………………………………… 228
8.2.2　操作方法 ……………………………………………………… 230
8.2.3　试验实例 ……………………………………………………… 231
8.3　直接剪切试验 ……………………………………………………………… 232
8.3.1　基本原理 ……………………………………………………… 232
8.3.2　操作方法 ……………………………………………………… 233
8.3.3　试验实例 ……………………………………………………… 235
8.4　巴西圆盘劈裂试验 ………………………………………………………… 236
8.4.1　基本原理 ……………………………………………………… 236
8.4.2　操作方法 ……………………………………………………… 237
8.4.3　试验实例 ……………………………………………………… 237
8.5　点荷载强度试验 …………………………………………………………… 239
8.5.1　基本原理 ……………………………………………………… 239
8.5.2　操作方法 ……………………………………………………… 241
8.5.3　试验实例 ……………………………………………………… 242
课后习题 …………………………………………………………………………… 243

第9章　岩石力学现代测试技术 ……………………………………………………… 244
9.1　CT测试技术 ………………………………………………………………… 244
9.1.1　基本原理 ……………………………………………………… 244
9.1.2　操作方法 ……………………………………………………… 246
9.1.3　测试实例 ……………………………………………………… 247
9.2　声发射测试技术 …………………………………………………………… 248
9.2.1　基本原理 ……………………………………………………… 249
9.2.2　操作方法 ……………………………………………………… 252
9.2.3　测试实例 ……………………………………………………… 254
9.3　霍普金森压杆测试技术 …………………………………………………… 257
9.3.1　基本原理 ……………………………………………………… 258
9.3.2　操作方法 ……………………………………………………… 261
9.3.3　测试实例 ……………………………………………………… 262
9.4　数字图像相关测试技术 …………………………………………………… 264
9.4.1　基本原理 ……………………………………………………… 264
9.4.2　操作方法 ……………………………………………………… 265
9.4.3　测试实例 ……………………………………………………… 266
9.5　扫描电镜测试技术 ………………………………………………………… 268

9.5.1　基本原理 ·· 268

9.5.2　操作方法 ·· 273

9.5.3　测试实例 ·· 274

9.6　其他测试技术 ·· 275

9.6.1　X 射线衍射技术 ·· 275

9.6.2　核磁共振测试技术 ······································ 278

课后习题 ··· 283

第 10 章　岩石工程数值分析方法 ···································· 284

10.1　有限差分法 ··· 284

10.1.1　有限差分法及 FLAC 软件简介 ······················ 284

10.1.2　基本原理 ··· 285

10.1.3　模拟过程 ··· 290

10.1.4　隧道分析实例 ·· 295

10.2　有限元法 ··· 303

10.2.1　有限元法及 ANSYS 软件简介 ······················· 303

10.2.2　基本原理 ··· 304

10.2.3　模拟过程 ··· 309

10.2.4　边坡稳定性分析实例 ···································· 311

10.3　离散单元法 ··· 320

10.3.1　离散单元法及 PFC 软件简介 ························· 320

10.3.2　基本原理 ··· 321

10.3.3　模拟过程 ··· 323

10.3.4　岩样分析实例 ·· 325

课后习题 ··· 332

参考文献 ·· 333

![第1章 绪论 Chapter 1](image of chapter heading banner)

第1章 绪论 ◀ Chapter 1

1.1 岩石力学发展简史

岩石力学(rock mechanics)是研究岩石或岩体在外界因素(荷载、温度和渗流等)作用下的应力、应变、稳定性和破坏等力学特性的学科,又称岩体力学,是力学的一个分支。它是解决岩石工程(即与岩石有关的工程)技术问题的理论基础。

岩石,狭义上是指小尺度的岩块,广义上则指包含结构面的岩体,如图 1.1.1 所示。岩体不是连续介质,不但有微观的裂隙,而且有层理、片理、节理以及断层等不连续面,常表现出各向异性或非均质性。

岩石力学以解决岩石工程稳定性问题和研究岩石的破坏条件为目的,其研究介质不仅非常复杂,而且存在诸多不确定性因素。岩石力学始终以引用和发展固体力学、土力学、工程地质学等学科的基本理论和研究成果来解决岩石工程中的问题。因此,岩石力学学科的学习经常需要应用数学、固体力学、流体力学、地质学、土力学等学科基础知识,并与这些学科相互交叉。1959 年 12 月法国 Malpasset 坝以及 1963 年 10 月意大利 Vajont 坝的溃坝,都造成了巨大的经济损失和人员伤亡。这两个坝的破坏原因并不是坝体结构强度不够,而是

图 1.1.1 包含结构面的岩体

坝基和边坡岩体出现了问题,这两个案例使更多人认识到坝基岩体的稳定与结构物的强度同等重要。因此,岩石力学的研究需要更加系统、严谨。

陈宗基院士认为“岩石力学是研究岩石过去的历史,现在的状况,将来的行为的一门应用性很强的学科”。过去的历史是指岩石的地质成因和演化;现在的状况是工程建造前和建造过程中对岩石前后状况改变的认识;将来的行为是预测工程建成以后可能发生的变化,以便研究预防或加固措施。

岩石力学的发展与人类的生产活动紧密相关。早在远古时代,我们的祖先就在洞穴中繁衍生息,并利用石块制作武器和工具,被称作“石器时代”。公元前 2700 年前后,古埃及人利用巨型岩块修建了金字塔;公元前 6 世纪,古巴比伦人采用砖石修建了“空中花园”;公元

前 613—前 591 年,古代中国人民在安徽淠河上修建了历史上第一座拦河坝;公元前 256—前 251 年,李冰父子在四川岷江主持修建了都江堰水利工程;公元前 254 年左右(秦昭襄王时期)开发出钻探技术;公元前 218 年在广西开凿了沟通长江和珠江水系的灵渠,筑有砌石分水堰;公元前 221—前 206 年在我国北部山区修建万里长城。这些工程的建设虽然没有岩石力学学科的理论指导,但也让人们积累了一定的岩石力学基本知识。

岩石力学是伴随着采矿、土木、水利、交通等岩石工程的建设和数学、力学、计算机科学等学科的进步而逐步发展形成的一门学科,按其发展进程可划分为四个阶段。

1. 初始阶段(19 世纪末—20 世纪初)

这是岩石力学的萌芽时期,产生了初步理论以解决岩体开挖的力学计算问题。例如,1912 年瑞士地质学家海姆(A. Heim)提出了静水压力理论。他认为地下岩石处于一种静水压力状态,作用在地下岩石工程上的垂直压力和水平压力相等,均等于单位面积上覆岩层的重量,即 γH。英国科学家、土力学奠基人朗肯(W. J. M. Rankine)和苏联学者金尼克(A. H. Динник)也提出了相似的理论,但他们认为只有垂直压力等于 γH,而水平压力应为 γH 乘一个侧压系数,即 $\lambda\gamma H$。这些理论的不同之处在于对地层水平侧压力的计算,海姆认为侧压力系数 $\lambda = 1$,朗肯根据松散理论认为 $\lambda = \arctan^2(45° - \varphi/2)$,而金尼克根据弹性理论的泊松效应认为 $\lambda = \mu/(1-\mu)$。其中,γ、φ、μ 分别为上覆岩层容重、内摩擦角和泊松比,H 为地下岩石工程所在深度。由于当时的地下岩石工程埋藏深度不大,人们曾一度认为这些理论是正确的。但随着开挖深度的增加,越来越多的人认识到上述理论是不准确的。

2. 经验理论阶段(20 世纪初—20 世纪 30 年代)

在经验理论阶段,出现了根据生产经验提出的地压理论,并开始用材料力学和结构力学的方法分析地下工程的支护问题。最有代表性的理论是苏联采矿专家普罗托吉雅柯诺夫(M. M. Протодьяконов)提出的自然平衡拱学说,即普氏理论。该理论认为围岩开挖后,其顶部自然塌落形成抛物线形状的冒落拱,作用在支架上的压力等于冒落拱内岩石的重量,仅是上覆岩石重量的一部分。于是,确定支护结构上的荷载大小和分布方式成了地下岩石工程支护设计的前提条件。同时,普罗托吉雅柯诺夫提出了以岩石坚固性系数 f(普氏系数)作为定量指标的岩体分类方法,至今仍被广泛使用。美籍奥地利土力学专家太沙基(K. Terzahi)也提出相似的理论,只是他认为冒落拱的形状是矩形,不是抛物线形。普氏理论是在当时的支护形式和施工水平上发展起来的。由于当时的掘进和支护所需时间较长,支护不能及时发挥作用,往往致使部分围岩破坏、塌落。但事实上,围岩的塌落并不是形成围岩压力的唯一来源,也不是所有的地下空间都存在塌落拱,围岩和支护之间并不完全是荷载和结构的关系,多数情况下围岩和支护会形成共同承载系统,平衡原岩应力,维持岩石工程的稳定性。因此,靠假定的松散地层压力来进行支护设计是不合实际的。

3. 经典理论阶段(20 世纪 30 年代—20 世纪 60 年代)

这是岩石力学学科形成的重要阶段,弹性力学和塑性力学被引入岩石力学,确立了一些经典计算公式,形成围岩和支护共同作用的理论。结构面对岩体力学性质的影响受到重视,岩石力学文献和专著的出版,试验方法的完善,岩体工程技术问题的解决,这些都说明岩石力学发展到该阶段已经成为一门独立的学科。

在经典理论发展阶段,形成了"连续介质理论"和"地质力学理论"两大学派。

1）连续介质理论

连续介质理论以固体力学作为基础，从材料的基本力学性质出发，探究岩体工程的稳定性问题。这是认识方法上的重要进展，抓住了岩体工程计算的本质性问题。早在20世纪30年代，萨文（P. H. Савин）就采用无限大平板孔附近应力集中的弹性解析解来计算分析岩体工程围岩应力分布问题。20世纪50年代，鲁滨涅特（K. B. Рулленениr）运用连续介质理论出版了求解岩石力学领域问题的系统著作。同期，有学者开始运用弹塑性理论研究围岩的稳定问题，建立了著名的芬纳（R. Fenner）-塔罗勃（J. Talobre）公式和卡斯特纳（H. Kastner）公式；塞拉塔（S. Serata）采用流变模型进行了隧道围岩的黏弹性分析。但是，上述连续介质理论的计算方法只适用于圆形巷道等个别情况，不适用于一般形状的巷道，因为没有现成的弹性或弹塑性理论解析解可供应用。

早期连续介质理论忽视了原岩应力和开挖因素对岩体稳定性的影响。1966年，美国科学院岩石力学委员会对岩石力学给予以下定义："岩石力学是研究岩石力学性状的一门理论和应用科学，它是力学的一个分支，是探讨岩石对其周围物理环境中力场的反应。"这一定义是从"材料"的概念出发的，带有材料力学或固体力学的烙印。随着岩石力学理论研究和工程实践的不断深入和发展，人们对"岩石"的认识有了突破。首先，不能把"岩石"看作固体力学中的一种材料，所有岩体工程中的"岩石"是一种天然地质体，或者称为岩体，它具有复杂的地质结构和赋存条件，是一种典型的"不连续介质"。其次，岩体中存在的地应力，是由于地质构造和重力作用等形成的内应力。由于岩体工程的开挖引起地应力以变形能的形式释放，正是这种"释放荷载"引起了岩体工程的变形和破坏。而传统连续介质理论采用固体力学或结构力学的外边界加载方式，往往得出与实际不符的结果。多数岩体工程是分多次开挖完成的，由于岩石材料的非线性，其受力后的应力状态与加载途径具有很大的相关性，不同的开挖顺序、步骤，会引起不同的最终力学效应，岩体工程稳定性状态也有差异。因此，忽视施工过程的计算结果，将很难用于指导工程实践。

20世纪60年代，运用早期的有限差分和有限元等数值分析方法，得出了考虑实际开挖空间、岩体结构面以及围岩和支护共同作用的弹性或弹塑性计算解，使运用围岩和支护共同作用原理进行实际岩石工程计算分析和设计变得普遍起来。同时人们还认识到，运用共同作用理论解决实际问题，必须以原岩应力（即地应力）作为前提条件进行理论分析，才能将围岩和支护的共同变形同支护作用力、支护设置时间、支护刚度等关系正确地联系起来。否则，使用假设的外荷载条件计算，就失去了岩体工程的真实性和计算的实际应用价值。这一认识促进了早期地应力测量工作的开展。

此外，传统连续介质理论过于注重对岩石"材料"的研究，追求准确的"本构关系"。由于岩体组成和结构的复杂性和多变性，要想把岩体的材料性质和本构关系完全厘清非常困难。事实上，在岩体工程的计算中存在大量不确定性因素，如岩石的结构、性质、节理、裂隙分布、工程地质条件等，所以传统连续介质理论作为一种固定研究方法不适合于解决岩体工程问题。

2）地质力学理论

地质力学理论注重研究地层结构和力学性质与岩体工程稳定性的关系，它是20世纪20年代由德国地质学家克罗斯（H. Cloos）创立的。该理论反对把岩体视为连续介质，简单地利用固体力学原理分析岩石力学特性；强调要重视对岩体节理、裂隙的研究，重视岩体结构面对岩体工程稳定性的影响和控制作用。1951年6月,在奥地利成立了以斯梯尼(J. Sith)和米勒(L. Müller)为首的"地质力学研究组",在萨尔茨堡(Salzburg)举行了第一届地质力学讨论会,形成了重视节理、裂隙为主的"奥地利学派"。

"奥地利学派"的代表人物是米勒(L. Müller),其主要观点为:①对于大多数工程问题,岩体工程性质更多取决于岩体内部地质断裂系统的强度,而非岩石本身强度,所以岩石力学是一种不连续体力学,即裂隙介质力学;②岩体强度是一种残余强度,受岩体中所含弱面强度的制约;③岩体变形和各向异性主要由弱面产生。上述三个观点为岩石力学的发展起到了引导和促进作用,尤其在矿业、水电、交通等工程领域的岩石力学研究中受到格外重视。该理论同时重视岩体工程施工过程中应力、位移和稳定性状态的监测,这是现代信息岩石力学的雏形。

"奥地利学派"重视支护与围岩共同作用,特别重视利用围岩自身的强度维持岩体工程的稳定性。在地下工程施工方法方面,"奥地利学派"成员拉布西维兹(L. V. Rabcewicz)在1934—1953年提出采用喷浆、锚固等技术发挥围岩强度,1957年开始着手研究基于地质力学理论的施工方法,该施工方法于1963年被正式命名为"New Austrain Tunnelling Method(NATM,新奥法)"。该方法较为符合现代岩石力学工程实际,至今仍被国内外广泛应用。

地质力学理论的缺陷是过于强调节理、裂隙的作用,且过于依赖经验,忽视理论的指导作用。该理论完全反对将岩体视为连续介质,也是不合理的,这种认识阻碍了现代数学力学理论在岩石工程中的应用。虽然岩体中存在各种的节理、裂隙,但从大范围、大尺度看可近似将其视为连续介质。对节理、裂隙的作用,对连续性和不连续性的划分,均需根据工程实际和处理方法而定,没有绝对统一的模式和标准。

4. 近现代发展阶段(20世纪60年代至今)

随着计算机科学的进步,20世纪60年代和70年代开始出现用于岩体工程稳定性计算的数值计算方法,主要是有限元法。20世纪80年代,数值计算方法发展迅速,有限元、边界元及其混合模型得到广泛应用。20世纪90年代以来,岩石力学专家和数学家合作提出一系列新的计算原理和方法,如损伤力学、离散元法、DDA法、流形元法、三维有限差分法等,这些计算原理和方法均在岩石力学研究中发挥了重要作用。

由于岩体结构及赋存状态和条件的复杂性和多变性,岩石力学的研究对象和目标存在着大量不确定性,因此有人在20世纪80年代提出不确定性理论。随着现代计算机科学技术的进步以及现代信息技术的发展,目前,不确定性理论已经被越来越多的人所认识和接受。现代科学技术手段,如模糊数学、人工智能、灰色理论、神经网络、专家系统、工程决策支持系统等,为不确定性分析方法和理论体系的建立提供了必要的技术支持。

系统科学虽然早已受到岩石力学界的关注,但直到20世纪80—90年代才形成一致性概念,并在岩石力学理论和工程应用中引入。用系统概念来表征"岩体",可使岩体的复杂性得到全面、科学的表述。从系统论来讲,岩体的组成、结构、性能、赋存状态及边界条件构成其力学行为和工程功能的基础,岩石力学研究的目的是认识和控制岩石系统的力学行为和工程功能。系统论强调复杂事物的层次性、多因素性、相互关联性和相互作用性等特征,并认为人类认识是多源知识的综合集成,这为岩石力学理论和岩体工程实践的结合提供了依据。时至今日,岩体工程力学问题开始被当作一种系统工程来解决。

各类岩石力学试验机、测试技术的发明也极大地推动了岩石力学的发展。刚性压力机的出现使得到岩石应力-应变全过程曲线成为可能,而应力解除法可测得深部岩体应力。热-水-力三场耦合真三轴伺服岩石试验机、大型模拟试验台、先进的多点数据采集仪器的出现,为更深刻地揭示岩石的力学特性奠定了坚实基础。随着计算机技术和井下钻孔电视的应用,岩体工程三维信息系统也得到了重视和普遍应用。注浆加固不稳定围岩,回采工作面使用自移式液压支架,以及大断面、大缩量和高支撑力的可缩性金属支架、锚杆和锚索网等多种支护技术的应用,进一步丰富了支护手段。切槽放顶法、硐室与深孔爆破法、急倾斜采空区处理与卸压开采法等的发明,有效控制了采空区大面积冒落和采场地压显现。声发射、红外、电磁等预测技术也进入地压监测的实用阶段。

总之,涉及自然和工程行为的岩石力学是一门需要特殊研究方法的复杂学科,不能仅用传统思维或简单的力学方法来研究。随着资源开采深度不断增加、地下空间规模越来越大、越江过海隧道更多更长、大型岩石工程越来越多,这些工程建设,一方面要求更高效地破坏岩石,从而加快工程进度、提高资源与能源回收效率;另一方面又需要更科学地保持岩层稳定性,以确保岩石工程的正常运营。所以说,岩石工程问题是一个综合性的复杂问题,如何建立科学、系统的岩石力学理论体系,仍需进一步深入研究与探索。

1.2 岩石力学研究内容和研究方法

岩石力学的研究内容十分广泛,且具有相当大的难度。在传统理论体系基础上,不断从生产实践中总结岩石工程经验,提高理论水平,再回到实践中解决相关岩体工程问题,是岩石力学研究的最基本原则和方法。

岩石力学研究内容包括基本研究和专门研究,基本研究是指一般岩石工程都必须开展的研究;专门研究是指针对特殊岩石或特殊需求,基于先行基本研究而有针对性开展的专题岩石力学研究。岩石力学的研究内容既有理论的,也有实践的,前者主要包括天然岩石和工程岩体的各种特征、性质和规律,后者包括岩石工程各种施工技术、设计方法和测量手段。

1.2.1 岩石力学基本研究内容

岩体赋存环境复杂,特别是深部"三高"(高应力、高地温、高渗透压)环境,在工程扰动下,形成了迥异的应力路径,岩体的力学行为呈现非线性、各向异性、尺寸效应、时间效应等极其复杂的特征。因此,必须从固有属性、赋存环境和工程特点三个方面,综合研究岩石的力学性质及变形破坏规律。总体上,岩石力学的研究内容可归纳为以下几方面:

1. 岩石(块)的物理力学性质与力学模型

岩石(块)的物理力学性质与力学模型是评价岩体工程稳定性的基础,研究内容主要包括:①岩石的成分与物理性质;②岩石在各种应力路径作用下的变形和强度特征;③岩石的变形破坏机理、本构关系与强度准则;④岩石的动力学特征及力学模型;⑤岩石的断裂、损伤机制与力学模型。

2. 结构面特征及其力学性质

结构面特征及力学性质是岩体工程稳定性的重要影响因素,研究内容主要包括:①结构面的分类、空间分布规律及其地质概率模型;②结构面在荷载作用下的变形与强度特征;

③结构面的动力学特征及力学模型。

3. 岩体的力学性质与模型

岩体的力学性质与模型是岩石工程分析的直接依据,研究内容主要包括:①岩体的构造、地质特征和分类;②影响岩体力学性质的主要因素,岩体分级与力学参数;③岩体变形和强度特征及其原位测试技术与方法;④岩体力学性质的非线性、时间效应等;⑤岩体的强度准则与本构关系;⑥岩体的动力学特征及力学模型;⑦水、气、温度、化学等因素的耦合作用对岩体力学行为的影响;⑧岩体的断裂、损伤机制与模型;⑨岩体中地下水的赋存、运移规律及岩体的水力学特征。

4. 岩石力学的工程应用研究

岩石力学学科发展的根本目的是服务实践,大型工程建设均需依靠岩石力学理论作为技术支撑,涉及水电水利、矿业、交通、土木建筑、石油、海洋、核电站、核废料地质处置、地热资源开发和地震预报等行业的应用,主要研究内容集中在以下几个方面:

(1) 工程岩体稳定性分析与致灾机制。包括:原岩应力(地应力)分布规律及其测量理论与方法;各类工程岩体在原岩应力及开挖扰动下的应力、变形规律和破坏特征;岩体工程的稳定性分析与评价方法等。

(2) 岩石工程稳定性维护技术,主要指各种岩体加固技术。由于行业特征、工程规模的差异,不同岩石工程的重要程度及安全要求差别较大,据此采用的工程加固手段及其强度也不尽相同。如大坝的坝基和坝肩不均匀变形和抗滑稳定有严格要求;电站岩质边坡在确保不产生失稳的前提下允许发生一定的变形,而矿山岩质边坡则允许一定程度的失稳破坏;电站地下厂房对围岩变形控制严格,而采矿工程允许井巷发生一定的变形和破坏;非地震区的一般工程主要研究岩石的静态特性,而高烈度地震区、国防工程往往更关注岩石的动力响应。

(3) 岩石工程稳定性监测。根据不同的岩石工程类别和特点,一般主要监测岩体应力、变形和地下水等,而震动、工程环境等为可选监测项目。通过监测数据及其与时间的变化关系,进行反演分析是岩体工程稳定性评价的一项重要内容。

5. 试验(实验)技术

在岩石力学室内试验与工程应用中,各项分析数据都离不开试验技术与装备,具体研究内容主要包括:室内岩石和原位岩体的力学试验原理、内容和方法;不同应力路径作用下的物理模拟试验;岩石和岩体物理力学指标的统计和分析方法;试验技术的改进等。

6. 新技术、新方法和新理论在岩石力学工程中的应用

开展岩石工程勘测、试验、监测新技术与新方法,以及计算、模拟、评价新理论等方面的研究,应用于岩石工程超前预报、岩体质量分级、动态反馈分析、设计优化、稳定性评价、长期工程安全与风险分析、变形稳定技术标准等方面,是岩石工程应用研究的重点。

在岩石力学工程应用方面,必须始终贯穿以下三个原则:

(1) 研究工作均须在地质分析尤其是在岩体结构分析的基础上进行。

(2) 开展岩石性状的原位试验,并利用试验结果验证或修改理论分析结果和设计方案。

(3) 必要时综合地球物理学、构造地质学、试验技术、计算技术、施工技术等学科进行研究,并与勘测、设计及施工人员密切合作。

1.2.2　岩石力学主要研究方法

由于岩石力学是一门交叉科学,研究对象复杂,内容广泛,这就决定了岩石力学研究方法的多样性。根据采用的研究手段或依据的基础理论所属学科领域不同,岩石力学研究方法可概括如下:

1.　工程地质研究方法

工程地质研究方法重点研究与岩石、岩体力学性质有关的地质特征。如用岩矿鉴定方法,了解岩体的岩石类型、矿物组成及结构构造特征;用地层学方法、构造地质学方法及工程勘察方法等,了解地应力演化规律、岩体成因及空间分布、岩体中各种结构面的发育情况等;用水文地质学方法了解赋存于岩体中地下水的形成与运移规律,等等。

2.　科学试验方法

科学试验是岩石力学发展的基础,它包括实验室岩石力学参数的测定、模型试验、现场岩体的原位试验及监测技术、地应力的测定和岩体构造的测定等。试验结果可为岩体变形和稳定性分析计算提供必要的物理力学参数。同时,还可以用某些试验结果(如模拟试验及原位应力、位移、声发射监测结果等)直接评价岩体的变形和稳定性,以及探讨某些岩石力学理论问题。随着岩石力学的不断发展,其涉及的试验范围也越来越宽,如地质构造的勘测、大地层的力学测定等,可为岩石力学提供必要的研究资料。另外,室内岩石的微观测定也是岩石力学研究的重要手段。现代发展起来的新技术都已广泛应用于岩石力学领域,如遥感技术、激光散斑、三维地震勘测成像、CT 成像技术、微震技术,等等。

3.　数学力学分析方法

数学力学分析是岩石力学研究中的一个重要环节。它是通过建立工程岩体的力学模型,并利用适当的分析方法,预测工程岩体在各种力场作用下的变形与稳定特性,为岩体工程设计和施工提供定量依据。其中,建立符合实际的力学模型和选择适当的分析方法是数学和力学分析中的关键。目前常用的力学模型有:刚体力学模型、弹性及弹塑性力学模型、流变模型、断裂力学模型、损伤力学模型、渗透网络模型、拓扑模型等。常用的分析方法有:①数值分析方法,包括有限差分法、有限元法、边界元法、离散元法、无界元法、流形元法、不连续变形分析法、块体力学和反演分析法等;②模糊聚类和概率分析,包括随机分析、可靠度分析、灵敏度分析、趋势分析、时间序列分析和灰色系统理论等;③模拟分析,包括光弹应力分析、相似材料模型试验、离心模型试验等,在边坡研究中,还普遍采用极限平衡的分析方法。

4.　整体综合分析方法

整体综合分析方法是以整个复杂岩石工程为对象,以系统工程的理念和思路,采用多种手段、多种方法进行综合性分析与研究。这是岩石力学与岩体工程研究中极其重要的一套工作方法。由于岩石力学与工程研究中每一环节都是多因素的,且信息量大,因此必须采用多种方法并考虑多种因素(包括工程方面、地质方面及施工方面等)进行综合分析和评价,注重理论和经验相结合,才能得出符合实际情况的正确结论。只有采用不确定性的研究方法,才能彻底摆脱传统固体力学、结构力学的确定性分析方法的影响,使研究和分析结果更符合实际,更可靠和实用。现代非线性科学理论、信息科学理论、系统科学理论、模糊数学、人工智能、灰色理论和计算机科学技术的发展,为不确定性分析方法奠定了必要的技术基础。

1.3 岩石力学发展前景

纵观近年来的工程实践需求,岩石力学学科及岩石工程的发展趋势如下:

1. 岩石力学理论研究

(1) 多场耦合作用下裂隙岩体的应力-应变关系是一个重要的研究方向。多场耦合研究在解决高寒区岩体工程稳定性评价和安全施工、深部岩体工程支护技术、核废料地下储存技术、石油和天然气地下储存技术等方面具有重要价值。

(2) 动、静状态下微观、细观和宏观等不同尺度三相(多相)介质变形破坏规律研究值得重视,这些研究对岩体工程稳定性评价、合理支护技术的确定以及岩体工程破坏准则的建立具有重要价值。

(3) 从地质演化角度开展岩体工程灾害的中长期预报研究非常重要,这些研究有助于解决岩体工程长期稳定性问题。

(4) 岩石作为天然的地质体,非线性是其基本的性质,开展岩石力学非线性研究对于解决复杂的岩体力学稳定性分析问题具有重要意义。

2. 岩石力学方法研究

(1) 综合集成方法论。以岩石力学、工程地质学和系统科学的结合为中心的岩石工程信息综合集成方法论和相应配套技术研究正不断发展。

(2) 新的数值方法。随着电子计算机科学的迅猛发展,作为岩石力学重要分析手段的数值方法必将大放异彩,功能强、适用性广的数值方法将不断出现。

(3) 岩体统计力学。岩体统计方法仍将受到关注,由于岩体力学性质中的非均匀性和各向异性,统计方法在解决复杂岩体工程稳定性评价方面的研究将得到重视。

(4) 岩体结构精细描述和力学精细分析方法。目前,数值模拟技术在解决岩体力学问题时遇到的主要困难是计算模型与实际有偏差,因此如何精细化描述岩体真实结构亟须研究。

3. 岩石力学应用研究

(1) 新的物理力学试验技术。大型室内和现场物理力学试验是研究岩体力学问题的重要手段,基于各种原理的物理、力学试验新技术将得到充分发展,这些技术具有高精度、高可靠度、自动分析处理和远距离传输试验结果的功能。

(2) 岩体工程监测技术。电子技术的发展还将促使监测朝着范围广、精度高、信息传输远、方便经济的方向发展,如岩体边坡变形远程自动化监测系统、矿山开挖引起的地表变形自动化监测系统等工作急需开展。

(3) 岩体工程地质勘察新技术。随着电子技术的发展,岩石力学所依赖的工程地质勘察技术将有长足进步,各种宏观、细观和微观尺度的多功能勘测技术将被逐步提出,为岩石力学与岩体工程研究服务。如一种高性能遥感式仪器,不仅能测到地表或地表附近的地质结构并判断岩土介质的力学性能,而且还可感应到地表以下相当深度的地下地质结构并提供相应的岩体力学参数。

（4）岩体工程加固技术。在加固技术方面,需要研制高强不锈预应力锚索,目的是彻底解决目前预应力锚索存在的易发生应力腐蚀等问题。需要研究新的注浆技术,解决弱渗地层难注浆的问题。

（5）信息系统。岩体工程的信息系统必然包含岩石力学与岩体工程的内容,而岩石力学的发展也极大地促进岩石力学研究信息化和数字化的发展,当前基于互联网的岩体工程安全施工预测预报系统研究十分有必要。

课后习题

1. 简述岩石力学的发展简史。
2. 岩石力学各个发展阶段有什么特点？
3. 岩石力学的基本内容是什么？有哪些研究方法？
4. 什么是岩石力学？岩石力学的发展方向是什么？

第2章 Chapter 2

岩石的物理力学性质

岩石的物理力学性质是岩体最基本、最重要的性质之一,也是岩石力学学科中研究最早、最完善的内容之一。岩石的物理力学性质是岩石力学研究的基础,它不仅是岩石力学分析的重要依据,其提供的基本参数也是岩石力学工程设计和施工的基础。

岩石的物理力学性质包括物理性质和力学性质。岩石由固体、液体和气体三相介质组成,其物理性质是指因岩石三相组成的相对比例不同所表现出来的物理属性,与工程问题密切相关的主要包括岩石的密度、容重、孔隙率、水理性质、比热容等。岩石的力学性质主要指在载荷作用下的岩石变形特征,包括强度特性参数和变形特性参数。岩石的强度参数包括岩石抗拉、抗压、抗剪以及抗弯等强度,岩石的变形特性参数包括变形模量、弹性模量、切变模量、泊松比等。岩石的物理力学参数通常采用室内试验或现场测试方法确定。

2.1 岩石的基本构成和地质分类

2.1.1 岩石与岩体

岩石是自然界中各种矿物的集合体,是天然地质作用的产物,大部分新鲜岩石质地较坚硬致密,孔隙小而少,抗水性强,透水性弱,力学强度高。岩石是构成岩体的基本组成单元。相对于岩体而言,岩石可看成连续的、均质的、各向同性的介质。但实际上岩石中也存在一些如矿物解理、微裂隙、粒间空隙、晶格缺陷、晶格边界等内部缺陷,统称微结构面。因此,自然界中的岩石也是一种受到不同程度损伤的材料。

岩体是由岩石组成,赋存在一定地质环境(应力场、渗流场和地温场)中经受过变形,遭受过破坏,含有诸如节理、裂隙、层理和断层等地质结构面的复杂地质体。岩体要有足够大的体积,且其物理力学性质受不确定的节理、裂隙、断层或层理等结构面(或称弱面、裂隙系统)影响。岩体是在漫长的地质演化过程中形成的,其形成过程中经受了构造变动、风化作用和卸荷作用等各种内外力地质作用的破坏和改造。因此,岩体是具有非均质、非连续、各向异性及不确定性等特征的裂隙体。

岩体的多裂隙性特点决定了岩体与岩石(单一岩块)的工程地质性质有明显的不同。两者最根本的区别就是岩体中的岩石被各种结构面所切割。这些结构面的强度与岩石相比要低很多,并且破坏了岩体的连续完整性。岩体的工程性质首先取决于这些结构面的性质,其次才是组成岩体的岩石性质。此外,在大自然中,多数岩石的强度都很高,能够满足一般工程建(构)筑物的要求。而岩体的强度,特别是沿软弱结构面方向的强度却往往很低,不能满足建(构)筑物的安全要求。但是,对岩石特征的研究是认识岩体特征的基础。

2.1.2　岩石的基本构成

岩石的基本构成是由组成岩石的矿物成分、结构和构造决定的。

1. 岩石的主要矿物成分

岩石中主要的造岩矿物有:正长石、斜长石、石英、黑云母、白云母、角闪石、辉石、橄榄石、方解石、白云石、高岭石、赤铁矿等,不同成因的岩石其含量各异。

岩石中的矿物成分会影响岩石的抗风化能力、物理性质和强度特性。岩石中矿物成分的相对稳定性对岩石抗风化能力有显著影响,各矿物的相对稳定性主要与其化学成分、结晶特征及形成条件有关。从化学元素活泼性来看,Cl^- 和 SO_4^{2-} 最易迁移,其次是 K^+、Na^+、Ca^{2+}、Mg^{2+},SiO_2 较为稳定,Fe_2O_3 和 Al_2O_3 最稳定,而低价铁则易氧化。

基性和超基性岩石主要由易于风化的橄榄石、辉石及基性斜长石组成,所以容易风化。酸性岩石主要由较难风化的石英、钾长石、酸性斜长石及少量暗色矿物(多为黑云母)组成,故其抗风化能力比起同样结构的基性岩要高,中性岩则居两者之间,变质岩的风化性状与岩浆岩类似。沉积岩主要由风化产物组成,大多数为原来岩石中较难风化的碎屑物或在风化和沉积过程中新生成的化学沉积物,因而它们在风化作用中的稳定性一般都较高。矿物成分不是决定岩石风化性状的唯一因素,岩石的性状还取决于岩石的结构和构造特征。

通常可以将造岩矿物分为非常稳定、稳定、较稳定和不稳定四类,并按其稳定性顺序列于表2.1.1中。

表 2.1.1　主要造岩矿物抗风化相对稳定性

抗风化稳定性	矿 物 名 称
非常稳定	石英 锆长石 白云母
稳定	正长石 钠长石
较稳定	酸性斜长石 角闪石 辉石 黑云母
不稳定	基性斜长石 霞石 橄榄石 黄铁矿

新鲜岩石的力学性质主要取决于岩石的矿物成分、结构和构造。对于具有结晶联结的岩石,其矿物成分的影响要大一些。应当指出,岩石中矿物的硬度和岩石的强度是两个有联系却不同的概念。例如,即使组成岩石的矿物都是坚硬的,岩石的强度也不一定高,因为矿

物之间的联结可能是弱的。但对于大部分岩石,矿物硬度和岩石强度存在相关性。在许多岩浆岩中,其强度常随暗色矿物(辉石,特别是橄榄石)的增加而增加;在沉积岩中,砂岩的强度常随石英相对含量的增加而增大,石灰岩的强度常随其硅质混合物含量的增加而增大,随黏土质含量的增加而降低;在变质岩中,任何片状的硅酸岩盐矿物,如云母、绿泥石、滑石、蛇纹石等都会使岩石强度降低,特别是当这些矿物呈平行排列时。

岩石中某些易溶物、黏土矿物、特殊矿物的存在,常使岩石物理力学性质复杂化。一些易溶矿物,如石膏、芒硝、岩盐、钾盐等在水的作用下易被溶蚀,使岩石的孔隙度加大,结构变松,强度降低。一些含芒硝的岩石,当温度降到 32.5℃ 以下或由干燥变潮湿时,会导致芒硝由液态变固态,由无水变含水,体积增大,引起岩石膨胀。含石膏的岩石,也由于石膏($CaSO_4$)变成水化石膏($CaSO_4 \cdot 2H_2O$)时体积增大而发生膨胀。

另外,黏土岩石中的蒙脱石遇水膨胀且强度降低,凝灰岩中一些不稳定的物质极易分解成膨润土,遇水也易膨胀和软化,还有某些玻璃质和次生矿物,如沸石等会与磷发生化学反应。

2. 常见的岩石结构类型

岩石的结构是指岩石中矿物(及岩屑)相互之间的关系,包括矿物的大小、形状、排列、结构联结特点及岩石中的微结构面(即内部缺陷)。其中,结构的联结特点和岩石中微结构面对岩石工程性质影响最大。

岩石中结构联结的类型主要有两种,分别为结晶联结和胶结联结。

1) 结晶联结

岩石中矿物通过结晶相互嵌合在一起,如岩浆岩、大部分变质岩及部分沉积岩的结构联结。这种联结使晶体之间紧密接触,故岩石强度一般较大,但因结构的不同而存在一定差异,如在岩浆岩和变质岩中,等粒结晶结构一般比非等粒结晶结构的强度大,抗风化能力强。在等粒结构中,细粒结晶结构比粗粒的强度高。在斑状结构中,细粒基质比玻璃基质的强度高。总之,晶粒越细,越均匀,玻璃质越少,则强度越高,粗粒斑晶的酸性深成岩强度最低,细粒微晶而无玻璃质的基性喷出岩强度最高。例如,粗粒花岗岩单轴抗压强度一般只有120MPa,而同一成分的细粒花岗岩则可达 260MPa。

具有结晶联结的一些变质岩,如石英岩、大理岩等情况与岩浆岩类似。

沉积岩中的化学沉积岩是以可溶性的结晶联结为主,联结强度较大,一般以等粒细晶的岩石强度最高,如成分均一的致密细粒石灰岩抗压强度可达 260MPa,但这种联结的缺点是抗水性差,能不同程度地溶于水中,对岩石的可溶性有一定的影响。

固结黏土岩的联结有一部分是再结晶的结晶联结,其强度比其他坚硬岩石要低很多。

2) 胶结联结

胶结联结指矿物与矿物之间通过胶结物联结在一起,例如沉积碎屑岩、部分黏土岩的胶结联结。对于这种联结的岩石,其强度主要取决于胶结物及胶结类型。从胶结物来看,硅质、铁质胶结的岩石强度较高,钙质次之,而泥质胶结强度最低。根据矿物之间及矿物与胶结物之间的关系,胶结类型可分为三种:

（1）基质胶结类型。矿物彼此不直接接触，完全被胶结物包围，岩石强度基本取决于胶结物的性质，如图 2.1.1(a)所示。

（2）接触胶结类型。只有矿物接触处才有胶结物胶结，胶结一般很牢固，孔隙率一般较大，故岩石强度低，透水性好，如图 2.1.1(b)所示。

（3）孔隙胶结类型。胶结物完全或部分充填于矿物间的孔隙中，胶结一般较牢固，岩石强度和透水性主要视胶结物性质和其充填程度而定，如图 2.1.1(c)所示。

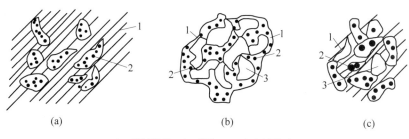

(a)　　　　　　　　　　(b)　　　　　　　　　　(c)

1—胶结物质；2—矿物；3—未充填孔隙。

图 2.1.1　碎屑岩胶结类型

岩石中的微结构面（或称缺陷），是指存在于矿物颗粒内部或矿物颗粒与矿物集合体之间微小的弱面及空隙，包括矿物的解理、晶格缺陷、晶粒边界、微裂隙、粒间空隙等。

矿物的解理：指矿物晶体或晶粒受力后沿一定结晶方向分裂成的光滑平面。它往往平行于晶体中质点排列最紧密的面网，即平行于间距较大的面网。一些主要的造岩矿物，如黑云母、方解石、角闪石等具有极完全或完全解理，正长石、斜长石等具有等解理，它们都是岩石中细微的弱面。

晶格缺陷：有由于晶体外原子入侵产生的化学方面的缺陷，也有由于化学比例或原子重新排列而产生的物理方面的缺陷，它与岩石的塑性变形有关。

晶粒边界：由于矿物晶体内部各粒子均由各种离子键、原子键、分子键等相联结，矿物晶粒表面电价不平衡使矿物表面具有一定的结合力，但这种结合力一般比矿物内部的键联结力小，因此晶粒边界相对软弱。

微裂隙：指发育于矿物颗粒内部及颗粒之间的多呈闭合状态的破裂迹线，这些微裂隙十分细小，肉眼难以观察，一般要在显微镜下观察，故也称显微裂隙。它们的成因，主要与构造应力的作用有关，因此常具有一定方向，有时也由温度变化、风化等作用引起。微裂隙的存在对岩石工程地质性质影响很大。

粒间空隙：多在成岩过程中形成，如结晶岩中晶粒之间的小空隙、碎屑岩中由于胶结物未完全充填而留下的空隙。粒间空隙对岩石的透水性和压缩性有较大影响。

由上述可见，岩石中的微结构面一般很小，通常需要在显微镜下才能见到，但它们对岩石工程性质的影响却很大。

一方面，微观结构面的存在将大大降低岩石（特别是脆性岩石）的强度，许多学者已通过试验论证了这一观点。根据格里菲斯强度理论的主要论点：由于岩石中这些缺陷的存在，当其受力时，在微孔隙或微裂隙（缺陷）末端，易造成应力集中，使裂隙可能沿末端继续扩张，导致岩石在较低的应力作用下破坏。故有人认为缺陷是岩石力学性质的决定性影响因素。另一方面,由于微结构面在岩石中常具有方向性,如节理等,它们的存在常导致岩石的各向异性。

此外,缺陷能增大岩石的变形,在循环加载时引起滞后现象,还能改变岩石的弹性波速、改变岩石的电阻率和热传导率等。但应指出,缺陷对岩石的影响在低围压时是明显的,而在岩石受高围压时,缺陷的影响相对减弱,这是因为在高围压下岩石缺陷被压密闭合。

3. 岩石的构造

岩石的构造是指岩石中不同矿物集合体之间或矿物集合体与其他组成部分之间的排列方式及充填方式。一般岩浆岩的颗粒排列无一定的方向,形成块状构造;沉积岩一般呈层理构造、页片状构造;变质岩一般呈板状构造、片理构造、片麻理构造。层理、片理、板理和流面构造等统称为层状构造。宏观上,块状构造的岩石多具有各向同性特征,而层状构造岩石具有各向异性特征。

2.1.3 岩石的地质分类

自然界中有各种各样的岩石,根据地质学的岩石成因分类可把岩石分为岩浆岩、沉积岩和变质岩三大类。岩石学是专门的学科,这里不作详细的探讨,只是简要介绍各类岩石的基本特征。

1. 岩浆岩

地壳以下物质成分复杂,但主要是硅酸盐,并含有大量的水汽和各种其他气体。由于放射性元素集中,不断蜕变而释放出大量的热能,使物质处于高温(1000℃以上)、高压(由于上部岩层重力)的过热可塑状态。当地壳变动时,上部岩层压力一旦降低,过热可塑物质就立即转变为高温熔融体,称为岩浆。岩浆的化学成分很复杂,主要有 SiO_2、TiO_2、Al_2O_3、Fe_2O_3、FeO、MgO、MnO、CaO、K_2O、Na_2O 等,依其 SiO_2 含量的多少,分为基性岩浆和酸性岩浆。根据酸性,也就是 SiO_2 含量,可以把岩浆岩分成四个大类:超基性岩(SiO_2 含量<45%)、基性岩(SiO_2 含量为 45%~52%)、中性岩(SiO_2 含量为 52%~66%)和酸性岩(SiO_2 含量>66%)。基性岩浆的特点是富含钙、镁和铁,而贫钾和钠,黏度较小,流动性较大。酸性岩浆富含钾、钠和硅,而贫镁、铁、钙,黏度大,流动性较小。岩浆内部压力很大,不断向地壳压力低的地方移动,以致冲破地壳深部的岩层,沿着裂缝上升。随着上升高度的增加,温度、压力随之降低。当岩浆的内部压力小于上部岩层压力时,岩浆不再上升,冷凝成岩浆岩。

依冷凝成岩浆岩地质环境的不同,可以将岩浆岩分为三大类,即深成岩、浅成岩和喷出岩(火山岩),每一类中又可根据成分的不同进行细分,见表 2.1.2。它们在结构上有较大的差异,这种差异往往通过岩石的力学性质反映出来。

1) 深成岩

深成岩常形成较大的侵入体,有巨型岩体如岩基、岩盘,它们都在高温、高压状态下形成,在形成过程中由于岩浆有充分的分异作用,常常形成基性岩、超基性岩、中性岩及酸性岩、碱性岩等,彼此往往逐渐过渡,有时也突然变化、互相穿插。在逐渐过渡的大型岩基中,有时具有环形的岩性岩相带，一般外环偏酸性，内环偏基性，有时在外围还出现基性边缘。根据这种分带性，无论是基性还是中、酸性岩体，岩石种类也比较多，组织结构也有所变化，在侵入岩体的边缘，常有围岩落入火成岩体之中而形成外捕虏体，也有冷却的基性边缘岩石堕入火成岩中形成内捕虏体。它们的分布与火成岩的流动构造（如流线、流层）常一致。围岩在高温高压的作用下，常常形成热力接触变质的混合岩带，接触岩带的规模由侵入体的规模与埋深决定。

表 2.1.2 岩浆岩分类

岩类	产状	岩类细分及其化学成分、矿物成分、特征
深成岩	等粒状，有时为斑状，所有矿物皆能用肉眼鉴别	花岗岩（化学成分含硅、铝为主，酸性，浅色，含石英、云母、角闪石）； 正长岩（化学成分含硅、铝为主，酸性，浅色，含黑云母、角闪石、辉石）； 闪长岩（化学成分含硅、铝为主，中性，浅色，含角闪石、辉石、黑云母）； 辉长岩（化学成分含铁、镁为主，基性，深色，含辉石、角闪石、橄榄石）； 橄榄岩、辉岩（化学成分含铁、镁为主，超基性，深色，含橄榄石、辉石）
浅成岩	斑状（斑晶较浅成大且可分辨出矿物名称）	花岗斑岩（化学成分含硅、铝为主，酸性，浅色，含石英、云母、角闪石）； 正长斑岩（化学成分含硅、铝为主，酸性，浅色，含黑云母、角闪石、辉石）； 玢岩（化学成分含硅、铝为主，中性，浅色，含角闪石、辉石、黑云母）； 辉绿岩（化学成分含铁、镁为主，基性，深色，含辉石、角闪石、橄榄石）
喷出岩	玻璃状，有时为细粒斑状矿物，难用肉眼鉴别	流纹岩（化学成分含硅、铝为主，酸性，浅色，含石英、云母、角闪石）； 粗面岩（化学成分含硅、铝为主，酸性，浅色，含黑云母、角闪石、辉石）； 安山岩（化学成分含硅、铝为主，中性，浅色，含角闪石、辉石、黑云母）； 玄武岩（化学成分含铁、镁为主，基性，深色，含辉石、角闪石、橄榄石）

深成岩岩性较均一，变化较小，岩体结构呈典型的块状结构，结构体多为六面体和八面体，但在岩体的边缘部分也常有流线、流面和各种原生节理，结构相对比较复杂。

深成岩颗粒均匀，多为粗-中粒结构，致密坚硬，孔隙很少，力学强度高，透水性较弱，抗水性较强，所以深成岩体的工程地质性质一般比较好。花岗岩、闪长岩、花岗闪长岩、石英闪长岩等均属常见的深成岩体，常被选作大型建筑场地，如举世瞩目的长江三峡大坝的坝基就是坐落在花岗闪长岩体之上。但深成岩体也有不足之处，首先，深成岩体较易风化，风化壳的厚度一般比较厚；其次，当深成岩受同期或后期构造运动影响，断裂破碎剧烈，构造面发育时，其性质会十分复杂，岩体完整性和均一性被破坏，强度降低。此外，深成岩体常被同期或后期小侵入体、岩脉穿插，有时对岩体或先期断裂起胶结作用，有时起进一步的分割作用，必须分别对待，但总体上使岩体更加复杂化，破坏了它的均一性，岩体质量降低。深成岩与周围岩体接触，常形成很厚的接触变质带，这些变质带往往成分复杂，有时易风化，形成软弱岩带或软弱结构面，应予以注意。

2）浅成岩

浅成岩的成分一般与相应的深成岩相似，但其产状和结构都不相同，多为岩床、岩墙、岩脉等小侵入体，岩体均一性差，岩体常呈镶嵌式结构，而岩石多呈斑状结构和均粒-中细粒结构，细粒岩石强度比深成岩高，抗风化能力强，斑状结构岩石的强度和抗风化能力比细粒岩石弱。与其他一些类型的岩体相比，浅成岩岩性较好，在岩石工程中应尽量加以利用。

花岗斑岩、闪长玢岩和伟晶岩等中酸性浅成岩性质与花岗岩类似,细晶岩强度较高,但由于产出范围较小,岩性变化比较大,岩体均一性较差。

辉绿岩为常见的基性浅成岩体,岩性致密坚硬,强度较高,抗风化能力较强,但岩体均一性较差;煌斑岩常以岩脉产出,含暗色矿物多,是最容易风化且风化程度较深的一种岩体。

3）喷出岩

喷出岩的喷出类型有喷发及溢流,喷发式火山岩有陆地喷发和海底喷发,喷出方式有裂隙性喷发和火山口式喷发,往往间歇性喷发和溢流轮回交替出现。每次喷发的压力和温度不同,所含物质成分不等。无论是喷发式或溢流式,均会导致岩石组织结构及成分有很大差异,岩性岩相变化十分复杂。总之,喷出岩是由火山喷出的熔岩流冷凝而成,由于火山喷发的多期性,火山熔岩和火山碎屑往往交替出现,使喷出岩具有类似层状的构造。

对于喷出岩,由于岩浆喷出后才凝固,所以岩石中含有较多的玻璃及气孔构造、杏仁构造,岩石颗粒很细,多呈致密结构,酸性熔岩在流动过程中形成流纹构造。此外,由于喷出岩是在急骤冷却条件下凝固形成的,其原生节理比较发育。例如,玄武岩的柱状节理、流纹岩的板状节理等。

上述特征都使喷出岩的结构复杂,岩性不均一,各向异性显著,岩体的连续性较差,透水性较强,软弱夹层的弱结构面比较发育,成为控制岩体稳定性的主要因素。

要注意喷出岩中的松散岩层及松软岩层,如凝灰质碎屑岩及黏土岩等,有些岩层常含有大量的蒙脱石、拜来石及伊利石等黏土矿物,这些矿物往往具有不同程度的膨胀性。喷出岩以玄武岩为最常见,其次是安山岩和流纹岩。

2. 沉积岩

沉积岩又称水成岩,是由风化剥蚀作用或火山作用形成的物质,在原地或被外力搬运,并在适当的条件下沉积下来,经胶结和成岩作用而形成的。沉积岩的矿物成分主要是黏土矿物、碳酸盐和残余的石英、长石等,具有典型的层理构造,岩性一般具有明显的各向异性。按形成条件及结构特点,沉积岩可分为火山碎屑岩、胶结碎屑岩、黏土岩、化学岩和生物化学岩等,沉积岩的分类见表2.1.3。

沉积岩的形成过程,不仅有海浸式沉积环境和海退式沉积环境,还有两者结合的沉积环境,并且海浸及海退交替出现。有深水宁静环境,亦有浅水动荡环境。因此,沉积轮回及沉积相的变化有所不同,特别是滨海及湖相沉积,往往受古地形的控制,在岩层的走向、倾向、岩性与岩相上都有变化,再加上水体季节变化以及风浪影响,岩性岩相变化更加显著。陆相滨湖环境的沉积模式更加复杂,往往在一定范围内,砾岩变为砂岩甚至砂质页岩或黏土岩。不仅岩性岩相变化如此,厚度变化也是如此,往往形成大小不一的扁豆体或透镜体。滨海相的沉积模式亦是如此,而深海相沉积则为细粒的碎屑岩沉积及碳酸岩类的化学沉积,该种沉积无论是岩性岩相,还是厚度,在较小的范围内往往变化不大。所以,在岩体结构分析时,对滨海相沉积,特别是河湖相沉积,要做好岩石地层的详细对比。

表 2.1.3　沉积岩分类

岩　类		结　构	岩石分类名称	主要亚类及其组成物质
碎屑岩类	火山碎屑岩	碎屑结构	粒径>100mm	火山集块岩	主要由大于100mm的熔岩碎块、火山灰尘等经压密胶结而成
			粒径2~100mm	火山角砾岩	主要由2~100mm的熔岩碎屑、晶屑、玻屑及其他碎屑混入物组成
			粒径<2mm	凝灰岩	由50%以上粒径小于2mm的火山灰组成,其中有岩屑、晶屑、玻屑等细粒碎屑物质
	胶结碎屑岩		砾状结构 粒径>2mm	砾岩	角砾岩,由带棱角的角砾经胶结而成 砾岩,由浑圆的砾石经胶结而成
			砂质结构 粒径0.05~2.00mm	砂岩	石英砂岩,石英含量>90%,长石和岩屑含量<10% 长石砂岩,石英含量<75%,长石含量>25%,岩屑含量<10% 岩屑砂岩,石英砂岩<75%,长石含量>10%,岩屑含量>25%
			粉砂结构 粒径0.005~0.05mm	粉砂岩	主要由石英、长石的粉、黏粒及黏土矿物组成
黏土岩		泥质结构 粒径<0.0005mm		泥岩	主要由高岭石、微晶高岭石及水云母等黏土矿物组成
				页岩	黏土质页岩,由黏土矿物组成 碳质页岩,由黏土矿物及有机质组成
化学岩和生物化学岩		结晶结构及生物结构		石灰岩	石灰岩,方解石含量为>90%,黏土矿物含量<10% 泥灰岩,方解石含量为50%~75%,黏土矿物含量为25%~50%
				白云岩	白云岩,白云石含量为90%~100%,方解石含量<10% 灰质白云岩,白云石含量为50%~75%,方解石含量为25%~50%

1）火山碎屑岩

火山碎屑岩具有岩浆岩和普通沉积岩的双重特性和过渡关系,包括火山集块岩、火山角砾岩和凝灰岩等。各类火山碎屑岩的性质差别很大,与火山碎屑物、沉积物、熔岩的相对含量、层理和胶结压实程度相关。

大多数凝灰岩和凝灰质岩石结构疏松,极易风化,强度很低,往往具有遇水膨胀的特性。

2）胶结碎屑岩

胶结碎屑岩是沉积物经胶结、成岩固结硬化的岩石,包括各种砾岩、砂岩和粉砂岩。碎屑岩的性质主要取决于胶结物的成分、胶结形式、碎屑物的成分和特点。例如,硅质胶结碎屑岩的岩石强度最高,抗水性强,而钙质胶结、石膏质和泥质胶结的岩石,强度较低,抗水性弱,在水作用下,可被溶解或软化,导致岩石性质变差。此外,基质胶结类型的岩石较坚硬,透水性较弱,而接触胶结类型的岩石强度较低,透水性较强。

3）黏土岩

黏土岩包括两种类型,即页岩(具有明显的页状层理)和泥岩。总的来说,黏土岩的性质较差,特别是红色岩层中的泥岩,厚度薄,抗水性差,强度低,易软化和泥化。

4）化学岩和生物化学岩

化学岩和生物化学岩中最常见的是碳酸盐类岩石,以石灰岩分布最广,多数为石灰岩和白云岩,结构致密、坚硬、强度较高。它们在地下水的作用下能被溶蚀,形成溶蚀裂隙、溶洞、暗河等,成为渗漏或涌水的通道,给工程带来极大的危害。泥灰岩是黏土和石灰岩之间的过渡类型,强度低、遇水易软化,当石灰岩中夹有薄层泥灰岩或黏土岩时,可能产生滑动,对工程极为不利。但石灰岩及黏土岩夹层可以起阻水或隔水作用,对于防止渗漏与涌水又是有利的,因此应结合具体工况进行分析。

3. 变质岩

变质岩是岩浆岩或沉积岩经过变质混合作用后形成的。温度方面可分为高温变质、中温变质和低温变质,再加上作用力的不同,又有更多组合的变质混合条件,如高温高压、高温中压等。从变质深浅角度而言,浅变质带的压力小,温度也不特别高,变质作用在定向压力作用下进行,主要是使岩石破碎、固体熔融交替。中变质带的压力和温度中等,无碎屑,片理构造发育。深变质带的温度高,几乎接近岩石熔解点,重力围压较大,可以形成定向压力,片理不太发育,结晶体较大。不同的物理条件使得母岩的矿物组成与组织结构明显不同。所以往往在较小范围内,同一岩层变质岩的内在岩性和岩相变化随矿物组分及组织结构的不同而发生变异。由于与变质作用力有一定关系,变质岩形成了特有的片理、剥理、板理、片麻结构、流劈理、流动扭曲褶皱等,因此变质岩具有极为明显的不均质性和各向异性。

变质岩形成的地质环境,大都是地壳最活跃的部位,因此变质岩类岩石组合特别复杂。岩石种类繁多,如大理岩、蛇纹岩、变质砾岩、石英岩、石英片岩、板岩、片岩、变质的火山岩及混合岩化而形成的片麻岩、麻粒岩、花岗片麻岩等。

变质岩的性质与变质作用的特点及原岩的性质有关,其岩石力学性质差别很大,不能一概而论。大多数常见的变质岩均经过重结晶作用,具有一定的结晶联结,使其结构较紧密,抗水性强,孔隙小,透水性弱,强度较高。如页岩变质为板岩、角岩后其性质有所改变。但也有相反的情况,如变质岩中的片理及片麻理,往往使岩石的联结减弱,力学性质呈现各向异性,强度降低。另外,某些矿物成分的影响,也可使变质岩容易风化。此外,变质岩通常年代较为久远,经受的地质构造变动较多,断裂及风化作用破坏了某些变质岩体的完整性,使岩体呈现不均一性。变质岩的分类见表2.1.4。

表 2.1.4　变质岩分类

类　别	岩石名称	主要矿物	构　造		变质作用
区域变质岩	板岩	肉眼不能辨识	片理	板状	区域变质
	千枚岩	绢云母		千枚状	
	片岩	石英、云母(绿泥石)等		片状	
	片麻岩	长石、云母、角闪石等		片麻状	
	大理岩	方解石、白云石	块状	糖粒状	
	石英岩	石英		致密状	
	混合岩	石英、长石等	片理	条带或片麻状	混合岩化作用

续表

类 别	岩石名称	主要矿物	构 造		变质作用
接触变质岩	大理岩	方解石、白云石	块状	糖粒状	热力变质
	石英岩	石英		致密状	
	角页岩	长石、石英、角闪石、红柱石		斑点或致密状或斑杂状	接触交代
	矽卡岩	石榴子石、透辉石等			
动力变质岩	构造角砾岩 糜棱岩	原岩碎块 原岩碎屑	角砾状 条带或眼球状		动力变质

1) 区域变质岩

区域变质岩分布范围较广,岩石厚度较大,变质程度较为均一,最常见的有片麻岩、片岩、千枚岩、板岩、石英岩和大理岩。混合岩是介于片麻岩与岩浆岩之间的一种岩石,一般而言,块状岩石性质较好,而层状片状岩石,尤其是千枚岩和片麻岩的性质较差。

2) 接触变质岩

接触变质岩体出现在侵入体的周围,其范围和性质取决于侵入体大小、类型和原岩物质。这种岩石主要受重结晶作用,因此其强度一般比原岩高。但由于侵入体的挤压,接触带附近易发生断裂,使岩体透水性增加,抗风化能力降低。

3) 动力变质岩

动力变质岩是构造作用形成的断裂带及其附近受影响的岩石,如前所述,该类岩石包括压碎岩、角砾岩、糜棱岩等。动力变质岩的性质取决于破碎物质成分的大小和压密胶结程度。通常,该类岩石胶结较弱,裂隙、孔隙发育,强度低,透水性强,常形成软弱结构面或软弱岩体。

2.2 岩石的物理性质

岩石的物理性质是指由岩石固有的矿物成分、结构和构造特征所决定的密度、容重、比重、孔隙率、水理性质、抗风化性、膨胀性等基本属性。

2.2.1 岩石的质量指标

1. 岩石的密度

岩石单位体积(包括岩石内孔隙体积)的质量称为岩石密度。根据岩石试样的含水状态不同,可分为天然密度、饱和密度和干密度。天然密度 ρ 是指天然状态下的岩石单位体积的质量;饱和密度 ρ_{sat} 是指岩石在饱水状态下单位体积的质量;干密度 ρ_d 是指岩石在 $105 \sim 110℃$ 下干燥 24h 后单位体积的质量。在实际使用中,如未说明含水状态,一般均指岩石的天然密度。各密度表达式如下:

$$\rho = \frac{m}{V} \tag{2.2.1}$$

$$\rho_{sat} = \frac{m_{sat}}{V} \tag{2.2.2}$$

$$\rho_d = \frac{m_d}{V} \tag{2.2.3}$$

式中，m 为岩石试样的天然质量，g；m_{sat} 为岩石试样的饱和质量，g；m_d 为岩石试样的干质量，g；V 为岩石的总体积，cm³。

2. 岩石的容重

岩石单位体积(包括岩石内孔隙体积)的重量称为岩石容重。根据岩石的含水状况，将容重分为天然容重 γ、水饱和容重 γ_{sat} 和干容重 γ_d。天然容重 γ 是指天然状态下的岩石单位体积的重量；饱和容重 γ_{sat} 是指岩石在饱水状态下单位体积的重量；干容重 γ_d 是指岩石在干燥情况下单位体积的重量。在实际使用中，如未说明含水状态，一般均指岩石的天然容重。各容重表达式如下：

$$\gamma = \frac{W}{V} \tag{2.2.4}$$

$$\gamma_{sat} = \frac{W_{sat}}{V} \tag{2.2.5}$$

$$\gamma_d = \frac{W_d}{V} \tag{2.2.6}$$

式中，γ 为天然岩石容重，kN/m³；W 为被测岩样的重量，kN；W_{sat} 为饱和岩样的重量，kN；W_d 为干燥岩样的重量，kN；V 为被测岩样的体积，m³。

岩石容重和岩石密度之间存在如下关系：

$$\gamma = \rho g \tag{2.2.7}$$

式中，g 为重力加速度，可取 9.8m/s²。

岩石容重取决于组成岩石的矿物成分、孔隙发育程度及其含水量。岩石容重的大小，在一定程度上可以反映出岩石力学性质的优劣。一般而言，岩石容重越大，其力学性质也越好，反之，则越差。常见岩石的容重见表 2.2.1。

表 2.2.1 常见岩石的容重

岩石名称	容重/(kN·m⁻³)	岩石名称	容重/(kN·m⁻³)	岩石名称	容重/(kN·m⁻³)
花岗岩	23.0～28.0	玢岩	24.0～28.6	玄武岩	25.0～31.0
闪长岩	25.2～29.6	辉绿岩	25.3～29.7	凝灰岩	22.9～25.0
辉长岩	25.5～29.8	粗面岩	23.0～26.7	凝灰角砾岩	22.0～29.0
斑岩	27.0～27.4	安山岩	23.0～26.7	砾岩	24.0～26.6
石英砂岩	26.1～27.0	白云质灰岩	28.0	片岩	29.0～29.2
硅质胶结砂岩	25.0	泥质灰岩	23.0	特别坚硬的石英岩	30.0～33.0
砂岩	22.0～27.1	灰岩	23.0～27.7	片状石英岩	28.0～29.0
坚固的页岩	28.0	新鲜花岗片麻岩	29.0～33.0	大理岩	26.0～27.0
砂质页岩	26.0	角闪片麻岩	27.6～30.5	白云岩	21.0～27.0
页岩	23.0～26.2	混合片麻岩	24.0～26.3	板岩	23.1～27.5
硅质灰岩	28.1～29.0	片麻岩	23.0～30.0	蛇纹岩	26.0

3. 岩石的比重

岩石的比重是岩石固相部分的重量与4℃时同体积纯水重量的比值,即

$$G_s = \frac{W_s}{V_s \gamma_w}$$
(2.2.8)

式中,G_s 为岩石的比重;W_s 为岩石固相部分的重量,kN;V_s 为岩石固相部分(不包括孔隙)的体积,m^3;γ_w 为4℃时水的容重,kN/m^3。

岩石比重的大小,取决于组成岩石的矿物比重及其在岩石中的相对含量。成岩矿物的比重越大,则岩石比重越大;反之,则岩石比重越小。岩石比重,可采用比重瓶法进行测定,试验时先将岩石研磨成粉末,烘干后用比重瓶法测定,其原理和方法与土工试验相同。岩石的比重一般为 2.50~3.30(见表 2.2.2)。

表 2.2.2　常见岩石的比重

岩 石 名 称	比　重	岩 石 名 称	比　重	岩 石 名 称	比　重
花岗岩	2.50~2.84	辉绿岩	2.60　~3.10	凝灰岩	2.50~2.70
闪长岩	2.60~3.10	流纹岩	2.65	砾岩	2.67~2.71
橄榄岩	2.90~3.40	粗面岩	2.40~2.70	砂岩	2.60~2.75
斑岩	2.60~2.80	安山岩	2.40~2.80	细砂岩	2.70
玢岩	2.60~2.90	玄武岩	2.50~3.30	黏土质砂岩	2.68
砂质页岩	2.72	片麻岩	2.63~3.01	黏土质片岩	2.40~2.80
页岩	2.57~2.77	花岗片麻岩	2.60~2.80	板岩	2.70~2.90
石灰岩	2.40~2.80	角闪片麻岩	3.07	大理岩	2.70~2.90
泥质灰岩	2.70~2.80	石英片岩	2.60~2.80	石英岩	2.53~2.84
白云岩	2.70~2.90	绿泥石片岩	2.80~2.90	蛇纹岩	2.40~2.80
牙膏	2.20~2.30	煤	1.98		

2.2.2　岩石的孔隙性

天然岩石中包含着数量不等、成因各异的孔隙、裂隙,是岩石的重要结构特征之一。它们对岩石力学性质的影响基本一致,在工程实践中很难将二者分开,因此统称为岩石的孔隙性。岩石的孔隙性常用孔隙率 n 表示。

岩石的孔隙率 n 是指岩石孔隙的体积与岩石总体积的比值,以百分数表示。岩石中与大气联通的孔隙称为开型孔隙,与大气不连通的孔隙称为闭型孔隙。开型孔隙根据其开口大小,可分为大开型孔隙和小开型孔隙。在常温常压下水能进入的孔隙称为大开型孔隙,在高压(一般为 15MPa)或真空条件下,水才能进入的孔隙,称为小开型孔隙。因此,岩石的孔隙性指标,可根据孔隙的类型分为总孔隙率 n、总开型孔隙率 n_o、大开型孔隙率 n_b、小开型孔隙率 n_s 和闭孔隙率 n_c,分别按下列公式计算:

$$n = \frac{V_p}{V} \times 100\%$$
(2.2.9)

$$n_o = \frac{V_{p,o}}{V} \times 100\%$$
(2.2.10)

$$n_b = \frac{V_{p,b}}{V} \times 100\%　\qquad (2.2.11)$$

$$n_s = \frac{V_{p,s}}{V} \times 100\%　\qquad (2.2.12)$$

$$n_c = \frac{V_{p,c}}{V} \times 100\%　\qquad (2.2.13)$$

式中,V 为岩石体积,m^3;V_p 为岩石中各种孔隙的总体积,m^3;$V_{p,o}$ 为岩石中开型孔隙体积,m^3;$V_{p,b}$ 为岩石大开型孔隙体积,m^3;$V_{p,s}$ 为岩石小开型孔隙体积,m^3;$V_{p,c}$ 为岩石闭型孔隙体积,m^3。

岩石的孔隙性也可用孔隙比表示。孔隙比 e 是指岩石中孔隙总体积与岩石内固体部分体积之比,可表示为

$$e = \frac{V_p}{V_s}　\qquad (2.2.14)$$

式中,V_s 为岩石固相部分(不包括孔隙)的体积,m^3。

孔隙比与孔隙率之间有如下关系:

$$e = \frac{n}{1-n}　\qquad (2.2.15)$$

孔隙率是衡量岩石工程质量的重要物理性质指标之一。岩石的孔隙率反映了孔隙裂隙在岩石中所占的百分率,孔隙率越大,岩石中的孔隙裂隙就越多,岩石的力学性能则越差。常见岩石的孔隙率见表 2.2.3

表 2.2.3　常见岩石的孔隙率

岩石名称	孔隙率/%	岩石名称	孔隙率/%	岩石名称	孔隙率/%
花岗岩	0.04~2.80	火山角砾岩	4.40~11.20	凝灰岩	1.50~25.00
闪长岩	0.18~5.00	片麻岩	0.30~2.00	砾岩	0.80~10.00
斑岩	0.29~2.75	花岗片麻岩	0.30~2.40	砂岩	1.60~28.30
辉长岩	0.29~1.13	石英片岩、角闪岩	0.70~3.00	泥岩	3.00~7.00
辉绿岩	0.29~5.00	千枚岩	0.40~3.60	泥质页岩	0.40~10.00
玢岩	1.88~5.00	板岩	0.1~0.45	石灰岩	0.53~27.00
安山岩	1.10~4.50	大理岩	0.1~6.00	泥灰岩	1.00~10.00
玄武岩	0.50~7.20	石英岩	0.10~8.70	白云岩	0.30~25.00
火山集块岩	2.20~7.00	蛇纹岩	0.10~2.50	云母片岩、绿泥石片岩	0.80~2.10

岩石中的孔隙影响纵波的传播速度。通过测量纵波在岩石中的传播速度,可以对岩石中孔隙、裂隙发育的程度作定量的评价。测量和计算步骤如下:

(1)确定岩石试样的矿物组成,并测定每一种矿物的纵波传播速度。一些常见矿物的纵波传播速度见表 2.2.4。

表 2.2.4　常见矿物的纵波传播速度

矿物名称	纵波传播速度/$(m \cdot s^{-1})$	矿物名称	纵波传播速度/$(m \cdot s^{-1})$
石英	6050	方解石	6600
橄榄石	8400	白云石	7500

续表

矿 物 名 称	纵波传播速度/(m·s⁻¹)	矿 物 名 称	纵波传播速度/(m·s⁻¹)
辉石	7200	磁铁矿	7400
角闪石	7200	石膏	5200
白云母	5800	绿帘石	7450
正长石	5800	黄铁矿	8000
斜长石	6250		

（2）根据下式计算出岩石试样在没有裂隙和孔隙条件下的纵波传播速度：

$$\frac{1}{V_1^*} = \sum_i \frac{C_i}{V_{1,i}} \tag{2.2.16}$$

式中，V_1^* 为无孔隙岩石试样中的纵波传播速度，m/s；$V_{1,i}$ 为第 i 种矿物的纵波传播速度，m/s；C_i 为第 i 种矿物在岩石试样中所占的比例。

几种常见岩石在没有裂隙和孔隙条件下的纵波传播速度（V_1^*）见表 2.2.5。

（3）测量纵波在实际岩石试样中的传播速度。根据纵波在实际岩石中的传播速度与纵波在没有孔隙岩石中的传播速度之比，将评价与孔隙度相关的岩石质量指标定义为

$$IQ = \left(\frac{V_1}{V_1^*}\right) \times 100\% \tag{2.2.17}$$

式中，IQ 为岩石质量指标；V_1 为实际岩石试样中的纵波传播速度，m/s。

表 2.2.5　常见岩石在没有裂隙和孔隙条件下的纵波传播速度

矿 物 名 称	纵波传播速度/(m·s⁻¹)
辉长岩	7000
玄武岩	6500～7000
石灰岩	6000～6500
白云岩	6500～7000
砂岩	6000
石英岩	6000
花岗岩	5500～6000

纵波在岩石中的传播速度不仅受裂隙的影响，而且受孔隙的影响。综合考虑裂隙和孔隙的影响，根据 IQ 和不含裂隙的岩石孔隙度 n_p，可以将岩石中裂隙发育程度划分成 5 个等级（见图 2.2.1）：Ⅰ——无裂隙至轻微裂隙；Ⅱ——轻微裂隙至中等程度裂隙；Ⅲ——中等程度裂隙至严重裂隙；Ⅳ——严重裂隙至非常严重裂隙；Ⅴ——极度裂隙化。

2.2.3　岩石的水理特性

岩石与水相互作用所表现出的性质称为岩石的水理性质，包括岩石的含水率、吸水率、饱水率、软化性、渗透性和抗冻性等。

1. 岩石的含水率

天然状态下岩石中水的质量与岩石固体质量之比，称为岩石的含水率，记为 ω，以百分

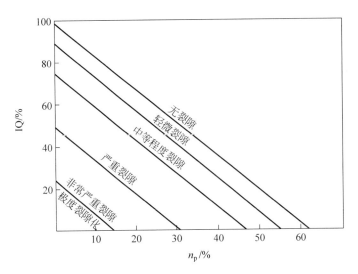

图 2.2.1　岩石裂隙程度分级示意图

数表示,即

$$\omega = \frac{m_{\mathrm{w}}}{m_{\mathrm{d}}} \times 100\% \tag{2.2.18}$$

式中,ω 为岩石的含水率;m_{w} 为岩石试样在 $105 \sim 110^{\circ}\mathrm{C}$ 下干燥 24h 后失去水的质量,g; m_{d} 为岩石试样的干质量,g。

2. 岩石的吸水率

岩石的吸水率是指干燥岩石试样在一个大气压和室温条件下吸入水的质量与岩石试样干质量之比,以百分数计,以 ω_{a} 表示,即

$$\omega_{\mathrm{a}} = \frac{m_{\mathrm{a}} - m_{\mathrm{d}}}{m_{\mathrm{d}}} \times 100\% \tag{2.2.19}$$

式中,m_{a} 为烘干岩样常温常压下浸水 48h 后的质量。

岩石的吸水率采用自由浸水法测定,岩石吸水率的大小取决于岩石中孔隙数量和细微裂隙的连通情况。孔隙越大、越多,孔隙和细微裂隙连通情况越好,则岩石的吸水率越大。

3. 岩石的饱水率

岩石的饱和吸水率也称饱水率,是岩石在强制饱和状态下吸入水的质量与岩石的烘干质量之比,以百分数计,以 ω_{sat} 表示,即

$$\omega_{\mathrm{sat}} = \frac{m_{\mathrm{sat}} - m_{\mathrm{d}}}{m_{\mathrm{d}}} \times 100\% \tag{2.2.20}$$

式中,m_{sat} 为烘干岩样饱水状态下的质量。

岩石的饱水系数是指岩石吸水率与饱水率的比值,记为 k_{ω},以百分率表示,即

$$k_{\omega} = \frac{\omega_{\mathrm{a}}}{\omega_{\mathrm{sat}}} \times 100\% \tag{2.2.21}$$

表 2.2.6 列出了几种常见岩石的吸水率。

表 2.2.6　几种常见岩石吸水率

岩石名称	吸水率/%	饱水率/%	饱水系数/%
花岗岩	0.46	0.84	55
石英闪长岩	0.23	0.54	43
玄武岩	0.27	0.39	69
基性斑岩	0.35	0.42	83
云母片岩	0.13	1.31	10
砂岩	7.01	11.99	58
石灰岩	0.09	0.25	36
白云质灰岩	0.74	0.92	80

4. 岩石的软化性

岩石浸水后强度降低的性能称为岩石的软化性。岩石的软化性常用软化系数来衡量。软化系数是岩样饱水状态抗压强度与自然风干状态抗压强度的比值,用小数表示,即

$$\eta_c = \frac{\sigma_{sat}}{\sigma_d} \tag{2.2.22}$$

式中,η_c 为岩石的软化系数;σ_{sat} 为饱水岩样的单轴抗压强度,kPa;σ_d 为干燥岩样的单轴抗压强度,kPa。

表 2.2.7 列出了几种常见岩石的软化系数试验值。

表 2.2.7　常见岩石的软化系数试验值

岩石种类	软化系数	岩石种类	软化系数
花岗岩	0.80～0.98	砂岩	0.60～0.97
闪长岩	0.70～0.90	泥岩	0.10～0.50
辉长岩	0.65～0.92	页岩	0.55～0.70
辉绿石	0.92	片麻岩	0.70～0.96
玄武岩	0.70～0.95	片岩	0.50～0.95
凝灰岩	0.65～0.88	石英岩	0.80～0.98
白云岩	0.83	千枚岩	0.76～0.95
石灰岩	0.68～0.94		

5. 岩石的渗透性

岩石中存在的各种裂隙、孔隙为流体和气体的通过提供了通道。岩石的渗透性是指岩石在一定的水力梯度或压力差作用下,水渗透或穿透岩石的能力。它间接反映了岩石中裂隙相互连通的程度。岩石的渗透性可用渗透系数 k 来衡量,岩石的渗透系数是指单位水力梯度条件下水在岩石中的渗透速度。

绝大多数岩石的渗透性可用达西(Darcy)定律来描述:

$$Q_x = k \frac{dH}{dx} A \tag{2.2.23}$$

$$u = \frac{Q}{A} = kJ \tag{2.2.24}$$

$$J = \frac{\Delta H}{x} \tag{2.2.25}$$

式中，Q_x 为单位时间从 x 方向通过流体的量，m^3/s；k 为渗透系数，cm/s；H 为水头高度，m；A 为垂直于 x 方向的横截面面积，m^2；u 为渗流速度，m/s；J 为渗流路径 x 方向的水力梯度；x 为渗流路径长度，m；ΔH 为水头差，m。

几种常见岩石在流体为 20℃ 的水条件下的渗透系数见表 2.2.8。

表 2.2.8　常见的渗透系数（流体为 20℃ 的水）

岩石类型	渗透系数/(cm/s)	
	实验室	现场
砂岩	$8\times10^{-8}\sim3\times10^{-3}$	$3\times10^{-8}\sim1\times10^{-3}$
页岩	$5\times10^{-13}\sim10^{-9}$	$10^{-11}\sim10^{-8}$
石灰岩	$10^{-13}\sim10^{-5}$	$10^{-7}\sim10^{-3}$
玄武岩	10^{-12}	$8\times10^{-7}\sim10^{-2}$
花岗岩	$10^{-11}\sim10^{-7}$	$10^{-9}\sim10^{-4}$
片岩	10^{-8}	2×10^{-7}
裂变化的片岩	$1\times10^{-4}\sim3\times10^{-4}$	—

岩石的渗透性对岩石工程有非常重要的影响。例如，在水利、水电、采矿、隧道等工程中，岩石的高渗透性可能导致溃坝溃堤、涌水等重大渗透破坏的发生；在油气田工程中，岩石的低渗透性将会导致油气采出率低下，甚至无法正常生产。

6. 岩石的抗冻性

岩石抵抗冻融破坏的性能称为岩石的抗冻性。通常用冻融系数表示，岩石的冻融系数是指岩样多次反复冻融后（±25℃ 的温度区间）的单轴抗压强度与冻融前抗压强度的比值，用百分率表示，即

$$c_f = \frac{\sigma_e}{\sigma_f} \times 100\% \tag{2.2.26}$$

式中，c_f 为岩石的冻融系数；σ_e 为岩样冻融前的抗压强度，MPa；σ_f 为岩样冻融后的抗压强度，MPa。

岩石在反复冻融后强度降低的主要原因是：①构成岩石的各种矿物的膨胀系数不同，当温度变化时，由于矿物的胀缩不均而导致岩石结构的破坏；②当温度降到 0℃ 以下时，岩石孔隙中的水将结冰，其体积增大约 9%，会产生很大的膨胀压力，使岩石的结构发生改变，直至破坏。

2.2.4　岩石的抗风化指标

1. 风化作用

风化是指岩石在风力、水力等各种外力作用下，发生的物理和化学变化过程。不同深度的岩石，遭受风化的程度不同，会形成不同成分和结构的多层残积物，由其构成的复杂剖面称为风化壳。不同地区的不同岩石，风化壳的差别很大。地壳表层保留的风化壳主要为现

代时期形成的风化壳。当风化壳形成后,被后来的堆积物掩埋而保留下来成为古风化壳。

主要的风化作用包括氧化、溶解、水化、水解、碳酸化和硫酸化等作用。风化作用可分为物理风化、化学风化和生物风化。

(1) 物理风化:由温度变化、水的融冻、盐类结晶、植物根系的作用引起,主要发生在干旱寒冷地区,风化深度相对较小。

(2) 化学风化:岩石在水及水溶液的作用下发生一系列的化学变化,引起岩石结构构造、矿物成分和化学成分变化,多发生于温暖潮湿的地方,风化深度可达上百米。

(3) 生物风化:既有物理风化的特点,又具有化学风化的特征。生物新陈代谢产生有机质或机械破坏,如释放大量有机物酸及 CO_2,加强水溶液溶解能力。多发生于温暖潮湿的地方,风化深度可达上百米。

工程实践中经常能遇到风化作用,如坚硬致密的花岗岩体在地表变得疏松易碎,甚至成为壤土;基坑、边坡、洞库开挖后,某些新鲜岩体的表面不久即发生剥落、塌方。风化作用是一个很复杂的问题,同时又是直接影响岩体稳定性的重要因素,所以在工程建设中应重视风化问题,尤其是在一些遭受强烈化学风化的结晶岩地区。

风化作用对岩体稳定性的影响,主要表现在使岩体中的结构面增加。同时,原有矿物风化,分解为高岭石、蒙脱石、伊利石、蛭石、铝矾土、褐铁矿和蛋白石等各种次生的亲水性矿物,矿物或岩屑颗粒之间的联结状态也由原来的结晶联结或胶结联结转化为水胶联结甚至松散体,从而使岩体的物理力学性质恶化,表现为抗水性降低,亲水性提高,透水性增大,力学强度大幅下降,在外荷载作用下的变形量也增大。

2. 岩石的抗风化指标

1) 岩石的软化系数

岩石的软化系数 η_c 可以作为岩石的抗风化指标之一。通常岩石的软化系数总是小于1。软化系数越小,岩石软化性越强。岩石的软化性与其矿物成分、粒间联结方式、孔隙率以及微裂隙发育程度等因素有关。大部分未经风化的结晶岩在水中不易软化,许多沉积岩如黏土岩、泥质砂岩、泥灰岩以及蛋白岩、硅藻岩等在水中极易软化,软化系数一般在 $0.40\sim0.60$ 间变化,有时更低。岩石都具有不同程度的软化性,一般认为,当 $\eta_c>0.75$ 时,岩石的软化性较弱,岩石抗风化能力强;而 $\eta_c<0.75$ 的岩石则是软化性较强和工程地质性质较差的岩石。

软化系数是评价岩石力学性质的重要指标,特别是在水工建设中,对评价坝基岩体稳定性具有重要意义。

2) 岩石的耐崩解性指数

岩石的崩解性是指岩石与水相互作用时,失去黏结性,并完全丧失强度形成松散物质的性能。岩石崩解的产生是由于其内部黏土矿物成分中含有可溶盐,在水浸湿岩石过程中,水化作用削弱了岩石内部的结构联结。岩石的崩解现象,常见于由可溶盐和黏土质胶结的沉积岩地层中。

岩石崩解性一般用岩石的耐崩解性指数表示,这个指标可以在实验室通过干湿循环试验确定。试验时,将烘干的试块,约 $500g$,分成 10 份,放入带有筛孔的圆筒内。使圆筒在水槽中以 20r/min 的速度连续旋转 10min,然后将留在圆筒内的石块取出烘干称重。如此反复进行两次,按下式计算岩石的耐崩解性:

$$I_{d2} = \frac{m_r}{m_d} \times 100\% \tag{2.2.27}$$

式中，I_{d2} 为两次循环试样求得的耐崩解性指数；m_d 为试验前的试样烘干质量，g；m_r 为残留试样烘干质量，g。

岩石的耐崩解性直接反映了岩石在浸水和温度变化的条件下抵抗风化作用的能力，因此又可定性为岩石的抗风化指标。

3）岩石风化程度的划分

岩石风化程度系数（K_y）可用来评定岩石的风化程度：

$$K_y = \frac{1}{3}(K_n + K_\sigma + K_\omega) \tag{2.2.28}$$

$$K_n = \frac{n_1}{n_2} \tag{2.2.29}$$

$$K_\sigma = \frac{\sigma_1}{\sigma_2} \tag{2.2.30}$$

$$K_\omega = \frac{\omega_1}{\omega_2} \tag{2.2.31}$$

式中，K_n、K_σ、K_ω 分别为孔隙率系数、强度系数、吸水率系数；n_1、σ_1、ω_1 分别为新鲜岩石的孔隙率、抗压强度、吸水率；n_2、σ_2、ω_2 分别为风化岩石的孔隙率、抗压强度、吸水率。

利用 K_y 对岩石风化程度分级如下：$K_y < 0.1$，剧风化；$K_y = 0.1 \sim 0.35$，强风化；$K_y = 0.35 \sim 0.65$，弱风化；$K_y = 0.65 \sim 0.90$，微风化；$K_y = 0.90 \sim 1.00$，新鲜岩石。

用上述分级方法与地质学中肉眼判断等级进行对比，大多数是吻合的，所以采用以地质定性评价为基础，再用定量分级补充的方法，可以消除认知方面的误差。岩石风化程度系数 K_y 的概念，是表示岩石风化程度深浅的一个相对指标，不是绝对值。

2.2.5 岩石的膨胀性

岩石的膨胀性是指岩石浸水后体积增大的性质。含有黏土矿物（如蒙脱石、高岭土等）的软质岩石，经水化作用后，在黏土矿物的晶格内部或细分散颗粒周围生成结合水膜（水化膜），促使矿物颗粒间的水膜厚度增加，并且在相邻的颗粒间产生楔劈效应，当楔劈作用力大于结构联结力时，岩石呈现膨胀特性。

岩石的膨胀性能一般用膨胀力和膨胀率两项指标表示。膨胀力即膨胀压力，指岩石试样浸水后，使试样保持原有体积所施加的最大压力；膨胀率是指膨胀变形量与试样原始尺寸的比值。

膨胀力和膨胀率指标可通过室内试验确定，目前国内外大多采用土的固结仪和膨胀仪进行试验，试验方法常用的有平衡加压法、压力恢复法和加压膨胀法。

（1）平衡加压法。对岩石试样施加 0.01MPa 预压力，在岩石试样变形稳定之后，将岩石试样浸入水中，当岩石遇水膨胀的变形大于 0.001mm 时，开始施加一定的压力，并不断加压，使岩石试样体积始终保持不变，所测得的最大压力即为最大膨胀力。然后逐级减压直到荷载为零，测定岩石试样的最大膨胀变形量，最大膨胀变形量与原试样尺寸之比即为岩石的膨胀率。

（2）压力恢复法。先让试样浸水，在有侧限的条件下自由膨胀，可求得自由膨胀率；然后开始分级加压，待膨胀稳定后，可测得该级压力下的膨胀率；当加压使试样恢复到浸水前的厚度时，此时的压力为岩石的膨胀力。

（3）加压膨胀法。在试样浸水前先施加大于膨胀力的压力，待受压变形稳定后，再将试样浸水膨胀并让其完全饱和。做逐级减压并测定不同压力下的膨胀率，膨胀率为零时的压力为膨胀压力，压力为零的膨胀率记为有侧限的自由膨胀率。

由于上述三种方法的初始条件不同，其测试结果相差较大，如压力恢复法所测的膨胀力比平衡加压法大20%～40%，甚至大1～4倍。由于平衡加压法能保持岩石的原始容积和结构，是等容过程做功，所以测出的膨胀力能够比较真实地反映岩石原始结构的膨胀势能，试验结果比较符合实际情况。因此，平衡加压法的应用更广。

2.2.6　岩石的热学特性

岩石的比热容、导热系数、热扩散率和热膨胀系数是岩石热物理性质的基本参数。其中比热容是指单位质量的岩石温度每升高（降低）1℃时所吸收（释放）的热量，单位为 J/(kg·℃)或 J/(kg·K)；导热系数是指稳定传热条件下某方向单位温度、单位时间内通过单位面积岩石传递的热量，单位为 W/(m·℃)；热扩散率是指吸热或放热时岩石温度的变化速度，单位为 mm^2/s 或 m^2/h。热膨胀性是指岩石在温度升高（降低）时体积膨胀（收缩）的性质，常用线膨胀（收缩）系数或体膨胀（收缩）系数表示。

2.3　岩石强度特性

岩石的强度（又称峰值强度）是指岩石在各种荷载作用下，达到破坏时所能承受的最大应力，反映岩石抵抗外力作用的能力，包括单轴抗压强度、三轴抗压强度、抗拉强度、抗剪强度等。

2.3.1　单轴抗压强度

岩石在单轴压缩荷载作用下达到破坏前所能承受的最大压应力称为岩石的单轴抗压强度（uniaxial compressive strength），或称为非限制性抗压强度（unconfined compressive strength）。因为试样只受到轴向压力作用，侧向没有压力，因此试样变形没有受到限制。

国际上通常用 UCS 表示单轴抗压强度，我国习惯用 σ_c 表示单轴抗压强度，计算公式如下：

$$\sigma_c = \frac{P}{A} \tag{2.3.1}$$

式中，σ_c 为试样单轴抗压强度，MPa；P 为达到破坏时的最大轴向压力，N；A 为试样的横截面面积，mm^2。

几种典型岩石的单轴抗压强度如表 2.3.1 所示。

表 2.3.1　常见岩石的单轴抗压强度

岩 石 名 称	σ_c/MPa
细粒砂岩	78.8
中粒砂岩	72.4
粉砂岩	122.7
硬砂岩	79.3
细粒石灰岩	79.3
中粒石灰岩	97.9
粗粒石灰岩	51.0
白云岩	90.3
页岩	35.2
云母页岩	75.2
片麻岩	162.0
石英云母片岩	52.2
石英岩	320.0
大理岩	66.9
花岗岩	226.0
花岗闪长岩	141.1
英云闪长岩	101.5
辉绿岩	241.0
玄武岩	355.0
橄榄岩	148.0
凝灰岩	11.3

2.3.2　点荷载强度

布鲁克(E. Broch)和富兰克林(J. A. Franklin)于 1972 年提出的点荷载强度指标试验方法,是一种最简单的岩石强度试验方法,该试验所获得的强度指标值可用作岩石分级的一个指标,有时可代替单轴抗压强度。

点荷载试验所获得的强度指标用 I_s 表示,其值如下:

$$I_s = \frac{P}{D_e^2} \tag{2.3.2}$$

式中, I_s 为未经修正的点荷载强度指数,MPa; P 为岩石破坏时的荷载,N; D_e 为等价岩芯直径,mm。

国际岩石力学学会(International Society for Rock Mechanic,ISRM)将直径为 50mm 的圆柱体试样径向加载点荷载试验的强度指标值 $I_s(50)$ 确定为标准试验值,其他尺寸试样的试验结果需根据式(2.3.3)进行修正。

$$I_s(50) = FI_s(D) \tag{2.3.3}$$

式中, $I_s(50)$ 为直径 50mm 的标准试样的点荷载强度指标值,MPa; $I_s(D)$ 为直径为 D 的非标准试样的点荷载强度指标值,MPa; F 为修正系数,当 $D \leqslant 55$mm 时, $F = 0.2717 + 0.1457D$,当 $D > 55$mm 时, $F = 0.7540 + 0.0058D$; D 为试样直径,mm。

现场进行岩体分级时需用 $I_s(50)$ 作为点荷载强度标准值，$I_s(50)$ 可由下式转换为单轴抗压强度：

$$\sigma_c = 24 I_s(50) \tag{2.3.4}$$

式中，σ_c 为 $L:D=2:1$ 的试样单轴抗压强度值，MPa。

2.3.3 三轴抗压强度

岩石在三向压缩荷载作用下，达到破坏时所能承受的最大压应力称为岩石的三轴抗压强度(triaxial compressive strength)，与单轴压缩试验相比，试样除受轴向压力外，还受侧向压力。侧向压力限制试样的横向变形，因而三轴试验是限制性抗压强度(confined compressive strength)试验。

三轴压缩试验的加载方式有两种。一种是真三轴加载($\sigma_1 > \sigma_2 > \sigma_3$)，试样为立方体，加载方式如图 2.3.1(a)所示。其中 σ_1 为主压应力，σ_2 和 σ_3 为侧向压应力。这种加载方式的试验装置繁杂，且六个面均可受到由加压铁板所引起的摩擦力，对试验结果有很大影响，因而在较长一段时间内，很少有学者做这样的三轴试验。但是，真三轴试验对研究岩石在三向应力状态下的力学行为极其重要。另一种是常规三轴试验($\sigma_1 > \sigma_2 = \sigma_3$)，试样为圆柱体，试样直径为 25~150mm，长度与直径之比为 2:1 或 3:1，加载方式如图 2.3.1(b)所示，轴向压应力 σ_1 的加载方式与单轴压缩试验时相同。在上述两种试验条件下，三轴抗压强度均为试样达到破坏时所能承受的最大 σ_1 值。

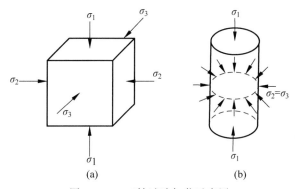

图 2.3.1 三轴试验加载示意图

真三轴试验的应力可按下式计算：

$$\sigma_i = \frac{P_i}{A_i} \quad (i=1,2,3) \tag{2.3.5}$$

式中，σ_i 为试样的第 i 主应力，MPa；P_i 为试样第 i 主应力方向的荷载，N；A_i 为荷载 P_i 对应的试样横截面面积，mm^2。

常规三轴试验时第一主应力为

$$\sigma_1 = \frac{P}{A} \tag{2.3.6}$$

2.3.4 抗拉强度

岩石试样在拉伸荷载作用下达到破坏时所能承受的最大拉应力称为岩石的抗拉强度，

通常用 T 或 σ_t 表示。抗拉强度试验分为直接拉伸试验和间接拉伸试验,间接拉伸试验主要有巴西圆盘劈裂试验和弯曲梁试验等。

1. 直接拉伸试验

将制备的岩石试样置于专用夹具中,通过试验机对试样施加轴向拉力直至破坏。此时的抗拉强度值等于达到破坏时的最大轴向拉伸荷载(P_t)除以试样的横截面面积(A),即

$$\sigma_t = \frac{P_t}{A} \qquad (2.3.7)$$

式中,σ_t 为试样的抗拉强度,MPa;P_t 为破坏时的最大轴向拉伸荷载,N;A 为试样的横截面面积,mm^2。

理想化的直接拉伸试验受力状态如图 2.3.2(a)所示,但是要直接进行如图 2.3.2(a)所示的拉伸试验相当困难,因为不可能像压缩试验那样将拉伸荷载直接施加到试样的两个端面上,而只能将两端固定在拉伸夹具内,如图 2.3.2(b)所示。由于夹具内所产生的应力过于集中,往往引起试样两端破裂,造成试验失败。若夹具施加的夹持力不够大,试样会从夹具中拉出,造成试验失败。通常的做法是将试验所用岩石试样两端胶结在水泥或环氧树脂中,如图 2.3.2(c)、(d)所示,拉伸荷载施加在强度较高的水泥、环氧树脂或金属连接端上,这样就保证试样在拉伸断裂前,端部不会先行破坏而导致试验失败。

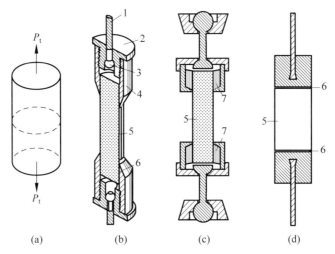

1—电缆;2—钢螺栓接头;3—模锻钢球;4—铝套;5—岩石试样;6—环氧树脂胶结层;7—水泥。

图 2.3.2 拉伸试验加载和试件示意图

另一种直接拉伸试验的装置如图 2.3.3 所示。该试验使用"狗骨头"形状的岩石试样。在油压 P 的作用,由于试样两端和中间部位截面面积的差距,在试样中引起的拉伸应力 σ_3 为

$$\sigma_3 = \frac{P(d_2^2 - d_1^1)}{d_1^2} \qquad (2.3.8)$$

式中,σ_3 为试样的抗拉强度,MPa;P 为液压,MPa;d_2 为"狗骨头"试样端部直径,mm;d_1 为"狗骨头"试样中部直径,mm。

试样断裂时的 σ_3 值就是岩石的抗拉强度。但这是一种限制性的抗拉强度,因为在此试

验条件下,试样除受到轴向拉伸应力外,还受到 $\sigma_2 = \sigma_3 = P$ 的侧向压应力。

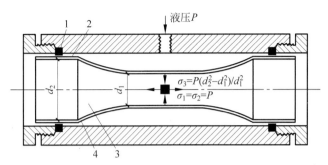

1—橡胶密封套；2—清扫缝；3—岩石；4—橡皮套。

图 2.3.3　限制性直接拉伸装置示意图

2. 巴西圆盘劈裂试验法

由于进行直接拉伸试验在准备试样方面要花费大量的人力、物力和时间,因而一些间接拉伸试验方法涌现出来。在间接试验方法中,最著名的是巴西圆盘试验法,俗称巴西圆盘劈裂试验法,劈裂试验的试样为一岩石圆盘,加载方式如图 2.3.4(a)所示。

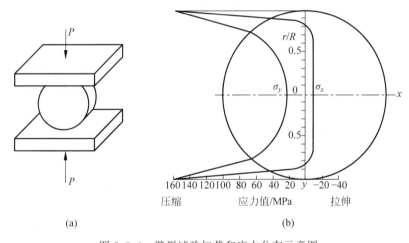

图 2.3.4　劈裂试验加载和应力分布示意图

图 2.3.4(b)为压应力作用下,沿圆盘直径 y—y 方向的应力分布图。在圆盘边缘处,沿 y—y 方向(σ_y)和垂直于 y—y 方向(σ_x)均为压应力。而离开边缘后,沿 y—y 方向仍为压应力,但应力值比边缘处显著降低,并趋于均匀化；垂直于 y—y 方向(σ_x)变成拉应力,并在沿 y—y 的很长一段距离上呈均匀分布状态。从图 2.3.4(b)可以看出,虽然拉应力的值比压应力值低很多,但由于岩石的抗拉强度很低,所以试样还是因 x 方向的拉应力而导致沿直径的劈裂破坏。破坏是从直径中心开始,然后向两端发展的,反映出岩石的抗拉强度远远小于抗压强度的事实。

由劈裂试验求岩石抗拉强度的公式为

$$\sigma_x = \frac{2P}{\pi Dt} \tag{2.3.9}$$

式中,P 为试样劈裂破坏发生时的最大压力值,N；D 为岩石圆盘试样的直径,m；t 为岩石

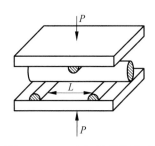

图 2.3.5 三点加载弯曲试验
示意图

圆盘试样的厚度，m。

3. 弯曲梁试验

另外一种间接拉伸试验是梁的弯曲试验，试样可以是圆柱梁，也可以是长方形截面棱柱梁。图 2.3.5 为试验加载示意图。

在压力 P 的作用下，梁的下部（中性线以下）出现拉伸应力，当拉伸应力超过极限后，从梁的中部下边缘处开始出现拉伸断裂。出现弯曲拉伸断裂时试样所能承受的最大应力称为岩石的弯曲强度，记为 R_0。

对于圆柱梁试样，岩石的弯曲强度为

$$R_0 = \frac{8PL}{\pi D^3} \quad (D \text{ 为梁的横截面面直径}) \tag{2.3.10}$$

对于长方形截面棱柱梁，岩石的弯曲强度为

$$R_0 = \frac{3PL}{2ba^2} \quad (a, b \text{ 分别为梁的横截面高度和宽度}) \tag{2.3.11}$$

R_0 一般为直接拉伸试验所获得的抗拉强度的 2～3 倍。

岩石的抗拉强度一般为抗压强度的 $1/25$～$1/4$，平均为 $1/10$。由于岩石的抗拉强度很低，所以在重大工程设计中应尽可能避免拉应力的出现。

2.3.5 抗剪强度

岩石在剪切荷载作用下达到破坏前所能承受的最大剪应力称为岩石的抗剪强度。剪切试验分为非限制性剪切试验和限制性剪切试验两类。非限制性剪切试验在剪切面上只存在剪应力，不存在正应力；限制性剪切试验在剪切面上除了存在剪应力外，还存在正应力。

1. 非限制性剪切试验

典型的非限制性剪切试验有四种：单面剪切试验、双面剪切试验、冲击剪切试验和扭转剪切试验，分别见图 2.3.6(a)～(d)。

非限制性抗剪强度记为 S_0，其值由下列公式计算。

1）单面剪切试验

$$S_0 = \frac{F_c}{A} \tag{2.3.12}$$

式中，F_c 为试样被剪断前达到的最大剪力，N；A 为试样沿剪切方向的截面面积，m^2。

2）双面剪切试验

$$S_0 = \frac{F_c}{2A} \tag{2.3.13}$$

3）冲击剪切试验

$$S_0 = \frac{F_c}{2\pi ra} \tag{2.3.14}$$

式中，r 为冲击孔半径，m；a 为试样厚度，m。

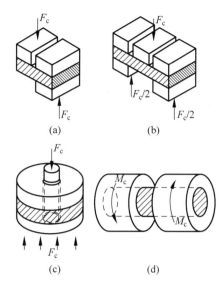

图 2.3.6 典型的非限制性剪切试验

(a) 单面剪切试验；(b) 双面剪切试验；(c) 冲击剪切试验；(d) 扭转剪切试验

4）扭转剪切试验

$$S_0 = \frac{16M_c}{\pi D^3} \tag{2.3.15}$$

式中，M_c 为试样被剪断前达到的最大扭矩，$N \cdot m$；D 为试样直径，m。

2. 限制性剪切试验

几种典型的限制性剪切试验如图 2.3.7 所示。图中 F_c 为剪切力，P 为正压力。四种限制性剪切试验中，直剪仪压剪试验是典型的标准限制性剪切试验，试验装置功能多，精度高。

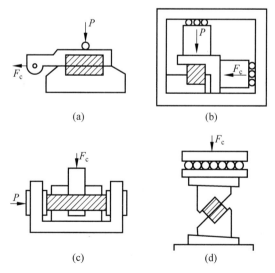

图 2.3.7 限制性剪切试验

(a) 直剪仪(剪切盒)压剪试验(单面剪)；(b) 立方体试样单面剪试验；(c) 试样端部受压双面剪试验；(d) 角模压剪试验

3. 常见的岩石剪切试验方法

1）直接剪切试验

岩块直剪试验时要求每组试验试样的直径或边长不得小于 50mm,试样高度应与直径或边长相等,试样的数量不应少于 5 个。首先将制备的试样放入剪切盒内,其次对试样施加法向荷载 P,最后在水平方向上逐级施加水平剪切力 F_c,直至试样破坏。试验时应按预估最大剪切荷载分 8～12 级施加,每级荷载施加 5min 后,测读剪切位移和法向位移后施加下一级剪切荷载直至破坏,当剪切位移量变大时可适当加密剪切荷载分级。

在不同正应力 σ 下可得到不同的抗剪强度值 τ,对应 σ-τ 坐标中不同的坐标点,最后可拟合出岩石的强度包络线,求取岩石抗剪强度参数 c、φ,如图 2.3.8 所示。岩石抗剪强度表达式为

$$\tau = c + \sigma \tan\varphi \tag{2.3.16}$$

式中,c 为岩石的黏聚力,MPa;σ 为作用在剪切面上的正应力,MPa;φ 为岩石的内摩擦角,(°)。

2）角模压剪试验

角模压剪试验用楔形剪切仪进行,是将立方柱试样置于变角板剪切夹具中,然后加压直至试样沿预定的剪切面破坏,如图 2.3.9 所示。

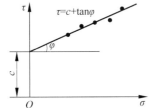

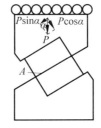

图 2.3.8　岩石抗剪强度参数确定示意图　　　图 2.3.9　角模压剪试验时试样受力情况

根据平衡条件,作用在剪切面上的正应力 σ 和剪应力 τ 可按下式求得

$$\sigma = \frac{P}{A}(\cos\alpha + f\sin\alpha) \tag{2.3.17}$$

$$\tau = \frac{P}{A}(\sin\alpha - f\cos\alpha) \tag{2.3.18}$$

$$f = \frac{1}{nd} \tag{2.3.19}$$

式中,A 为试样的剪切面面积,mm^2;α 为试样放置的角度,即试样剪切面与水平面的夹角,(°);f 为滚轴摩擦系数;n 为滚轴数量;d 为滚轴直径,mm。

不同的 α 值对应不同的试样剪切破坏时的 σ 和 τ 值,同样可拟合出岩石的强度包络线,并计算出岩石的抗剪强度参数 c、φ 值。

角模压剪试验的主要缺点是角 α 不能太大或太小,角 α 太大,试样易倾倒并有力偶作用,太小则正应力分量过大,试样易产生压碎破坏而不能沿预定剪切面剪断,导致测试结果与实际值相差太大,故角 α 一般在 30°～60° 之间选取。

3）三轴压缩试验

由于三轴压缩试验中试样表现为剪切破坏，因此也是一种常用的获取试样的抗剪强度参数方法。利用三轴压缩试验获得试样破坏时的最大主应力 σ_1 及相应的侧向应力 σ_3，在 τ-σ 坐标系中以 $[(\sigma_1+\sigma_3)/2,O]$ 为圆心、$(\sigma_1-\sigma_3)/2$ 为半径绘制不同侧向压力条件下的莫尔应力圆，根据莫尔-库仑强度准则确定岩石的抗剪强度参数，如图 2.3.10 所示。

为了获得某种岩石的莫尔强度包络线，须对该岩石的 5～6 个试样做三轴压缩试验，每次试验的围压值不等，由小到大，得出每次试样破坏时的莫尔应力圆，用于绘制莫尔强度包络线（通常也包括单轴压缩试验和拉伸试验破坏时的莫尔应力圆）。各莫尔圆的包络线就是莫尔强度曲线（包络线），如岩石中一点的应力组合（正应力加剪应力）落在莫尔强度包络线以下，则岩石不会破坏，若应力组合落在莫尔强度包络线之上，则岩石将出现破坏。

强度包络线一般为曲线型，曲线斜率是变化的，如何确定 c 和 φ？一种方法是将包络线和 τ 轴的截距定为 c，将包络线与 τ 轴相交点的包络线外切线与 σ 轴夹角定为内摩擦角；另一种方法建议根据实际应力状态在莫尔包络线上找到相应点，在该点作包络线外切线，外切线与 σ 轴的夹角为内摩擦角，外切线及其延长线与 τ 轴相交的截距即为 c。实践中采用第一种方法的人数较多。

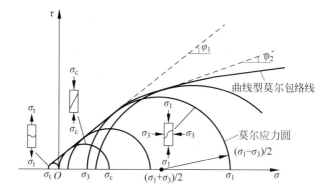

图 2.3.10　利用莫尔应力圆确定抗剪强度参数

常见新鲜岩石的强度指标如表 2.3.2 所示。

表 2.3.2　常见新鲜岩石的强度指标

岩 石 名 称	抗压强度 σ_c/MPa	抗拉强度 σ_t/MPa	弹性模量 E/GPa	泊松比 ν	内摩擦角 φ/(°)	黏聚力 c/MPa
花岗岩	80～250	7～25	50～100	0.12～0.30	45～60	14～50
流纹岩	100～300	15～30	50～100	0.10～0.25	45～60	10～50
闪长岩	100～250	10～25	70～100	0.10～0.30	53～55	10～50
安山岩	100～250	10～20	50～120	0.20～0.30	45～50	10～40
辉长岩	100～300	15～36	70～150	0.10～0.20	50～55	10～50
辉绿岩	100～350	15～35	80～150	0.10～0.30	55～60	25～60
玄武岩	100～300	10～30	60～120	0.10～0.35	48～55	20～60
石英岩	150～400	10～30	60～200	0.10～0.25	50～60	20～60
片麻岩	50～200	5～20	10～100	0.20～0.35	30～50	3～5

续表

岩石名称	抗压强度 σ_c/MPa	抗拉强度 σ_t/MPa	弹性模量 E/GPa	泊松比 ν	内摩擦角 φ/(°)	黏聚力 c/MPa
千枚岩、片岩	10～100	1～10	10～80	0.20～0.40	26～65	1～20
板岩	60～200	7～15	20～80	0.20～0.30	45～60	2～20
页岩	10～100	2～10	20～80	0.20～0.40	15～40	3～20
砂岩	20～200	4～25	10～100	0.20～0.35	35～50	8～20
砾岩	10～150	2～15	20～80	0.20～0.35	35～50	8～50
石灰岩	50～200	5～20	50～190	0.20～0.35	35～50	10～50
白云岩	80～250	15～25	40～80	0.20～0.35	35～50	20～50
大理岩	60～150	5～20	10～90	0.20～0.35	35～50	15～30

2.4　岩石变形特性

岩石变形是指岩石在物理(荷载、温度等)作用下形状和大小的变化。随着荷载的变化或在恒定荷载作用下,随时间增长,岩石变形逐渐增大,最终破坏。根据岩石的应力-应变-时间关系,可将其变形特性分为弹性、塑性和黏性。

弹性是指物体在受外力作用的瞬间即产生全部变形,而去除外力(卸载)后又能立即恢复其原有形状和尺寸的性质。产生的变形称为弹性变形,具有弹性性质的物体称为弹性体。弹性体按其应力-应变关系又可分为两种类型:应力-应变呈直线关系的线性弹性体(理想弹性体),如图 2.4.1(a)所示;应力-应变呈非直线关系的非线性弹性体。

塑性是指物体受力后产生变形,外力去除(卸载)后变形不能完全恢复的性质。不能恢复的部分变形称为塑性变形,或称永久变形、残余变形。在外力作用下只发生塑性变形的物体,称为理想塑性体。理想塑性体的应力-应变关系如图 2.4.1(b)所示,当应力低于屈服极限 σ_0 时,材料没有变形,应力达到 σ_0 后,变形不断增大而应力不变,应力-应变曲线呈水平直线。

黏性是指物体受力后变形不能在瞬时完成,且应变速率随应力增加而增加的性质。应力(σ)-应变速率($d\varepsilon/dt$)的关系为过坐标原点的直线的物质称为理想黏性体(如牛顿流体),如图 2.4.1(c)所示。

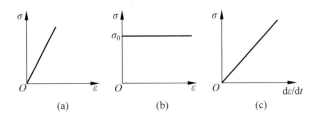

图 2.4.1　材料的变形特性示意图
(a) 弹性变形；(b) 塑性变形；(c) 黏性

岩石是矿物的集合体,具有复杂的组成成分和结构,因此其力学性质十分复杂。同时,岩石的力学性质还与受力条件、温度等因素有关。在常温常压下,岩石既不是理想的弹性体,也不是简单的塑性体和黏性体,往往表现出弹-塑性、塑-弹性、弹-黏-塑性或黏-弹性等复合性质。

根据岩石的变形与破坏关系,还可将岩石与变形特性相关的性质分为脆性和延性。脆性是指物体受力后变形很小就发生破裂的性质。延性是指物体发生较大塑性变形而不丧失其承载力的性质。岩石的脆性与延性是相对的,在一定条件下可以相互转化,常温常压下表现为脆性的岩石在高温高压条件下可表现出一定的延性。

2.4.1 岩石的变形指标及其计算

岩石的变形特性通常用弹性模量、变形模量和泊松比等指标表示,这些指标主要基于单轴压缩试验的应力-应变曲线获得。

1. 弹性模量

1) 线性弹性类岩石

对于部分岩石而言,应力-应变曲线具有近似直线的性质,如图 2.4.2(a)所示,直线的斜率即应力(σ)与应变(ε)之比,定义为岩石的杨氏模量(弹性模量包括杨氏模量、剪切模量和体积模量,其中杨氏模量是指单轴试验条件下应力与应变之比,通常将杨氏模量称为弹性模量),记为 E,则

$$E = \frac{\sigma}{\varepsilon} \tag{2.4.1}$$

2) 非线性弹性类岩石

如果岩石的应力-应变曲线不是直线,如图 2.4.2(b)所示,岩石的变形特征可采用以下

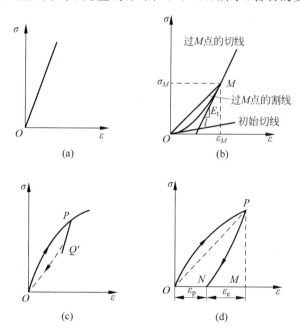

图 2.4.2 岩石材料的各种弹性模量的确定

(a) 线性弹性材料;(b) 非线性弹性材料;(c) 加、卸载形成滞回环的弹性材料;(d) 弹塑性材料

几种模量描述。

初始模量：应力-应变曲线在原点的切线斜率，即

$$E_0 = \frac{\mathrm{d}\sigma}{\mathrm{d}\varepsilon}\bigg|_{\varepsilon=0} \tag{2.4.2}$$

切线模量：对应于曲线上某一点 M 的切线斜率，即

$$E_t = \frac{\mathrm{d}\sigma}{\mathrm{d}\varepsilon}\bigg|_{\varepsilon=\varepsilon_M} \tag{2.4.3}$$

割线模量：曲线上某一点 M 与坐标原点连线的斜率，即

$$E_s = \frac{\sigma_M}{\varepsilon_M} \tag{2.4.4}$$

初始模量反映了岩石中微裂隙的多少，切线模量反映了岩石的弹性变形特征，割线模量反映了岩石的总体变形特征。一般而言，常用应力-应变曲线中极限强度 50% 所对应点的割线斜率作为割线模量。

3）滞弹性类岩石

由于应变恢复有滞后现象，即加载和卸载曲线不重合，则卸载曲线 P 点切线 PQ' 的斜率为该应力曲线的卸载切线斜率，它与加载曲线切线模量不同，而加、卸载的割线模量相同，如图 2.4.2(c)所示。

4）弹塑性类岩石

如果加、卸载曲线不重合，且应变不能恢复到 0，产生永久变形 ε_p，如图 2.4.2(d)所示，则该种材料称为弹塑性材料。弹性模量 E 是加载曲线直线段的斜率，而加载曲线直线段大致与卸载曲线的割线平行。一般可将卸载曲线的割线斜率作为弹塑性类岩石的弹性模量，即

$$E = \frac{PM}{NM} = \frac{\sigma}{\varepsilon_e} \tag{2.4.5}$$

而岩石的变形模量 E_d 为应力 σ 与总应变 $(\varepsilon_e + \varepsilon_p)$ 之比，即

$$E_d = \frac{\sigma}{\varepsilon} = \frac{\sigma}{\varepsilon_e + \varepsilon_p} \tag{2.4.6}$$

在线性弹性材料中，变形模量等于弹性模量。在弹塑性材料中，当材料屈服后，其变形模量不是常数，它与荷载的大小和范围有关。在应力-应变曲线上的任何点与坐标原点相连的割线斜率，表示对应该应力的变形模量。

2. 泊松比

单轴压缩试验中，岩石径向应变 ε_d 与轴向应变 ε_l 之比的绝对值称为泊松比，即

$$\nu = \left|\frac{\varepsilon_d}{\varepsilon_l}\right| \tag{2.4.7}$$

在岩石的弹性范围内，泊松比一般为常数，但超越弹性范围以后，泊松比将随应力的增大而增大，直到 $\nu = 0.5$ 为止。

岩石的变形模量和泊松比受岩石矿物组成、结构构造、风化程度、孔隙性、含水率、微结构面及与荷载方向的关系等多种因素的影响，变化较大。表 2.4.1 列出了常见岩石的模量和泊松比的经验值。

表 2.4.1　常见岩石的模量和泊松比的经验值

岩 石 名 称	初始模量/GPa	弹性模量/GPa	泊松比	岩 石 名 称	初始模量/GPa	弹性模量/GPa	泊松比
花岗岩	20～60	50～100	0.12～0.30	大理岩	10～90	10～90	0.20～0.35
流纹岩	20～80	50～100	0.10～0.25	千枚岩,片岩	2～50	10～80	0.20～0.40
闪长岩	70～100	70～150	0.10～0.30	板岩	20～50	20～80	0.20～0.30
安山岩	50～100	50～120	0.20～0.30	页岩	10～35	20～80	0.20～0.40
辉长岩	70～110	70～150	0.12～0.20	砂岩	5～80	10～100	0.20～0.30
辉绿岩	80～110	80～150	0.10～0.20	砾岩	5～80	20～80	0.20～0.35
玄武岩	60～100	60～120	0.10～0.25	石灰岩	10～80	50～190	0.20～0.35
石英岩	60～200	60～200	0.10～0.25	白云岩	40～80	40～80	0.20～0.35
片麻岩	10～80	10～100	0.22～0.35				

除弹性模量和泊松比两个基本的参数外,还有一些从不同角度反映岩石变形性质的参数,如剪切模量 G（剪切应力与剪切应变之比）、拉梅常数 λ 及体积模量 K_v（体积应力与体积应变之比）。根据弹性力学理论,这些参数与弹性模量、泊松比存在以下关系:

$$G = \frac{E}{2(1+\nu)} \tag{2.4.8}$$

$$\lambda = \frac{E\nu}{(1+\nu)(1-2\nu)} \tag{2.4.9}$$

$$K_v = \frac{E}{3(1-2\nu)} \tag{2.4.10}$$

2.4.2　岩石单轴压缩条件下的变形特征

岩石的全应力-应变曲线可有效揭示岩石的强度与变形特征,结合该曲线可分析岩石内部微裂纹的发展、体积变形及扩容等变形特征。早期岩石试验中由于试验机刚度小,储存在试验机中的应变能释放到岩石试样上,导致岩石试样的急剧破坏和崩解,难以获得岩石的峰后变形特征。刚性试验机和伺服控制技术的出现可以有效控制岩石的变形和破坏,从而获得岩石的全应力-应变曲线。如图 2.4.3 所示（ε_d、ε_v、ε_t 分别是指岩石的径向应变、体积应变和轴向应变）,根据岩石全应力-应变曲线,可将岩石的变形划分为五个阶段。

Ⅰ孔隙裂隙压密阶段（OA 段）:受载初期,岩石内部原有张开性结构面或微裂隙逐渐闭合,岩石被压密,形成早期的非线性变形,σ-ε 曲线呈上凹型。此阶段试样径向膨胀较小,试样体积随荷载增大而减小。本阶段在裂隙化岩石中较明显,而在坚硬少裂隙的岩石中表现不明显,甚至不显现。

Ⅱ弹性变形阶段（AB 段）:应力-应变曲线呈近似直线。弹性变形阶段常被用于计算岩石的弹性参数,如弹性模量、泊松比等。

Ⅲ裂纹稳定发展阶段（BC 段）:应力-应变曲线的斜率随应力的增加呈减小趋势,试样内部开

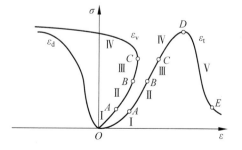

图 2.4.3　岩石典型的全应力-应变曲线

始产生新的微裂纹,但微裂纹受施加荷载的控制,呈稳定状态发展,B 点为裂纹稳定发展阶段的起点,从 B 点开始体积应变曲线偏离直线,岩石非弹性部分体积增加,即岩石从 B 点开始出现扩容现象;C 点是岩石从弹性转化为弹塑性或塑性的转折点,称为屈服点。

Ⅳ 裂纹非稳定发展阶段(CD 段):应力-应变曲线呈上凸型,试样内微裂纹的发展出现质的变化,裂纹不断发展,直至试样完全破坏。试样由体积减小转为增大,径向应变和体积应变速率迅速增大。该阶段应力达到最大值,D 点对应的应力称为峰值强度。

Ⅴ 破裂后阶段(DE 段):试样达到峰值强度后,其内部结构遭到破坏,岩石内裂隙快速发展、交叉且相互联合形成宏观断裂面,但试样基本保持整体状。此后,岩石变形主要表现为沿宏观断裂面的块体滑移,试样承载力随应变增大迅速下降,但并不降为零,说明破裂后的岩石仍有一定的承载能力。E 点对应的应力称为残余强度。

全应力-应变曲线是一条典型的曲线,反映岩石变形特性的一般规律。但自然界中岩石的矿物组成、结构构造及孔隙发育各不相同,导致岩石的应力-应变关系复杂化与多样化。严格来讲,在试样发生破坏以后,特别是峰后阶段,由于破坏趋于局部化,使用应力-应变曲线进行描述并不准确,采用荷载-位移曲线更为合理,但通常在不做特殊说明的情况下,均为应力-应变曲线。

1. 岩石峰前阶段变形特征

岩石的应力-应变曲线随岩石性质的不同呈现不同的形态。米勒(L. Müller)采用 28 种岩石进行大量的单轴试验后,根据峰值前的应力-应变曲线将岩石分成六种类型,如图 2.4.4 所示。

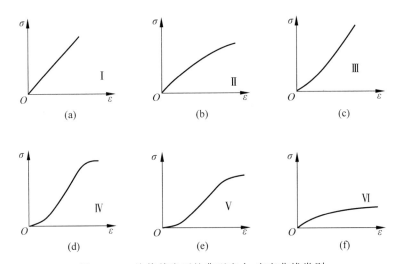

图 2.4.4　峰值前岩石的典型应力-应变曲线类别

类型Ⅰ:应力-应变曲线是直线或近似直线,直到试样发生突然破坏为止,如图 2.4.4(a)所示。具有这种变形性质的岩石包括玄武岩、石英岩、白云岩及极坚硬的石灰岩等。由于塑性阶段不明显,这些材料为弹性体。

类型Ⅱ:应力较低时,应力-应变曲线近似于直线;当应力增加到一定数值后,应力-应变曲线向下弯曲,呈现非线性屈服段,随着应力逐渐增加,曲线斜率越来越小直至破坏,如图 2.4.4(b)所示。具有这种变形性质的岩石包括较软弱的石灰岩、泥岩及凝灰岩等,这些材料为弹-塑性体。

类型Ⅲ：应力较低时，应力-应变曲线略向上弯曲；当应力增加到一定数值后，应力-应变曲线逐渐变为直线，直至岩石破坏，如图2.4.4(c)所示。具有这种变形性质的代表性岩石包括砂岩、花岗岩，片理平行于压力方向的片岩及某些辉绿岩等，这些为塑-弹性体。

类型Ⅳ：应力较低时，应力-应变曲线向上弯曲，当应力增加到一定数值后，变形曲线变为直线，最后曲线向下弯曲，整体呈近似"S"形，如图2.4.4(d)所示。具有这种变形特性的岩石大多数为变质岩，如大理岩、片麻岩等，这些材料为塑—弹—塑性体。

类型Ⅴ：形状基本上与类型Ⅳ相同，也呈"S"形，但曲线斜率较平缓，如图2.4.4(e)所示。一般发生在压缩性较高的岩石中，如应力垂直于片理的片岩等。

类型Ⅵ：应力-应变曲线开始先有较小一段直线段，然后出现非弹性的曲线部分，并继续不断地蠕变，如图2.4.4(f)所示。这是盐岩的应力-应变特征曲线，某些软弱岩石也具有类似特性，这类材料为弹-黏性体。

岩石的变形不仅依赖于岩石的内在属性，同时还与岩石变形过程中内部微裂纹的发展密切相关，岩石的变形破坏过程伴随着裂纹的闭合、萌生、扩展和贯通。岩石的峰前变形阶段包含四个重要的特征应力阈值，基于岩石的峰前应力-应变曲线，可通过确定裂纹闭合应力(σ_{cc})、裂纹起裂应力(σ_{ci})、裂纹损伤应力(σ_{cd})及峰值应力(σ_p)来定量表征岩石的峰前破坏阶段，如图2.4.5所示。

微裂纹的发展是评估岩石变形损伤破裂特征的重要依据。由图2.4.5可知，岩石经历了先压缩后膨胀的过程，主要是由于岩石内部微裂纹在荷载初始阶段被压密，经历弹性变形阶段后裂纹萌生、扩展和交互贯通，岩石整体膨胀扩容。

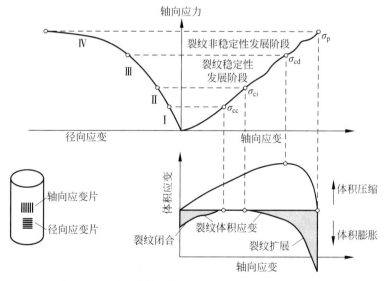

图2.4.5 岩石峰前破坏过程阶段划分及应力阈值确定

裂纹闭合应力(σ_{cc})为岩石内部微裂纹闭合压密阶段的上限应力，同时为线性弹性阶段的起始应力，该阶段存在与否取决于岩石中原有裂纹密度和裂纹几何特征，一旦大多数先前存在的裂纹闭合，岩石就会发生线性弹性变形。裂纹起裂应力(σ_{ci})表示微裂纹开始的应力水平，为裂纹稳定发展阶段的起始应力，即应力-应变曲线偏离线性处的应力，对应于岩石中新裂纹的萌生。裂纹损伤应力(σ_{cd})为裂纹非稳定发展阶段的起始应力,对应于岩石体积应变曲线的拐点(反转点),损伤应力也被称为岩石的长期强度。峰值应力(σ_p,峰值强度)是评估岩石强度最常见的重要指标。

岩石的峰值强度不是岩石的固有特性,而是取决于加载条件(如加载速率等),而裂纹起裂应力(σ_{ci})和裂纹损伤应力(σ_{cd})与峰值强度的比值范围大致固定,基本与荷载条件无关。作为岩石脆性破坏的重要先兆,裂纹起裂和裂纹损伤阈值已广泛应用于岩体开挖损伤分析和稳定性评估中。

2. 岩石峰后阶段变形特征

岩石受力超过其峰值强度后,发生破坏,内部出现破裂,承载能力下降,但仍然具有一定的强度。岩石在漫长的地质年代中受到各种力场的作用,经历过多次破坏,因此岩石工程中面对的是发生过破坏的岩石(岩体)。岩石峰后强度和变形特征研究对于岩石工程具有重要意义,是岩石力学学科一直关注的热点问题。图 2.4.6 为 6 种岩石的单轴全应力-应变曲线。

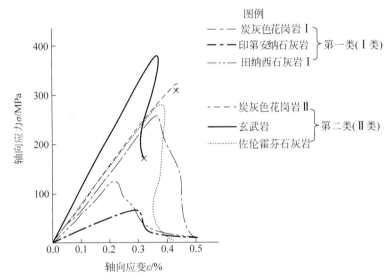

图 2.4.6　6 种岩石的单轴全应力-应变曲线

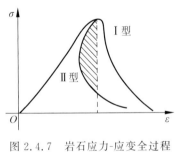

图 2.4.7　岩石应力-应变全过程曲线的两种类型

虽然岩石在峰前加载过程中表现出相似的力学行为,但峰后却呈现明显差异。根据岩石峰后变形曲线的特征可将岩石全应力-应变曲线分为Ⅰ型和Ⅱ型,如图 2.4.7 所示。

Ⅰ型曲线裂纹扩展过程是稳定的,在荷载达到峰值后,岩石试样中所储存的应变能不足以维持裂纹继续扩展直至试样破坏,只有外力继续对试样做功,才能使岩石进一步破裂。

Ⅱ型曲线裂纹扩展过程是不稳定或自持的,在荷载达到峰值后,岩石试样中所储存的应变能足以维持裂纹扩展直至试样几乎丧失所有强度,出现非可控变形破坏。

Ⅰ型和Ⅱ型曲线之间的分界线由图2.4.7中的虚线定义,它代表试样达到峰值强度时存储的应变能刚好可平衡试样完全破坏所需要的能量。

3. 全应力-应变曲线的其他用途

全应力-应变曲线除能全面显示岩石在受压破坏过程中的应力、变形特征,特别是破坏后的强度与力学性质变化规律外,还有如下用途。

(1)预测岩爆。从图2.4.8可以看出,全应力-应变曲线所围面积以峰值强度点 C 为界,可以分为左右两个部分。左半部分 OCE(面积 A)代表达到峰值强度时,积累在试样内部的应变能;右半部 CED(面积 B)代表试样从破裂到破坏整个过程所消耗的能量。若 $B<A$,说明岩石破坏后尚剩余一部分能量,这部分能量突然释放就会产生岩爆。若 $B>A$,说明应变能在变形破坏过程中已完全消耗掉,因而不会产生岩爆。

(2)预测蠕变破坏。图2.4.9中的蠕变终止轨迹线表示,在试样加载到一定的应力水平后,保持应力恒定,试样将发生蠕变。在适当的应力水平下,蠕变发展到一定程度,即应变达到某一值时,蠕变就停止了,岩石试样处于稳定状态。通过大量试验获得的蠕变终止轨迹是在不同应力水平下蠕变终止点的连线。当应力水平在 H 点以下保持恒定时,岩石试样不会发生蠕变。当应力水平达到 E 点时,保持应力恒定,则蠕变应变发展到 F 点与蠕变终止轨迹线相交,蠕变就停止了。G 点是临界点,应力水平在

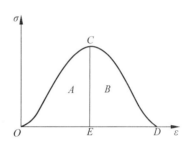

图2.4.8 利用全应力-应变曲线
预测岩爆示意图

G 点以下保持恒定时,蠕变应变发展到后期会与蠕变终止轨迹线相交,蠕变将停止,岩石试样不会破坏。若应力水平在 G 点保持恒定,则蠕变应变发展到最后就与全应力-应变曲线的峰后阶段相交,此时试样将发生破坏。这是该岩石所能产生的最大蠕变应变值。应力水平在 G 点之上保持恒定而发生蠕变,最终都将导致岩石破坏,因为最后都要与全应力-应变曲线峰后阶段相交。应力水平越高,从蠕变发生到破坏的时间越短。如从 C 点开始蠕变,到 D 点破坏;从 A 点开始蠕变,到 B 点就发生破坏。

(3)预测循环加载、卸载条件下岩石的破坏。在岩石工程中经常遇到循环加载、卸载的情况,如反复的爆破作业就是对围岩施加的循环荷载,而且是动荷载。由于岩石力学性质的非线性,其加载和卸载路径不重合,因此每次加载、卸载都形成一个迟滞回路,留下一段永久变形。图2.4.10表示在高应力水平下循环加载,岩石在很短时间内就会破坏。如从 A 点施加循环荷载,永久变形发展到 B 点,岩石就会破坏,因为 B 点和已破坏后的曲线相交。这表明,当岩石工程本身处于较高受力状态时,若再出现循环荷载作用,则岩石工程将非常容易发生破坏。若在 C 点的应力水平下遭受循环荷载作用,则可以经历相对较长一段时间,岩石工程才会发生破坏。所以根据岩石本身已有的受力水平,循环荷载的大小、周期,可利用全应力-应变曲线来预测循环加载、卸载条件下岩石发生破坏的时间。

2.4.3 循环荷载作用下的变形特征

在岩石工程中,常会遇到循环荷载作用,岩石在该条件下破坏时的应力往往低于其静力强度。岩石在循环荷载作用下的应力-应变关系,随加载、卸载方法及卸载应力的不同而异。

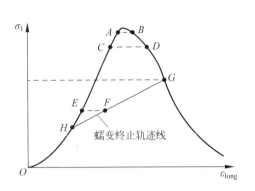

图 2.4.9　利用全应力-应变曲线预测蠕变破坏

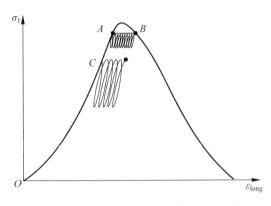

图 2.4.10　利用全应力-应变曲线预测反复加载条件下的破坏

　　当在同一荷载作用下对岩石加载、卸载时,如果卸载点(P)的应力低于岩石的弹性极限点(A),则卸载曲线将基本上沿加载曲线回到原点,表现为弹性恢复(图 2.4.11)。多数岩石的大部分弹性变形在卸载后能很快恢复,而小部分变形($10\%\sim20\%$)须经一段时间才能恢复,这种现象称为弹性后效。如果卸载点(P)的应力高于弹性极限点(A),则卸载曲线偏离原加载曲线,也不再回到原点,变形除弹性变形 ε_e 外,还出现了塑性变形 ε_p(图 2.4.12)。

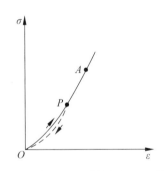

图 2.4.11　卸载点在弹性极限以下的应力-
应变曲线

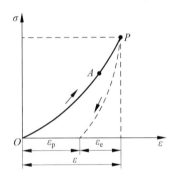

图 2.4.12　卸载点在弹性极限以上的应力-
应变曲线

　　在反复加载、卸载条件下,应力-应变曲线如图 2.4.13 及图 2.4.14 所示。如果反复加载与卸载,且每次施加的最大荷载与第一次施加的最大荷载一样,则每次加载、卸载曲线都不重合,且围成一环形面积,称为一个塑性滞回环(图 2.4.13)。这些塑性滞回环的面积随着加载、卸载的次数增加而越来越小,并且彼此越来越近,岩石越来越接近弹性变形,一直到某次循环没有塑性变形为止,如图 2.4.13 中的 HH' 环。岩石的总变形等于各次循环产生的残余变形之和,即累积变形。当循环应力峰值小于某一数值时,循环次数即使很多,也不会导致试样破坏;而超过这一数值,岩石将在某次循环中发生破坏(疲劳破坏),这一数值称为临界应力。当循环应力峰值超过临界应力时,反复加载、卸载的应力-应变曲线将最终和岩石全应力-应变曲线的峰后段相交(图 2.4.10),并导致岩石破坏,此时的循环加载、卸载试验所给定的应力称为疲劳强度,疲劳强度一般比岩石的单轴抗压强度低,且与循环持续时间等因素有关。

如果多次反复加载、卸载循环,每次施加的最大荷载比前一次施加的最大荷载大则可得到图 2.4.14 所示的曲线。随着循环次数的增加,塑性滞回环的面积也有所扩大,卸载曲线的斜率(代表岩石的弹性模量)也逐次略有增加,表明卸载应力下的岩石材料弹性有所增强。此外,每次卸载后再加载,在荷载超过上一次循环的最大荷载以后,其应力-应变曲线的外包线与连续加载条件下的曲线基本一致(图 2.4.14 中的 OC 线),说明加载、卸载过程并未改变岩石变形的基本特性,这种现象称为岩石记忆。

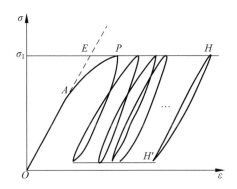 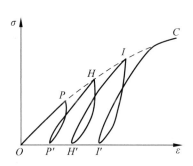

图 2.4.13 等荷载循环加卸载应力-应变曲线 　图 2.4.14 荷载不断增大循环加卸载应力-应变曲线

2.4.4 三轴压缩条件下的变形特征

工程实际中岩石一般处于三向应力状态,导致岩石的变形特性极其复杂。多年来,三轴压缩试验一直是认识岩石在复杂应力状态下力学性质的主要手段,也是建立强度理论的主要试验依据。

1. 常规三轴压缩试验的岩石变形特征

在常规三轴压缩试验条件下,岩石的变形特性与单轴压缩时不尽相同,围压对岩石的变形特性具有较大影响。图 2.4.15 和图 2.4.16 分别是大理岩、花岗岩在不同围压下所获得的应力-应变曲线。

由图 2.4.15 可知,随围压增大,破坏前岩石的应变增加,岩石的塑性也不断增大,且由脆性逐渐转化为延性。在围压为零或较低的情况下,岩石呈脆性状态;当围压增大至50MPa 时,岩石显示出由脆性到延性转化的过渡状态;围压增加到 68.5MPa 时,呈现出塑性流动状态;围压增至 165MPa 时,岩石屈服后偏应力($\sigma_1 - \sigma_3$)则随围压增大而稳定增长,出现应变硬化现象。这说明围压是影响岩石力学性质的主要因素之一,通常把岩石由脆性转化为延性的临界围压称为转化压力。图 2.4.16 所示的花岗岩也有类似特征,所不同的是其转化压力比大理岩大得多,且破坏前的应变随围压增加更为明显,同时花岗岩峰后变形表现出明显的应变软化现象。

岩石的变形破坏过程、破坏形式、脆延性状态等均与围压密切相关,围压对岩石变形的影响主要表现在:随着围压的增大,岩石的抗压强度、弹性极限及破坏时的变形显著增大;岩石的应力-应变曲线形态发生明显改变;岩石的性质发生了变化,即弹脆性→弹塑性→应变硬化。

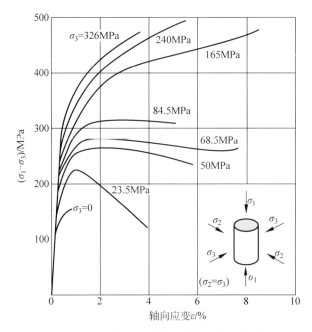

图 2.4.15　不同围压下大理岩的应力-应变曲线

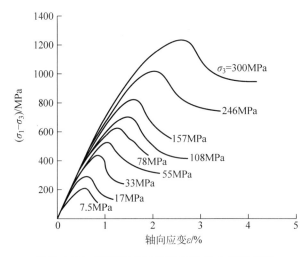

图 2.4.16　不同围压下花岗岩的应力-应变曲线

2. 真三轴压缩试验的岩石变形特征

常规三轴压缩试验采用了轴对称应力状态,与岩石工程所处的三向不等应力状态($\sigma_1 > \sigma_2 > \sigma_3$)不符。自从 Müller 发现常规三轴压缩试验和常规三轴拉伸试验($\sigma_1 = \sigma_2 > \sigma_3$)得出的莫尔包络线存在显著差异以来,岩石在真三轴应力状态下的强度与变形特性受到广泛关注。

日本学者茂木清夫(Mogi)利用自行研制的岩石真三轴试验装置进行了一系列岩石真三轴试验,详细讨论了中间主应力对多种岩石力学特性的影响。基于 Mizuho 粗面岩、Inada 花岗岩和 Yamaguchi 大理岩的真三轴试验,Mogi 发现最小主应力(σ_3)方向的侧向应变

(ε_3)总是大于中间主应力(σ_2)方向的侧向应变(ε_2),当
σ_2 从 σ_3 增大至 σ_1 过程中,侧向应变 ε_2 的膨胀程度逐
渐被抑制直到试样的扩容行为完全由 ε_1 承担。这一现
象称为各向异性扩容,其本质为应力诱导产生的垂直于
σ_3 方向的张拉微裂纹。真三轴压缩下岩石的变形特征
极其复杂,在中间主应力增大的过程中,往往伴随着剪
切诱导的体积扩容和平均应力诱导的压缩变形,这两个
相互矛盾的过程共同决定了试样体积变形的特征。

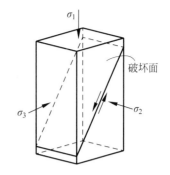

图 2.4.17 岩石真三轴压缩试验典型
破坏面示意图

通常,在真三轴应力条件下,试样内部形成平行于
σ_2 方向的剪切破坏面,该面与 σ_3 的夹角通常大于 45°,
如图 2.4.17 所示。

中间主应力同样对岩石的强度特性影响较大,如图 2.4.18 所示,在最小主应力(σ_3)保
持恒定时,随着中间主应力 σ_2 从 σ_3 增大至 σ_1,岩石的抗压强度先增大后减小,且大于岩石
在常规三轴压缩下的强度。

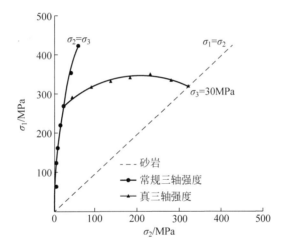

图 2.4.18 真三轴压缩下中间主应力对岩石强度的影响(ISRM 建议方法)

3. 三轴卸载试验的岩石变形特征

岩体在加载与卸载条件下,其力学特性和损伤演化机理有本质区别。卸载时,在释放应
变能的驱动下,岩体内部将产生局部张拉应力,诱发并加剧内部微裂纹的形成和扩展,导致
岩石力学性质急剧下降,变形剧增。

岩石在卸载条件下发生损伤及脆性破坏的程度受其物理力学性质(非均质性、各向异
性、抗拉强度、内摩擦角)、初始储能大小、卸载路径及卸载速率等内外因素影响。三轴卸载
试验常用的卸载应力路径主要包括两种:恒轴压卸围压和加轴压卸围压。其中恒轴压卸
围压对应高陡边坡开挖时边坡岩体切向应力不变、径向应力降低的应力调整过程,如
图 2.4.19(a)所示;加轴压卸围压对应深部隧道或深部硐室开挖过程中硐室周边围岩切向
应力增加、径向应力降低的应力调整过程,如图 2.4.19(b)所示。

大量三轴卸载试验结果表明:卸围压试验时,试样表现出明显的弹-脆性特征。试样在

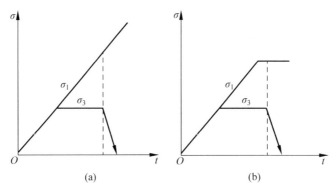

图 2.4.19　三轴卸载试验常用卸载应力路径

(a) 恒轴压卸围压；(b) 加轴压卸围压

达到峰值强度前,应力-应变曲线呈近线性关系;达到峰值强度后,应力-应变曲线有明显降低段,有时甚至出现应力跌落,呈现脆性破坏。在不同应力路径下,岩石破坏时的轴向应变随卸载初始围压的增大而增大,而径向应变随卸载初始围压的增大而减少。主要是由于卸载初始围压的增大,对试样径向应变产生了约束作用,在一定程度上限制了岩石径向变形,从而提高了岩石轴向承载能力,导致其轴向极限应变增大;不同初始卸载围压下试件破坏时的应变表明,在同一应力路径下,初始围压越高,试样破坏越剧烈。

2.4.5　岩石的扩容

岩石扩容是岩石在荷载作用下,破坏之前产生的一种明显的非弹性体积增加现象,是岩石具有的一种普遍性质,多数岩石在破坏前都会产生扩容,扩容的快慢、大小与岩石的性质、种类等有关。

岩石单位体积改变,称为体积应变,简称体应变。取一微单元体,其边长为 dx、dy、dz,变形前的体积 $dV = dx\,dy\,dz$,变形后的体积 $dV' = (dx + \varepsilon_x dx)(dy + \varepsilon_y dy)(dz + \varepsilon_z dz)$,则体积应变 ε_v 为

$$\varepsilon_v = \frac{\Delta dV}{dV} = \frac{dV' - dV}{dV} = \frac{(dx + \varepsilon_x dx)(dy + \varepsilon_y dy)(dz + \varepsilon_z dz) - dx\,dy\,dz}{dx\,dy\,dz}$$

$$(2.4.11)$$

略去高阶微量,则

$$\varepsilon_v = \varepsilon_x + \varepsilon_y + \varepsilon_z \tag{2.4.12}$$

由胡克定律可知:

$$\begin{cases} \varepsilon_x = \dfrac{1}{E}\left[\sigma_x - \nu(\sigma_y + \sigma_z)\right] \\[2mm] \varepsilon_y = \dfrac{1}{E}\left[\sigma_y - \nu(\sigma_z + \sigma_x)\right] \\[2mm] \varepsilon_z = \dfrac{1}{E}\left[\sigma_z - \nu(\sigma_x + \sigma_y)\right] \end{cases} \tag{2.4.13}$$

则

$$\varepsilon_v = \varepsilon_x + \varepsilon_y + \varepsilon_z = \frac{1 - 2\nu}{E}(\sigma_x + \sigma_y + \sigma_z) = \frac{1 - 2\nu}{E}(\sigma_1 + \sigma_2 + \sigma_3) \tag{2.4.14}$$

式(2.4.14)可简化为

$$\varepsilon_{v} = \frac{1-2\nu}{E} I_{1} \qquad (2.4.15)$$

式中，ε_x、ε_y、ε_z 分别为 x 方向、y 方向、z 方向的线应变；σ_x、σ_y、σ_z 分别为 x 方向、y 方向、z 方向的正应力，σ_1、σ_2、σ_3 分别为最大、中间和最小主应力；E 为弹性模量；ν 为泊松比；$I_1 = \sigma_x + \sigma_y + \sigma_z = \sigma_1 + \sigma_2 + \sigma_3$，为应力张量第一不变量，也称体积应力。

由于岩石在弹性范围内符合上述关系，故岩石的体积应变可用式(2.4.15)表示。

图 2.4.20 是典型结晶岩石的偏应力 σ_d 与体积应变 ε_v 的关系曲线。由图中可以看出，随偏应力增加，岩石体积是缩小的，但当应力超过某一值 σ_B 后，σ_d-ε_v 曲线偏离了直线，使得岩石的体积压缩量相对于理想线性弹性体的体积压缩量有所减小，偏离弹性的部分(CC')代表岩石体积的非弹性增加，B 点为岩石扩容的起点。一般情况下，岩石开始出现扩容时的应力为其抗压强度的 $\frac{1}{3} \sim \frac{1}{2}$。

岩石从裂纹萌生到最终破坏的过程，往往存在一个由体积减小转变为体积增大的拐点 C，岩石体积在该点达到最小，之后岩石又呈现出体积增大的现象。在拐点附近，随着应力的增加，岩石体积虽有变化，但体积应变增量近似等于零；C 点之后，随应力增加，岩石体积应变速率越来越大，裂纹加速扩展，最终导致岩石试样破坏。

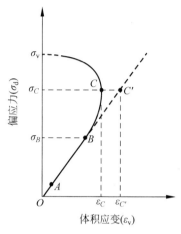

图 2.4.20　结晶岩石的偏应力-体积应变曲线

2.5　岩石的流变

岩石的变形特性存在时间效应。在外部条件不变的情况下，岩石的应变或应力随时间而变化的现象称为岩石流变，包括蠕变、松弛、弹性后效和长期强度。

（1）蠕变：在恒定外力作用下，岩石的应变随时间增加而增加的现象。

（2）松弛：在应变保持不变的条件下，岩石的应力随时间增加而减小的现象。

（3）弹性后效：在加载或卸载时，岩石的变形滞后于应力延迟恢复的现象。

（4）长期强度：岩石在长期荷载作用下的强度。

研究岩石的流变特性对岩石工程的稳定性评估具有重要意义，特别是在高应力软岩工程中蠕变特性十分显著。当岩石在恒定荷载作用下，以应变 ε 为纵坐标、以时间 t 为横坐标绘制的岩石典型蠕变过程曲线，如图 2.5.1 所示。岩石的典型蠕变过程曲线可划分为四个阶段：①瞬时变形阶段(OA)；②过渡蠕变

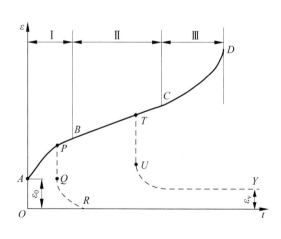

图 2.5.1　岩石典型蠕变过程曲线

阶段Ⅰ(AB),又称初始蠕变阶段或第一蠕变阶段,其中 A 点应变速率最大,随时间延长,达到 B 点时最小;③等速蠕变阶段Ⅱ(BC),又称稳态蠕变阶段或第二蠕变阶段,应变速率保持不变,直到 C 点;④加速蠕变阶段Ⅲ(CD),又称第三蠕变阶段,应变速率迅速增加,直到岩石破坏。

以上的岩石典型蠕变过程曲线的形状及某个阶段的持续时间,受岩性、荷载大小及温度、湿度等因素影响而有所不同。对同一种岩石,作用荷载越大,第Ⅱ阶段蠕变持续时间越短,岩石越容易发生蠕变破坏;当作用荷载较小时,可能仅出现第Ⅰ阶段或第Ⅰ、Ⅱ阶段蠕变特征。此外,在蠕变曲线的不同阶段卸载(如曲线 PQR 和曲线 TUY)则会出现不同的蠕变特性响应。岩石蠕变等流变特性的应变-应力随时间变化的详细分析见第 3 章。

2.6 影响岩石力学性质的因素

影响岩石力学性质的因素可分为两类:自然因素和试验因素。自然因素包括矿物成分、结构构造、水、温度、风化程度等;试验因素包括围压、加载速率等。

2.6.1 矿物成分的影响

不同类型的岩石强度特征差异明显。岩浆岩中,橄榄石等矿物含量越多,强度越高;沉积岩中,砂岩的弹性特性及强度随石英含量的增加而提高,石灰岩强度随硅质矿物含量的增加而提高;变质岩中,含硬度低的矿物(如云母、滑石、蒙脱石、伊利石、高岭石等)越多,强度越低。

不稳定矿物对岩石强度影响显著。不稳定矿物含量越多的岩石,力学性质随时间的变化越不稳定,如含有黄铁矿、霞石等矿物成分的岩石具有化学不稳定性;含有石膏、滑石、钾盐等易溶于水的盐类岩石具有易变性;含蒙脱石、伊利石等黏土矿物的岩石,遇水易膨胀和软化,降低岩石强度。

矿物颗粒胶结程度对岩石强度也具有较大影响。当矿物颗粒间胶结程度较弱时,组成岩石的矿物颗粒的强度越高,岩石强度也越高;岩石强度随石英含量增加而提高,随黏土矿物含量增加而降低。

2.6.2 岩石结构构造的影响

岩石结构构造的影响如下:

(1)岩石结构的影响。岩浆岩一般呈粒状结构、斑状结构、玻璃质结构;沉积岩一般呈粒状结构、片架结构、斑基结构;变质岩一般呈板理结构、片理结构、片麻理结构。结构的差异导致了岩石力学性质的不同,在粒状结构中,等粒结构比非等粒结构强度高;在等粒结构中,细粒结构比粗粒结构强度高。

(2)岩石构造的影响。岩浆岩颗粒排列一般无一定方向,多呈块状构造;沉积岩多呈层理、页片状构造;变质岩多呈板状、片理、片麻理构造。层理、片理、板理和流面构造等统称为层状构造。宏观上块状构造的岩石多表现为各向同性,层状构造的岩石表现为各向异性。

2.6.3　水的影响

岩石中的水主要包括结合水、自由水、固态水,它们对岩石力学性质具有不同的影响。

1. 结合水的影响

结合水是指由于矿物对水分子的吸附力超过重力而被束缚在矿物表面的水,水分子运动主要受矿物表面势能的控制。结合水对岩石力学性质的影响体现在联结作用、润滑作用和水楔作用三个方面。

(1) 联结作用。束缚在矿物表面的水分子通过吸引力将颗粒紧密联结,在松散土中表现明显;由于岩石颗粒间的黏结强度远高于水的联结作用,岩石力学性质受到的影响微弱。

(2) 润滑作用。由可溶盐、胶体矿物黏结的岩石,当有水浸入时,可溶盐溶解,胶体水解,使原有的黏结变成水胶联结,导致矿物颗粒间黏结力减弱,摩擦力降低,水起到润滑剂的作用。

(3) 水楔作用。当水分子补充到岩石表面时,岩石颗粒利用表面吸附力使水分子向颗粒缝隙挤入,这种现象称为水楔作用。一定条件下,水分子从接触点挤出,产生膨胀压力或润滑作用,降低岩石强度。

岩石结合水的能力取决于矿物的亲水性。蒙脱石、伊利石、高岭石等黏土类矿物的亲水性最强,黏土岩在浸润后其强度降低最高可达90%,花岗岩、石英岩等亲水性差的岩石,浸水后强度变化较小。

2. 自由水的影响

自由水的运动主要受重力作用控制,对岩石力学性质的影响体现在孔隙水压力作用和溶蚀、潜蚀作用。

(1) 孔隙水压力作用。当岩石孔隙和微裂隙中含有自由水,突然受载时岩石孔隙或裂隙中将产生很高的孔隙水压力,减小颗粒间的正应力,降低岩石抗剪强度,甚至使岩石微裂隙端部处于受拉状态而使岩石破裂。

(2) 溶蚀、潜蚀作用。自由水在流动过程中可将岩石中可溶物质溶解搬运,称为溶蚀作用;若自由水将岩石中小颗粒冲走,使岩石强度降低、变形加大,称为潜蚀作用。在岩体中有酸性或碱性水流时,极易出现溶蚀作用;当水力梯度较大时,孔隙率大、黏结差的岩石易产生潜蚀作用。

3. 固态水的影响

岩石孔隙、微裂隙中的水在冻融时的胀缩作用显著影响岩石的力学性质。

2.6.4　温度的影响

在地壳中,一般深度每增加1000m,温度升高20～30℃,岩石内部温度不同而产生温度应力。升温产生的温度应力会降低岩石强度,可能导致岩石的破坏形式从脆性转化为延性。当岩石温度在90℃以内时,对岩石不会产生显著影响。但在核废料储存、深部矿产资源开采、地热资源开发、地温异常区工程建设等领域,均不可忽视温度对岩石力学特性的影响。

一般情况下,岩石的延性随温度的升高而增强,屈服点降低,强度也相应降低。图2.6.1

为三种不同岩石在围压 500MPa、不同温度条件下的应力-应变曲线。

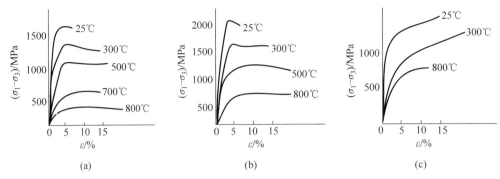

图 2.6.1 温度对岩石力学性质的影响

（a）玄武岩；（b）花岗岩；（c）白云岩

2.6.5 风化程度的影响

岩石的风化程度是指风化作用对岩石的影响与破坏程度，包括岩石的解体、变化程度及风化深度。新鲜岩石和风化岩石的力学性质有较大差异，当岩石风化程度较高时，其力学性质明显降低。工程建设中岩石地基常为风化岩石，有效认识风化岩石的力学特性十分必要。

风化作用对岩石力学性质的影响主要体现在三个方面：

（1）降低岩体结构面的粗糙程度并产生新的风化裂隙，进一步降低岩体完整性。随着岩石原有结构联结被削弱甚至丧失，坚硬岩石可转化为半坚硬岩石、松散介质。

（2）化学风化过程中，矿物成分发生蚀变。原生矿物经水解、水化、氧化等作用后，逐渐被次生矿物替代，且次生矿物随风化程度加深而逐渐增多。

（3）改变岩石的物理力学性质。一般表现为：岩石强度降低（如抗压强度可由原来的上百兆帕降低到十几甚至几兆帕），压缩性增大；抗水性降低，亲水性（如膨胀性、崩解性、软化性）增强；孔隙性增加，透水性增强（当风化剧烈、黏土矿物较多时，渗透性又趋于降低）。总之，风化作用下，岩石力学性质劣化。

2.6.6 围压与加载速率的影响

1. 围压的影响

岩石的脆性和延性随着受力状态的改变可以相互转化。岩石的峰值强度和破坏时的变形量均随围压增大而显著增加。在三轴压缩条件下，岩石的变形、强度和弹性极限都显著增大。

2. 加载速率的影响

在加载试验中，加载速率对岩石的变形和强度均有显著影响。一般加载速率越大，岩石的强度指标和弹性模量越大，但不同岩石对加载速率的敏感程度存在差异。对于多数岩石，在弹性变形阶段，加载速率对岩石力学性质影响不明显，而在裂纹发展阶段影响显著。

课后习题

1. 自然界中的岩石按地质成因分类可分为几大类,各有什么特点?
2. 构成岩石的主要造岩矿物有哪些?为什么说基性岩和超基性岩最容易风化?
3. 岩石的结构和构造有何区别?岩石颗粒间的联结有哪几种?
4. 岩石物理性质的主要指标有哪些?
5. 何谓岩石的水理性?水对岩石力学性质有何影响?
6. 岩石的抗风化指标有哪些?
7. 岩石的弹性模量和变形模量有何区别?
8. 岩石抗拉强度有几种测试方法?它们各有何特点?
9. 岩石抗剪强度有几种测试方法?它们各有何特点?
10. 常用于岩块变形与强度性质的指标有哪些?如何定义?各自的测定方法是什么?
11. 岩石在单轴压缩下的峰前应力-应变曲线有哪几种类型?用图加以说明。
12. 简述岩石在单轴压力试验下的变形特征。
13. 简述岩石在循环加卸载下的变形特征。
14. 在三轴压力试验中,岩石的力学性质会发生哪些变化?
15. 体积应变曲线是怎样获得的?它在分析岩石的力学特征上有何意义?
16. 什么是岩石的蠕变、松弛、弹性后效?
17. 典型的岩石蠕变过程曲线包括哪几个阶段?
18. 试论述加载速率和岩石中水对岩石强度的影响。
19. 试论述岩石中水对岩石强度的影响。

第3章 Chapter 3
岩石强度理论与本构关系

3.1 岩石强度理论

3.1.1 岩石强度理论概念及发展

岩石强度理论是研究岩石在各种应力状态下的强度准则的理论。岩石强度是指岩石对荷载的抗力,或者说是岩石对破坏的抗力。在外荷载作用下岩石发生破坏时,其应力(应变)必须满足的条件称为强度准则(破坏准则)。岩石强度准则也称为破坏判据,它表征岩石在极限破坏条件的应力状态。

1. 发展历程

关于强度理论的研究,可以上溯到几个世纪以前。公元 15 世纪,列奥纳多·达·芬奇(Leonardo da Vinci)和伽利略·伽利雷(Galileo Galilei)分别进行了铁丝和石料的拉伸试验,达·芬奇认为铁丝的强度与其长度有密切关系,而伽利略认为荷载达到一定值时,材料发生破坏,据此提出了最大应力理论的思想雏形。17 世纪,马略特(Mariotte)首次论述了最大应变准则的思想。1773 年,库仑(C. A. Coulomb)提出剪切破裂准则,称为库仑准则。1882 年和 1990 年莫尔(C. O. Mohr)两次撰写论文,全面阐述了莫尔-库仑理论,但直到 20 世纪 30 年代才开始被逐步认可并应用到工程中来。莫尔-库仑理论形式简单,概念明确,但忽略了中间主应力,1952 年体现中间主应力的德鲁克-普拉格(Drucker-Prager)准则提出,并得到广泛的应用。随着真三轴试验的推行,学界发现德鲁克-普拉格准则有缺陷,于是许多修正公式和新的理论再次出现,但一直未形成突破性的理论。1985 年俞茂宏提出双剪强度理论,在 π 平面的极限面双剪强度理论和莫尔-库仑理论分别形成了外凸强度理论的上限和下限,共同界定了强度理论极限面的范围。1991 年俞茂宏提出统一强度理论,填补了双剪强度理论和莫尔-库仑理论之间的空白,既证明了原先理论的可行性,又为新的实用性理论出现提供了依据。

2. 塑性屈服

塑性屈服与破坏是两个不同的概念。岩石受荷载作用后,随着荷载的增加,岩石由弹性状态过渡到塑性状态,这种过渡称为屈服。而岩石内的某一点开始发生塑性变形时,应力或应变所必须满足的条件称为屈服准则(屈服条件)。理论上岩石的屈服条件和强度准则往往具有相同的形式,强度准则的表达式同样可用于屈服条件。在主应力状态下,岩石强度准则

可表达为

$$f(\sigma_1, \sigma_2, \sigma_3) = 0 \tag{3.1.1}$$

函数 f 的特定形式是与材料有关的,一般含有若干个材料常数,强度准则可由试验确定(如单轴抗压强度试验、单轴抗拉强度试验、剪切试验等)。

下面介绍常见的岩石强度准则。

3.1.2 最大正应力理论

最大正应力理论又称为朗肯(Rankine)理论,它假设材料的破坏只取决于绝对值最大的正应力。据此,当岩石单元体内的三个主应力中只要有一个达到单轴抗压强度或单轴抗拉强度时,单元就达到破坏状态,强度条件(或称破坏条件)为

$$\sigma_1 \leqslant \sigma_c \tag{3.1.2}$$

$$\sigma_3 \geqslant -\sigma_t \tag{3.1.3}$$

式中,σ_c,σ_t 分别为材料的单轴抗压强度和单轴抗拉强度,MPa。

或者,可将这一条件写成解析表达式的形式:

$$(\sigma_1^2 - \sigma^2)(\sigma_2^2 - \sigma^2)(\sigma_3^2 - \sigma^2) \leqslant 0 \tag{3.1.4}$$

式中,σ 泛指材料的强度,既包括抗压强度又包括抗拉强度,MPa。

试验指出,这个理论只适用于单向应力状态以及脆性岩石在某些应力状态(如二向应力状态)中受拉的情况,所以,对于复杂应力状态,往往不可采用这个理论。

3.1.3 最大正应变理论

根据某些岩石受压破坏时沿着横向(平行于受力方向)分成几块的现象,提出假设:材料的破坏取决于最大正应变。该假设认为,只要材料内任一方向的正应变达到单向压缩或单向拉伸中的破坏数值,材料就发生破坏。因此,该理论的强度条件为

$$\varepsilon_{\max} \leqslant \varepsilon_0 \tag{3.1.5}$$

式中,$\varepsilon_{\max}$ 为材料产生的最大应变值,可用广义胡克定律求出;ε_0 为单向压缩或单向拉伸试验中材料破坏时的极限应变值。

这一强度准则的解析表达式为

$$\{[\sigma_1 - \mu(\sigma_2 + \sigma_3)]^2 - \sigma^2\}\{[\sigma_2 - \mu(\sigma_1 + \sigma_3)]^2 - \sigma^2\}\{[\sigma_3 - \mu(\sigma_1 + \sigma_2)]^2 - \sigma^2\} \leqslant 0$$
$$\tag{3.1.6}$$

根据试验结果,该理论与脆性材料的试验结果大致符合,对于塑性材料则不能适用。此外,岩石的变形与侧向约束条件有关。

3.1.4 最大剪应力理论

在塑性材料单向试验中发现,当试件屈服时,试件内部会形成与轴向大约成 $45°$ 的破坏斜面。而最大剪应力就发生在该斜面上,该斜面是材料内部晶格间相对剪切滑移的结果,这种晶格间的错动会使试件产生塑性变形,据此可假设:材料的破坏取决于最大剪应力。该强度条件在塑性力学中称为特雷斯卡(H. Tresca)破坏条件(或屈服条件):

$$\tau_{max} \leqslant \tau_u \tag{3.1.7}$$

式中，τ_{max} 为最大剪应力；τ_u 为最大剪应力的危险值。

在复杂应力状态下，最大剪应力 $\tau_{max} = \dfrac{\sigma_1 - \sigma_3}{2}$；在单向压缩或拉伸时，最大剪应力的危险值 $\tau_u = \sigma/2$，将这些结果代入式(3.1.7)，得到最大剪应力理论的强度条件：

$$\sigma_1 - \sigma_3 \leqslant \sigma \tag{3.1.8}$$

或者写成如下形式：

$$\left[(\sigma_1 - \sigma_3)^2 - \sigma^2\right]\left[(\sigma_3 - \sigma_2)^2 - \sigma^2\right]\left[(\sigma_2 - \sigma_1)^2 - \sigma^2\right] \leqslant 0 \tag{3.1.9}$$

该理论对于塑性岩石可给出满意的结果，但对于脆性岩石不适用。另外，该理论也没有考虑中间主应力的影响。

3.1.5 莫尔-库仑强度理论

1773 年，库仑认为岩石材料的破坏是沿着特定平面滑移引起的，其抗剪强度取决于黏聚力和摩擦分量，其中，摩擦分量与法向应力有关。由此，提出最大剪应力强度理论。19世纪末，莫尔对该理论进行了一系列推广，形成了莫尔-库仑(Mohr-Coulomb)强度理论体系。

1. 库仑准则

库仑的最大剪应力强度理论认为，当岩石沿特定平面发生剪切破坏时，该平面上能承受的最大剪应力(抗剪强度)可表示为

$$|\tau| = c + \mu_n \sigma \tag{3.1.10}$$

式中，τ 为抗剪强度，抗剪强度的绝对值符号只影响破坏后的滑动方向，为了方便，在数学上常常忽略绝对值符号；c 为黏聚力；σ 为剪切面上的正应力；μ_n 为摩擦系数。

剪切破坏与莫尔应力圆(也常称为莫尔圆)示意图如图 3.1.1 所示，在图 3.1.1(a)中，当岩石沿特定剪切面破坏时，剪切面法线方向的作用力为正应力 σ，切线方向的作用力为剪应力 τ，剪切面法向方向与最大主应力方向的夹角为剪切面倾角 β。

如图 3.1.1(b)所示，以剪切面为受力分析对象，建立剪切面上应力与主应力之间的关系，设三角形 OAB 区域为单位厚度，当单元体 OAB 受力平衡时，由 AB 面的法线方向受力平衡可得

$$\sigma L_{AB} = \sigma_1 L_{OA} \cos\beta + \sigma_3 L_{OB} \sin\beta \tag{3.1.11}$$

同理，由 AB 面的切线方向受力平衡可得

$$\tau L_{AB} = \sigma_1 L_{OA} \sin\beta - \sigma_3 L_{OB} \cos\beta \tag{3.1.12}$$

由式(3.1.11)和式(3.1.12)可得

$$\begin{cases} \sigma = \sigma_1 \cos^2\beta + \sigma_3 \sin^2\beta \\ \tau = (\sigma_1 - \sigma_3)\sin\beta\cos\beta \end{cases} \tag{3.1.13}$$

由此，任意剪切面上的正应力与剪应力可由主应力表达。

对于二维空间中的应力描述，采用莫尔应力圆可方便地表述剪切面上的主应力 σ_1、σ_3 与剪切面上正应力 σ、剪应力 τ 之间的关系。如图 3.1.1(c)所示，在 $O\sigma$ 轴上取 $OP = \sigma_1$，$OQ = \sigma_3$，以 C 点为圆心，线段 PQ 为直径作圆，即莫尔应力圆，$\angle PCE$ 为 2β 时，圆周上 E

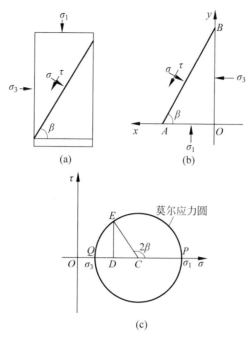

图 3.1.1 剪切破坏与莫尔应力圆示意图

(a) 剪切破坏面示意图；(b) 剪切破坏面上的剪应力和正应力；(c) 莫尔应力圆表示一点应力状态

点的坐标可表示为

$$\begin{cases} \sigma = OD = OC - CD = \dfrac{1}{2}(\sigma_1 + \sigma_3) + \dfrac{1}{2}(\sigma_1 - \sigma_3)\cos 2\beta \\ \tau = DE = \dfrac{1}{2}(\sigma_1 - \sigma_3)\sin 2\beta \end{cases} \tag{3.1.14}$$

基于三角函数变换，式(3.1.14)可转换为式(3.1.13)，因此，已知岩石的主应力状态，任意倾角的剪切破坏面上的正应力和剪应力均可由莫尔应力圆圆周上的点表示。

如图 3.1.2 所示，式(3.1.10)给出的岩石能够承受的最大剪应力在平面上为直线 AD，称为库仑破坏线，描述库仑破坏线的方程即为库仑准则，也称为库仑屈服(破坏)准则。库仑破坏线与 τ 轴相交于 B 点，其斜率为 μ_n，该直线与 σ 轴的夹角 $\varphi = \arctan\mu_n$，φ 为内摩擦角。不同应力状态(σ_1,σ_3)对应一系列的莫尔应力圆，当莫尔应力圆与库仑破坏线相切时，切点 P 表示最有可能发生破坏的应力状态。根据三角形外角性质，剪切面法线方向与最大主应力方向的夹角 β 及内摩擦角 φ 之间的关系可表示为

$$2\beta = 90° + \varphi \tag{3.1.15}$$

由几何关系可得，$|CP| = (|OA| + |OC|)\sin\varphi$，根据莫尔应力圆可表达为

$$\frac{1}{2}(\sigma_1 - \sigma_3) = \left[c\cot\varphi + \frac{1}{2}(\sigma_1 + \sigma_3)\right]\sin\varphi = c\cos\varphi + \frac{1}{2}(\sigma_1 + \sigma_3)\sin\varphi \tag{3.1.16}$$

采用二维平面应力 σ_m 和最大剪应力 τ_m 可表示为

$$\begin{cases} \sigma_m = \dfrac{1}{2}(\sigma_1 + \sigma_3) \\ \tau_m = \dfrac{1}{2}(\sigma_1 - \sigma_3) \end{cases} \tag{3.1.17}$$

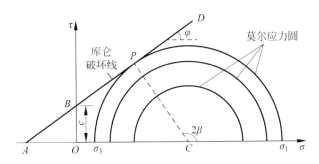

图 3.1.2　库仑强度理论示意图

则式(3.1.16)可写为

$$\tau_m = c\cos\varphi + \sigma_m\sin\varphi \qquad (3.1.18)$$

　　如图 3.1.3(a)所示,在 σ_m-τ_m 平面上,方程为一条直线,角度为 $\arctan(\sin\varphi)$,与 σ_m 轴相交于 $-c\cot\varphi$,与 τ_m 轴交于 $c\cos\varphi$。

　　库仑破坏准则也可采用主应力 σ_1,σ_3 直接表示,如图 3.1.3(b)所示,由式(3.1.16)可得

$$\sigma_1 = 2c\,\frac{\cos\varphi}{1-\sin\varphi} + \sigma_3\,\frac{1+\sin\varphi}{1-\sin\varphi} \qquad (3.1.19)$$

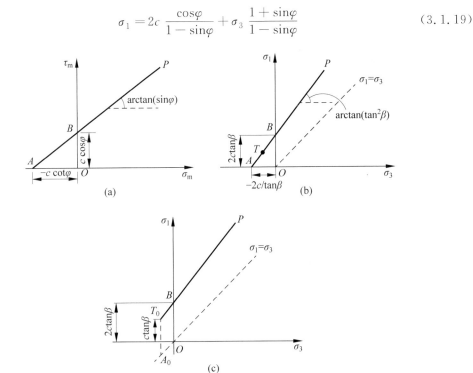

图 3.1.3　不同形式的库仑破坏线

(a) σ_m-τ_m 平面上的拉伸截断破坏曲线;(b) σ_3-σ_1 平面上的拉伸截断破坏曲线;(c) σ_3-σ_1 平面上的拉伸截断破坏曲线

　　基于三角函数变换和式(3.1.15)可得

$$\tan\beta = \frac{\cos\varphi}{1-\sin\varphi} \qquad (3.1.20)$$

因此,库仑破坏准则也可表示为

$$\sigma_1 = 2c\tan\beta + \sigma_3\tan^2\beta = \sigma_c + \sigma_3\tan^2\beta \qquad (3.1.21)$$

$$\begin{cases} 当\,\sigma_3 = 0\ 时,\sigma_c = \sigma_1 = 2c\tan\beta \\ 当\,\sigma_1 = 0\ 时,\sigma_t = \sigma_3 = -2c/\tan\beta(不适用于岩石材料) \end{cases} \qquad (3.1.22)$$

式中,σ_c、σ_t 分别为单轴抗压强度、抗拉强度。

在 σ_3-σ_1 平面中,库仑破坏准则为一条直线,其斜率为 $\tan^2\beta$,与 σ_3 轴相交于 $-2c/\tan\beta$,与 σ_1 轴相交于 $2c\tan\beta$。

库仑破坏准则也可采用摩擦系数 μ_n 表示,$\mu_n = \tan\varphi$,采用三角函数变换,可得

$$\begin{cases} \cos\varphi = 1/\sqrt{1+\mu_n^2} \\ \sin\varphi = \mu_n/\sqrt{1+\mu_n^2} \end{cases} \qquad (3.1.23)$$

将式(3.1.23)代入式(3.1.21),得

$$\sigma_1 = 2c\left(\sqrt{1+\mu_n^2} + \mu_n\right) + \left(\sqrt{1+\mu_n^2} + \mu_n\right)^2 \sigma_3 \qquad (3.1.24)$$

库仑破坏准则包含一个隐式的假设,即作用于破坏平面的法向应力为正,则法向应力的最小值应满足库仑破坏条件。在破坏平面上对应的非负法向应力,可表示为

$$\sigma = \frac{1}{2}(\sigma_1 + \sigma_3) + \frac{1}{2}(\sigma_1 - \sigma_3)\cos2\beta = \frac{1}{2}(\sigma_1 + \sigma_3) - \frac{1}{2}(\sigma_1 - \sigma_3)\sin\varphi > 0 \qquad (3.1.25)$$

即

$$\sigma_1(1 - \sin\varphi) > -\sigma_3(1 + \sin\varphi) \qquad (3.1.26)$$

将式(3.1.26)代入式(3.1.21),得

$$\sigma_1 > \frac{1}{2}\sigma_c = c\tan\beta \qquad (3.1.27)$$

根据式(3.1.27),图 3.1.3(b)中库仑破坏线 PTA 的 TA 部分对破坏平面上的法向应力没有响应,考虑到 $\sigma_1 \geqslant \sigma_3$,将线段改变为垂直线,直到满足 $\sigma_1 = \sigma_3$,如图 3.1.3(c)中虚线 T_0A_0。

因此,库仑破坏线与 σ_3 轴的交点没有明确的物理意义,并不是普遍认为的抗拉强度,库仑破坏准则不适用于拉应力状态下岩石强度的预测,但库仑破坏准则的形式简单,强度参数有明确的物理意义,该准则作为莫尔-库仑理论的重要组成部分目前被广泛应用。

2. 莫尔强度理论

库仑准则所描述的线性关系在高围压条件下并不适用,莫尔建议,当剪切破坏发生在特定平面时,该平面上的法向应力 σ 和剪应力 τ 由材料的应力函数关系式确定,材料内某一点的破坏主要取决于最大主应力和最小主应力,即 σ_1 和 σ_3;材料破坏与否,与材料内的剪应力有关,而正应力则直接影响抗剪强度的大小。根据该理论,可在 σ-τ 平面上绘制出一系列莫尔应力圆,每个莫尔应力圆均反映一种极限平衡的应力状态,此时的莫尔应力圆称为极限应力圆,各种应力状态(单轴拉伸、单轴压缩及三轴压缩)下一系列极限应力圆的外公切线统称为莫尔包络线(也称莫尔强度包络线)。莫尔包络线上的点对应材料处于极限平衡状态时的剪应力 τ 与正应力 σ,代表材料的破坏条件,即莫尔破坏条件的表达式为

$$\tau = f(\sigma) \tag{3.1.28}$$

如图 3.1.4 所示,若以 C 点为圆心、$(\sigma_1 - \sigma_3)$ 为直径的莫尔应力圆恰好与莫尔包络线 AB 相切,则材料处于极限平衡状态,若莫尔应力圆位于包络线之上,则材料发生破坏,若莫尔应力圆位于包络线之下材料不会发生破坏。图 3.1.5 中莫尔包络线 AB 不是由一个具体的公式定义,而是通过一系列试验得到对应极限平衡状态下的莫尔应力圆,进一步绘制出莫尔包络线。材料破裂方向由莫尔包络线的法线决定。

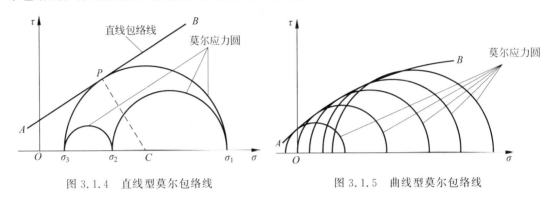

图 3.1.4　直线型莫尔包络线　　　　　图 3.1.5　曲线型莫尔包络线

因此,库仑准则是一种特殊的莫尔包络线,即库仑准则仅为莫尔破坏准则的一个特例。

莫尔-库仑强度准则可根据材料所处的最大和最小主应力状态判断材料是否发生破坏,该准则在低应力条件下基本合理,在岩土工程中应用较为广泛。但该准则忽略了中间主应力的影响,无法有效描述高应力条件下岩石的强度特性,且过高估计岩石材料的抗拉强度。

此外,试验所得的岩石单轴抗压强度与莫尔-库仑强度准则预测结果常存在显著差异。岩石在单轴压缩条件下常为张剪混合的破坏形式,而莫尔-库仑强度准则是基于剪切破坏理论建立的,此为采用该准则解释岩石破坏机制时单轴抗压强度预测结果不准确的根本原因。

莫尔-库仑强度准则的屈服面在主应力空间中为一个不规则的六边形截面的角锥体表面,在偏表面上表现为不规则的六边形,如图 3.1.6 所示,屈服曲面存在尖顶和棱角,其外法线方向的倒数不易确定、角点处不连续,在数值计算过程中易出现不收敛或收敛缓慢等问题。

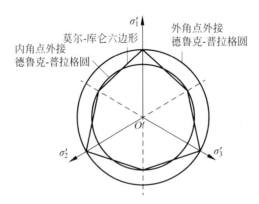

图 3.1.6　德鲁克-普拉格准则在偏平面上的屈服曲线

3.1.6　德鲁克-普拉格强度理论

莫尔-库仑准则体现了岩土材料压剪破坏的实质,但未反映中间主应力的影响,不能解释岩土材料在静水压力下也可屈服或破坏的现象。1952 年,德鲁克和普拉格基于米塞斯准则提出德鲁克-普拉格准则,其表达式为

$$\sqrt{J_2} - \alpha I_1 = K \tag{3.1.29}$$

式中,α、K 为材料参数,可由岩石内摩擦角 φ 和黏聚力 c 确定。当 $\alpha = 0$ 时,德鲁克-普拉格准则退化为米塞斯准则。

在主应力空间内,德鲁克-普拉格准则的屈服面为圆锥体,不同数值的参数和对应的屈服曲线在偏平面上表现为大小不同的圆(见图 3.1.6)。根据所讨论问题的应力状态,可采用黏聚力 c 和内摩擦角 φ 表示德鲁克-普拉格准则的参数。

如图 3.1.6 所示,内角点外接德鲁克-普拉格圆表示纯拉伸($\sigma_1 = \sigma_2 = 0$, $\sigma_3 = \sigma_t$)条件下,有

$$\begin{cases} \alpha = \dfrac{2\sin\varphi}{\sqrt{3}(3+\sin\varphi)} \\ K = \dfrac{6c\cos\varphi}{\sqrt{3}(3+\sin\varphi)} \end{cases} \tag{3.1.30}$$

外角点外接德鲁克-普拉格圆表示纯压缩($\sigma_1 = \sigma_c$, $\sigma_2 = \sigma_3 = 0$)条件下,有

$$\begin{cases} \alpha = \dfrac{2\sin\varphi}{\sqrt{3}(3-\sin\varphi)} \\ K = \dfrac{6c\cos\varphi}{\sqrt{3}(3-\sin\varphi)} \end{cases} \tag{3.1.31}$$

与莫尔-库仑强度准则相比,德鲁克-普拉格准则考虑了中间主应力的影响,可采用基本力学参数描述不同应力状态下岩土的强度特征,被认为是比较理想的岩土强度准则,众多大型岩土计算软件都包括了该准则的计算方法。需要说明的是,德鲁克-普拉格准则未能考虑应力洛德角的影响,如在计算坝基稳定性等复杂问题时,难以反映复杂的应力状态,存在一定的计算误差。

3.1.7　格里菲斯强度理论

上述各种强度理论均将材料看成完整而连续的均匀介质。实际上,任何材料内部都存在着许多微细(潜在的)裂纹或裂隙,这些裂隙周围(尤其是在裂隙端部)在力的作用下将产生应力集中,此时的应力可能远超材料自身强度。在这种情况下材料的破坏将不受自身强度控制,而是取决于其内部裂隙周围的应力状态,材料的破坏往往从裂隙端部开始,并且通过裂隙扩展而导致完全破坏。据此,格里菲斯(Grith)于 1920 年首次提出一种材料破坏起因于其内部微细裂隙不断扩展的强度理论,现称之为格里菲斯强度理论。格里菲斯最初从能量角度出发研究材料破坏作用,并建立了裂隙扩展的能量准则,后来又基于应力观点分析材料破坏作用而提出裂隙扩展的应力准则。

格里菲斯强度理论中假设:材料内部存在着许多细微裂隙,根据弹性力学中的英格里

斯(Inglis)理论,在外力作用下,这些细微裂隙周围,特别是裂隙端部,将产生应力集中,当超过材料抗拉强度时,裂缝扩展,最后导致材料的完全破坏。

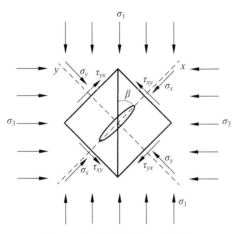

图 3.1.7 微裂隙受力示意图

假设岩石中有一张开微裂隙(近似椭圆),其长轴方向与大主应力 σ_1 成角 β(见图 3.1.7),研究证明,即使在受压状态下,裂隙的边壁上也可能出现较高拉应力。一旦该拉应力超过材料的局部抗拉强度,在张开裂隙的端部就会发生破裂。

为确定张开的椭圆裂隙边壁周围应力,作了如下简化假定。

(1)此椭圆可以作为半无限弹性介质中的单个孔洞处理,即假定相邻的裂隙之间不相互影响,并忽略材料特性的局部变化。

(2)作用于椭圆及其周围的应力系统可当作二维问题处理,即忽略裂隙三维空间形状和垂直裂隙平面的应力 σ_z 的影响。这些假定所引起的误差将小于 $\pm 10\%$。取 x 轴沿裂隙方向(椭圆长轴方向),y 轴正交于裂隙方向(椭圆短轴方向)。其中,裂隙椭圆的长半轴和短半轴分别为 a、b;α 为裂隙椭圆偏心角(对 x 轴的偏心角)。椭圆的轴比为:$m = b/a$(见图 3.1.8)。

裂隙椭圆周边上偏心角为 α 的任意点的切向应力 σ_b 可采用弹性力学中英格里斯(Inglis)公式表示,即

$$\sigma_b = \frac{\sigma_y \left[m(m+2)\cos^2\alpha - \sin^2\alpha \right] + \sigma_x \left[(1+2m)\sin^2\alpha - m^2\cos^2\alpha \right] - \tau_{xy} \left[2(1+m)^2 \sin\alpha\cos\alpha \right]}{m^2\cos^2\alpha + \sin^2\alpha}$$

(3.1.32)

因为岩石内的裂隙很窄,即轴比 m 很小,形状扁平,所以最大拉应力发生在靠近椭圆裂隙的长轴端点处。由于当 $\alpha \to 0$ 时,$\sin\alpha \to \alpha$、$\cos\alpha \to 1$,因此,略去高次项后,式(3.1.32)可写成

$$\sigma_b = \frac{2(\sigma_y m - \tau_{xy}\alpha)}{m^2 + \alpha^2}$$

(3.1.33)

可见,切向应力 σ_b 是偏心角 α 的函数,椭圆周边上不同位置有不同的 σ_b,周边开裂必然发生在 σ_b 为最大值处。为求得最大 σ_b 以及对应位置,对式(3.1.33)中 α 求导,求得 σ_b 的最大值及对应的偏心角 α 为

$$\sigma_{b,\max} = \frac{1}{m} \left(\sigma_y \pm \sqrt{\sigma_y^2 + \tau_{xy}^2} \right)$$

(3.1.34)

$$\alpha = \frac{\tau_{xy}}{\sigma_b}$$

(3.1.35)

由图 3.1.9 可知,σ_y 和 τ_{xy} 与最大、最小主应力 σ_1 和 σ_3 之间有下列关系式:

$$\sigma_y = \frac{1}{2}(\sigma_1 + \sigma_3) - \frac{1}{2}(\sigma_1 - \sigma_3)\cos 2\beta$$

(3.1.36)

$$\tau_{xy} = \frac{1}{2}(\sigma_1 - \sigma_3)\sin 2\beta$$

(3.1.37)

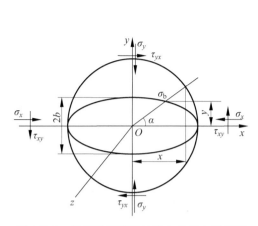

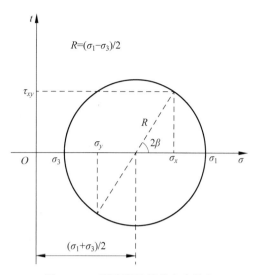

图 3.1.8 椭圆裂隙周围材料上的应力示意图   图 3.1.9 裂隙附近局部应力状态

将式(3.1.36)和式(3.1.37)代入式(3.1.34),得

$$m\sigma_{b,max} = \frac{1}{2}(\sigma_1 + \sigma_3) - \frac{1}{2}(\sigma_1 - \sigma_3)\cos2\beta \pm \left[\frac{1}{2}(\sigma_1^2 + \sigma_3^2) - \frac{1}{2}(\sigma_1^2 - \sigma_3^2)\cos2\beta\right]^{\frac{1}{2}}$$

$$(3.1.38)$$

式(3.1.38)表明,在 σ_1 和 σ_3 作用下,m 为定值时,裂隙最大切向应力 $\sigma_{b,max}$ 仅与裂隙方位角 β(裂隙与最大主应力 σ_1 之间的夹角)有关。岩石的细微裂隙方向杂乱,不同方位的裂隙有不同的最大切向应力 $\sigma_{b,max}$,该裂隙的方位角 β 以及最大切向应力的极值 $\sigma_{b,max}$,可通过求导得

$$\sin2\beta\left\{(\sigma_1 - \sigma_3) \pm \frac{\sigma_1^2 - \sigma_3^2}{2\left[\frac{1}{2}(\sigma_1^2 + \sigma_3^2) - \frac{1}{2}(\sigma_1^2 - \sigma_3^2)\cos2\beta\right]^{\frac{1}{2}}}\right\} = 0 \quad (3.1.39)$$

根据上式可知:

$$\sin2\beta = 0 \qquad (3.1.40)$$

或

$$(\sigma_1 - \sigma_3) \pm \frac{\sigma_1^2 - \sigma_3^2}{2\left[\frac{1}{2}(\sigma_1^2 + \sigma_3^2) - \frac{1}{2}(\sigma_1^2 - \sigma_3^2)\cos2\beta\right]^{\frac{1}{2}}} = 0 \qquad (3.1.41)$$

式(3.1.41)化简为

$$\cos2\beta = \frac{\sigma_1 - \sigma_3}{2(\sigma_1 + \sigma_3)} \qquad (3.1.42)$$

裂隙方向符合式(3.1.40)和式(3.1.42),该裂隙的最大切向应力达极值,将式(3.1.42)代入式(3.1.38)分别得到 6 个可能极值,即

$$m\sigma_{b,m\cdot m} = 2\sigma_3; \ 0; \ 2\sigma_1; \ 0 \qquad (3.1.43)$$

$$m\sigma_{b,m \cdot m} = \frac{(3\sigma_1 + \sigma_3)(\sigma_1 + 3\sigma_3)}{4(\sigma_1 + \sigma_3)} \tag{3.1.44}$$

$$m\sigma_{b,m \cdot m} = \frac{-(\sigma_1 - \sigma_3)^2}{4(\sigma_1 + \sigma_3)} \tag{3.1.45}$$

这 6 个极值的前 4 个极值是由 $\sin 2\beta = 0$ 的条件确定的,此时 $\beta = 0$ 或 $\beta = 90°$,说明这 4 个可能极值发生在方位与 σ_1 平行和正交的裂隙中。后面两个可能极值则发生在方向与 σ_1 斜交的裂隙中,此时只有 $|\cos 2\beta| < 1$ 时才存在,这就要求:

$$\frac{\sigma_1 - \sigma_3}{2(\sigma_1 + \sigma_3)} < 1 \quad 或者 \quad \sigma_1 + 3\sigma_3 > 0 \tag{3.1.46}$$

考查式(3.1.44)和式(3.1.45)的 2 个可能极值,得知式(3.1.45)为最大拉应力。考查式(3.1.43)中的 4 个可能极值,显然 $m\sigma_{b,m \cdot m} = 2\sigma_3$,为最大拉应力。

在最大极值计算中 m 不易测量出来,可作垂直于椭圆平面(即垂直于椭圆长轴)的岩石单轴抗拉试验,求得抗拉强度 σ_t,则此时 $\sigma_3 = -\sigma_t$,由 $m\sigma_{b,m \cdot m} = 2\sigma_3$ 可得到 $m\sigma_{b,m \cdot m} = -2\sigma_t$,说明材料破坏时裂隙周边应力 $\sigma_{b,m \cdot m}$ 与 m 的乘积必须满足此条件。把这一关系式代入式(3.1.45),即可得到下列格里菲斯理论的破坏准则:

$$\left. \begin{aligned} & 当\ \sigma_1 + 3\sigma_3 > 0\ 时,(\sigma_1 - \sigma_3)^2 - 8\sigma_t(\sigma_1 + \sigma_3) = 0 \\ & 裂隙方位角\ \beta = \frac{1}{2}\arccos\frac{\sigma_1 - \sigma_3}{2(\sigma_1 + \sigma_3)} \end{aligned} \right\} \tag{3.1.47}$$

$$\left. \begin{aligned} & 当\ \sigma_1 + 3\sigma_3 < 0\ 时,\sigma_3 = -\sigma_t \\ & 裂隙方位角\ \beta = 0 \end{aligned} \right\} \tag{3.1.48}$$

这个准则如果用 σ_y 和 τ_{xy} 来表示,将 $m\sigma_{b,m \cdot m} = -2\sigma_t$ 代入式(3.1.44),可得

$$\tau_{xy}^2 = 4\sigma_t(\sigma_t + \sigma_y) \tag{3.1.49}$$

式(3.1.49)是 τ_{xy}-σ_y 平面内的一个抛物线方程,如图 3.1.10 所示。它表示一个张开椭圆微细裂隙周边破坏时的剪应力 τ_{xy} 和正应力 σ_y 的关系。这条曲线的形状与莫尔包络线相似,该线在第二象限内明显弯曲,表明其抗拉强度比由直线型包络线(莫尔库仑线)拟合结果低得多,但与实测抗拉强度 σ_t 一致,更符合实际情况。

该准则在 σ_1-σ_3 平面内的图形如图 3.1.11 所示,是由 $-\sigma_t < \sigma_1 < 3\sigma_t$ 时的直线(即 $\sigma_3 = -\sigma_t$)部分和在 $(3\sigma_t, -\sigma_t)$ 点与直线相切的抛物线部分组成(完全的抛物线通过原点),当 $\sigma_3 = 0$ 时,即当单轴压缩时 $\sigma_1 = 8\sigma_t$,即单轴抗压强度 $\sigma_c = 8\sigma_t$,理论上求得的结果与实测结果相符合。

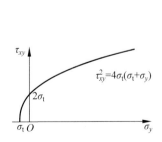

图 3.1.10　格里菲斯准则在 τ-σ 平面内的图形

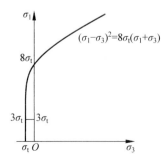

图 3.1.11　格里菲思准则在 σ_1-σ_3 平面内的图形

修正的格里菲斯理论

上述格里菲斯强度理论是以裂隙张开为前提条件,只有当裂隙张开而不闭合时,才能采用这种强度理论。事实上,在压应力作用下,材料中的裂隙将趋于闭合。而闭合后的裂隙面上将产生摩擦力,此时裂隙的扩展显然不同于张开裂隙,所以在这种情况下格里菲斯强度理论不适用。麦克林托克(Meclintock)等考虑了裂隙闭合及产生摩擦力这一条件,对格里菲斯强度理论作了修正。

麦克林托克认为,当裂隙在压应力作用下闭合时,裂隙在整个长度范围内均匀接触,并且能够传递正应力(压应力)及剪应力。由于裂隙均匀闭合,所以正应力在裂隙端部将不引起应力集中,而只有剪应力才造成裂隙端部应力集中。经修正后的理论通常称为修正格里菲斯强度理论。这个理论的强度条件可写或

$$\sigma_1\left[(f^2+1)^{\frac{1}{2}}-f\right]-\sigma_3\left[(f^2+1)^{\frac{1}{2}}+f\right]=4\sigma_t\left(1+\frac{\sigma_{cc}}{\sigma_t}\right)^{\frac{1}{2}}-2f\sigma_{cc} \quad (3.1.50)$$

式中,σ_{cc} 为裂隙闭合所需的压应力,由试验确定,MPa;f 为摩擦系数,$f=\tan\varphi$;φ 为裂隙闭合后的内摩擦角,(°)。

勃雷斯(Brace)认为使裂隙闭合所需的压应力 σ_{cc} 甚小,可以忽略不计。因此,上式可简化为

$$\sigma_1\left[(f^2+1)^{\frac{1}{2}}-f\right]-\sigma_3\left[(f^2+1)^{\frac{1}{2}}+f\right]=4\sigma_t \quad (3.1.51)$$

当 $\sigma_3<0$ 时(拉应力),裂隙不闭合,这种情况仍采用原格里菲斯强度条件。

霍克(Hock)和布朗(Brown)等对岩体所做的三轴试验结果表明,在拉应力范围内格里菲斯强度理论和修正的格里菲斯强度理论的包络线与莫尔极限应力圆较为吻合,而在压应力区这两种理论的包络线与莫尔极限应力圆均有较大偏离。因此,耶格指出,格里菲斯强度理论作为一个数学模型,对于研究岩体中裂隙对破坏强度的影响是较为有用的。

3.1.8　霍克-布朗强度理论

针对裂隙和破裂岩体的破坏,霍克和布朗于1980年提出经验准则:

$$\sigma_1=\sigma_3+\sqrt{m\sigma_c\sigma_3+s\sigma_c^2} \quad (3.1.52)$$

式中,σ_c 为岩石材料的单轴抗压强度;m 和 s 为常数,取决于岩石性质和承受破坏应力前岩石已破裂的程度。对于完整岩石材料,$s=1$;对于有破损的岩石,$s<1$;对于完全颗粒状试样或岩石块集合体,$s=0$。

将 $\sigma_3=0$ 代入式(3.1.52),可得试样(或岩体)的单轴抗压强度 σ_{cs}:

$$\sigma_{cs}=\sqrt{s\sigma_c^2} \quad (3.1.53)$$

将 $\sigma_1=0$ 代入式(3.1.52),并对 σ_3 求解二次方程,可得试样(或岩体)的单轴抗拉强度 σ_t:

$$\sigma_t=\frac{1}{2}\sigma_c\left(m-\sqrt{m^2-4s}\right) \quad (3.1.54)$$

霍克-布朗准则的图解表示如图3.1.12所示。

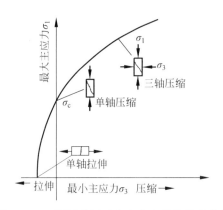

图 3.1.12 岩石破坏时主应力之间的关系曲线

3.2 岩石本构关系

岩石力学的研究对象是岩石,其本质上是一种非连续裂隙介质,但在受力变形过程中宏观上又表现出连续介质的力学特征,这是岩石力学基本方程能够运用的力学基础。岩石的本构关系是指岩石在外力作用下应力(或应力率)与其应变(或应变率)之间的关系,它是岩石力学模型的重要组成部分,也是进行岩体应力场计算和稳定性分析的基础。

岩石力学问题求解是从物体的微元体出发,研究微元体的力平衡关系(平衡方程)、位移和应变的关系(几何方程)、应力和应变的关系(物理方程或本构方程),并与物体的边界条件联立起来求解方程,获得整个物体内部的应力场和位移场。因此,求解岩石力学问题一般需要建立平衡方程、几何方程和本构方程,同时还需满足边界条件和初始条件。

3.2.1 平衡方程和几何方程

1. 平衡方程

平衡方程反映微元体上各应力分量与体积力分量之间的相互关系,可根据微元体平衡状态下所应保证的静力和力矩平衡条件推导得出。

在物体内的任意一点 O,取一个微小的平行六面体,各面均垂直于坐标轴,棱边长度 $OA=\mathrm{d}x$、$OB=\mathrm{d}y$、$OC=\mathrm{d}z$,如图 3.2.1 所示。一般而言,应力分量是位置坐标的函数,因此作用在六面体两个相对面上的应力分量具有微小的差异,并不完全相同。例如,作用在 OCB 面的平均正应力为 σ_x,坐标 x 的改变,使得作用在 ADE 面的平均正应力为 $\sigma_x+\dfrac{\partial \sigma_x}{\partial x}\mathrm{d}x$,以此类推。

首先,以连接六面体前后两面中心的直线为力矩轴,列出力矩的平衡方程 $\sum M=0$:

$$\left(\tau_{yz}+\frac{\partial \tau_{yz}}{\partial y}\mathrm{d}y\right)\mathrm{d}x\,\mathrm{d}z\,\frac{\mathrm{d}y}{2}+\tau_{yz}\mathrm{d}x\,\mathrm{d}z\,\frac{\mathrm{d}y}{2}-\left(\tau_{zy}+\frac{\partial \tau_{zy}}{\partial z}\mathrm{d}z\right)\mathrm{d}x\,\mathrm{d}y\,\frac{\mathrm{d}z}{2}-\tau_{zy}\mathrm{d}x\,\mathrm{d}y\,\frac{\mathrm{d}z}{2}=0$$

$$(3.2.1)$$

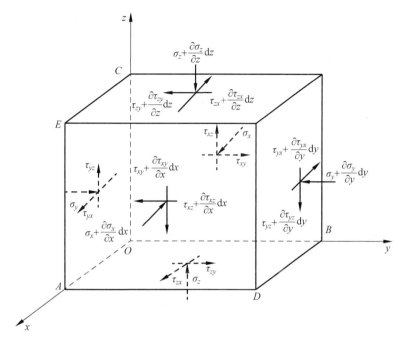

图 3.2.1　微元体上的应变分量

除以 $\mathrm{d}x\,\mathrm{d}y\,\mathrm{d}z$，合并相同项，得

$$\tau_{yz} + \frac{1}{2}\frac{\partial\tau_{yz}}{\partial y}\mathrm{d}y - \tau_{zy} - \frac{1}{2}\frac{\partial\tau_{zy}}{\partial z}\mathrm{d}z = 0 \qquad (3.2.2)$$

略去微量，得

$$\tau_{yz} = \tau_{zy} \qquad (3.2.3)$$

同理，可得

$$\begin{cases} \tau_{zx} = \tau_{xz} \\[2mm] \tau_{xy} = \tau_{yx} \end{cases} \qquad (3.2.4)$$

　　式(3.2.3)、式(3.2.4)表达了切应力互等关系。其次，以 x 轴为投影轴，列出投影的平衡方程 $\sum F_x = 0$（其中 f_x 为 x 反向的体积力，其方向与 x 轴的正向相反），得

$$\left(\sigma_x + \frac{\partial\sigma_x}{\partial x}\mathrm{d}x\right)\mathrm{d}y\,\mathrm{d}z - \sigma_x\,\mathrm{d}y\,\mathrm{d}z + \left(\tau_{yx} + \frac{\partial\tau_{yx}}{\partial y}\mathrm{d}y\right)\mathrm{d}z\,\mathrm{d}x - \tau_{yx}\,\mathrm{d}z\,\mathrm{d}x +$$
$$\left(\tau_{zx} + \frac{\partial\tau_{zx}}{\partial z}\mathrm{d}z\right)\mathrm{d}x\,\mathrm{d}y - \tau_{zx}\,\mathrm{d}x\,\mathrm{d}y + f_x\,\mathrm{d}x\,\mathrm{d}y\,\mathrm{d}z = 0 \qquad (3.2.5)$$

　　同理，由 $\sum F_y = 0$ 和 $\sum F_z = 0$（其中 f_y 和 f_z 分别为 y 方向和 z 方向的体应力）可得另外两个类似方程，将这 3 个方程除以 $\mathrm{d}x\,\mathrm{d}y\,\mathrm{d}z$ 后，得

$$\begin{cases} \dfrac{\partial\sigma_x}{\partial x} + \dfrac{\partial\tau_{xy}}{\partial y} + \dfrac{\partial\tau_{xz}}{\partial z} + f_x = 0 \\[3mm] \dfrac{\partial\tau_{yx}}{\partial x} + \dfrac{\partial\sigma_y}{\partial y} + \dfrac{\partial\tau_{yz}}{\partial z} + f_y = 0 \\[3mm] \dfrac{\partial\tau_{zx}}{\partial x} + \dfrac{\partial\tau_{zy}}{\partial y} + \dfrac{\partial\sigma_z}{\partial z} + f_z = 0 \end{cases} \qquad (3.2.6)$$

式(3.2.6)为空间问题的平衡方程,以张量形式可表示为

$$\sigma_{ij,j} + f_i = \mathbf{0} \qquad (3.2.7)$$

由式(3.2.7)可知,3 个平衡方程中包含 6 个未知应力分量 σ_x、σ_y、σ_z、τ_{xy}(或 τ_{yx})、τ_{yz}(或 τ_{zy})和 τ_{xz}(或 τ_{zx}),方程数量少于未知数,属于超静定问题,需要根据变形条件补充一些方程才能求解未知应力分量,这些补充方程包括几何方程和本构方程等。

2. 几何方程

物体在外力作用下将产生形状和尺寸的改变,使得物体内各点发生位置变化,从空间问题的几何学角度分析,建立的应变分量和位移之间的关系即为几何方程。

弹性体内的任意一点 $P(x,y,z)$,变形后为点 $P_1(x+u,y+v,z+w)$。将 PP_1 连线分别投影到 x 轴、y 轴、z 轴上,则可得对应的位移分量 u、v、w,如图 3.2.2 所示。

由于各点位移不同,变形体不仅会产生应变,而且会产生转动。图 3.2.2(a)为微元体在 xOy 平面上的投影。设弹性体受力后,点 P'、A、B 分别移动到点 P_1'、A'、B',现以 u、v 分别表示点 P' 在 x 轴和 y 轴方向的位移分量,则点 B 在 x 轴方向的位移分量为 $u+\dfrac{\partial u}{\partial x}\mathrm{d}x$,线段 $P'B$ 的正应变为

$$\varepsilon_x = \frac{\left(u+\dfrac{\partial u}{\partial x}\mathrm{d}x\right)-u}{\mathrm{d}x} = \frac{\partial u}{\partial x} \qquad (3.2.8)$$

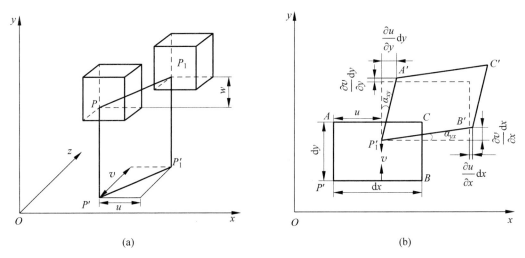

图 3.2.2　弹性体内任意点的应变示意图

用线段在 x 轴上的投影 $u+\dfrac{\partial u}{\partial x}\mathrm{d}x$ 代替 $P_1'B'$,由于所考虑的是微小应变问题,二者之间的差异可忽略不计。

点 A 在 y 轴方向的位移分量为 $v+\dfrac{\partial v}{\partial y}\mathrm{d}y$,线段 $P'A$ 的正应变为

$$\varepsilon_y = \frac{\left(v + \dfrac{\partial v}{\partial y}\mathrm{d}y\right) - v}{\mathrm{d}y} = \frac{\partial v}{\partial y} \tag{3.2.9}$$

$P'A$ 与 $P'B$ 两线段之间的直角变化量,即剪应变 γ_{xy},也采用位移分量表示,由图 3.2.2(b) 可知,剪应变 γ_{xy} 由两部分组成,一部分是线段 $P'B$ 向线段 $P'A$ 的转角 α_{yx},另一部分是线段 $P'A$ 向线段 $P'B$ 的转角 α_{xy},由于点 P' 在 x 轴方向的位移分量为 u,点 A 在 x 轴方向的位移分量为 $u + \dfrac{\partial u}{\partial y}\mathrm{d}y$,因此 $P'A$ 的转角为

$$\alpha_{xy} = \frac{\left(u + \dfrac{\partial u}{\partial y}\mathrm{d}y\right) - u}{\mathrm{d}y} = \frac{\partial u}{\partial y} \tag{3.2.10}$$

同理,可得线段 $P'B$ 的转角为

$$\alpha_{yx} = \frac{\partial v}{\partial x} \tag{3.2.11}$$

将 α_{yx} 和 α_{xy} 相加,可得线段 $P'A$ 与 $P'B$ 之间的直角变化量,即剪应变 γ_{xy} 为

$$\gamma_{xy} = \alpha_{xy} + \alpha_{yx} = \frac{\partial u}{\partial y} + \frac{\partial v}{\partial x} \tag{3.2.12}$$

同理,可得 xOz 平面和 yOz 平面上的正应变和剪应变,即三维问题的集合方程为

$$\begin{cases} \varepsilon_x = \dfrac{\partial u}{\partial x}, & \gamma_{xy} = \dfrac{\partial u}{\partial y} + \dfrac{\partial v}{\partial x} \\[2mm] \varepsilon_y = \dfrac{\partial v}{\partial y}, & \gamma_{yz} = \dfrac{\partial v}{\partial z} + \dfrac{\partial w}{\partial y} \\[2mm] \varepsilon_z = \dfrac{\partial w}{\partial z}, & \gamma_{xz} = \dfrac{\partial w}{\partial x} + \dfrac{\partial u}{\partial z} \end{cases} \tag{3.2.13}$$

由式(3.2.13)可知,当物体的位移分量完全确定时,其应变分量也完全确定,但应变分量完全确定时,位移分量不能完全确定。

式(3.2.13)以张量形式表示为

$$\boldsymbol{\varepsilon}_{ij} = \frac{1}{2}(\boldsymbol{u}_{i,j} + \boldsymbol{u}_{j,i}) \tag{3.2.14}$$

3.2.2　岩石弹性本构关系

在某些实际工程问题中,按照岩石种类和受力条件可将岩石抽象为弹性材料,从弹性力学角度分析岩石的本构关系。

1. 各向同性线性弹性本构关系

线性弹性体在各个方向上的弹性性质完全相同时,这种线性弹性体为各向同性线性弹性体,将岩石视为各向同性的线性弹性体时,其应力分量与应变分量之间存在线性关系,本构方程由广义胡克定律表示为

$$\begin{cases} \varepsilon_x = \dfrac{1}{E}[\sigma_x - \nu(\sigma_y + \sigma_z)] \\[2mm] \varepsilon_y = \dfrac{1}{E}[\sigma_y - \nu(\sigma_x + \sigma_z)] \\[2mm] \varepsilon_z = \dfrac{1}{E}[\sigma_z - \nu(\sigma_x + \sigma_y)] \\[2mm] \gamma_{yz} = \dfrac{2(1+\nu)}{E}\tau_{yz} \\[2mm] \gamma_{zx} = \dfrac{2(1+\nu)}{E}\tau_{zx} \\[2mm] \gamma_{xy} = \dfrac{2(1+\nu)}{E}\tau_{xy} \end{cases} \qquad (3.2.15)$$

式中，E 为弹性模量；ν 为泊松比。

张量表达式为

$$\boldsymbol{\varepsilon}_{ij} - \frac{1+\nu}{E}\boldsymbol{\upsilon}_{ij} \qquad \frac{\nu}{E}\boldsymbol{\upsilon}_{kk}\delta_{ij} \qquad (3.2.16)$$

式中，$\boldsymbol{\sigma}_{kk} = \boldsymbol{\sigma}_1 + \boldsymbol{\sigma}_2 + \boldsymbol{\sigma}_3$。$\delta_{ij}$ 是克罗内克(Kronecker)符号，当 $i=j$ 时，$\delta_{ij}=1$；当 $i \neq j$ 时，$\delta_{ij}=0$。

2. 各向异性线性弹性本构关系

大多数岩石都具有不同程度的各向异性(如沉积岩和变质岩在层理面和垂直于层理面方向上，性质存在一定的差异)，因此岩石的本构关系需要考虑各向异性。

1) 极端各向异性体本构关系

当具有线性弹性变形性质的岩石材料，其内部任一点沿任何两个不同方向的弹性性质都不相同时，称为极端各向异性体。这种介质中，6 个应力分量是 6 个应变分量的函数，反之亦然。由弹性力学可知，岩石在三向应力状态下，其应力-应变关系表示为

$$\begin{cases} \sigma_x = c_{11}\varepsilon_x + c_{12}\varepsilon_y + c_{13}\varepsilon_z + c_{14}\gamma_{xy} + c_{15}\gamma_{yz} + c_{16}\gamma_{zx} \\ \sigma_y = c_{21}\varepsilon_x + c_{22}\varepsilon_y + c_{23}\varepsilon_z + c_{24}\gamma_{xy} + c_{25}\gamma_{yz} + c_{26}\gamma_{zx} \\ \sigma_z = c_{31}\varepsilon_x + c_{32}\varepsilon_y + c_{33}\varepsilon_z + c_{34}\gamma_{xy} + c_{35}\gamma_{yz} + c_{36}\gamma_{zx} \\ \tau_{xy} = c_{41}\varepsilon_x + c_{42}\varepsilon_y + c_{43}\varepsilon_z + c_{44}\gamma_{xy} + c_{45}\gamma_{yz} + c_{46}\gamma_{zx} \\ \tau_{yz} = c_{51}\varepsilon_x + c_{52}\varepsilon_y + c_{53}\varepsilon_z + c_{54}\gamma_{xy} + c_{55}\gamma_{yz} + c_{56}\gamma_{zx} \\ \tau_{zx} = c_{61}\varepsilon_x + c_{62}\varepsilon_y + c_{63}\varepsilon_z + c_{64}\gamma_{xy} + c_{65}\gamma_{yz} + c_{66}\gamma_{zx} \end{cases} \qquad (3.2.17)$$

矩阵形式可表示为

$$\boldsymbol{\sigma} = \boldsymbol{D}\boldsymbol{\varepsilon} \qquad (3.2.18)$$

式中，$\boldsymbol{\sigma} = [\sigma_x \; \sigma_y \; \sigma_z \; \tau_{xy} \; \tau_{yz} \; \tau_{zx}]^{\mathrm{T}}$ 为应力列向量；$\boldsymbol{\varepsilon} = [\varepsilon_x \; \varepsilon_y \; \varepsilon_z \; \gamma_{xy} \; \gamma_{yz} \; \gamma_{zx}]^{\mathrm{T}}$ 为应变列向量；$\boldsymbol{D}$ 为式(3.2.17)的系数矩阵(刚度矩阵)，含有 36 个弹性常数，其数值由材料的弹性性质决定，系数矩阵 $\boldsymbol{D}$ 表示为

$$\boldsymbol{D} = \begin{bmatrix} c_{11} & c_{12} & c_{13} & c_{14} & c_{15} & c_{16} \\ c_{21} & c_{22} & c_{23} & c_{24} & c_{25} & c_{26} \\ c_{31} & c_{32} & c_{33} & c_{34} & c_{35} & c_{36} \\ c_{41} & c_{42} & c_{43} & c_{44} & c_{45} & c_{46} \\ c_{51} & c_{52} & c_{53} & c_{54} & c_{55} & c_{56} \\ c_{61} & c_{62} & c_{63} & c_{64} & c_{65} & c_{66} \end{bmatrix} \qquad (3.2.19)$$

　　由弹性力学理论可知,式(3.2.19)表示的系数矩阵中 $c_{21}=c_{12}$、$c_{31}=c_{13}$、$c_{32}=c_{23}$、$\cdots$、$c_{65}=c_{56}$,即 $c_{ij}=c_{ji}(i=1,\cdots,6;j=1,\cdots,6)$。因此,系数矩阵 $\boldsymbol{D}$ 是对称矩阵,其中的 36 个弹性常数有 21 个独立量。

　　其本构关系也可写成用应力表示应变的方式,以矩阵的形式表示为

$$\boldsymbol{\varepsilon}=\boldsymbol{A}\boldsymbol{\sigma} \tag{3.2.20}$$

　　式(3.2.20)中,矩阵 $\boldsymbol{A}$ 即柔度矩阵,是 $\boldsymbol{D}$ 的逆矩阵,可表示为

$$\boldsymbol{A}=\begin{bmatrix} a_{11} & a_{12} & a_{13} & a_{14} & a_{15} & a_{16} \\ a_{21} & a_{22} & a_{23} & a_{24} & a_{25} & a_{26} \\ a_{31} & a_{32} & a_{33} & a_{34} & a_{35} & a_{36} \\ a_{41} & a_{42} & a_{43} & a_{44} & a_{45} & a_{46} \\ a_{51} & a_{52} & a_{53} & a_{54} & a_{55} & a_{56} \\ a_{61} & a_{62} & a_{63} & a_{64} & a_{65} & a_{66} \end{bmatrix} \tag{3.2.21}$$

　　矩阵 $\boldsymbol{A}$ 中,a_{ij} 表示第 j 个应力分量等于一个单位时在 i 方向所引起的应变分量(如 a_{ij} 表示 σ_y 等于一个单位时在 x 轴方向上所引起的应变分量,a_{56} 表示剪应力 τ_{zx} 等于一个单位时在 yOz 平面内所引起的应变分量),同样,矩阵 $\boldsymbol{A}$ 为对称矩阵,其中的 36 个弹性常数有 21 个独立量。

　　极端各向异性体的特点是任何一个应力分量都会产生 6 个应变分量,也就是说正应力不仅能引起线(正)应变,也能引起剪应变,剪应力不仅能引起剪应变,也能引起线(正)应变。

　　2) 正交各向异性体本构关系

　　假设弹性体中通过材料的任意一点都存在 3 个相互垂直的弹性对称面,这种弹性体称为正交各向异性弹性体,垂直于对称面的方向称为弹性主方向。在弹性主方向上,材料的弹性特性是相同的。因此,如果相互垂直的 3 个平面中存在 2 个弹性对称面,则第 3 个必为弹性对称面。对于正交各向异性弹性体而言,其独立的弹性常数为 9 个,其系数矩阵可表示为

$$\boldsymbol{D}=\begin{bmatrix} c_{11} & c_{12} & c_{13} & 0 & 0 & 0 \\ c_{21} & c_{22} & c_{23} & 0 & 0 & 0 \\ c_{31} & c_{32} & c_{33} & 0 & 0 & 0 \\ 0 & 0 & 0 & c_{44} & 0 & 0 \\ 0 & 0 & 0 & 0 & c_{55} & 0 \\ 0 & 0 & 0 & 0 & 0 & c_{66} \end{bmatrix} \tag{3.2.22}$$

　　对于各向同性弹性体而言,式(3.2.22)中的 $c_{11}=c_{22}=c_{33}=c_1$,$c_{12}=c_{23}=c_{13}=c_2$,$c_{44}=c_{55}=c_{66}=c_3$,因此独立的弹性常数从 9 个进一步减为 3 个,其弹性矩阵为

$$\boldsymbol{D}=\begin{bmatrix} c_1 & c_2 & c_2 & 0 & 0 & 0 \\ c_2 & c_1 & c_2 & 0 & 0 & 0 \\ c_2 & c_2 & c_1 & 0 & 0 & 0 \\ 0 & 0 & 0 & c_3 & 0 & 0 \\ 0 & 0 & 0 & 0 & c_3 & 0 \\ 0 & 0 & 0 & 0 & 0 & c_3 \end{bmatrix} \tag{3.2.23}$$

此时的弹性应力-应变关系与各向同性的线性弹性本构关系相同,可得 $c_1 = \lambda$,$c_2 = 2G$,$c_3 = G$,其中 λ 为拉梅常量,G 为剪切模量。

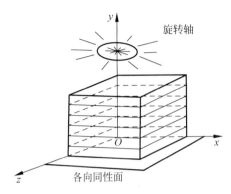

图 3.2.3　横观各向同性体结构

3)　横观各向同性体本构关系

横观各向同性体是各向异性体的一种特殊情况。岩石在某一平面内的各方向性质相同,该面称为各向同性面,而垂直此面方向的力学性质是不同的,具有这种性质的物体称为横观各向同性体。若材料性质关于某一轴(不妨设为 y 轴)对称,在和 y 轴垂直的 xOz 平面内的任何方向都具有相同的弹性性质,这种弹性体称为横观各向同性弹性体。如图 3.2.3 所示,图中 xOz 平面为各向同性面,xOz 内材料弹性性质相同。横观各向同性体的特点是在平行于各向同性面的平面内(即横向)都具有相同的弹性,成层的岩石即属于这一类。

根据横观各向同性体的特点(即 z 方向和 x 方向的弹性体性质是相同的)可知:①单位 σ_x 所引起的 ε_x,等于单位 σ_z 引起的 ε_z,而单位 σ_z 在 z 轴方向所引起的线应变为 a_{33},单位 σ_x 在 x 轴方向所引起的线应变为 a_{11},所以 $a_{33} = a_{11}$;②单位 σ_z 所引起的 ε_y 应等于单位 σ_x 所引起的 ε_y,即 $a_{23} = a_{21}$;③单位 τ_{xy} 所引起的 γ_{xy} 应等于单位 τ_{zy} 所引起的 γ_{zy},即 $a_{44} = a_{55}$。

因此对于横观各向同性体,在矩阵 $\boldsymbol{A}$ 中,仅有 6 个常数项 a_{11}、a_{12}、a_{13}、a_{22}、a_{44}、a_{66},根据弹性力学公式可得

$$\boldsymbol{A} = \begin{bmatrix} \dfrac{1}{E_1} & -\dfrac{\nu_2}{E_2} & -\dfrac{\nu_1}{E_1} & 0 & 0 & 0 \\[2.5ex] -\dfrac{\nu_2}{E_2} & \dfrac{1}{E_2} & -\dfrac{\nu_2}{E_2} & 0 & 0 & 0 \\[2.5ex] -\dfrac{\nu_1}{E_1} & -\dfrac{\nu_2}{E_2} & \dfrac{1}{E_1} & 0 & 0 & 0 \\[2.5ex] 0 & 0 & 0 & \dfrac{1}{G_2} & 0 & 0 \\[2.5ex] 0 & 0 & 0 & 0 & \dfrac{1}{G_2} & 0 \\[2.5ex] 0 & 0 & 0 & 0 & 0 & \dfrac{1}{G_1} \end{bmatrix} \qquad (3.2.24)$$

式中,E_1、ν_1 分别为各向同性面(横向)内岩石的弹性模量和泊松比;E_2、ν_2 分别为垂直于各向同性面(纵向)方向的弹性模量和泊松比。

在横观各向同性体内 $G_1 = \dfrac{E_1}{2(1+\nu_1)}$,故横观各向同性体仅有 5 个独立常数,即 E_1、E_2、ν_1、ν_2 和 G_2。

3. 各向同性非线性弹性本构关系

各向同性线性弹性本构关系处理的对象是小变形问题。严格地说,工程实践中岩石的变形不满足线性弹性应力-应变关系,而呈现非线性的应力-应变关系,即使变形微小,也会因材料物理性质不遵循胡克定律,造成基本方程的非线性,因此,需建立非线性弹性本构关系。

1) 基于柯西(Cauchy)方法的本构方程

柯西方法定义弹性介质:在外力作用下,物体内各点的应力状态和应变状态之间存在一一对应关系,弹性介质的响应仅与当时的状态有关,而与应变路径或应力路径无关。为简化表述,各向同性弹性介质的本构方程用张量形式可表示为

$$\boldsymbol{\varepsilon}_{ij} = \frac{1+\nu_s}{E_s}\boldsymbol{\sigma}_{ij} - \frac{\nu_s}{E_s}\sigma_{kk}\delta_{ij} \tag{3.2.25}$$

或

$$\boldsymbol{\sigma}_{ij} = \left(K_s - \frac{2}{3}G_s\right)\boldsymbol{\varepsilon}_{kk}\delta_{ij} + 2G_s\boldsymbol{\varepsilon}_{ij} \tag{3.2.26}$$

式中,δ_{ij} 为克罗内克(Kronecker)符号;当 $i=j$ 时,$\delta_{ij}=1$;当 $i\neq j$ 时,$\delta_{ij}=0$;E_s 为岩石介质的割线弹性模量;ν_s 为割线泊松比;K_s 为割线体积模量;G_s 为割线剪切模量。

对于非线性弹性介质,弹性参数是应力不变量或应变不变量的状态函数,4 个弹性参数仅有 2 个是独立量,并存在下式关系:

$$\begin{cases} K_s = \dfrac{E_s}{3(1-2\nu_s)} \\[2mm] G_s = \dfrac{E_s}{2(1+\nu_s)} \end{cases} \tag{3.2.27}$$

因此,式(3.2.25)也可用 K_s、G_s 表示,式(3.2.26)也可用 E_s、ν_s 表示。

式(3.2.25)的基本状态变量是应力张量,ν_s 是应力不变量的函数,而应变张量是状态函数,该形式的本构方程称为应力空间表述的本构方程;式(3.2.26)的基本状态变量是应变张量,K_s、G_s 是应变不变量的函数,而应力张量是状态函数,该形式的本构方程称为应变空间表述的本构方程。对于非线性弹性介质,上述两种表述是等价的,可由其中一个导出另一个。

由于岩土工程结构的应力和应变分布与施工过程有关(隧洞开挖的次序、堤坝区填筑的次序等),在实际分析计算中需要采用增量形式的本构方程。各向同性非线性弹性介质本构方程的应力空间和应变空间可分别表示为

$$\mathrm{d}\boldsymbol{\varepsilon}_{ij} = \frac{1+\nu_t}{E_t}\mathrm{d}\boldsymbol{\sigma}_{ij} - \frac{\nu_t}{E_t}\mathrm{d}\boldsymbol{\sigma}_{kk}\delta_{ij} \tag{3.2.28}$$

$$\mathrm{d}\boldsymbol{\sigma}_{ij} = \left(K_t - \frac{2}{3}G_t\right)\mathrm{d}\boldsymbol{\varepsilon}_{kk}\delta_{ij} + 2G_t\mathrm{d}\boldsymbol{\varepsilon}_{ij} \tag{3.2.29}$$

式中,E_t 为岩石介质的切线弹性模量;ν_t 为切线泊松比;K_t 为切线体积模量;G_t 为切线剪切模量。

2) 基于格林(Green)方法的本构方程

基于格林方法的本构方程中以应变状态函数作为系统的基本状态变量,与之相对应的

状态函数为应力张量 $\boldsymbol{\sigma}_{ij}$ 和单位体积内能 u^0。取应变初始值 ε_{ij}^0 作为末端值,在应变空间中相应的点沿闭合曲线移动一周,如果物体是弹性的,应当得到初始的应力张量值 σ_{ij}^0,状态函数回到初始的内能值 u^0,即在应力空间中相应的点也沿一个闭合曲线移动一周,根据热力学第一定律,在变形过程中总满足如下关系:

$$dA = du + dQ \tag{3.2.30}$$

式中,dA 为外力功增量;du 为内能增量;dQ 为进入系统的热量。

将 $dA = \boldsymbol{\sigma}_{ij} d\boldsymbol{\varepsilon}_{ij}$ 代入式(3.2.30),并沿闭合的应变路径积分,由于内能返回到之前的值,du 积分等于零,因此有

$$\oint \boldsymbol{\sigma}_{ij} d\boldsymbol{\varepsilon}_{ij} = \oint dQ \tag{3.2.31}$$

式(3.2.31)右端代表在循环之后进入系统的热量,绝热过程,积分为零,等温过程,积分也为零,由热力学第二定律 $dQ = Tds$ 可知,在 T 为常数时:

$$\oint dQ - T\oint ds = 0 \tag{3.2.32}$$

由于熵 s 是状态函数,在按闭合路径循环之后,回到了初始熵值,在绝热和等温条件下:

$$\oint \boldsymbol{\sigma}_{ij} d\boldsymbol{\varepsilon}_{ij} = 0 \tag{3.2.33}$$

由此,在积分内的表达式是某个函数的全微分,该函数称为应力势,并记为 $U(\varepsilon_{ij})$,则有

$$\boldsymbol{\sigma}_{ij} d\boldsymbol{\varepsilon}_{ij} = dU(\boldsymbol{\varepsilon}_{ij}) \tag{3.2.34}$$

或

$$\sigma_{ij} = \frac{\partial U}{\partial \boldsymbol{\varepsilon}_{ij}} \tag{3.2.35}$$

介质弹性能的表达式给出以后,式(3.2.35)即为弹性介质的本构方程,对其微分便可得到增量形式的本构方程:

$$d\boldsymbol{\sigma}_{ij} = \frac{\partial^2 U}{\partial \boldsymbol{\varepsilon}_{ij} \partial \boldsymbol{\varepsilon}_{ki}} d\boldsymbol{\varepsilon}_{ki} \tag{3.2.36}$$

3.2.3　岩石塑性本构关系

当外力超过岩石弹性极限荷载后,即使将外力完全卸载,岩石内部仍有不可恢复的部分永久塑性变形。当应力小于弹性屈服极限荷载时(应力点位于屈服面之内),材料是弹性的,应力分量和应变分量之间的关系服从胡克定律;当应力超过弹性屈服极限荷载时(应力点位于屈服面上),材料处于塑性状态,此时应力分量与应变分量之间应满足塑性本构关系。本节主要从屈服条件、加卸载准则与硬化规律、流动法则与塑性势等方面介绍岩石塑性本构关系。

1. 屈服条件

岩石在荷载作用下由弹性状态到塑性状态的转变称为屈服,判断岩石材料开始由弹性状态进入塑性状态的条件或准则称为屈服条件或屈服准则。

在岩石工程中,相对于岩石的塑性屈服而言,岩石抵抗破坏的承载能力(强度)受到了更

多的关注,进而发展了不同的岩石强度准则。岩石的屈服条件与强度准则具有相似的函数形式,其差异仅体现在常数项上。因此,对常用的屈服条件本节不再赘述,具体参考 3.1 节。

2. 加卸载准则与硬化规律

试验结果表明,当材料处于塑性状态时,应力点位于屈服面上,此时材料的应力-应变关系根据加载与卸载情况服从不同的规律。如果继续加载,应力与应变关系是塑性的,需要使用塑性条件下的本构方程;如果卸载,则应力与应变关系是弹性的,计算时需要使用胡克定律。由此可知,材料在加载和卸载过程中,所遵循的本构关系是不同的,那么就应该首先判断加载与卸载,当材料处于塑性状态,继续进行加载、卸载的分析计算,仍需辨别加载与卸载,因此加载与卸载准则是塑性本构关系的内容之一。

1) 理想塑性材料的加载、卸载准则

理想塑性材料的后继屈服条件与初始屈服条件相同,屈服面方程可表示为

$$f(\boldsymbol{\sigma}_{ij}) = 0 \tag{3.2.37}$$

如图 3.2.4 所示,令 $\boldsymbol{\sigma}_{ij}$ 为位于屈服面上的应力水平,$\mathrm{d}\boldsymbol{\sigma}_{ij}$ 为施加的应力增量,若新的应力点 $\boldsymbol{\sigma}_{ij} + \mathrm{d}\boldsymbol{\sigma}_{ij}$ 仍然位于屈服面上,或 $\mathrm{d}\boldsymbol{\sigma}_{ij}$ 使得应力点在屈服面上从点 A 移至点 B,该过程称为加载;$\mathrm{d}\boldsymbol{\sigma}_{ij}$ 使得应力点从屈服面上移动到屈服面内,该过程称为卸载。$\dfrac{\partial f}{\partial \boldsymbol{\sigma}_{ij}}$ 为屈服面的外法线方向,理想塑性材料的加载与卸载准则可表示为

$$\begin{cases} \dfrac{\partial f}{\partial \boldsymbol{\sigma}_{ij}} \mathrm{d}\boldsymbol{\sigma}_{ij} = 0, & \text{加载} \\[4mm] \dfrac{\partial f}{\partial \boldsymbol{\sigma}_{ij}} \mathrm{d}\boldsymbol{\sigma}_{ij} < 0, & \text{卸载} \end{cases} \tag{3.2.38}$$

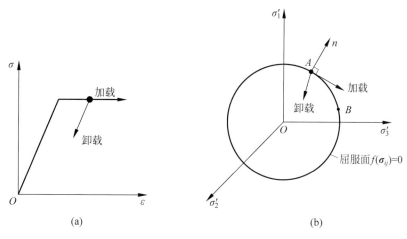

图 3.2.4　理想塑性材料加载、卸载示意图

(a) 单轴应力条件;(b) 复杂应力条件

2) 强化材料的加载、中性变载与卸载准则

如图 3.2.5 所示,设 $\boldsymbol{\sigma}_{ij}$ 为位于屈服面上的应力水平,$\mathrm{d}\boldsymbol{\sigma}_{ij}$ 为施加的应力增量,若 $\mathrm{d}\boldsymbol{\sigma}_{ij}$ 使得应力点从屈服面上移至与之无限临近的新的屈服面上,该过程称为加载;若 $\mathrm{d}\boldsymbol{\sigma}_{ij}$ 使得应力点在屈服面上移动,并在此过程中不产生新的塑性变形,该过程称为中性变载;若 $\mathrm{d}\boldsymbol{\sigma}_{ij}$

使得应力点返回屈服面之内,即材料从塑性状态回到弹性状态,该过程称为卸载。加载和卸载准则可表示为

$$
\begin{cases}
\dfrac{\partial f}{\partial \boldsymbol{\sigma}_{ij}}\,\mathrm{d}\,\boldsymbol{\sigma}_{ij} > 0, & 加载 \\[3mm]
\dfrac{\partial f}{\partial \boldsymbol{\sigma}_{ij}}\,\mathrm{d}\,\boldsymbol{\sigma}_{ij} = 0, & 中性变载 \\[3mm]
\dfrac{\partial f}{\partial \boldsymbol{\sigma}_{ij}}\,\mathrm{d}\,\boldsymbol{\sigma}_{ij} < 0, & 卸载
\end{cases}
\tag{3.2.39}
$$

式(3.2.39)的中性变载过程为强化材料所特有,中性变载过程不产生新的塑性变形,材料仍处于塑性状态。

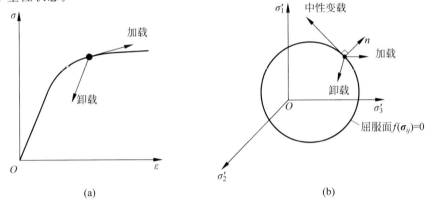

图 3.2.5　强化材料加载、卸载示意图
(a) 单轴应力条件;(b) 复杂应力条件

3) 应变软化材料的加载、中性变载与卸载准则

应变软化材料加载时表现为加载面收缩,即 $\partial f < 0$,这时与卸载准则无法区别。当使用应变空间的加载面 f 时,应变软化材料的加载面在应变空间中仍在继续扩大,不会收缩,故加载、卸载准则可采用应变形式表达:

$$
\begin{cases}
\dfrac{\partial f}{\partial \boldsymbol{\varepsilon}_{ij}}\,\mathrm{d}\,\boldsymbol{\varepsilon}_{ij} > 0, & 加载 \\[3mm]
\dfrac{\partial f}{\partial \boldsymbol{\varepsilon}_{ij}}\,\mathrm{d}\,\boldsymbol{\varepsilon}_{ij} = 0, & 中性变载 \\[3mm]
\dfrac{\partial f}{\partial \boldsymbol{\varepsilon}_{ij}}\,\mathrm{d}\,\boldsymbol{\varepsilon}_{ij} < 0, & 卸载
\end{cases}
\tag{3.2.40}
$$

式(3.2.40)同时适用于理想塑性、应变硬化与应变软化材料。当材料为理想塑性时,没有中性变载,$\partial f = 0$ 即为加载,$\partial f < 0$ 即为卸载。在应变空间中,加载和卸载的应变增量矢量均指向加载面外侧,中性加载时指向加载面切线方向。

4) 硬化规律

有些材料开始屈服后产生塑性流动,变形无限制发展,属于理想弹塑性状态,不存在硬化,在加载状态时,理想弹塑性材料屈服面的形状、大小和位置都是固定的。硬化材料在加载过程中随着应力状态和加载路径的变化,后续屈服面(也称加载曲面)的形状、大小和中心

的位置都可能发生变化。用于规定材料进入塑性变形后的后继屈服面在应力空间中变化的规律称为硬化规律。

当内变量改变时,屈服面也随之发生变化,不同的内变量对应着不同的后继屈服面。严格意义上,后继屈服面应通过具体试验获得,但目前的试验资料仍难以完整表述后继屈服面的变化规律,因此需要对后继屈服面的运动和变化规律进行假设。通常是根据试验数据确定初始屈服面,后继屈服面则按照材料的某种力学性质假定的简单规律由初始屈服面变化得到。

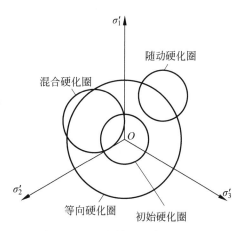

图 3.2.6　硬化模型的类型示意图

由于弹塑性材料在初始屈服后的响应不尽相同,故需选用不同的硬化模型:等向硬化(等向强化)、随动硬化(随动强化)和混合硬化(混合强化)模型,如图 3.2.6 所示。

（1）等向硬化

等向硬化假定屈服面的中心位置不变,形状不变,其大小随硬化参数变化。对于硬化材料,屈服面不断扩大,即屈服面在应力空间中均匀膨胀;对于软化材料,屈服面不断缩小。等向硬化相当于给出了塑性变形各向同性的假定,一般表达形式为

$$f(\boldsymbol{\sigma}_{ij},\boldsymbol{\xi})=f(\boldsymbol{\sigma}_{ij})-k(\boldsymbol{\xi})=0 \qquad (3.2.41)$$

式中,$f(\boldsymbol{\sigma}_{ij},\boldsymbol{\xi})=0$ 为初始屈服函数;$k(\boldsymbol{\xi})$ 为反映塑性变形历史的硬化函数,用于确定屈服面的大小。

等向硬化模型一般是静荷载作用下的弹塑性模型。

（2）随动硬化

随动硬化认为屈服面在塑性变形过程中其大小和形状都不发生改变,仅位置发生变化,即只在应力空间中作刚体平移,当某个方向的屈服应力升高时,相对应的相反方向的屈服应力降低。其一般表达形式为

$$f(\boldsymbol{\sigma}_{ij},\boldsymbol{\xi})=f[\boldsymbol{\sigma}_{ij}-\boldsymbol{\alpha}_{ij}(\boldsymbol{\xi})]-m=0 \qquad (3.2.42)$$

式中,m 为常数;$\boldsymbol{\alpha}_{ij}(\boldsymbol{\xi})$ 为后继屈服面中心的坐标,反映了材料硬化程度。

随动硬化模型适用于周期荷载或反复荷载条件下的动力塑性模型以及静力模型。

（3）混合硬化

霍奇(Hodge)将随动硬化和等向硬化结合推导了混合硬化模型,认为后继屈服面由初始屈服面经过刚体平移和均匀膨胀得到,即后继屈服面的形状、大小、位置均随塑性变形的发展而变化。其一般表达形式为

$$f(\boldsymbol{\sigma}_{ij},\boldsymbol{\xi})=f[\boldsymbol{\sigma}_{ij}-\boldsymbol{\alpha}_{ij}(\boldsymbol{\xi})]-k(\boldsymbol{\xi})=0 \qquad (3.2.43)$$

该硬化模型较前两种更为复杂,可反映材料后继屈服面的均匀膨胀,可用于模型循环荷载和动荷载作用下的材料响应。

3. 全量型本构关系

1）伊柳幸(Ilyushin)理论

伊柳幸在试验研究的基础上,通过与弹性本构方程类比,将弹性变形的结论进行推广,

提出了各向同性材料在小变形条件下的塑性变形规律假设。

(1) 体积变形是弹性的,即应变球张量和应力球张量成正比:

$$\boldsymbol{\varepsilon}_{kk} = \frac{1-2\nu}{E}\boldsymbol{\sigma}_{kk} \tag{3.2.44}$$

(2) 应力偏量与应变偏量相似且同轴:

$$\boldsymbol{e}_{ij} = \lambda \boldsymbol{S}_{ij} \tag{3.2.45}$$

式(3.2.44)、式(3.2.45)表达了应力应变的关系,应力偏量主方向与应变偏量主方向一致,应力偏量的分量与应变偏量的分量成比例。但需要注意的是式(3.2.45)的比例系数 λ 不是常数,取决于质点的位置和荷载的大小,但对于同一点,同一载荷条件下,λ 是常数。

λ 由下式计算:

$$\lambda = \frac{3}{2}\frac{\bar{\varepsilon}}{\bar{\sigma}} \tag{3.2.46}$$

(3) 等效应力 $\bar{\sigma}$ 与等效应变 $\bar{\varepsilon}$ 之间存在单值对应的函数关系,$\bar{\sigma} = \Phi(\bar{\varepsilon})$,其中 $\bar{\sigma} = \sqrt{3J_2}$,$\bar{\varepsilon} = \sqrt{\frac{2}{3}J_2'}$。

因此,全量型塑性本构方程为

$$\begin{cases} \boldsymbol{\varepsilon}_{kk} = \frac{1-2\nu}{E}\boldsymbol{\sigma}_{kk} \\ \boldsymbol{e}_{ij} = \frac{3\bar{\varepsilon}}{2\bar{\sigma}}\boldsymbol{S}_{ij} \end{cases} \tag{3.2.47}$$

或

$$\begin{cases} e_x = \frac{3}{2}\frac{\bar{\varepsilon}}{\bar{\sigma}}S_x, & \gamma_{yz} = \frac{3\bar{\varepsilon}}{\bar{\sigma}}\tau_{yz} \\ e_y = \frac{3}{2}\frac{\bar{\varepsilon}}{\bar{\sigma}}S_y, & \gamma_{xz} = \frac{3\bar{\varepsilon}}{\bar{\sigma}}\tau_{xz} \\ e_z = \frac{3}{2}\frac{\bar{\varepsilon}}{\bar{\sigma}}S_z, & \gamma_{xy} = \frac{3\bar{\varepsilon}}{\bar{\sigma}}\tau_{xy} \end{cases} \tag{3.2.48}$$

式(3.2.47)、式(3.2.48)在形式上与弹性状态下的本构方程相同,差异在于 $\bar{\sigma}$ 和 $\bar{\varepsilon}$ 是非线性关系,从而导致应力偏量 S_{ij} 与应变偏量 e_{ij} 的关系也是非线性的。式(3.2.47)所描述的全量应力-应变关系是单值对应的。

2) 简单加载定律

全量理论的塑性本构关系在小变形与简单加载的条件下是正确的。简单加载定律是指在加载过程中材料内任意一点的应力状态 $\boldsymbol{\sigma}_{ij}$ 的各分量都按同一比例增加,即

$$\boldsymbol{\sigma}_{ij} = \boldsymbol{\sigma}_{ij}^0 \cdot t \tag{3.2.49}$$

式中,$\boldsymbol{\sigma}_{ij}^0$ 为固体内任一点的某个非零的参考应力状态;t 为单调增大的正参数。

由式(3.2.49)可推出在简单加载的情况下,各主应力分量之间按同一比例增加,且应力和应变的主方向始终保持不变,简单加载条件下的加载路径在应力空间中是一条通过原点的直线。

伊柳辛建立的简单加载定律,提出了保证材料内任一点始终处于简单加载状态的四个条件:①变形是微小的;②材料是不可压缩的,即泊松比 $\nu = 0.5$;③外荷载按比例单调增

长,如有位移边界条件,只能是零位移边界条件;④材料 $\bar{\sigma}$-$\bar{\varepsilon}$ 的曲线具有 $\bar{\sigma}=A\ \bar{\varepsilon}^n$ 的幂函数形式。满足上述四个条件,即认为材料内每一个单元体都处于简单加载状态。

进一步分析表明,在简单加载定律的四个条件中,小变形和荷载按比例单调增加是必要条件。而泊松比 $\nu=0.5$ 和 $\bar{\sigma}=A\ \bar{\varepsilon}^n$ 是充分条件。不满足简单加载条件时,全量理论一般是不能采用的。由于采用全量理论求解与非线性弹性力学相似,计算也较方便,因此有时也在非简单加载的条件下使用该理论。对于偏离简单加载条件不太远的情况,使用全量理论计算所获得的结果和试验结果也较为接近。因此,全量理论的适用范围,实际上比简单加载条件更为广泛。

3)简单卸载定律

当材料承受单向荷载进入塑性阶段后,如果荷载减小,则卸载过程中应力-应变符合弹性规律,即

$$\Delta\sigma = E\Delta\varepsilon \tag{3.2.50}$$

或

$$\sigma - \hat{\sigma} = E(\varepsilon - \hat{\varepsilon}) \tag{3.2.51}$$

式中,$\Delta\sigma$、$\Delta\varepsilon$ 分别为卸载过程中应力和应变的改变量;$\hat{\sigma}$、$\hat{\varepsilon}$ 分别为卸载时的应力和应变。

对于复杂应力状态,试验证明,如果是简单卸载,则应力和应变同样按弹性规律变化,即

$$\begin{cases} \Delta\varepsilon_m = \dfrac{1-2\nu}{E}\Delta\sigma_m \\[2mm] \Delta e_{ij} = \dfrac{1}{2G}\Delta S_{ij} \end{cases} \tag{3.2.52}$$

式中,$\Delta\varepsilon_m$、$\Delta\sigma_m$、Δe_{ij} 和 ΔS_{ij} 分别表示卸载过程中平均应变、平均应力、应变偏量和应力偏量的改变量。

由此可见,在简单卸载情况下,首先根据卸载过程中的荷载改变量($\Delta P_i = P_i - \bar{P}_i$),按弹性力学公式计算出应力和应变的改变量 $\Delta\boldsymbol{\sigma}_{ij}$ 和 $\Delta\boldsymbol{\varepsilon}_{ij}$,然后再从卸载开始时的应力 $\boldsymbol{\sigma}_{ij}$ 和应变 $\boldsymbol{\varepsilon}_{ij}$ 中减去相应的改变量,即可得到卸载后的应力 $\hat{\boldsymbol{\sigma}}_{ij}$ 和应变 $\hat{\boldsymbol{\varepsilon}}_{ij}$,此为简单卸载定律,可表示为

$$\begin{cases} \hat{\boldsymbol{\sigma}}_{ij} = \boldsymbol{\sigma}_{ij} - \Delta\boldsymbol{\sigma}_{ij} \\ \hat{\boldsymbol{\varepsilon}}_{ij} = \boldsymbol{\varepsilon}_{ij} - \Delta\boldsymbol{\varepsilon}_{ij} \end{cases} \tag{3.2.53}$$

如果将荷载全部卸去,则

$$\Delta P_1 = P_1 \tag{3.2.54}$$

在物体内不仅存在残余变形,还存在残余应力。因为卸载后的应力为 $\hat{\boldsymbol{\sigma}}_{ij} = \boldsymbol{\sigma}_{ij} - \Delta\boldsymbol{\sigma}_{ij}$,其中 $\boldsymbol{\sigma}_{ij}$ 是根据 P_i 按弹塑性应力-应变关系计算的,$\Delta\boldsymbol{\sigma}_{ij}$ 是根据 ΔP_i 按弹性规律计算的。必须注意,上述计算方法只适用于卸载过程中不发生二次塑性变形的情况。

4)全量理论的基本方程及边值问题

设在物体 V 内给定体力 f_i,应力边界 S_τ 上给定面力 $\boldsymbol{T}_i$,位移边界 S_u 上给定位移待求解的物体内处于塑性状态的各点应力 σ_{ij}、应变 ε_{ij} 和位移 u_i,应满足以下基本方程和边界条件。

平衡方程:

$$\sigma_{ij,j} + f_i = \boldsymbol{0} \tag{3.2.55}$$

几何方程：

$$\boldsymbol{\varepsilon}_{ij} = \frac{1}{2}(\boldsymbol{u}_{i,j} + \boldsymbol{u}_{j,i}) \qquad (3.2.56)$$

本构方程：

$$\begin{cases} \boldsymbol{\varepsilon}_{kk} = \dfrac{1-2\nu}{E}\boldsymbol{\sigma}_{kk} \\[2mm] e_{ij} = \dfrac{3\bar{\varepsilon}}{2\bar{\sigma}}\boldsymbol{S}_{ij} \end{cases} \qquad (3.2.57)$$

应力边界条件：

$$\boldsymbol{\sigma}_{ij}\boldsymbol{n}_j = \boldsymbol{T}_i \qquad (3.2.58)$$

位移边界条件：

$$\boldsymbol{u}_i = \boldsymbol{u}_i^0 \qquad (3.2.59)$$

上述公式中，未知数与基本方程数量相等，问题是可解的，与弹性力学相似，可采用按位移求解和按应力求解。由于式(3.2.57)是非线性的，一般情况下边值问题的求解要比弹性力学问题困难，只有某些简单问题能够得到解答，因此再采用逐次逼近法或数值积分法等近似方法进行计算。

以上是针对塑性区而言的，对弹性区和卸载区应按弹性力学求解，且在弹性区与塑性区交界面上还应满足适当的连续条件。

4. 增量型本构关系

塑性本构关系与弹性本构关系的根本不同之处在于塑性状态下的全量应力与全量应变之间没有单值对应的关系，二者之间的确定关系与变形历史或加载路径有关。由于实际结构材料所经历的变形历史的复杂性，在一般加载条件下，难以建立一个能够包括各种变形历史影响的全量形式的塑性应力-应变关系，而只能在增量应力与增量应变之间建立增量形式的塑性本构关系，此即增量理论或流动理论。莱维-米塞斯(Levy-Mises)理论、普朗特-路埃斯(Prandtl-Reuss)理论属于该类理论。

1) 莱维-米赛斯(Levy-Mises)理论

莱维-米赛斯理论假设材料为理想刚塑性，并认为材料达到塑性区，总应变等于塑性应变，即假设材料符合刚塑性模型，其理论假设归纳如下。

(1) 在塑性区总应变等于塑性应变(忽略弹性应变部分)：

$$\mathrm{d}\boldsymbol{\varepsilon}_{ij} = \mathrm{d}\boldsymbol{\varepsilon}_{ij}^{\mathrm{p}} \qquad (3.2.60)$$

(2) 材料不可压缩：

$$\mathrm{d}\boldsymbol{\varepsilon}_{kk} = \frac{1-2\nu}{E}\mathrm{d}\boldsymbol{\sigma}_{kk} \qquad (3.2.61)$$

因为 $\mathrm{d}\boldsymbol{\varepsilon}_{ij} = \mathrm{d}\boldsymbol{\varepsilon}_{kk}^{\mathrm{e}} = \boldsymbol{0}$，故 $\dfrac{1-2\nu}{E} = 0$，$\nu = \dfrac{1}{2}$。

(3) 塑性应变增量的偏量与应力偏量成正比，或塑性应变增量的偏量主方向与应力偏量主方向一致：

$$\mathrm{d}\boldsymbol{e}_{ij}^{\mathrm{p}} = \mathrm{d}\lambda\boldsymbol{S}_{ij} \quad (\mathrm{d}\lambda \geqslant 0) \qquad (3.2.62)$$

式(3.2.62)中，比例系数 $\mathrm{d}\lambda$ 取决于质点的位置和荷载水平。

由于塑性变形具有体积不可压缩性,即 $\mathrm{d}\boldsymbol{\varepsilon}_{kk}^{\mathrm{p}}=\mathbf{0}$,则由式(3.2.62)得

$$\mathrm{d}\boldsymbol{\varepsilon}_{ij}^{\mathrm{p}}=\mathrm{d}\lambda\boldsymbol{S}_{ij} \tag{3.2.63}$$

忽略弹性应变部分,莱维-米赛斯理论可表示为

$$\mathrm{d}\boldsymbol{\varepsilon}_{ij}=\mathrm{d}\lambda\boldsymbol{S}_{ij} \tag{3.2.64}$$

式(3.2.64)反映了应变增量与应力偏量主轴方向重合,即应变增量与应力的主轴方向重合,应变增量的分量与应力偏量的分量成比例。

对于理想刚塑性材料,按米赛斯屈服条件,有

$$\bar{\sigma}=\sqrt{\frac{3}{2}}\sqrt{\boldsymbol{S}_{ij}\boldsymbol{S}_{ij}}=\sigma_{\mathrm{s}} \tag{3.2.65}$$

将式(3.2.63)代入式(3.2.65),得

$$\frac{1}{\mathrm{d}\lambda}\sqrt{\frac{3}{2}}\sqrt{\mathrm{d}\boldsymbol{\varepsilon}_{ij}^{\mathrm{p}}\mathrm{d}\boldsymbol{\varepsilon}_{ij}^{\mathrm{p}}}=\bar{\sigma}=\sigma_{\mathrm{s}} \tag{3.2.66}$$

定义

$$\mathrm{d}\bar{\varepsilon}^{\mathrm{p}}=\sqrt{\frac{2}{3}}\sqrt{\mathrm{d}\boldsymbol{\varepsilon}_{ij}^{\mathrm{p}}\mathrm{d}\boldsymbol{\varepsilon}_{ij}^{\mathrm{p}}} \tag{3.2.67}$$

称其为等效塑性应变增量,所以有

$$\mathrm{d}\lambda=\frac{3\mathrm{d}\bar{\varepsilon}^{\mathrm{p}}}{2\bar{\sigma}}=\frac{3\mathrm{d}\bar{\varepsilon}^{\mathrm{p}}}{2\sigma_{\mathrm{s}}} \tag{3.2.68}$$

由于弹性应变部分忽略不计,使得总应变增量等于塑性应变增量,故式(3.2.68)中的上标 p(代表塑性)可以忽略,即

$$\mathrm{d}\boldsymbol{\varepsilon}_{ij}=\frac{3\mathrm{d}\bar{\varepsilon}}{2\sigma_{\mathrm{s}}}\boldsymbol{S}_{ij} \tag{3.2.69}$$

式(3.2.69)为理想刚塑性材料的增量型本构方程,写成一般方程式为

$$\begin{cases} \mathrm{d}\varepsilon_{x}=\dfrac{3\mathrm{d}\bar{\varepsilon}}{2\sigma_{\mathrm{s}}}S_{x}, & \mathrm{d}\gamma_{yz}=\dfrac{3\mathrm{d}\bar{\varepsilon}}{\sigma_{\mathrm{s}}}\tau_{yz} \\[2mm] \mathrm{d}\varepsilon_{y}=\dfrac{3\mathrm{d}\bar{\varepsilon}}{2\sigma_{\mathrm{s}}}S_{y}, & \mathrm{d}\gamma_{xz}=\dfrac{3\mathrm{d}\bar{\varepsilon}}{\sigma_{\mathrm{s}}}\tau_{xz} \\[2mm] \mathrm{d}\varepsilon_{z}=\dfrac{3\mathrm{d}\bar{\varepsilon}}{2\sigma_{\mathrm{s}}}S_{z}, & \mathrm{d}\gamma_{xy}=\dfrac{3\mathrm{d}\bar{\varepsilon}}{\sigma_{\mathrm{s}}}\tau_{xy} \end{cases} \tag{3.2.70}$$

由式(3.2.69)可见,对于特定材料,若已知应变增量则可求得应力偏量,但由于体积的不可压缩性,难以确定应力球张量,所以不能确定应力张量。另外,若已知应力分量则可求得应力偏量。对于式(3.2.69)只能求得应变增量各分量的比值,而不能求得应变增量的数值,这是由于理想刚塑性材料应变增量与应力之间无单值对应关系造成的。只有当变形受到限制时,利用变形连续条件才能确定应变增量的值。

2) 普朗特-路埃斯(Prandtl-Reuss)理论

普朗特-路埃斯理论是在莱维-米赛斯理论的基础上发展的,该理论考虑了弹性变形部分,即总应变增量偏量由弹性和塑性两部分组成:

$$\mathrm{d}\boldsymbol{e}_{ij}=\mathrm{d}\boldsymbol{e}_{ij}^{\mathrm{e}}+\mathrm{d}\boldsymbol{e}_{ij}^{\mathrm{p}} \tag{3.2.71}$$

塑性应变部分为

$$\mathrm{d}\boldsymbol{e}_{ij}^{\mathrm{p}} = \mathrm{d}\lambda \boldsymbol{S}_{ij} \tag{3.2.72}$$

弹性部分为

$$\mathrm{d}\boldsymbol{e}_{ij}^{\mathrm{e}} = \frac{1}{2G}\mathrm{d}\boldsymbol{S}_{ij} \tag{3.2.73}$$

总应变增量偏量的表达式为

$$\mathrm{d}\boldsymbol{e}_{ij} = \frac{1}{2G}\mathrm{d}\boldsymbol{S}_{ij} + \mathrm{d}\lambda \boldsymbol{S}_{ij} \tag{3.2.74}$$

式(3.2.74)中 $\mathrm{d}\lambda$ 仍可由米赛斯屈服条件确定，根据米塞斯屈服条件 $J_2 = \frac{1}{3}\sigma_{\mathrm{s}}^2$，即

$$J_2 = \frac{1}{2}\boldsymbol{S}_{ij}\boldsymbol{S}_{ij} = \frac{1}{3}\sigma_{\mathrm{s}}^2 \tag{3.2.75}$$

对式(3.2.75)微分，得

$$\boldsymbol{S}_{ij}\mathrm{d}\boldsymbol{S}_{ij} = 0 \tag{3.2.76}$$

将式(3.2.74)两端同乘 $\boldsymbol{S}_{ij}$，并根据式(3.2.75)和式(3.2.76)，得

$$\boldsymbol{S}_{ij}\mathrm{d}\boldsymbol{e}_{ij} = \boldsymbol{S}_{ij}\left(\frac{1}{2G}\mathrm{d}\boldsymbol{S}_{ij} + \mathrm{d}\lambda \boldsymbol{S}_{ij}\right) = \frac{1}{2G}\boldsymbol{S}_{ij}\mathrm{d}\boldsymbol{S}_{ij} + \mathrm{d}\lambda \boldsymbol{S}_{ij}\boldsymbol{S}_{ij} = \frac{2}{3}\mathrm{d}\lambda\sigma_{\mathrm{s}}^2 \tag{3.2.77}$$

定义：

$$\mathrm{d}W_{\mathrm{d}} = \boldsymbol{S}_{ij}\mathrm{d}\boldsymbol{e}_{ij} \tag{3.2.78}$$

称式(3.2.78)为形状变形比能增量。由式(3.2.77)、式(3.2.78)得

$$\mathrm{d}\lambda = \frac{3\mathrm{d}W_{\mathrm{d}}}{2\sigma_{\mathrm{s}}^2} \tag{3.2.79}$$

将式(3.2.79)代入式(3.2.74)，由塑性的不可压缩性，即体积变化是弹性的，得到由普朗特-路埃斯理论推导的增量型本构关系式：

$$\begin{cases} \mathrm{d}\boldsymbol{\varepsilon}_{kk} = \dfrac{1-2\nu}{E}\mathrm{d}\boldsymbol{\sigma}_{kk} \\[2mm] \mathrm{d}\boldsymbol{e}_{ij} = \dfrac{1}{2G}\mathrm{d}\boldsymbol{S}_{ij} + \dfrac{3\mathrm{d}W_{\mathrm{d}}}{2\sigma_{\mathrm{s}}^2}\boldsymbol{S}_{ij} \end{cases} \tag{3.2.80}$$

或

$$\mathrm{d}\boldsymbol{\varepsilon}_{ij} = \frac{1-2\nu}{E}\mathrm{d}\boldsymbol{\sigma}_{\mathrm{m}}\delta_{ij} + \frac{1}{2G}\mathrm{d}\boldsymbol{S}_{ij} + \frac{3\mathrm{d}W_{\mathrm{d}}}{2\sigma_{\mathrm{s}}^2}\boldsymbol{S}_{ij} \tag{3.2.81}$$

由于考虑了弹性变形，式(3.2.80)、式(3.2.81)即为理想弹塑性材料的增量型本构方程。

如果应力和应变增量已知，由式(3.2.78)计算出 $\mathrm{d}W_{\mathrm{d}}$，再代入式(3.2.80)后即可求出应力增量偏量和平均应力增量，从而求得应力增量。将它们叠加到原有应力上，即获得新的应力水平，也就是产生新的塑性应变后的应力分量。反之，如果已知应力和应力增量，不能由式(3.2.81)求得应变增量，只能求得应变增量各分量的比值。

3）两种增量理论的比较

(1) 普朗特-路埃斯理论与莱维-米赛斯理论的差别在于前者考虑了弹性变形而后者不考虑弹性变形，实际上后者是前者的特殊情况。由此，莱维-米赛斯理论仅适用于大应变，无法求解弹性回跳及残余应力场问题，普朗特-路埃斯主要用于小应变及求解弹性回跳、残余

应力问题。

（2）两种理论都着重指出了塑性应变增量与应力偏量之间的关系 $\mathrm{d}\boldsymbol{\varepsilon}_{ij}^{\mathrm{p}} = \mathrm{d}\lambda \boldsymbol{S}_{ij}$。如采用几何图形表示，应力偏量的矢量为 $\boldsymbol{S}$，恒在 π 平面内沿着屈服轨迹的径向：由于应力偏量主轴与瞬时塑性应变增量主轴重合，在数量上仅差比例常数，若用矢量 $\mathrm{d}\boldsymbol{\varepsilon}^{\mathrm{p}}$ 表示塑性应变增量，则 $\mathrm{d}\boldsymbol{\varepsilon}^{\mathrm{p}}$ 必平行于矢量 $\boldsymbol{S}$ 且沿屈服曲面的径向，如图 3.2.7 所示，塑性应变增量 $\mathrm{d}\boldsymbol{\varepsilon}^{\mathrm{p}}$ 则与应力偏量的矢量平行。

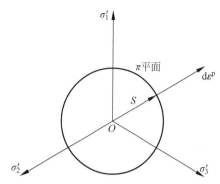

图 3.2.7　塑性应变增量与应力偏量的关系示意图

（3）整个变形过程可由各时段的变形累积而得，因此增量理论能表达加载过程对变形的影响，反映复杂加载情况。

（4）增量理论仅适用于加载情况（即变形功大于零的情况），没有给出卸载规律，卸载情况下仍按胡克定律进行计算。

4）增量理论的试验验证

普朗特-路埃斯理论与莱维-米赛斯理论的核心假设为

$$\mathrm{d}\boldsymbol{\varepsilon}_{ij}^{\mathrm{p}} = \mathrm{d}\lambda \cdot \boldsymbol{S}_{ij} \tag{3.2.82}$$

一般采用薄壁圆管受内压和拉伸联合作用或扭转和拉伸联合作用的试验，验证式（3.2.82）的正确性。前者应力主方向保持不变，主应力比例可通过控制荷载改变，后者应力主方向和主应力比例都可改变。

洛德进行了薄壁圆管受内压和拉伸联合作用的试验，引用了如下两个参数：

$$\begin{cases} \mu_{\sigma} = 2\dfrac{\sigma_2 - \sigma_3}{\sigma_1 - \sigma_3} - 1 \\[3mm] \mu_{\mathrm{d}\varepsilon^{\mathrm{p}}} = 2\dfrac{\mathrm{d}\varepsilon_2^{\mathrm{p}} - \mathrm{d}\varepsilon_3^{\mathrm{p}}}{\mathrm{d}\varepsilon_1^{\mathrm{p}} - \mathrm{d}\varepsilon_3^{\mathrm{p}}} - 1 \end{cases} \tag{3.2.83}$$

如果增量理论的假设是正确的，则应存在：

$$\mu_{\sigma} = \mu_{\mathrm{d}\varepsilon^{\mathrm{p}}} \tag{3.2.84}$$

洛德试验结果表明式（3.2.84）是成立的。此外，泰勒和奎乃也曾用多种金属材料进行薄壁圆管受扭转和拉伸联合作用的试验，主方向不断变化，试验结果表明 $\boldsymbol{S}_{ij}$ 和 $\mathrm{d}\varepsilon_{ij}^{\mathrm{p}}$ 的主轴误差不超过 $2°$，式（3.2.84）同样成立。

5）弹塑性强化材料的增量型本构关系

对于弹塑性强化材料，若采用等向强化模型，其强化条件通常采用沿应变路径积分的等效塑性应变总量 $\int \mathrm{d}\bar{\varepsilon}^{\mathrm{p}}$ 描述，即

$$\bar{\sigma} = H\left(\int \mathrm{d}\bar{\varepsilon}^{\mathrm{p}}\right) \tag{3.2.85}$$

等效塑性应变总量 $\int \mathrm{d}\bar{\varepsilon}^{\mathrm{p}}$ 与塑性有效应变通常不等，只有在简单加载（比例加载）情况下两者才相等。因此，可利用简单加载条件下的试验，如简单拉伸试验确定 H 函数。

对式（3.2.85）求导，得

$$H' = \frac{\mathrm{d}\bar{\sigma}}{\mathrm{d}\bar{\varepsilon}^{\mathrm{p}}} \tag{3.2.86}$$

式(3.2.86)表示曲线上某点的斜率,经过与莱维-米塞斯理论类似的推导,得

$$\mathrm{d}\lambda = \frac{3\mathrm{d}\bar{\varepsilon}^{\mathrm{p}}}{2\bar{\sigma}} = \frac{3\mathrm{d}\bar{\sigma}}{2H'\bar{\sigma}} \tag{3.2.87}$$

将式(3.2.87)代入式(3.2.64)得

$$\begin{cases} \mathrm{d}\boldsymbol{\varepsilon}_{kk} = \dfrac{1-2\nu}{E}\mathrm{d}\boldsymbol{\sigma}_{kk} \\[2mm] \mathrm{d}e_{ij} = \dfrac{1}{2G}\mathrm{d}\boldsymbol{S}_{ij} + \dfrac{3\mathrm{d}\bar{\sigma}}{2H'\bar{\sigma}}\boldsymbol{S}_{ij} \end{cases} \tag{3.2.88}$$

或

$$\mathrm{d}\boldsymbol{\varepsilon}_{ij} = \frac{1-2\nu}{E}\mathrm{d}\boldsymbol{\sigma}_{\mathrm{m}}\delta_{ij} + \frac{1}{2G}\mathrm{d}\boldsymbol{S}_{ij} + \frac{3\mathrm{d}\bar{\sigma}}{2H'\bar{\sigma}}\boldsymbol{S}_{ij} \tag{3.2.89}$$

式(3.2.88)、式(3.2.89)是弹塑性强化材料的增量型本构方程。

6) 岩石类材料的增量型本构关系

岩石类材料大多属于应变软化材料,对这类材料必须使用在应变空间表述的本构关系。在理论上,屈服准则采用应变 ε 作为自变量:

$$\boldsymbol{F} = \boldsymbol{F}(\boldsymbol{\varepsilon}, \boldsymbol{\varepsilon}^{\mathrm{p}}, \kappa) = 0 \tag{3.2.90}$$

式(3.2.90)称为应变屈服准则。尽管假设岩石类材料仅为等向强(软)化,但应变屈服函数中还会含有塑性应变 $\boldsymbol{\varepsilon}^{\mathrm{p}}$,这是因为强(软)化等概念原本是用应力定义的,尽管在应力屈服准则 $f(\boldsymbol{\sigma}, \kappa)$ 中仅含标量内变量 κ,不含矢量内变量 $\boldsymbol{\sigma}^{\mathrm{p}}$,但根据弹性的映射关系 $\boldsymbol{\sigma} = \boldsymbol{D}(\boldsymbol{\varepsilon}, \boldsymbol{\varepsilon}^{\mathrm{p}})$,应变屈服函数必然含内变量 κ 和 $\boldsymbol{\varepsilon}^{\mathrm{p}}$。

与式(3.2.40)一致,在应变空间表述的加载、卸载准则可表示为

$$\begin{cases} \dfrac{\partial \boldsymbol{F}}{\partial \boldsymbol{\varepsilon}}\mathrm{d}\boldsymbol{\varepsilon} > 0, & \text{加载} \\[3mm] \dfrac{\partial \boldsymbol{F}}{\partial \boldsymbol{\varepsilon}}\mathrm{d}\boldsymbol{\varepsilon} = 0, & \text{中性变载} \\[3mm] \dfrac{\partial \boldsymbol{F}}{\partial \boldsymbol{\varepsilon}}\mathrm{d}\boldsymbol{\varepsilon} < 0, & \text{卸载} \end{cases} \tag{3.2.91}$$

在应变空间表述塑性势理论时,理论上塑性势是应变 $\boldsymbol{\varepsilon}$ 的函数。设 $G(\boldsymbol{\varepsilon})$ 为应变空间表述的塑性势,则增量方程为

$$\mathrm{d}\boldsymbol{\sigma}^{\mathrm{p}} = \mathrm{d}\lambda \frac{\partial G}{\partial \boldsymbol{\varepsilon}} \tag{3.2.92}$$

式中,$\mathrm{d}\boldsymbol{\sigma}^{\mathrm{p}}$ 是塑性应力增量矢量。

由定义式 $\mathrm{d}\boldsymbol{\sigma}^{\mathrm{p}} = \boldsymbol{D}\mathrm{d}\boldsymbol{\varepsilon}^{\mathrm{p}}$($\boldsymbol{D}$ 是刚度矩阵),可得到应变空间塑性势梯度 $\dfrac{\partial G}{\partial \boldsymbol{\varepsilon}}$ 和应力空间的塑性势梯度 $\dfrac{\partial g}{\partial \boldsymbol{\sigma}}$ 之间的线性关系:

$$\frac{\partial G}{\partial \boldsymbol{\varepsilon}} = \boldsymbol{D}\frac{\partial g}{\partial \boldsymbol{\sigma}} \tag{3.2.93}$$

上述关系与两个空间表述的屈服函数梯度关系相同,则

$$\frac{\partial \boldsymbol{F}}{\partial \boldsymbol{\varepsilon}} = \boldsymbol{D}\,\frac{\partial f}{\partial \boldsymbol{\sigma}} \tag{3.2.94}$$

在应变空间表述中,应力增量可分解为两部分:

$$\mathrm{d}\boldsymbol{\sigma} = \mathrm{d}\boldsymbol{\sigma}^{\mathrm{e}} - \mathrm{d}\boldsymbol{\sigma}^{\mathrm{p}} \tag{3.2.95}$$

利用胡克定律和增量方程,式(3.2.95)可改写为

$$\mathrm{d}\boldsymbol{\sigma} = \boldsymbol{D}\,\mathrm{d}\boldsymbol{\varepsilon} - \mathrm{d}\lambda\,\frac{\partial G}{\partial \boldsymbol{\varepsilon}} \tag{3.2.96}$$

在加载时,$\mathrm{d}\lambda > 0$,其大小可由一致性方程式(3.2.97)确定:

$$\mathrm{d}F = \left(\frac{\partial \boldsymbol{F}}{\partial \boldsymbol{\varepsilon}}\right)^{\mathrm{T}}\mathrm{d}\boldsymbol{\varepsilon} + \left(\frac{\partial \boldsymbol{F}}{\partial \boldsymbol{\varepsilon}^{\mathrm{p}}}\right)^{\mathrm{T}}\mathrm{d}\boldsymbol{\varepsilon}^{\mathrm{p}} + \left(\frac{\partial \boldsymbol{F}}{\partial \boldsymbol{\kappa}}\right)^{\mathrm{T}}\mathrm{d}\boldsymbol{\kappa} \tag{3.2.97}$$

得

$$\mathrm{d}\lambda = \frac{1}{H+A}\,\frac{\partial \boldsymbol{F}}{\partial \boldsymbol{\varepsilon}}\mathrm{d}\boldsymbol{\varepsilon} \tag{3.2.98}$$

$$\boldsymbol{H} = -\left(\frac{\partial \boldsymbol{F}}{\partial \boldsymbol{\varepsilon}^{\mathrm{p}}}\right)^{\mathrm{T}}\boldsymbol{C}\,\frac{\partial G}{\partial \boldsymbol{\varepsilon}} \tag{3.2.99}$$

$$\boldsymbol{A} = -\frac{\partial \boldsymbol{F}}{\partial \boldsymbol{\kappa}}\boldsymbol{M}^{\mathrm{T}}\boldsymbol{C}\,\frac{\partial G}{\partial \boldsymbol{\varepsilon}} \tag{3.2.100}$$

式(3.2.99)、式(3.2.100)中,$\boldsymbol{C}$ 是 $\boldsymbol{D}$ 的逆矩阵,$\boldsymbol{M}$ 是一个 6 维矢量,如果 κ 是塑性功,则 $\boldsymbol{M} = \boldsymbol{\sigma}^{\mathrm{T}}$;如果 κ 是塑性体积应变,则 $\boldsymbol{M} = \begin{bmatrix} 1 & 1 & 1 & 0 & 0 & 0 \end{bmatrix} = \boldsymbol{e}^{\mathrm{T}}$。

将式(3.2.98)代入式(3.2.96),得到加载时的本构方程:

$$\mathrm{d}\boldsymbol{\sigma} = \boldsymbol{D}_{\mathrm{ep}}\mathrm{d}\boldsymbol{\varepsilon} = (\boldsymbol{D} - \boldsymbol{D}_{\mathrm{p}})\mathrm{d}\boldsymbol{\varepsilon} = \left[\boldsymbol{D} - \frac{1}{H+A}\,\frac{\partial G}{\partial \boldsymbol{\varepsilon}}\left(\frac{\partial \boldsymbol{F}}{\partial \boldsymbol{\varepsilon}}\right)^{\mathrm{T}}\right]\mathrm{d}\boldsymbol{\varepsilon} \tag{3.2.101}$$

式中,$\boldsymbol{D}_{\mathrm{p}}$ 为塑性矩阵;$\boldsymbol{D}_{\mathrm{ep}}$ 为弹塑性矩阵。

在卸载和中性变载时,$\mathrm{d}\lambda = 0$。由式(3.2.96)可得本构方程:

$$\mathrm{d}\boldsymbol{\sigma} = \boldsymbol{D}\,\mathrm{d}\boldsymbol{\varepsilon} \tag{3.2.102}$$

加载、卸载准则式(3.2.91)和本构方程式(3.2.101)、式(3.2.102)一起构成岩石类弹塑性材料的完整增量型本构关系。

7) 增量理论的基本方程及边值问题

设在某一加载瞬时,已经求得 $\boldsymbol{\sigma}_{ij}$、$\boldsymbol{\varepsilon}_{ij}$、$\boldsymbol{u}_i^0$,若在此基础上增加一个外载增量,即在物体 V 内给定体力增量 $\mathrm{d}f_i$、在应力边界 $\boldsymbol{S}_T$ 上给定面力增量 $\mathrm{d}\boldsymbol{T}_i$、在位移边界 $\boldsymbol{S}_u$ 上给定位移增量 $d\boldsymbol{u}_i^0$,待求解物体内处于塑性状态的各点应力增量 $\mathrm{d}\boldsymbol{\sigma}_{ij}$、应变增量 $\mathrm{d}\boldsymbol{\varepsilon}_{ij}$ 和位移增量 $\mathrm{d}\boldsymbol{u}_i^0$,应满足以下基本方程和边界条件。

平衡方程:

$$\mathrm{d}\boldsymbol{\sigma}_{ij,j} + \mathrm{d}\boldsymbol{f}_i = \boldsymbol{0} \tag{3.2.103}$$

几何方程:

$$\mathrm{d}\boldsymbol{\varepsilon}_{ij} = \frac{1}{2}(\mathrm{d}\boldsymbol{u}_{i,j} + \mathrm{d}\boldsymbol{u}_{j,i}) \tag{3.2.104}$$

对于理想弹塑性材料,弹性区应采用广义胡克定律增量表达形式,塑性区应采用理想弹塑性材料的增量型本构方程表达式(3.2.89),本构方程如下:

$$\begin{cases} \mathrm{d}\boldsymbol{\varepsilon}_{ij} = \dfrac{1}{2G}\mathrm{d}\boldsymbol{\sigma}_{ij} - \dfrac{\nu}{E}\mathrm{d}\boldsymbol{\sigma}_{kk}\delta_{ij}\,, & \text{弹性区} \\[3mm] \mathrm{d}\boldsymbol{\varepsilon}_{ij} = \dfrac{1-2\nu}{E}\mathrm{d}\boldsymbol{\sigma}_{kk}\delta_{ij} + \dfrac{1}{2G}\mathrm{d}\boldsymbol{S}_{ij} + \mathrm{d}\lambda\boldsymbol{S}_{ij}\,, & \text{塑性区} \end{cases} \tag{3.2.105}$$

应力边界条件：

$$\mathrm{d}\boldsymbol{\sigma}_{ij}\boldsymbol{n}_j = \mathrm{d}\boldsymbol{T}_i \tag{3.2.106}$$

位移边界条件：

$$\mathrm{d}\boldsymbol{u}_i = \mathrm{d}\boldsymbol{u}_i^0 \tag{3.2.107}$$

5. 塑性势及流动法则

传统塑性力学中，塑性势函数与屈服函数相同，称为相关联的流动法则。在这种情况下，应变增量方向与屈服面正交。在岩土材料的塑性力学中，塑性势函数往往与屈服函数不同，应变增量方向与屈服面不正交，但仍与塑性势面正交，称为非关联的流动法则。

1) 德鲁克(Drucker)公设

简单加载时，材料的后继屈服极限在变形过程中不断变化，其应力-应变曲线存在如下两种形式，如图 3.2.8 所示。

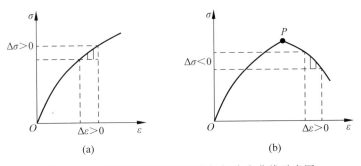

(a)   (b)

图 3.2.8 简单加载过程中两种应力-应变曲线示意图

如图 3.2.8(a)所示，随着应力的增加应变增加，附加应力 $\Delta\sigma$ 在附加应变 $\Delta\varepsilon$ 上所做的功为正值，即 $\Delta\sigma\Delta\varepsilon > 0$，该类型材料称为稳定材料；如图 3.2.8(b)所示，当应力达到点 P 后，附加应变 $\Delta\varepsilon$ 增加，而附加应力 $\Delta\sigma$ 减小，附加应力在附加应变上做负功，即 $\Delta\sigma\Delta\varepsilon < 0$，该类型材料称为不稳定材料。

上述两种情况下，只有第一种情况符合稳定材料的实际材料行为。德鲁克将这个概念推广到复杂应力状态中，得到德鲁克公设，具体内容为：考虑应力循环，开始应力 $\boldsymbol{\sigma}_{ij}^0$ 在加载面内，然后达到 $\boldsymbol{\sigma}_{ij}$ 刚好在加载面上，再继续加载到 $\boldsymbol{\sigma}_{ij} + \mathrm{d}\boldsymbol{\sigma}_{ij}$，这一阶段将产生塑性应变 $\mathrm{d}\boldsymbol{\varepsilon}_{ij}^{\mathrm{p}}$，最后将应力卸回到 $\boldsymbol{\sigma}_{ij}^0$。若在整个应力循环过程中，附加应力 $\boldsymbol{\sigma}_{ij} - \boldsymbol{\sigma}_{ij}^0$ 所做的塑性功不小于零，则这种材料就是稳定的。

在应力循环过程中外荷载所做的功为

$$\oint \boldsymbol{\sigma}_{ij}^0 \boldsymbol{\sigma}_{ij}\,\mathrm{d}\boldsymbol{\varepsilon}_{ij} \geqslant 0 \tag{3.2.108}$$

式中，$\oint \boldsymbol{\sigma}_{ij}^0$ 表示积分路径从 $\boldsymbol{\sigma}_{ij}^0$ 开始又回到 $\boldsymbol{\sigma}_{ij}^0$。

无论材料否是稳定,上述做功不可能为负,否则就能通过应力循环不断地从材料中吸取能量,稳定材料必须满足附加应力 $\boldsymbol{\sigma}_{ij} = \boldsymbol{\sigma}_{ij}^{0}$ 所做的塑性功不小于零:

$$W = \oint \boldsymbol{\sigma}_{ij}^{0} (\boldsymbol{\sigma}_{ij} - \boldsymbol{\sigma}_{ij}^{0}) \mathrm{d}\boldsymbol{\varepsilon}_{ij} \geqslant 0 \qquad (3.2.109)$$

由于弹性应变在应力循环中是可逆的,即

$$\oint \boldsymbol{\sigma}_{ij}^{0} (\boldsymbol{\sigma}_{ij} - \boldsymbol{\sigma}_{ij}^{0}) \mathrm{d}\boldsymbol{\varepsilon}_{ij}^{e} = 0 \qquad (3.2.110)$$

故由式(3.2.109)得

$$W = W^{p} = \oint \boldsymbol{\sigma}_{ij}^{0} (\boldsymbol{\sigma}_{ij} - \boldsymbol{\sigma}_{ij}^{0}) \mathrm{d}\boldsymbol{\varepsilon}_{ij}^{p} \geqslant 0 \qquad (3.2.111)$$

在整个应力循环过程中,只有在应力达到 $\boldsymbol{\sigma}_{ij} + \mathrm{d}\boldsymbol{\sigma}_{ij}$ 时产生塑性应变 $\mathrm{d}\boldsymbol{\varepsilon}_{ij}^{p}$;在循环的其余部分则没有塑性应变产生,故式(3.2.111)可变为

$$W^{p} = (\boldsymbol{\sigma}_{ij} + \mathrm{d}\boldsymbol{\sigma}_{ij} - \boldsymbol{\sigma}_{ij}^{0}) \mathrm{d}\boldsymbol{\varepsilon}_{ij}^{p} \geqslant 0 \qquad (3.2.112)$$

对于一维情形,可用图3.2.9表示塑性功的物理意义,式(3.2.112)可表示为

$$W^{p} = (\sigma + \mathrm{d}\sigma - \sigma^{0}) \mathrm{d}\varepsilon^{p} \geqslant 0 \qquad (3.2.113)$$

对于稳定材料,图中阴影部分面积大于零,对于图3.2.9所示的不稳定材料,式(3.2.113)不一定成立。

当 $\boldsymbol{\sigma}_{ij} \neq \boldsymbol{\sigma}_{ij}^{0}$ 时,由于 $\mathrm{d}\boldsymbol{\sigma}_{ij}$ 是无穷小量,可以忽略,由式(3.2.112)得

$$(\boldsymbol{\sigma}_{ij} - \boldsymbol{\sigma}_{ij}^{0}) \mathrm{d}\boldsymbol{\varepsilon}_{ij}^{p} \geqslant 0 \qquad (3.2.114)$$

当 $\boldsymbol{\sigma}_{ij} = \boldsymbol{\sigma}_{ij}^{0}$ 时,则有

$$\mathrm{d}\boldsymbol{\sigma}_{ij} \mathrm{d}\boldsymbol{\varepsilon}_{ij}^{p} \geqslant 0 \qquad (3.2.115)$$

式(3.2.111)中,W^{p} 实际上是塑性功或耗散的能量,因此上述不等式又称为最大塑性原理或最大耗散能原理,显然它与德鲁克公设是等价的。

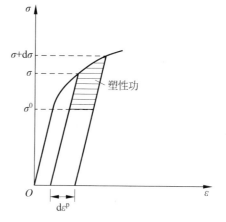

图3.2.9　一维情形下应力循环过程中附加应力所做的塑性功

2) 加载面的外凸性和应变增量的法向性

将应力空间 $\boldsymbol{\sigma}_{ij}$ 与塑性应变空间 $\boldsymbol{\varepsilon}_{ij}$ 的坐标重合,使得 $\mathrm{d}\boldsymbol{\sigma}_{ij}$ 的原点位于屈服面上的 $\boldsymbol{\sigma}_{ij}$ 处,见图3.2.10,$\boldsymbol{\sigma}_{ij}^{0}$ 用矢量 $\overrightarrow{OA^{0}}$ 表示,σ_{ij} 用 $\overrightarrow{OA}$ 表示,$\mathrm{d}\boldsymbol{\sigma}_{ij}$ 用 $\mathrm{d}\boldsymbol{\sigma}$ 表示,$\mathrm{d}\boldsymbol{\varepsilon}_{ij}^{p}$ 用矢量 $\mathrm{d}\boldsymbol{\varepsilon}^{p}$ 表示,则式(3.2.114)可表示为

$$\overrightarrow{AA^{0}} \mathrm{d}\boldsymbol{\varepsilon}^{p} \geqslant 0 \qquad (3.2.116)$$

式(3.2.116)表示这两个矢量为锐角。设在点 A 作一超平面垂直于 $\mathrm{d}\boldsymbol{\varepsilon}^{p}$,则式(3.2.116)成立的前提是 A^{0} 必须始终位于该平面的一侧,即要求加载面 $\varphi = 0$ 是外凸的;如果加载面上有一点是凹的,则 A^{0} 可能会位于平面的另一侧。

其次,设加载面在点 A 处光滑,点 A 的法向矢量为 $\boldsymbol{n}$,作一个切平面 $\boldsymbol{T}$ 与 $\boldsymbol{n}$ 垂直,如果 $\mathrm{d}\boldsymbol{\varepsilon}^{p}$ 与 $\boldsymbol{n}$ 不重合,则总能找到一点 A^{0},使式(3.2.116)不成立,即直线 $A^{0}A$ 与 $\mathrm{d}\boldsymbol{\varepsilon}^{p}$ 的夹角大于 $90°$,如图3.2.11所示。因此 $\mathrm{d}\boldsymbol{\varepsilon}^{p}$ 必须与加载面 $\varphi = 0$ 的外法线重合,可将 $\mathrm{d}\boldsymbol{\varepsilon}^{p}$ 表示为

$$\mathrm{d}\boldsymbol{\varepsilon}_{ij}^{p} = \mathrm{d}\lambda \frac{\partial \varphi}{\partial \boldsymbol{\sigma}_{ij}} \qquad (3.2.117)$$

式中,dλ 为比例系数,dλ≥0,表明塑性应变增量各分量之间的比例取决于 $\boldsymbol{\sigma}_{ij}$ 在加载面 φ 上的位置,与 $\mathrm{d}\boldsymbol{\sigma}_{ij}$ 无关。

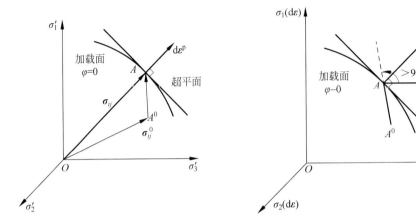

图 3.2.10　屈服曲面的外凸性　　　　　图 3.2.11　塑性应变增量的正交性

3)塑性势理论

在弹性力学中,弹性应变增量可表示为弹性势函数对应力的微分。米赛斯于 1928 年提出了塑性势的概念。

$$\mathrm{d}\,\boldsymbol{\varepsilon}_{ij}^{\mathrm{p}} = \mathrm{d}\lambda\,\frac{\partial g}{\partial\,\boldsymbol{\sigma}_{ij}} \tag{3.2.118}$$

式(3.2.118)称为塑性势理论,其中 g 是塑性势函数,与应力状态、加载历史有关。假设 $g=C$(C 为常数),其在应力空间中表示的面就是等势面,式(3.2.118)即表示 $\mathrm{d}\boldsymbol{\varepsilon}^{\mathrm{p}}$ 的方向与等势面的外法线一致。在德鲁克公设成立的条件下,由式(3.2.118)必然得出 $g=\varphi$,这样就把加载条件与塑性本构关系联系到一起,一般将 $g=\varphi$ 的塑性本构关系称为与加载条件相关联的流动法则。对于理想塑性材料,加载面就是屈服面,φ 就是屈服函数 f。

(1)与米赛斯屈服条件相关联的流动法则。

取米赛斯屈服函数作为塑性势函数,令 $g=f=J_2-\tau_{\mathrm{s}}^2=0$ 得

$$\mathrm{d}\,\boldsymbol{\varepsilon}_{ij}^{\mathrm{p}} = \mathrm{d}\lambda\,\frac{\partial f}{\partial\,\boldsymbol{\sigma}_{ij}} = \mathrm{d}\lambda\,\frac{\partial J_2}{\partial\,\boldsymbol{\sigma}_{ij}} = \mathrm{d}\lambda\boldsymbol{S}_{ij} \tag{3.2.119}$$

式(3.2.119)即普朗特-路埃斯关系。

(2)与屈瑞斯卡屈服条件相关联的流动法则。

在主应力空间,屈服面由 6 个平面组成:

$$\begin{cases} f_1 = \sigma_2 - \sigma_3 - \sigma_{\mathrm{s}} = 0 \\ f_2 = -\sigma_3 + \sigma_1 - \sigma_{\mathrm{s}} = 0 \\ f_3 = \sigma_1 - \sigma_2 - \sigma_{\mathrm{s}} = 0 \\ f_4 = -\sigma_2 + \sigma_3 - \sigma_{\mathrm{s}} = 0 \\ f_5 = \sigma_3 - \sigma_1 - \sigma_{\mathrm{s}} = 0 \\ f_6 = -\sigma_1 + \sigma_2 - \sigma_{\mathrm{s}} = 0 \end{cases} \tag{3.2.120}$$

当应力点位于 f_1 面上时,得

$$\begin{cases} d\varepsilon_1^P = d\lambda_1 \dfrac{\partial f_1}{\partial \sigma_1} = 0 \\[2mm] d\varepsilon_2^P = d\lambda_1 \dfrac{\partial f_1}{\partial \sigma_2} = d\lambda_1 \\[2mm] d\varepsilon_3^P = d\lambda_1 \dfrac{\partial f_1}{\partial \sigma_3} = -d\lambda_1 \end{cases} \tag{3.2.121}$$

即

$$d\varepsilon_1^P : d\varepsilon_2^P : d\varepsilon_3^P = 0 : 1 : (-1) \tag{3.2.122}$$

当应力点位于 f_2 面上时,得

$$\begin{cases} d\varepsilon_1^P = d\lambda_2 \dfrac{\partial f_2}{\partial \sigma_1} = d\lambda_2 \\[2mm] d\varepsilon_2^P = d\lambda_2 \dfrac{\partial f_2}{\partial \sigma_2} = 0 \\[2mm] d\varepsilon_3^P = d\lambda_2 \dfrac{\partial f_2}{\partial \sigma_3} = -d\lambda_2 \end{cases} \tag{3.2.123}$$

即

$$d\varepsilon_1^P : d\varepsilon_2^P : d\varepsilon_3^P = 1 : 0 : (-1) \tag{3.2.124}$$

当应力位于 $f_1 = 0$ 及 $f_2 = 0$ 交点上时,可将式(3.2.122)与式(3.2.124)联立,得

$$d\varepsilon_1^P : d\varepsilon_2^P : d\varepsilon_3^P = (1-\xi) : \xi : (-1) \tag{3.2.125}$$

式中,$0 \leqslant \xi = \dfrac{d\lambda_1}{d\lambda_1 + d\lambda_2} \leqslant 1$。

交点处的塑性应变增量的方向,在 $f_1 = 0$ 面的法线方向 $\boldsymbol{n}_1$ 和 $f_2 = 0$ 面的法线方向 $\boldsymbol{n}_2$ 之间变化,见图 3.2.12(a)。实际上交点也可看成曲率变化很大的光滑曲面,见图 3.2.12(b),在该处塑性应变增量方向从 $\boldsymbol{n}_1$ 很快变化到 $\boldsymbol{n}_2$,对于其他边相交点处的塑性应变增量方向,可同理确定,但在交点处的应变方向,应根据周围单元对它的约束确定。

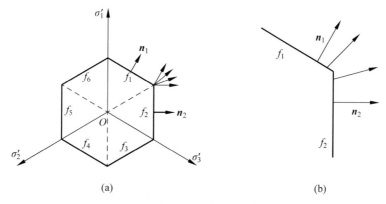

图 3.2.12　塑性应变增量正交处方向示意图

6. 结构面的弹塑性本构关系

结构面是切割岩体的各种地质界面的统称,是一些具有一定方向、延展范围较广且厚度

较薄的地质界面。在地质体中,为方便对结构面进行力学分析,将结构面分为有限厚度的结构面和厚度趋近于零的结构面。与完整岩体类似,结构面的弹塑性本构关系也是由弹性部分和塑性部分组成。

3.2.4   岩石流变本构关系

岩石流变是岩石的力学特性随时间变化的性质,岩石流变本构关系是体现应力依赖于变形和变形速率的关系,包括蠕变、松弛、弹性后效和岩石长期强度。岩石流变本构模型包括组合元件流变本构模型、经验流变本构模型和断裂损伤流变本构模型。因组合元件模型易于用物理和数学模型描述,本节主要介绍基本元件、组合元件流变力学模型及本构方程。

1. 基本元件的力学模型及本构方程

流变学中流变模型可由 3 个基本元件组合而成,分别为弹性元件(H)、黏性元件(N)和塑性元件(C)。

弹性元件又称为胡克体,通常用 H 表示,表示变形性质符合胡克定律的线性弹性材料,是一种理想的弹性体。弹性元件的力学模型用一个弹簧元件表示,见图 3.2.13,胡克体的应力-应变关系是线性弹性的,其本构方程为

$$\sigma = k\varepsilon \tag{3.2.126}$$

式中,k 为弹性系数,在应力-应变图(图 3.2.13(b))上表示直线的斜率。

弹性元件模型的应力、应变均与时间无关,应力与应变一一对应。

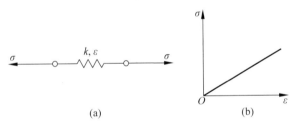

图 3.2.13   弹性元件(胡克体)力学模型及其力学行为

(a) 力学模型;(b) 应力-应变曲线

黏性元件又称为牛顿体,通常用 N 表示,是一种符合牛顿流动的理想黏性体,即应力与应变速率成正比,见图 3.2.14,其中斜直线为应力-应变速率曲线,通过坐标原点。牛顿体的力学模型可用一个带孔活塞组成的阻尼器表示。

牛顿体的本构关系为

$$\sigma = \eta \frac{d\varepsilon}{dt} \tag{3.2.127}$$

式中,η 为牛顿黏性系数,或称动力黏度。

式(3.2.127)表明应力与应变速率成正比,即在有限的应力作用下应变速率也是有限的,只要作用在黏性元件上的力不消失,变形则可无限发展。

对式(3.2.127)积分,得

$$\varepsilon = \frac{\sigma}{\eta}t + C \tag{3.2.128}$$

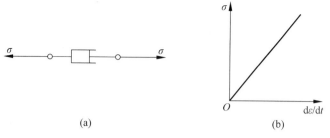

图 3.2.14 黏性元件(牛顿体)力学模型及其力学行为

(a)力学模型；(b)应力-应变速率曲线

式中,C 为积分常数。

当 $t=0$ 时,$\varepsilon=0$,则 $C=0$,即

$$\varepsilon = \frac{\sigma}{\eta}t \tag{3.2.129}$$

塑性元件又称为库仑体,通常用 C 表示,表示服从理想刚塑性材料变形规律的摩擦体。物体所受的应力未达到屈服极限时没有变形,一旦达到屈服极限便开始产生塑性变形,即使应力不再增加,变形仍不断增大,其力学模型用一副摩擦片或滑块表示,如图 3.2.15 所示。

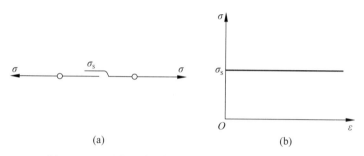

图 3.2.15 塑性元件(库仑体)力学模型及其力学行为

(a)力学模型；(b)应力-应变曲线

库仑体服从库仑摩擦定律,其本构方程为

$$\begin{cases} \varepsilon = 0, & \sigma < \sigma_s \\ \varepsilon \to \infty, & \sigma = \sigma_s \end{cases} \tag{3.2.130}$$

当 $\sigma<\sigma_s$ 时,$\varepsilon=0$,当 $\sigma=\sigma_s$ 时,$\varepsilon\to\infty$,其中 σ_s 为材料的屈服极限,即当 $\sigma<\sigma_s$ 时,不滑动,无任何变形,若 $\sigma=\sigma_s$,变形无限增大。在静力平衡条件下不可能出现 $\sigma>\sigma_s$ 的情况。塑性元件模型的应力和应变均与时间无关。

2. 组合元件的力学模型及本构方程

上述基本元件的任何一种元件单独表示岩石的性质时,只能描述弹性、塑性、黏性三种性质中的一种。但岩石通常具有复杂特性,其客观存在的性质并不是单一的,为此,必须对上述三种元件进行组合,才能对岩石的特性进行准确描述。目前已经提出了几十种流变体的组合模型,它们大多数是以提出者的名字命名的。组合的方式包括串联、并联、串并联和并串联。串联以符号"—"表示,并联以符号"|"表示。

串联：组合体总应力等于串联中任何元件的应力($\sigma=\sigma_1=\sigma_2$),组合体总应变等于串联中所有元件的应变之和（$\varepsilon = \varepsilon_1 + \varepsilon_2$）。

并联：组合体总应力等于并联中所有元件应力之和（$\sigma = \sigma_1 + \sigma_2$），组合体总应变等于并联中任何元件的应变（$\varepsilon = \varepsilon_1 = \varepsilon_2$）。

1) 圣维南体

圣维南体由一个弹簧和一副摩擦片串联组成，代表理想弹塑性体，力学模型见图 3.2.16，通常表示为 St-V＝H－C。[①]

当应力 σ 小于摩擦片的摩擦阻力 σ_s 时，弹簧产生瞬时弹性变形 $\dfrac{\sigma}{k_1}$，摩擦片没有变形，即 $\varepsilon_2 = 0$；当 $\sigma \geqslant \sigma_s$ 时，即克服了摩擦片的摩擦阻力后，摩擦片将在 σ 作用下无限制滑动。圣维南体的本构方程为式(3.2.131)，应力-应变曲线如图 3.2.17 所示。

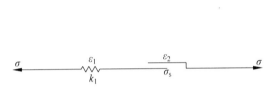

图 3.2.16　圣维南体力学模型

图 3.2.17　圣维南体应力-应变曲线

$$\begin{cases} \sigma < \sigma_s \text{ 时}, \varepsilon_1 = \dfrac{\sigma}{k_1}, \varepsilon_2 = 0, \quad \text{则 } \varepsilon = \varepsilon_1 + \varepsilon_2 = \dfrac{\sigma}{k_1} \\[3mm] \sigma \geqslant \sigma_s \text{ 时}, \varepsilon_1 = \dfrac{\sigma}{k_1}, \varepsilon_2 = \infty, \quad \text{则 } \varepsilon = \varepsilon_1 + \varepsilon_2 = \dfrac{\sigma}{k_1} + \infty = \infty \end{cases} \tag{3.2.131}$$

2) 马克斯威尔体

马克斯威尔体是一种弹-黏性体，由一个弹簧和一个阻尼器串联组成，力学模型见图 3.2.18，通常表示为 M＝H－N。

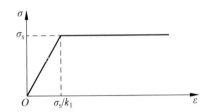

图 3.2.18　马克斯威尔体力学模型

由串联可得

$$\begin{cases} \sigma = \sigma_1 = \sigma_2 \\ \varepsilon = \varepsilon_1 + \varepsilon_2 \end{cases} \tag{3.2.132}$$

应变对时间求导，则

$$\varepsilon' = \varepsilon_1' + \varepsilon_2' \tag{3.2.133}$$

而

$$\begin{cases} \varepsilon_1' = \dfrac{\mathrm{d}\left(\dfrac{\sigma}{k}\right)}{\mathrm{d}t} = \dfrac{\sigma'}{k} \\[4mm] \varepsilon_2' = \dfrac{\sigma}{\eta} \end{cases} \tag{3.2.134}$$

将式(3.2.134)代入式(3.2.133)，则

---

① St-V 表示圣维南体。

$$\varepsilon' = \varepsilon'_1 + \varepsilon'_2 = \frac{\sigma'}{k} + \frac{\sigma}{\eta} \tag{3.2.135}$$

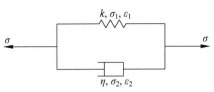

图 3.2.19 开尔文体力学模型

3）开尔文体

开尔文体是一种黏-弹性体，由一个胡克体与一个牛顿体并联组成，即一个弹簧与一个阻尼器并联而成，力学模型见图 3.2.19，通常表示为 K＝H|N。

由于两元件并联，故有

$$\begin{cases} \sigma = \sigma_1 + \sigma_2 \\ \varepsilon = \varepsilon_1 = \varepsilon_2 \end{cases} \tag{3.2.136}$$

$$\begin{cases} \sigma_1 = k\varepsilon_1 = k\varepsilon \\ \sigma_2 = \eta\varepsilon'_2 = \eta\varepsilon' \end{cases} \tag{3.2.137}$$

由式（3.2.137）可得开尔文体的本构方程：

$$\sigma = k\varepsilon + \eta\varepsilon' \tag{3.2.138}$$

4）广义开尔文体

广义开尔文体由一个开尔文体和一个弹簧串联组成，力学模型见图 3.2.20，通常表示为 GK＝H－K＝H－（H|N）。

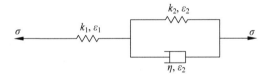

图 3.2.20 广义开尔文体力学模型

由于串联，有

$$\begin{cases} \sigma = \sigma_1 = \sigma_2 \\ \varepsilon = \varepsilon_1 + \varepsilon_2 \\ \varepsilon' = \varepsilon'_1 + \varepsilon'_2 \end{cases} \tag{3.2.139}$$

对于弹簧：

$$\begin{cases} \sigma = k_1\varepsilon_1 \\ \sigma' = k_1\varepsilon'_1 \end{cases} \tag{3.2.140}$$

对于开尔文体：

$$\sigma = k_2\varepsilon_2 + \eta\varepsilon'_2 \tag{3.2.141}$$

故有

$$\sigma = k_2(\varepsilon - \varepsilon_1) + \eta(\varepsilon' - \varepsilon'_1) = k_2\left(\varepsilon - \frac{\sigma}{k_1}\right) + \eta\left(\varepsilon' - \frac{\sigma'}{k_1}\right) \tag{3.2.142}$$

将式（3.2.142）整理后，得广义开尔文体本构方程：

$$\frac{\eta}{k_1}\sigma' + \left(1 + \frac{k_2}{k_1}\right)\sigma = \eta\varepsilon' + k_2\varepsilon \tag{3.2.143}$$

5）鲍埃丁-汤姆逊体

鲍埃丁-汤姆逊体由一个马克斯威尔体和一个弹簧组成,力学模型见图 3.2.21,通常表示为 PTh=H|M=H|(H−N)。

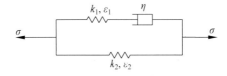

图 3.2.21　鲍埃丁-汤姆逊体力学模型

由于鲍埃丁-汤姆逊体由马克斯威尔体和弹簧(胡克体)并联而成,有

$$\begin{cases} \sigma = \sigma_M + \sigma_2 \\ \varepsilon = \varepsilon_M = \varepsilon_2 \end{cases} \tag{3.2.144}$$

则

$$\begin{cases} \sigma' = \sigma'_M + \sigma'_2 \\ \varepsilon' = \varepsilon'_M = \varepsilon'_2 \end{cases} \tag{3.2.145}$$

由马克斯威尔体,可得

$$\varepsilon'_M = \frac{\sigma'_M}{k_1} + \frac{\sigma_M}{\eta} = \varepsilon' \tag{3.2.146}$$

有

$$\sigma_M = \eta\varepsilon' - \eta\frac{\sigma'_M}{k_1} \tag{3.2.147}$$

由胡克体,可得

$$\begin{cases} \sigma_2 = k_2\varepsilon \\ \sigma'_2 = k_2\varepsilon' \end{cases} \tag{3.2.148}$$

整理后,得鲍埃丁-汤姆逊体本构方程:

$$\sigma' + \frac{k_1}{\eta}\sigma = (k_1 + k_2)\varepsilon' + \frac{k_1 k_2}{\eta}\varepsilon \tag{3.2.149}$$

6）理想黏塑性体

理想黏塑性体由一副摩擦片和一个阻尼器并联而成,力学模型见图 3.2.22,通常表示为 NC=C|N。

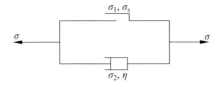

图 3.2.22　理想黏塑性体力学模型

根据并联性质,有

$$
\begin{cases}
\sigma = \sigma_1 + \sigma_2 \\
\varepsilon = \varepsilon_1 = \varepsilon_2
\end{cases}
\tag{3.2.150}
$$

又知各元件的本构关系为

$$
\begin{cases}
\sigma_2 = \eta \varepsilon' \\
\sigma_1 < \sigma_s, \quad \varepsilon = 0 \\
\sigma_1 = \sigma_s, \quad \varepsilon \to \infty
\end{cases}
\tag{3.2.151}
$$

由式(3.2.151)可知,当 $\sigma_1 < \sigma_s$, $\varepsilon = 0$,模型为刚体。当 $\sigma_1 \geqslant \sigma_s$, $\varepsilon' = \dfrac{\sigma - \sigma_s}{\eta}$,因此理想黏塑性体的本构方程为式(3.2.152),应力-应变速率曲线如图3.2.23所示。

$$
\begin{cases}
\sigma_1 < \sigma_s, \quad \varepsilon = 0 \\
\sigma_1 \geqslant \sigma_s, \quad \varepsilon' = \dfrac{\sigma - \sigma_s}{\eta}
\end{cases}
\tag{3.2.152}
$$

7) 伯格斯体

伯格斯体是一种弹黏性体,由一个开尔文体与一个马克斯威尔体串联而成,力学模型见图3.2.24,通常表示为 B＝K－M＝(H|M)－(H|N)。

建立伯格斯体本构方程的方法是将开尔文体的应力 σ_1、应变 ε_1 与马克斯威尔体的应力 σ_2、应变 ε_2,分别作为一个元件的应力和应变,然后按串联的原则,求得本构方程。

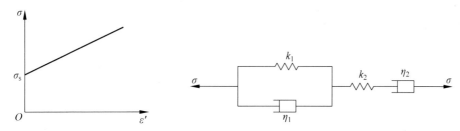

图 3.2.23　理想黏塑性体应力-应变速率曲线　　　图 3.2.24　伯格斯体力学模型

对于开尔文体:

$$
\sigma = k_1 \varepsilon_1 + \eta_1 \varepsilon_1'
\tag{3.2.153}
$$

对于马克斯威尔体:

$$
\varepsilon_2' = \frac{\sigma_2'}{k_2} + \frac{\sigma_2}{\eta_2}
\tag{3.2.154}
$$

因两者串联,故有

$$
\begin{cases}
\sigma = \sigma_1 = \sigma_2 \\
\varepsilon = \varepsilon_1 + \varepsilon_2 \\
\varepsilon' = \varepsilon_1' + \varepsilon_2'
\end{cases}
\tag{3.2.155}
$$

可得

$$
\sigma = \eta_1(\varepsilon' - \varepsilon_2') + k_1(\varepsilon - \varepsilon_2)
\tag{3.2.156}
$$

将式(3.2.154)代入式(3.2.156),得

$$\sigma = \eta_1 \varepsilon' - \eta_1 \left(\frac{\sigma'}{k_2} + \frac{\sigma}{\eta_2} \right) + k_1(\varepsilon - \varepsilon_2) \tag{3.2.157}$$

将式(3.2.157)两边各微分一次,得

$$\sigma' = \eta_1 \varepsilon'' - \eta_1 \left(\frac{\sigma''}{k_2} + \frac{\sigma'}{\eta_2} \right) + k_1(\varepsilon' - \varepsilon'_2) \tag{3.2.158}$$

再将式(3.2.154)代入式(3.2.158),化简后可得伯格斯体的本构方程:

$$\sigma'' + \left(\frac{k_2}{\eta_1} + \frac{k_2}{\eta_2} + \frac{k_1}{\eta_1} \right) \sigma' + \frac{k_1 k_2}{\eta_1 \eta_2} \sigma = k_2 \varepsilon'' + \frac{k_1 k_2}{\eta_1} \varepsilon' \tag{3.2.159}$$

8) 西原体

西原体由一个胡克体、一个开尔文体、一个理想黏塑性体串联而成,能较全面反映岩石的弹-黏弹-黏塑性特性,力学模型见图 3.2.25,通常表示为 XY＝H－K－NC。

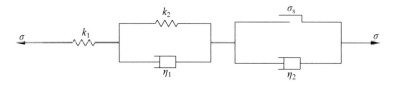

图 3.2.25　西原体力学模型

当 $\sigma_1 < \sigma_s$ 时,摩擦片为刚体,因此模型与广义开尔文体相同;在 $\sigma_1 \geqslant \sigma_s$ 条件下,其性能类似伯格斯体,区别在于模型中的应力没有克服摩擦片阻力 σ_s 的部分,因此,可直接在式(3.2.159)中用 $(\sigma_1 - \sigma_s)$ 取代 σ,得到西原体的本构方程:

$$\begin{cases} \sigma < \sigma_s, \quad \dfrac{\eta_1}{k_1} \sigma' + \left(1 + \dfrac{k_2}{k_1} \right) \sigma = \eta_1 \varepsilon' + k_2 \varepsilon \\ \sigma \geqslant \sigma_s, \quad \sigma'' + \left(\dfrac{k_2}{\eta_1} + \dfrac{k_2}{\eta_2} + \dfrac{k_1}{\eta_1} \right) \sigma' + \dfrac{k_1 k_2}{\eta_1 \eta_2} (\sigma - \sigma_s) = k_2 \varepsilon'' + \dfrac{k_1 k_2}{\eta_1} \varepsilon' \end{cases} \tag{3.2.160}$$

9) 宾汉姆体

宾汉姆体由一个胡克体和一个理想黏塑性体串联而成,力学模型见图 3.2.26,通常表示为 Bh＝H－NC。

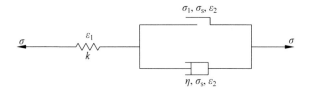

图 3.2.26　宾汉姆体力学模型

对于胡克体:

$$\begin{cases} \varepsilon_1 = \dfrac{\sigma}{k} \\ \varepsilon'_1 = \dfrac{\sigma'}{k} \end{cases} \tag{3.2.161}$$

对于理性黏塑性体:

$$
\begin{cases}
\sigma < \sigma_s, & \varepsilon_2 = 0, \quad \varepsilon'_2 = 0 \\
\sigma \geqslant \sigma_s, & \varepsilon' = \dfrac{\sigma'}{k} + \dfrac{\sigma - \sigma_s}{\eta}
\end{cases}
\tag{3.2.162}
$$

因此可得宾汉姆体的本构方程:

$$
\begin{cases}
\sigma < \sigma_s, & \varepsilon = \dfrac{\sigma}{k} \\
\sigma \geqslant \sigma_s, & \varepsilon' = \dfrac{\sigma'}{k} + \dfrac{\sigma - \sigma_s}{\eta}
\end{cases}
\tag{3.2.163}
$$

10) 村山体

村山体模型由一个开尔文体和一个圣维南体并联组成,力学模型见图3.2.27,该模型兼具开尔文体的黏弹性及弹性后效变形特征,同时由于并联圣维南体,使得村山体模型同时具备了描述黏塑性变形的能力,通常表示为 Mura＝H|N|C。

根据村山体模型中各组元件的蠕变特征及其组合模型,可得村山体的本构方程:

$$
\begin{cases}
\sigma < \sigma_s, & \varepsilon = 0 \\
\sigma \geqslant \sigma_s, & \sigma = \sigma_k + \sigma_\eta + \sigma_s = \sigma_s + k\varepsilon + \eta\varepsilon'
\end{cases}
\tag{3.2.164}
$$

式(3.2.164)表明当模型两端应力水平小于胡克体阈值时,模型蠕变变形量为 0;当应力 σ 为常量时,根据应力水平 σ 与胡克体阈值的大小关系,可将蠕变方程分为两部分:

$$
\begin{cases}
\sigma < \sigma_s, & \varepsilon = 0 \\
\sigma \geqslant \sigma_s, & \varepsilon = \dfrac{\sigma - \sigma_s}{k}\left(1 - e^{-\frac{t}{\eta}}\right)
\end{cases}
\tag{3.2.165}
$$

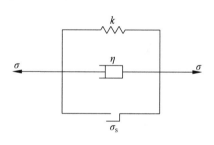

图 3.2.27　村山体力学模型

根据各复合体力学模型的本构方程,可得出各复合体流变模型的特征,见表3.2.1。

表 3.2.1　复合体流变模型的特征

名　　称	符号表达	瞬态	蠕变	松弛	弹性后效	黏性流动
圣维南体	H—C	＋	－	－	－	－
马克斯威尔体	H—N	＋	＋	＋	－	＋
开尔文体	H|N	－	＋	－	＋	－
广义开尔文体	H—K	＋	＋	＋	＋	＋
鲍埃丁-汤姆逊体	H|M	＋	＋	＋	＋	＋
理想黏塑性体	C|N	＋	＋	－	－	＋
伯格斯体	K—M	＋	＋	＋	＋	＋
西元体	H—K—NC	＋	＋	＋	＋	＋
宾汉姆体	H—NC	＋	＋	－	－	＋
村山体	H|N|C	＋	＋	＋	＋	＋

3. 流变力学模型识别

岩石为流变性质十分复杂的多晶复合介质,其流变性质的描述往往需要多个简单模型的耦合,如马克斯威尔模型、开尔文模型等作为结构元件的多级耦合。为解决岩体工程问题,选择合理的流变力学模型十分重要。在选择较为复杂的模型结构时,进行不同荷载的蠕变试验或松弛试验,以确定其流变参数。因此使用的模型越复杂,试验工作量越大,同时,由于本构方程复杂,使用时将增大计算工作量。

统一流变力学模型是较复杂的流变力学模型,如图 3.2.28 所示,该模型可对各种流变性态的变形分量进行识别和分离,并确定流变力学模型参数。基于统一流变力学模型,可按如下步骤辨识各种流变性态。

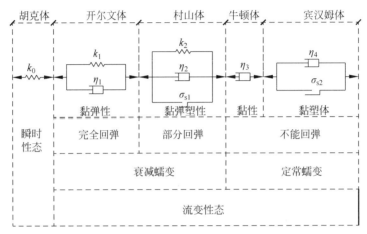

图 3.2.28　统一流变力学模型

(1) 根据流变试验曲线确定用何种组合流变模型模拟岩石的流变特征。模型识别的一般原则为:①蠕变曲线有瞬时弹性应变段——模型中应有弹性元件;②蠕变曲线在瞬时弹性变形之后应变随时间发展——模型中应有黏性元件;③如果随时间发展的应变能够恢复——模型中应有弹性元件与黏性元件的并联组合;④如果岩石具有应力松弛特征——模型中应有弹性元件与黏性元件的串联组合;⑤如果松弛是不完全松弛——模型中应有塑性元件。

(2) 分离蠕变曲线中衰减蠕变分量与定常蠕变分量。衰减蠕变分量与卸载后滞后回弹量的关系可按如下方法确定:①如果衰减蠕变分量等于卸载后的滞后回弹应变量,那么岩石变形仅有黏弹性性态而不具有黏弹塑性性态;②如果衰减蠕变分量大于卸载后的滞后回弹应变量,那么岩石变形同时具有黏弹性和黏弹塑性两种性态。

(3) 研究定常蠕变分量,判断定常蠕变分量的蠕变速率是否与应力存在比例关系。表 3.2.2 为流变力学模型辨识表。

表 3.2.2　流变力学模型辨识

情况	蠕变曲线		蠕变应变与滞后回弹应变的关系	定常蠕变速率与应力的关系	流变性态及模型命名	模型名称
	低应力	高应力				
1	定常蠕变	定常蠕变		A:成正比	黏性	马克斯威尔体
				B:不成正比	黏性-黏塑性	
2	衰减蠕变	衰减蠕变	$\varepsilon_c(t)=\varepsilon_{ce}(t)$		黏弹性	开尔文体
			$\varepsilon_c(t)>\varepsilon_{ce}(t)$		黏弹性-黏弹塑性	

续表

情况	蠕变曲线		蠕变应变与滞后回弹应变的关系	定常蠕变速率与应力的关系	流变性态及模型命名	模型名称
	低应力	高应力				
3	两者兼有	两者兼有	$\varepsilon_{cl}(t)=\varepsilon_{ce}(t)$	A：成正比	黏性-黏弹性	伯格斯体
				B：不成正比	黏性-黏弹性-黏塑性	
			$\varepsilon_{cl}(t)>\varepsilon_{ce}(t)$	A：成正比	黏性-黏弹性-黏弹塑性	
				B：不成正比	黏性-黏塑性-黏弹性-黏弹塑性	
4	无蠕变	定常蠕变			黏塑性	宾汉姆体
5	无蠕变	衰减蠕变			黏弹塑性	
6	无蠕变	两者兼有				
7	定常蠕变	两者兼有		A：成正比	黏性-黏弹塑性	
				B：不成正比	黏性-黏塑性-黏弹塑性	
8	衰减蠕变	两者兼有	$\varepsilon_{cl}(t)=\varepsilon_{ce}(t)$		黏塑性-黏弹性	西原体
			$\varepsilon_{cl}(t)>\varepsilon_{ce}(t)$		黏塑性-黏弹性-黏弹塑性	

注：两者兼有是指定常蠕变与衰减蠕变两者兼有；$\varepsilon_c(t)$ 为蠕变应变；$\varepsilon_{ce}(t)$ 为滞后回弹应变；$\varepsilon_{cl}(t)$ 为衰减蠕变应变。

4. 岩石长期强度

岩石长期强度是指岩石在长期荷载作用下的强度。岩石应力的大小超过此临界值时，蠕变向不稳定蠕变发展，小于此临界值时，蠕变向稳定蠕变发展。

长期强度的确定方法：长期强度曲线即强度随时间降低的曲线，可通过不同应力水平的长期恒载试验获取。设在荷载 $\sigma_1>\sigma_2>\sigma_3>\cdots>\sigma_n$ 的试验基础上，绘制出非衰减蠕变的曲线，并确定每条曲线加速蠕变达到破坏前的应力 σ 及荷载作用所经历的时间（图 3.2.29(a)）。以纵坐标表示应力，横坐标表示破坏前荷载作用经历的时间，破坏应力和破坏前经历时间的关系曲线如图 3.2.29(b) 所示，曲线的水平渐近线在纵轴上的截距即为长期强度 σ_∞。

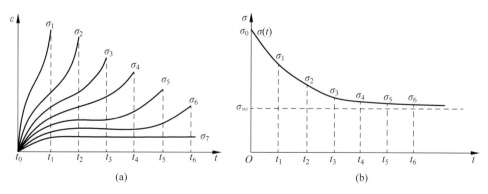

图 3.2.29 岩石蠕变曲线和长期强度曲线

(a) 岩石蠕变曲线；(b) 岩石长期强度曲线

岩石长期强度曲线可用指数型经验公式表示：

$$\sigma_t = \sigma_\infty + (\sigma_0 - \sigma_\infty) e^{-at} \qquad (3.2.166)$$

式中，α 是由试验确定的经验常数。

利用岩石的多级松弛试验结果也能确定长期强度，具体方法为：①计算轴向应力 σ_z 与轴向应变 ε_z；②绘制轴向应力 σ_z 与时间 t 的关系曲线，如图 3.2.30 所示；③当连续三级应力松弛曲线均稳定至相同的应力水平时，该应力水平可确定为岩石的长期强度。

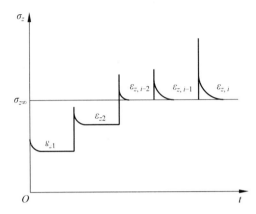

图 3.2.30　多级应变水平下应力与时间的关系曲线

岩石长期强度是一种有重要意义的时间效应指标，对岩石工程构筑物（地下室、边坡、坝基等）设计具有重要的现实意义。当衡量岩石工程的长期稳定性时，应以长期强度作为岩石强度的计算指标，以保证岩石工程构筑物长期安全运行。

课后习题

1. 何为岩石强度准则？常用的岩石强度准则有哪些？

2. 试用莫尔应力圆画出岩石试件破坏时的三种应力状态：①单轴拉伸；②单轴压缩；③三轴压缩。

3. 简述并评价德鲁克-普拉格准则。

4. 简述并评价格里菲斯理论。

5. 某均质岩的破坏符合莫尔-库仑强度准则，其中，$c = 40\text{MPa}$，$\varphi = 30°$，试求围压 $\sigma = 20\text{MPa}$ 条件下试件的抗压强度，并确定破坏面的角度。

6. 写出空间问题的平衡方程、几何方程及其张量形式。

7. 简述岩石的三种弹性本构关系及其特点。

8. 写出理想刚塑性材料增量型本构方程的张量形式和一般形式。

9. 试推导马克斯威尔体的本构方程。

10. 简述根据岩石蠕变试验确定长期强度的方法。

第4章 Chapter 4
岩体的力学性质

　　岩体具有一定结构,这种结构因素对岩体的变形和破坏甚至起决定性作用。岩体的力学性质与岩体中的结构面、结构体及其赋存环境密切相关。在岩体内存在各种地质界面,包括物质分异面和不连续面,如假整合、不整合、褶皱、断层、层理、节理和片理等。这些不同成因、不同特性的地质界面统称为结构面(弱面)。它在横向延展上具有面的几何特性,常充填有一定物质、具有一定厚度,如节理和裂隙是由两个面及面间的固体、液体或气体组成;断层及层间错动面是由上下盘两个面及面间充填的断层泥和水构成的实体组成的,其变形机理是两盘闭合或滑移;在破坏时,或沿着断层滑动,或沿着断层追踪开裂。结构面依其本身的产状,彼此组合将岩体切割成形态不一、大小不等及成分各异的岩石块体。被各种结构面切割而成的岩石块体称为结构体,结构体有块状、柱状、板状、菱形、楔形和锥形体等,如果风化强烈或挤压破碎严重,也可形成碎屑状、颗粒状和鳞片状等。

　　结构体和结构面称为岩体结构单元或岩体结构要素。不同类型的岩体结构单元在岩体内的组合、排列形式称为岩体结构。岩体结构单元可划分为两类共四种,即

$$\text{岩体结构单元}\begin{cases}\text{结构面}\begin{cases}\text{坚硬结构面(干净)}\\\text{软弱结构面(含泥夹层)}\end{cases}\\\text{结构体}\begin{cases}\text{块状结构体(短轴)}\\\text{板状结构体(长厚比大于 15)}\end{cases}\end{cases}$$

　　岩体是地质体,它经历过多次反复地质作用,经受过多次变形和破坏,形成一定的岩石成分和结构,赋存于一定的地质环境中。岩体抵抗外力作用的能力称为岩体力学性质。它包括岩体的稳定性特征、变形特征和强度特征。它是由组成岩体的岩石、结构面和赋存条件决定的。岩体的力学性质不是固定不变的,由于岩体结构的原因,它可以随着试样尺寸增大而降低,而且工程开挖方向与岩体内结构面产状间的关系不同,其变形和破坏特征也不一样,同时它随着环境因素的变化而变化。因此,影响岩体力学性质的基本因素有:结构体(岩石)力学性质、结构面力学性质、岩体结构力学效应和环境因素(特别是水和地应力)。

4.1　结构面

4.1.1　结构面类型

结构面对岩体的力学性能有重要影响。岩体的变形和强度,取决于构成岩体的岩石力

学性能和结构面力学性能。由于结构面往往是岩体弱面,所以在一些岩体工程中,结构面的力学性能决定了工程稳定性,如边坡层面、大坝坝基中软弱夹层、井巷工程中断裂破碎带等。

岩体结构面是在岩体生成过程及生成后若干地质年代中,受地质构造作用而形成的具有一定方向、延展较大而厚度较小的二维面状地质界面,包括微裂隙、片理、页理、节理和层面。结构面是岩体的重要组成单元之一,它的存在使岩体具有不连续性、非均质性和各向异性,并成为岩体渗流的主要通道,所以岩体力学性质与结构面特性密切相关。

1. 岩体结构面成因类型

按照自然成因不同,可以将岩体中的结构面归纳为三种类型,即原生结构面、构造结构面和次生结构面。

1) 原生结构面

原生结构面是指在成岩过程中形成的结构面,其特征和岩体成因密切相关,包括内动力地质作用和外动力地质作用,因此又可分为岩浆结构面、沉积结构面和变质结构面三类。

(1) 岩浆结构面。岩浆结构面是指岩浆侵入及冷凝过程中所形成的原生结构面,包括岩浆岩体与围岩接触面、多次侵入的岩浆岩之间接触面;软弱蚀变带、挤压破碎带、岩浆岩体中冷凝的原生节理,以及岩浆侵入活动及冷凝过程中形成的流纹和流层层面等。

(2) 沉积结构面。沉积结构面是指沉积过程中所形成的物质分异面,包括层面、软弱夹层及沉积间断面(不整合面、假整合面等)。它的产状一般与岩层一致,空间延续性强。海相岩层中,此类结构面分布稳定,陆相及滨海相岩层中呈交错状,易尖灭。层面、软弱夹层等结构面较为平整,沉积间断面多由碎屑、泥质物质构成,且不平整。

(3) 变质结构面。变质结构面是指在区域变质作用中形成的结构面,如片理、片岩夹层等。区域变质与接触变质不同,它是由强烈地壳运动而产生的,在较广阔的空间中进行动热变质作用,片理即在这种动热作用下形成。片状构造为片理的典型特征,片岩软弱夹层含片状矿物,呈鳞片状。片理面一般呈波状,片理短小,分布极密,但这种密集的片理延展范围可以很大。

2) 构造结构面

构造结构面是指岩体受地壳运动(构造应力)作用所形成的结构面,属于内动力地质作用成因,如断层、节理、劈理以及由于层间错动而引起的破碎层等。其中,以断层的规模最大,节理的分布最广。

(1) 断层。一般是指位移显著的构造结构面,其规模差异较大,有的深切岩石圈甚至上地幔,有的仅限于地壳表层,或地表以下数十米。断层破碎带往往有一系列滑动面,而且还存在复杂的构造岩。断层因应力条件不同而具有不同的特征,根据应力场特性,可分为张性、压性和剪性(扭性)断层,也就是正断层、逆断层和平移断层。

(2) 节理。节理可分为张节理、剪节理和层面节理。

张节理是指岩体在张应力作用下形成的一系列裂隙的组合。其特点是裂隙宽度大,裂隙面延伸短,尖灭较快,曲折,表面粗糙,分布不均。

剪节理是指岩体在剪应力作用下形成的一系列裂隙的组合。常以相互交叉的两组裂隙同时出现,又称 X 节理或共轭节理,有时只有一组比较发育。剪节理的特点是裂隙闭合,裂隙面延伸远且方位稳定,一般较平直,有时有平滑的弯曲,无明显曲折,常具有磨光面、擦痕、阶步、羽裂等痕迹。

　　层面节理是指层状岩体在构造应力作用下沿岩层层面(原生沉积软弱面)破裂而形成的一系列裂隙的组合。岩层在褶曲发育的过程中,两翼岩层的上覆层与下履层发生层间滑动,形成剪性层面节理;而在层间发生层间脱节,则形成张性层面节理。

　　(3) 劈理。在地应力作用下,岩石沿着一定方向产生密集、平行破裂面,岩石的这种平行密集的破裂现象称为劈理。一般把组成劈理的破裂面叫作劈面;相邻劈面所夹的岩石薄片叫作劈石;相邻劈面的垂直距离叫作劈面距离,一般在几毫米至几厘米之间。劈理的密集性与岩层的岩性和厚度等因素有关,较厚岩层中的劈理相对于薄层的岩层稀疏些。同时,劈理在通过不同岩性的岩层时要发生折射,构成 S 形或反 S 形的反射劈理。

　　3) 次生结构面

　　次生结构面是指岩体在外应力(如风化、卸荷、地下水、人工爆破等)作用下形成的结构面,主要为外动力地质作用成因。但是有的卸荷作用是构造抬升卸荷,因此所产生的结构面属于内动力地质作用成因。它们的发育多呈不平整、不连续的无序状态。

　　风化裂隙是由风化作用在地壳的表部形成的裂隙。风化作用沿着岩石脆弱的地方,如层理、劈理、片麻构造及岩石中晶体之间的结合面,产生新的裂隙;此外,风化作用还使岩体中原有的软弱面扩大、变宽,这些扩大和变宽的弱面,是原生作用或构造作用形成的,但有风化作用参与的明显痕迹。风化裂隙的特点是裂隙延伸短而弯曲或曲折;裂隙面参差不齐,不光滑,分支分叉较多,裂隙分布密集,相互连通,呈不规则网状;裂隙发育程度随深度的增加而减弱,浅部裂隙极发育,使岩石破碎,甚至成为疏松土,深处裂隙发育程度减弱,岩石完整,并保持原岩的矿物组成、结构,仅在裂隙面或附近有化学风化的痕迹。

　　卸荷裂隙是岩体表面某一部分被剥蚀掉,引起重力和构造应力的释放或调整,使得岩体向自由空间膨胀而产生平行于地表的张裂隙。

　　各种结构面均有其特定的地质特征,据此可以鉴别结构面的成因类型,且有助于分析其力学性质。在岩体力学中,结构面只是根据一定的地质实体抽象出来的概念,与几何学中平面或曲面的意义有相同之处,但是也存在较大差别,即结构面是由一定物质所组成,并且存在表面结构特征(如凸起及沟槽等),在切向上具有二维平面内无限延展的几何学中面的特征;但是,在法向上往往存在一定厚度,与几何学中平面或曲面不同。因此,结构面实质是一种地质实体。但是,从运动学和动力学角度考察,这种地质实体在一定程度上又具有几何学中平面或曲面作用机理,在变形上表现为张开、闭合、压缩及滑动等机理。

2. 结构面的规模与分级

　　结构面的不同规模对岩体稳定性影响有显著差异。在研究岩体力学性质时,不仅要查明各种类型结构面及其地质特征,而且还应该按照力学作用差别对结构面进行等级划分。结构面中含有软弱物质的属于软弱结构面,而无充填物的则为硬性结构面,软弱结构面具有重要的工程岩体力学意义。工程岩体尺度较大,所发育的结构面依据其规模及力学效应可以划分为Ⅰ、Ⅱ、Ⅲ、Ⅳ、Ⅴ共 5 个等级,分述如下。

　　1) Ⅰ级结构面

　　Ⅰ级结构面规模最大,一般延伸长几千米至数十千米以上,贯穿整个岩体,结构面内破碎带宽度达几米至数十米。这种结构面属于软弱结构面(有时作为一种独立力学模型,即软弱夹层处理),构成岩体力学作用边界,控制岩体变形和破坏方式。有些区域性大断层往往具有现代活动性,给工程建设带来巨大危害,直接影响山体稳定性和岩体稳定性。

2）Ⅱ级结构面

Ⅱ级结构面是指延伸长但宽度不大的区域性地质界面,如较大的断层、层间错动、不整合面和原生软弱夹层等。其规模贯穿整个工程岩体,长度一般为数百米至数千米,破碎带宽数十厘米至数米,常控制工程区的山体稳定或岩体稳定,影响工程布局。具体建筑物应避开Ⅱ级结构面或采取必要的处理措施。

3）Ⅲ级结构面

Ⅲ级结构面规模较小,延伸长几米(或更短)至几十米,结构面内无破碎带,也不夹泥(或可见泥膜),通常表现为各种节理、劈理、小断层(开裂)层面及次生裂隙等,少数此类结构面呈弱结合状态。这种结构面多数属于硬性结构面,少量属于软弱结构面,参与将岩体切割成结构体,是确定岩体结构类型的重要依据,也是岩体结构效应的基础,对岩体力学性质往往具有控制作用,一般构成次级地应力场边界。对于这种结构面,应该注重研究结构面的产状、组数、密度及组合形式等。

4）Ⅳ级结构面

Ⅳ级结构面包括延伸较差的节理、层面、次生裂隙、小断层及较发育的片理、劈理面等,长度一般为数十厘米至二三十米,小者仅数厘米至十几厘米,宽度为零至数厘米不等,是构成岩石的边界面,影响岩体的物理力学性质及应力分布状态。该级结构面数量多,分布具有随机性,主要影响岩体的完整性和力学性质,是岩体分类及岩体结构研究的基础,也是结构面统计分析和模拟的对象。

5）Ⅴ级结构面

Ⅴ级结构面又称微结构面,包括隐节理、微层面、微裂隙及不发育的片理、劈理等,其规模小,连续性差,常包含在岩石内,主要影响岩石的物理力学性质。

上述5级结构面中,Ⅰ、Ⅱ级结构面又称为软弱结构面,Ⅲ级结构面多数也为软弱结构面,Ⅳ、Ⅴ级结构面为硬性结构面。不同级别的结构面,对岩体力学性质的影响及在工程岩体稳定性中所起的作用不同。如Ⅰ级结构面控制工程建设地区的地壳稳定性,直接影响工程岩体稳定性;Ⅱ、Ⅲ级结构面控制工程岩体力学作用的边界条件和破坏方式,它们的组合往往构成可能滑移岩体(如滑坡、崩塌等)的边界面,直接威胁工程的安全稳定性;Ⅳ级结构面主要控制岩体的结构、完整性和物理力学性质,是岩体结构研究的重点。工程岩体中Ⅲ级以上结构面分布数量少,且规律性强,而Ⅳ级结构面数量多且具有随机性,其分布规律难以探明,需采用统计方法进行研究;Ⅴ级结构面控制岩石的力学性质。各级结构面互相制约,互相影响,并非孤立。

4.1.2　结构面特征及对岩体性质的影响

结构面对岩体性质的影响程度主要取决于结构面的发育情况,如岩性完全相同的两种岩体,由于结构面的空间方位、连续性、密度、形态、张开度及其组合关系等的不同,在外力作用下,这两种岩体将呈现出完全不同的力学响应。因此,明晰结构面特征及其对岩体性质的影响十分必要。

1. 结构面的自然特征

结构面成因复杂,经历了不同性质、不同时期构造运动的改造,造成了结构面自然特性差异。例如,有些结构面在后期构造运动中受到影响,改变了开闭状态、充填物质性状及结构面形态和粗糙度等;有的结构面由于后期岩浆注入或淋水作用形成方解石脉网络等,使其内聚力有所增加;而有的裂隙经过地下水溶蚀而加宽,或充以气和水,或充填黏土物质,其内聚力减小或完全丧失。所有这些都决定着结构面的力学性质,也直接影响着岩体力学性质。因此,对结构面性状的研究,才能进一步研究岩体受力后的变形、破坏规律。

1) 产状

结构面产状是指结构面的空间方位,通常假设结构面为平面,用走向、倾向和倾角表示其产状,如图 4.1.1 所示。走向为结构面与水平面交线的方向;结构面上与走向线垂直并指向结构面下方的直线称为倾向线,倾向线在水平面上投影的方向为倾向;倾角为结构面与水平面的夹角。由于走向和倾向是相互垂直的,故结构面的产状通常用倾向和倾角两个参数表示。

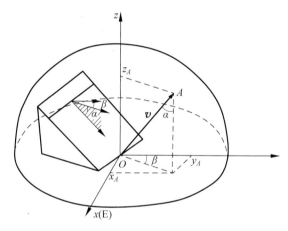

图 4.1.1 结构面产状示意图

在结构面统计分析中,一般采用赤平极射投影直接对结构面产状进行二维定量图解分析。假设结构面的倾向为 $\beta(0°\leqslant\beta<360°)$、倾角为 $\alpha(0°\leqslant\alpha\leqslant90°)$,在空间坐标系中,规定 z 轴为竖直向上,x 轴为正东方向,y 轴为正北方向,结构面的单位法向量 $\boldsymbol{v}$ 可表示为

$$\boldsymbol{v}=(\sin\alpha\sin\beta,\sin\alpha\cos\beta,\cos\alpha) \tag{4.1.1}$$

2) 密度

结构面密度是反映结构面发育密集程度的指标,常用线密度、体密度、间距等指标表征。

(1) 线密度

结构面线密度 K(单位:条/m)指同组结构面沿其迹线的垂直方向,单位长度上结构面的数目。若以 l 表示测线长度,n 为测线长度内的结构面数目,则

$$K=n/l \tag{4.1.2}$$

若岩体中存在数组结构面(a,b,···),测线上的线密度为各组线密度之和,即

$$K=K_a+K_b+\cdots \tag{4.1.3}$$

实际测定结构面的线密度时,测线长度可取 20～50m。若测线不能沿结构面迹线的垂直方向布置,当测线与结构面迹线夹角为 α_1,实际测线长度为 L 时,根据图 4.1.2,有

$$K=n/(L\sin\alpha_1) \tag{4.1.4}$$

结构面密集程度按线密度分类见表 4.1.1。

表 4.1.1　结构面密集程度按线密度分类

结构面密集程度	疏	密	非常密	压碎(或糜棱化)
线密度 $K/$(条/m)	<1	$1\sim10$	$10\sim100$	$100\sim1000$

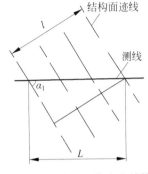

图 4.1.2　结构面线密度计算
示意图

（2）体密度

结构面体密度 J_v（单位：条/m³）指岩体单位体积内结构面的数量。根据《工程岩体分级标准》(GB/T 50218—2014)的规定,在统计 J_v 时,应针对不同的工程地质岩组或岩性段,选择有代表性的出露面或开挖岩壁进行统计,有条件时宜选择两个正交岩体壁面进行统计,体密度可按下式计算,其与岩体完整性的关系见表 4.1.2。

$$J_v = \sum_{i=1}^{n} K_i + K_0 \tag{4.1.5}$$

式中,n 为统计区域内结构面组数；K_i 为第 i 组结构面的线密度；K_0 为每立方米岩体内的非成组结构面条数。

表 4.1.2　结构面体密度与岩体完整性的关系

描述	完整	较完整	较破碎	破碎	极破碎
$J_v/$(条/m³)	<3	$3\sim10$	$10\sim20$	$20\sim35$	$\geqslant35$

（3）间距

结构面间距 d（单位：m）指同组结构面法线方向上的平均距离,即结构面间距 d 为线密度 K 的倒数,可按下式计算：

$$d = l/n = 1/K \tag{4.1.6}$$

根据国际岩石力学学会(ISRM)的推荐,结构面间距可按表 4.1.3 进行分级描述,并可采用直方图、间距频数曲线图和密度图表示。

表 4.1.3　ISRM 推荐的结构面间距分级

描述	极窄	很窄	窄	中等	宽	很宽	极宽
间距/m	<0.02	$0.02\sim0.06$	$0.06\sim0.2$	$0.2\sim0.6$	$0.6\sim2$	$2\sim6$	$\geqslant6$

3）连续性

结构面连续性指某一平面内结构面的面积范围或大小,也称为延展性或延续性,反映结构面的贯通程度,可分成非贯通、半贯通和贯通三类。

（1）非贯通：结构面较短,不能贯通岩体。结构面的存在使岩体强度降低,如图 4.1.3(a) 所示。

（2）半贯通：结构面有一定长度,尚不能贯通整个岩体,如图 4.1.3(b) 所示。

（3）贯通：结构面连续,长度贯通整个岩体,岩体破坏通常受该类结构面控制,如

图 4.1.3(c)所示。

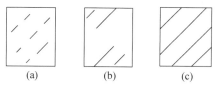

图 4.1.3 岩体内结构面贯通类型示意图

除上述定性描述外,结构面连续性还可采用连续性系数进行定量描述。假设有一平直断面,面积为 A,其与考虑的结构面重叠且完全贯通岩体,如图 4.1.4 所示,则结构面的连续性可用面连续性系数(也称切割度)K_A 表示:

$$K_A = \frac{\sum a_i}{A} \tag{4.1.7}$$

式中,a_i 为第 i 个结构面的面积。

结构面面积往往难以准确获取,工程中一般采用出露面迹线长度进行粗略估算。假设有一条线段,长度为 L,其与考虑的结构面迹线重合且完全贯通岩体,如图 4.1.5 所示,则结构面的连续性可用线连续性系数 K_L 表示:

$$K_L = \frac{\sum l_i}{L} \tag{4.1.8}$$

式中,l_i 为第 i 个结构面的迹长。

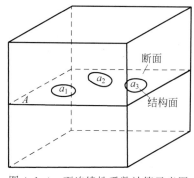

图 4.1.4 面连续性系数计算示意图

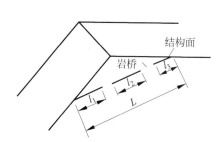

图 4.1.5 线连续性系数计算示意图

结构面迹长在工程中易于测量,ISRM 建议采用结构面迹长评价结构面的连续性,并推荐了相应的分级标准,如表 4.1.4 所示。

表 4.1.4 ISRM 推荐的结构面连续性分级

描 述	连续性很差	连续性差	连续性中等	连续性好	连续性很好
迹长/m	<1	1~3	3~10	10~20	$\geqslant 20$

4）充填胶结特征

结构面内充填物的力学效应取决于其物质成分、厚度及结构等。结构面内充填物成分有泥质、钙质、硅质、矿物碎屑、岩屑和角砾等多种类型,其中泥质和钙质充填物的强度与其压密程度和含水量关系很大,并同时表现在内聚力和内摩擦角两个方面,硅质充填物的强度也主要表现在内聚力和内摩擦角两个方面；而碎屑及角砾充填物的强度则与其黏土质含量有很大关系(黏土质含量越多,强度越低),主要表现在内摩擦角和咬合程度两个方面。结构面内充填物厚度可分为薄膜、薄层和厚层三种类型。其中,薄膜(厚度一般小于1mm)多数为次生黏土矿物及蚀变矿物,使得结构面强度大为降低；薄层(厚度与结构面起伏差相当)的存在致使结构面强度主要取决于充填物的力学性质及充填度,且岩体主要沿着结构面滑移破坏；厚层(厚度远远超过结构面起伏差)的存在导致岩体破坏方式不仅是沿着结构面滑移,而且表现为充填物塑性流变。当含有厚层充填物时,结构面应视为一种特殊的力学模型,即软弱夹层,往往使岩体发生大规模破坏。此外,若结构面内含薄层状充填物,也使其成为岩体中重要的软弱结构面,需引起特别注意。结构面内充填物结构对岩体强度和破坏方式影响较大。

5) 形态特征

结构面在三维空间展布的几何属性称为结构面的形态,是地质应力作用下地质体发生变形和破坏遗留下来的产物。结构面的几何形态可归纳为下列四种(图4.1.6)。

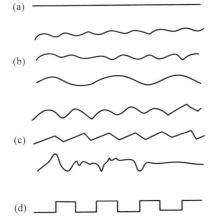

图 4.1.6　结构面的几何形态图
(a) 平直型；(b) 波浪型；(c) 锯齿型；(d) 台阶型

(1) 半直型：它的变形、破坏取决于结构面上的粗糙度、充填物质成分、侧壁岩体风化的程度等。它包括一般层面、片理、原生节理及剪切破裂面等。

(2) 波浪型：它的变形、破坏取决于起伏角、起伏幅度、岩石力学性质、充填情况等。它包括波状的层理、轻度揉曲的片理、沿走向和倾向均呈缓波形的压性、压剪性结构面等。

(3) 锯齿型：它的变形、破坏条件基本与波浪型相同。它包括张性、张剪性结构面,具有交错层理和龟裂纹的层面,也包括由一般裂隙而发育的次生结构面、沉积间断面等。

(4) 台阶型：它的变形、破坏取决于岩石的力学性质等。它包括地堑、地垒式构造等。这类结构面的起伏角为90°,多经断层的层间错动后而成。

结构面的形态对岩体的力学性质和水力学性质存在明显的影响,结构面的形态可以从侧壁的起伏和粗糙度两方面进行研究。结构面的起伏形态,主要是研究其凹凸度与强度的关系。根据规模大小,可将它分为两级,如图4.1.7所示,第一级凹凸度称为起伏度,第二级凹凸度称为粗糙度。岩体沿结构面发生剪切破坏时,第一级的凸出部分可能被剪断或不被剪断,这两种情况均增大了结构面的抗剪强度,增大状况与起伏角和岩石性质有关。起伏角越大,结构面的抗剪强度也越大。

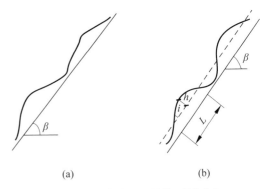

(a)　　　　　　　　(b)

β—结构面平均倾角；i—结构面的起伏角。
图 4.1.7　结构面凹凸度
(a) 剪胀度和粗糙度；(b) 剪胀度的几何要素

此外,起伏角大小也可以表示出前述结构面的三种几何形态:$i=0°$时,结构面为平直型;$i=10°\sim20°$时,结构面为波浪型;i更大时,结构面变为锯齿型。

第二级凹凸度即粗糙度,反映结构面上普遍微量的凹凸不平状态。结构面一般可分为极粗糙、粗糙、一般、光滑、镜面5个等级。沉积间断面、张性和张剪性的构造结构面和次生结构面等属于极粗糙和粗糙等级;一般层面、冷凝原生节理、一般片理等属于一般类;绢云母片状集合体所造成的片理、板理、一般压性、剪性、压剪性构造结构面均属光滑类别;而许多压性、压剪性、剪性构造结构面,由于剧烈的剪切滑移运动,往往可以造成光滑的镜面,这种状况则属于镜面一类。

结构面侧壁的起伏程度可用起伏角 i 表示如下:

$$i=\arctan(2h/L) \tag{4.1.9}$$

式中,h 为平均起伏差;L 为平均基线长度。

结构面的粗糙度可用粗糙度系数（joint roughness coefficient, JRC）表示,随粗糙度的增大,结构面的摩擦角也增大。据巴顿（N. Barton）研究,可将结构面的粗糙度系数划分为如图 4.1.8 所示的 10 级。实际工程可用结构面纵剖面仪测出所研究结构面的粗糙剖面,然后与图 4.1.8 所示的标准剖面图进行对比,即可求得结构面的粗糙度系数 JRC。

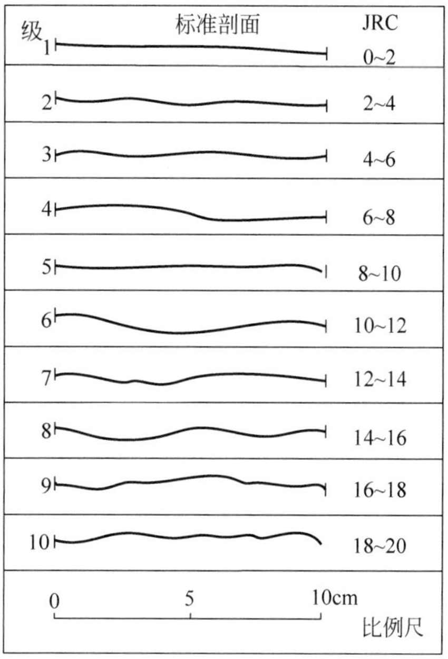

6）张开度

结构面的张开度是指结构面两壁面间的垂直距离,结构面两壁面一般不是紧密接触的,而是呈点接触或局部接触,接触点大部分位于起伏或锯齿状的凸起点。这种情况下,由于结构面实际接触面积减少,必然导致其内聚力降低。当结构面张开且被外来物质充填时,其强度主要由充填物决定。

张开度还可说明岩体的"松散度"和水力学特征。结构面张开度越大,岩体将越"松散"。结构面张开度分级如表 4.1.5 所示。

图 4.1.8 标准粗糙度剖面图及其 JRC 值

表 4.1.5 结构面张开度分级

结构面类型	描述	结构面张开度/mm
闭合结构面	很密实	<0.1
	密实	$0.1\sim0.25$
	部分张开	$0.25\sim0.5$
裂开结构面	张开	$0.5\sim2.5$
	中等宽	$2.5\sim10$
	宽	>10
张开结构面	很宽	$10\sim100$
	极宽	$100\sim1000$
	似洞穴	>1000

2. 软弱结构面

1）软弱夹层

在沉积岩形成过程中，由于沉积条件发生暂时性变化，往往出现一些局部的软弱夹层，如砂岩中夹有泥质薄层状页岩，石英砂岩中夹有钙质薄层，白云岩中夹有灰岩薄层等。这些软弱夹层受力时很容易滑动破坏而引起工程事故，不少斜坡危岩体、地下硐室围岩及其他岩石地基失稳均与软弱夹层关系密切，因此在进行岩体工程设计及施工过程中务必加强对软弱夹层的勘探与研究，查明软弱夹层力学性质及变形特征。

软弱夹层是相对于其赋存的主体岩层而言，可以采用"能干性"这一术语来描述软弱夹层与主体岩层之间变形行为的差异。通常把岩层按照能干性的不同划分为能干的和不能干的两种类型，能干指力学性质强的岩层，而不能干则指力学性质弱的岩层，软弱夹层即为不能干的岩层。这只是指在相同变形条件下，能干的岩层与不能干的岩层相比，难以发生塑性流变或剪切破坏，因而，在一定程度上也可以采用黏度比来表示岩层的能干性差异。应该指出，有时也把岩层的能干性差异与韧性差异相混用。严格意义上来说，韧性差异是指岩层达到破坏时塑性变形量的差异，并不完全与能干性差异的含义一致。对于具体的工程岩体，可以根据其构造变形特征观察及变形试验研究结果，排列出包括软弱夹层在内的不同岩层能干性大小顺序。在同样的变形条件下，相对能干的岩层可以在不发生明显的内部变形时出现脆性破裂或弹塑性挠曲；而相对不能干的岩层或软弱夹层则以发生很大的内部应变来调节总体变形。岩层的能干性主要取决于碎屑成分和粒度、胶结物类型和胶结性质以及结构等。

2）泥化夹层

泥化夹层是含泥质的软弱夹层经一系列地质作用演化而成的。它多分布在上下相对坚硬而中间相对软弱的岩层组合条件下，在构造运动作用下产生层间错动、岩层破碎、结构改组，并为地下水渗流提供了良好的通道。水的作用使破碎岩石中的颗粒分散，含水量增大，进而使岩石处于塑性状态（泥化），强度大为降低，水还使夹层中的可溶盐类溶解，引起离子交换，改变泥化夹层的物理化学性质。

泥化夹层具有以下特性：

（1）由原岩的超固结胶结式结构变成泥质散状结构或泥质定向结构；

（2）黏粒含量很高；

（3）含水量接近或超过塑限，密度比原岩小；

（4）常具有一定的胀缩性；

（5）力学性质比原岩差，强度低，压缩性高；

（6）由于其结构疏松，抗冲刷能力差，因而在渗透水流的作用下易产生渗透变形。

以上这些特性对工程建设，特别是对水工建筑物的危害很大。

对泥化夹层的研究，应着重于研究其成因类型，存在形态、分布、所夹物质的成分和物理力学性质以及这些性质在条件改变时的变化趋势等。

3）层间滑动面

层间滑动面属于一种软弱结构面，介于相邻的硬性岩层（能干层）之间，普遍存在于层状岩体（如沉积岩）中。

所谓层间滑动，是指仅在层面或软弱夹层内发生滑动，滑动面与岩层面平行一致而不切割岩层面。层间滑动多数存在于软、硬相间岩体中的软弱夹层内部,有的连续延伸、有的断续发育。在岩体力学研究中,应该重视层间滑动面,因为层间滑动面是一种极为重要的软弱结构面,也是不少岩体工程事故的主要隐患。一般情况下,层间滑动面的厚度变化在几毫米至几十厘米之间。

层间滑动面的结构包括破劈理带、糜棱化-泥化带、主滑动面等 3 个主要部分,如图 4.1.9 所示。层间滑动面是岩体发生多次往返层间滑动作用所致。若坚硬岩层(如砂岩层)中含有软弱夹层(如页岩),当岩层发生剪切作用时,首先在软弱夹层中形成破劈理,破劈理与岩层面夹角(锐角)指向与本盘剪切滑动方向相反,夹角大小与软弱夹层塑性程度有关,软弱夹层塑性程度越大,夹角就越小。

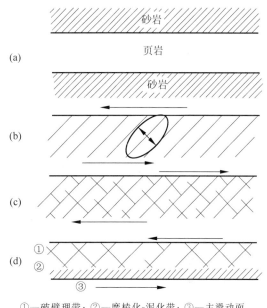

①—破劈理带;②—糜棱化-泥化带;③—主滑动面。

图 4.1.9 层间滑动形成过程示意图

3. 结构面对岩体强度的影响

若岩体为同类岩石分层所组成,或岩体只含有一种岩石,存在一组发育的弱面(如层理等),当最大主应力 σ_1 与弱面垂直时,岩体强度与弱面无关,此时岩体强度就是岩石的强度。当最大主平面与弱面的夹角 $\beta = 45° + \varphi/2$ 时,岩体将沿弱面破坏,此时岩体强度就是弱面的强度。当最大主应力与弱面平行时,由于弱面抗拉强度小,岩体将因弱面的横向扩张而破坏,此时岩体的强度介于前述两种情况之间。

当岩体中有多组弱面,此时岩体的强度基本取决于弱面强度。当岩体中含有三组以上弱面且分布匀称、强度大体相同时,岩体恢复各向同性,但强度却大大削弱。当岩体由不同薄层岩组组成时,其强度将在最弱岩层岩石强度与弱面强度之间变化,岩体的强度取决于结构面和岩石的强度。

岩体无论是单向受压还是三向受压,其强度受加载方向与结构面夹角的控制,表现出岩体强度的各向异性。图 4.1.10(a)和(b)分别表示结晶片岩单轴抗压强度和石墨片岩三轴抗压强度随夹角 $\theta = 90° - \beta$ 的变化趋势,当 θ 在 30°左右时(即 $\theta = 45° - \varphi_j/2$),其抗压强度最低,这是由于破坏面与结构面重合。当角 θ 偏离该值时,无论角 θ 增大还是减小,其强度都将逐渐增大。当角 θ 增至不大于 90°的某一极限值后,其强度增至最大,与无结构面影响时的岩体强度值相等。岩体中有结构面存在时,其强度在某些方向上有所降低,尤以单轴受压时降低更甚。

4.1.3 结构面的力学性质

一般来说,结构面的力学性质与其成因及演化过程密切相关。因此,在分析结构面的力学性质时,必须以成因及演化过程研究为基础,抓住结构面分布的几何空间规律,以取得较

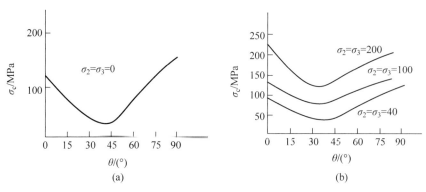

图 4.1.10 抗压强度与夹角的关系

(a) 结晶片岩；(b) 石墨片岩

为理想的结果。岩体力学研究的主要基础之一是结构面的力学性质。

结构面的力学性质主要包括三个方面：结构面的法向变形、剪切变形和抗剪强度。

1. 法向变形

在垂直于结构面的法向应力作用下，结构面将发生法向变形。理论上，岩体结构面是没有厚度的，但是，由于岩体中结构面一般均具有一定的张开度及表面结构，此外，软弱结构面本属于软弱夹层，所以结构面实际上是有厚度的。结构面在法向应力作用下无疑会发生法向压缩变形，在研究软弱结构面的力学性质时，既可以将其作为软弱结构面，也可以将其作为软弱夹层处理。当作为软弱结构面研究时，无法描述其厚度，只能用变形刚度表征其变形特征。岩体中硬性结构面法向变形曲线通常是按照指数函数形式分布。研究表明，软弱结构面与硬性结构面法向变形基本相同，其法向变形曲线也呈指数函数形式分布，如图 4.1.11所示。在法向荷载作用下，岩石粗糙结构面的接触面积和接触点数随荷载增大而增加，结构面间隙呈非线性减小，应力与法向变形之间呈指数关系。这种非线性力学行为归结于接触微凸体弹性变形，压碎和间接拉裂隙的产生，以及新的接触点、接触面积的增加。古德曼(R. E. Goodman)通过试验，得出法向应力 σ_n 与结构面闭合量 δ_n 有如下关系：

$$\frac{\sigma_n - \xi}{\xi} = s\left(\frac{\delta_n}{\delta_{max} - \delta_n}\right)^t \tag{4.1.10}$$

式中，ξ 为原位压力，由初始条件决定；δ_{max} 为结构面最大可能闭合量；s、t 分别为与结构面几何特征、岩石力学性质有关的参数。

法向变形刚度(K_n)是反映结构面产生单位法向变形的法向应力梯度，它不仅取决于岩石本身的力学性质，更主要取决于粗糙结构面接触点数、接触面积和结构面两侧微凸体相互啮合程度。一般情况下，法向变形刚度不是一个常数，其大小与应力水平有关。根据古德曼的研究，法向变形刚度可由下式表示

$$K_n = K_{n0}\left(\frac{K_{n0}\delta_{max} + \sigma_n}{K_{n0}\delta_{max}}\right)^2 \tag{4.1.11}$$

式中，K_{n0} 为结构面的初始刚度。

班迪斯(S. C. Bandis)通过对大量天然的、不同风化程度和表面粗糙度的非充填结构面的试验研究，提出双曲线形法向应力 σ_n 与法向变形 δ_n 的关系式：

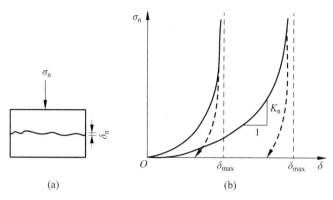

图 4.1.11 结构面法向变形曲线

$$\sigma_n = \frac{\delta_n}{a - b\delta_n} \tag{4.1.12}$$

式中，a，b 为常数。

当法向应力 $\sigma_n \rightarrow \infty$ 时，$a/b = \delta_{max}$。

法向刚度可由下式得出

$$K_n = \frac{\partial \sigma_n}{\partial \delta_n} = \frac{1}{(a - b\delta_n)^2} \tag{4.1.13}$$

K_n 的单位为 MPa/cm，它是岩体力学性质参数估算及岩体稳定性计算中必不可少的指标之一。几种结构面的抗剪参数列于表 4.1.6 中。

表 4.1.6 几种结构面的抗剪参数

结构面特征	法向刚度 K_n/(MPa/cm)	剪切刚度 K_s/(MPa/cm)	抗剪强度参数	
			摩擦角 φ/(°)	内聚力 c/MPa
充填黏土的断层，岩壁风化	15	5	33	0
充填黏土的断层，岩壁轻微风化	18	8	37	0
新鲜花岗片麻岩不连续结构面	20	10	40	0
玄武岩与角砾岩接触面	20	8	45	0
致密玄武岩水平不连续结构面	20	7	38	0
玄武岩张开节理面	20	8	45	0
玄武岩不连续面	12.7	4.5	—	0

2. 剪切变形

在一定的法向应力作用下，结构面在剪切作用下将产生剪切变形。通常结构面有两种形式，如图 4.1.12 所示。①非充填型粗糙结构面，当剪切形变发生时，剪切应力上升相对较快，达到峰值后结构面抗剪能力出现较大下降，并产生不规则的峰后变形或滞滑现象，如图 4.1.12(b)中的曲线 A；②平坦(或有充填物)的结构面，初始阶段的剪切变形曲线呈下凹形，随着剪切变形的持续发展，剪切应力逐渐上升，但没有明显峰值出现，最终达到恒定值，如图 4.1.12(b)中的曲线 B。

古德曼将剪切变形曲线从形式上分为：①峰前应力上升的弹性区；②剪应力峰值区；③峰后应力降低或恒应力的塑性区。结构面在剪切中的力学过程包括结构面微凸体的弹性

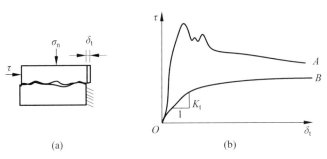

图 4.1.12　结构面剪切变形曲线

变形、劈裂、磨粒产生与迁移、结构面相对错动等,剪切变形都是不可完全恢复的。

将"弹性区"单位变形内的应力梯度称为剪切刚度 K_t。根据古德曼的研究,剪切刚度可由下式表示

$$K_t = K_{t0}\left(1 - \frac{\tau}{\tau_s}\right) \tag{4.1.14}$$

式中,K_{t0} 为初始剪切刚度;τ_s 为产生较大剪切位移时剪应力的渐近值。

试验表明,对于坚硬的结构面,剪切刚度一般是常数;对于比较松软的结构面,其大小随法向应力的大小而改变。对于粗糙的结构面,可以简化成如图 4.1.13 所示的力学模型。从模型中可以看出,在剪应力作用下,模型上半部沿凸台斜面滑动,除有切向运动外,还产生向上的移动。这种在剪切过程中产生的法向移动分量称为剪胀。如果使凸台沿根部剪断或拉破坏,则结构面在剪切过程中就不会出现明显的剪胀作用。因此,结构面的剪切变形与岩石强度、结构面的粗糙度和法向应力有密切关系。

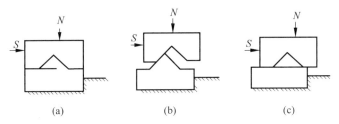

图 4.1.13　结构面剪切力学模型

3. 抗剪强度

岩体中结构面发生剪切变形达到破坏时的极限剪应力称为抗剪强度或峰值强度,其反映结构面受切向剪应力作用时抵抗剪切破坏的能力。结构面抗剪强度包括抗剪断强度、抗剪强度和抗切强度三种类型。结构面在剪切过程中的力学机制比较复杂,构成结构面抗剪强度的因素是多方面的,一般而言,结构面抗剪强度可以用库仑准则表述:

$$\tau = \sigma_n \tan\varphi + c \tag{4.1.15}$$

式中,c、φ 分别为结构面的内聚力和摩擦角;σ_n 为作用在结构面上的法向应力。其中,摩擦角可表示成 $\varphi = \varphi_b + i$,φ_b 为岩石平坦时表面基本摩擦角,i 为结构面上微凸台斜坡角。

图 4.1.14 为凸台模型的剪应力与法向应力的关系曲线,近似呈双直线的特征,结构面受剪初期,剪应力上升较快,随着剪应力和剪切变形的增加,结构面上部凸台被剪断,此后剪

应力上升的梯度减小,直至达到峰值抗剪强度。

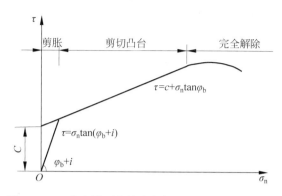

图 4.1.14　凸台模型的剪应力与法向应力的关系曲线

试验表明,低法向应力时,结构面上有剪切位移和剪胀;高法向应力时,凸台被剪断,结构面抗剪强度最终变成残余抗剪强度。在剪切过程中,凸台起伏形成的粗糙度以及岩石强度对结构面的抗剪强度起着重要作用。考虑上述 3 个基本因素(法向应力 σ_n,粗糙度系数 JRC、结构面壁岩石强度 JCS)的影响,巴顿(N. Barton)等于 1977 年提出结构面的抗剪强度准则,该准则为一经验公式:

$$\tau = \sigma_n \tan\left[\mathrm{JRClg}\left(\frac{\mathrm{JCS}}{\sigma_n}\right) + \varphi_b\right] \tag{4.1.16}$$

式中,JCS 为结构面的抗压强度;φ_b 为岩石表面的基本摩擦角;JRC 为结构面的粗糙度系数。

4. 影响结构面力学性质的因素

1) 尺寸效应

结构面的尺寸效应在一定程度上与表面凸台受剪破坏有关。大尺寸结构面真正接触的点数很少,但接触面积大;小尺寸结构面接触点数多,但每个点的接触面积较小。前者只是将最大的凸台剪断。研究者发现,结构面的强度 JCS 与试样的尺寸成反比,结构面的强度与峰值剪胀角是引起尺寸效应的基本因素。对于不同尺寸的结构面,这两种因素在抗剪阻力中所占的比重不同,小尺寸结构面凸台破坏和峰值剪胀角所占的比重均高于大尺寸结构面,当法向应力增大时,结构面尺寸效应将随之减小。

巴顿对不同尺寸的结构面进行了试验,研究结果表明:当结构面的试块长度从 5～6cm增加到 36～40cm 时,平均峰值摩擦角降低 8°～12°;随试块面积的增加,平均峰值剪应力呈减小趋势。结构面的尺寸效应还体现在以下几个方面:

(1) 随着结构面尺寸的增大,达到峰值强度的位移量增大;

(2) 随着结构面尺寸的增大,剪切破坏形式由脆性破坏向延性破坏转化;

(3) 结构面尺寸加大,峰值剪胀角减小;

(4) 随着结构面粗糙度减小,尺寸效应也减小。

2) 前期变形历史

自然界中结构面在形成过程中和形成以后,大多经历过位移变形。结构面的抗剪强度与变形历史密切相关,即初始结构面的抗剪强度明显高于受过剪切作用的结构面的抗剪强度。耶格(J. C. Jaeger)的试验表明,当第一次进行初始结构面剪切试验时,试样具有很高的抗剪强度。沿同一方向重复进行到第 7 次剪切试验时,试样还保留峰值与残余值的区别,当进行到第 15 次时,峰值与残余值基本无区别,表明在重复剪切过程中结构面上凸台被剪断、磨损,产生岩粒、碎屑并迁移,使结构面的抗剪力学行为逐渐由凸台粗糙度和起伏度控制转化为由结构面上碎屑的力学性质所控制。

3) 后期充填性质

结构面在长期地质环境中,由于风化或分解,被水带入的泥沙以及构造运动时产生的碎屑和岩溶产物充填。

岩土工程经常遇到岩体软弱夹层和断层破碎带,它的存在常导致岩体滑坡和隧道坍塌,这也是岩土工程治理的重点。软弱夹层的力学性质与其岩性矿物成分密切相关,其中以泥化物对软弱结构面的弱化程度最为显著。同时,矿物粒度的大小分布也是控制结构面变形和强度的主要因素。已有研究表明,泥化物中有大量的亲水性黏土矿物,水稳定性都比较差,对岩体力学性质有显著影响,主要黏土矿物影响岩体力学性能的大小顺序是:蒙脱石＜伊利石＜高岭石。

4) 含水量

由于水对泥夹层的软化作用,含水量的增加使泥质矿物内聚力和结构面的法向刚度和剪切刚度大幅下降,暴雨引发岩体滑坡事故正是由于结构面含水量剧增的缘故。因此,水对岩体稳定性的影响不可忽视。

4.2 岩体变形特征

岩体变形是评价工程岩体稳定性的重要指标,也是岩体工程设计的基本准则之一。例如在修建拱坝和有压隧洞时,除研究岩体的强度外,还必须研究岩体的变形性能。当岩体中各部分岩体的变形性能差别较大时,将会在建筑物结构中引起附加应力;或者虽然各部分岩体变形性质差别不大,但如果岩体软弱抗变形性能差时,将会使建筑物产生过量的变形等。这些都会导致工程建筑物破坏或无法使用。

4.2.1 岩体变形曲线及其特征

1. 法向变形曲线

通过对各种岩体变形曲线研究发现,岩体压力-变形曲线可以划分为四种类型,即直线型、上凹型、下凹型和复合型,如图 4.2.1 所示。

(1) 直线型

直线型的岩体变形曲线简称为 A 型,是一条经过坐标原点的直线,其方程为

$$
\begin{cases}
P = f(W) = KW \\[2mm]
\dfrac{\mathrm{d}P}{\mathrm{d}W} = K \\[2mm]
\dfrac{\mathrm{d}^2 P}{\mathrm{d}W^2} = 0
\end{cases}
\tag{4.2.1}
$$

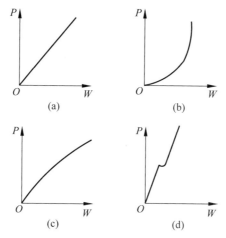

图 4.2.1 岩体法向变形曲线类型示意图

(a) 直线型；(b) 上凹型；(c) 下凹型；(d) 复合型

式中，K 为比例常数，反映荷载压力作用下岩体变形 W 随压力 P 成正比例增加。岩性均匀且结构面不发育或结构面分布均匀的岩体多呈此类曲线。

（2）上凹型

上凹型岩体变形曲线简称为 B 型，是一条经过坐标原点的上凹曲线，其方程为

$$
\begin{cases}
P = f(W) \\
\dfrac{\mathrm{d}P}{\mathrm{d}W} = F(P) \\
\dfrac{\mathrm{d}^2 P}{\mathrm{d}W^2} > 0
\end{cases}
\tag{4.2.2}
$$

式中，P 为 W 的非线性函数，并且随着 W 增大而加速增加（P 随着 W 开始增加的速度较小，后来增加的速度越来越快，属于变加速度的增加过程）。$\mathrm{d}P/\mathrm{d}W$ 为 P 的非线性函数，并且随着 P 增大而加速增加（也属于变加速度的增加过程），层状及节理岩体多呈此类曲线。

（3）下凹型

下凹型岩体变形曲线简称为 C 型，是一条经过坐标原点的下凹曲线，其方程为

$$
\begin{cases}
P = f(W) \\
\dfrac{\mathrm{d}P}{\mathrm{d}W} = F(P) \\
\dfrac{\mathrm{d}^2 P}{\mathrm{d}W^2} < 0
\end{cases}
\tag{4.2.3}
$$

P 为 W 的非线性函数，并且开始时 P 随着 W 增大而增加比较快，但后来 P 随着 W 增大而增加逐渐减慢，最终 P 可能趋于某一定值。$\mathrm{d}P/\mathrm{d}W$ 为 P 的非线性函数，并且随着 P 增大而递减，最终 $\mathrm{d}P/\mathrm{d}W$ 也许变为零。

结构面发育且有泥质充填的岩体、较深处含有软弱夹层或岩性软弱的岩体（黏土岩、风化岩）等常呈这类曲线。主要原因是，组成岩体的性质软弱的结构体或岩体中软弱夹层及裂隙中软弱充填物在加载前期不断受压固结，岩体刚度逐渐提高（即变形硬化作用）；但是，在

荷载循环后期阶段,由于岩体刚度不再提高,所以其压力-变形(P-W)曲线趋于水平。

（4）复合型

岩体变形复合型 P-W 曲线如图 4.2.1(d)所示,呈阶梯状。结构面发育不均或岩性不均匀的岩体,其变形常呈此类曲线。

符合上述 4 类变形曲线的岩体,依次称为弹性、弹-塑性、塑-弹性和塑-弹-塑性岩体。但岩体受压时的力学行为是十分复杂的,包括岩石压密、结构面闭合、岩石沿结构面滑移或转动等,同时受压边界条件又随压力增大而改变,因此实际岩体的曲线也是比较复杂的,应注意结合实际岩体地质条件加以分析。

2. 剪切变形曲线

原位岩体剪切试验研究表明,岩体的剪切变形曲线十分复杂。沿结构面剪切和剪断岩体的剪切曲线明显不同;沿平直光滑结构面和粗糙结构面剪切的剪切曲线也有差异。根据 τ-u 曲线的形状及残余强度(τ_r)与峰值强度(τ_p)的比值,可将岩体剪切变形曲线分为如图 4.2.2 所示的 3 类。

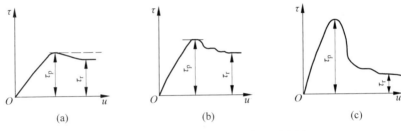

图 4.2.2　岩体剪切变形曲线类型示意图

（1）峰值前变形曲线的平均斜率小,破坏位移大,一般可达 2～10mm；峰值后随位移增大强度损失很小或不变,$\tau_r/\tau_p \approx 1.0 \sim 0.6$。沿软弱结构面剪切时,常呈这类曲线（图 4.2.2(a)）。

（2）峰值前变形曲线平均斜率较大,峰值强度较高。峰值后随位移增大强度损失较大,有较明显的应力降。$\tau_r/\tau_p \approx 0.8 \sim 0.6$。沿粗糙结构面、软弱岩体及强风化岩体剪切时,多属这类曲线（图 4.2.2(b)）。

（3）峰值前变形曲线斜率大,曲线具有较明显的线性段和非线性段,比例极限和屈服极限较易确定。峰值强度高,破坏位移小,一般约为 1mm。峰值后随位移增大强度迅速降低,残余强度较低,$\tau_r/\tau_p \approx 0.8 \sim 0.3$,剪断坚硬岩体时的变形曲线多属此类（图 4.2.2(c)）。

4.2.2　岩体各向异性变形特征

岩体变形的另一个主要特征是各向异性。垂直层面方向岩体变形模量 $E_\perp$ 明显大于平行层面方向岩体的变形模量 $E_{//}$,这种区别主要是由于变形机制的不同。如图 4.2.3 所示,垂直层面的压缩变形量主要是由岩石和结构面(软弱夹层)压密汇集构成,而平行层面方向的压缩变形量主要是由岩石和少量结构面错动构成。层状岩体中,不仅开裂层面压缩变形量大,而且成岩过程中由于沉积物的变化,层面出现在矿物联结力弱、致密度低的部位,它是层面方向压缩变形量大的另一个原因。因此,构成岩体变形各向异性的两个基本要素是：

（1）物质成分和物质结构的方向性；

（2）节理、裂隙和层面等结构面的方向性。

节理岩体各方向力学性质的差异均由此而产生。

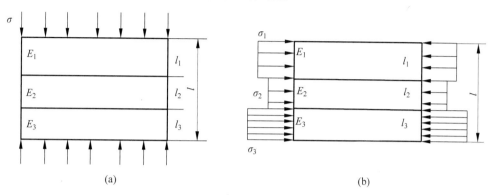

图 4.2.3　平行节理面岩体受力模型

4.2.3　岩体变形参数估算

由于岩体变形试验费用昂贵，周期长，一般只在重要或大型工程中进行。因此，需要采用简单易行的方法来估算岩体的变形参数。目前，已提出的岩体变形参数估算方法有两种：一是在现场地质调查的基础上，建立适当的岩体地质力学模型，利用室内小试样试验资料进行估算；二是在岩体质量评价和大量试验资料的基础上，建立岩体分类指标与变形参数之间的经验关系，并用于变形参数估算，现简要介绍如下。

1. 层状岩体变形参数估算

层状岩体可概括为如图 4.2.4(a)所示的地质力学模型。假设各岩层厚度相等，均为 S，且性质相同；层面的张开度可忽略不计；根据室内试验成果，设岩石的变形参数为 $E、\mu$ 和 G，层面的变形参数为 $K_n，K_s$。取 $n\text{-}t$ 坐标系，n 为垂直层面，t 为平行层面。

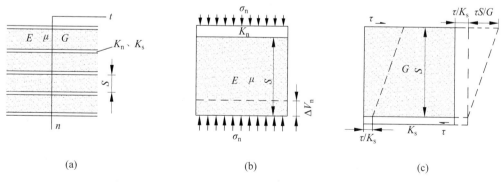

图 4.2.4　层状岩体地质力学模型及变形参数估算示意图

在以上假定下取一个由岩石和层面组成的单元体来考察岩体变形，分几种情况讨论如下。

1）法向应力 σ_n 作用下的岩体变形参数

根据荷载作用方向又可分为沿 n 方向和 t 方向施加荷载的两种情况。

（1）沿 n 方向施加荷载时，如图 4.2.4(b)所示，在 σ_n 作用下，岩体产生的法向变形 ΔV_r 和面产生的法向变形 ΔV_j 分别为

$$\begin{cases} \Delta V_r = \dfrac{\sigma_n}{E}S \\ \Delta V_j = \dfrac{\sigma_n}{K_n} \end{cases} \tag{4.2.4}$$

则岩体的总变形 ΔV_n 为

$$\Delta V_n = \Delta V_r + \Delta V_j = \frac{\sigma_n}{E}S + \frac{\sigma_n}{K_n} \tag{4.2.5}$$

简化后的层状岩体垂直层面方向的变形模量 E_{mn} 为

$$\frac{1}{E_{mn}} = \frac{1}{E} + \frac{1}{K_n S} \tag{4.2.6}$$

假设岩石本身是各向同性的，n 方向加载，由 t 方向的应变可求出岩体的泊松比 μ_{nt} 为

$$\mu_{nt} = \frac{E_{mn}}{E}\mu \tag{4.2.7}$$

（2）沿 t 方向施加荷载时，岩体变形主要是岩石引起的，因此岩体的变形模量 E_{mt} 和泊松比 μ_{nt} 为

$$\begin{cases} E_{mt} = E \\ \mu_{nt} = \mu \end{cases} \tag{4.2.8}$$

2）剪应力作用下的岩体变形参数

如图 4.2.4(c)所示，对岩体施加剪应力 τ 时，则岩体剪切变形由沿层面的滑动变形 Δu 和岩石的剪切变形 Δu_r 组成，分别为

$$\begin{cases} \Delta u_r = \dfrac{\tau}{G}S \\ \Delta u = \dfrac{\tau}{K_t} \end{cases} \tag{4.2.9}$$

岩体的剪切变形 Δu_j 为

$$\Delta u_j = \Delta u + \Delta u_r = \frac{\tau}{K_t} + \frac{\tau}{G}S = \frac{\tau}{G_{mt}}S \tag{4.2.10}$$

简化后得岩体的剪切模量 G_{mt} 为

$$\frac{1}{G_{mt}} = \frac{1}{G} + \frac{1}{K_t S} \tag{4.2.11}$$

式(4.2.6)～式(4.2.8)和式(4.2.11)，即表征层状岩体变形性质的变形模量、泊松比、变形模量、泊松比等参数及其关系。

应当指出，以上估算方法是在岩石和结构面的变形参数及各岩层厚度都为常数的情况下得出的。当各层岩石和结构面变形参数 E、μ、G、K_t、K_n 及厚度都不相同时，岩体变形参数的估算比较复杂。例如，对式(4.2.6)，各层 K_t、E、S 都不相同时，可采用当量变形模量的办法来处理。方法是先按式(4.2.6)求出每一层岩体的变形模量 E_{mni}，然后再按下式求层状岩体的当量变形模量 E'_{mn}：

$$\frac{1}{E'_{mn}} = \sum_{i=1}^{n} \frac{S_i}{E_{mni}} S \qquad (4.2.12)$$

式中，S_i 为岩层的单层厚度，m；S 为岩体的总厚度，m。

2. 裂隙岩体变形参数的估算

对于裂隙岩体，国内外都特别重视建立岩体分类指标与变形模量之间的经验关系，并用于推算岩体的变形模量，下面介绍常用的两种方法。

（1）毕昂斯基（Bieniawski）研究了大量岩体变形模量实测资料，建立了分类指标 RMR值和变形模量 E_m（GPa）间的统计关系如下：

$$E_m = 2RMR - 100 \qquad (4.2.13)$$

上式只适用于 RMR>55 的岩体。为弥补这一不足，塞拉菲姆（Serafim）和佩雷拉（Pereira）根据收集到的资料以及毕昂斯基的数据，提出了适于 RMR≤55 的岩体的关系式：

$$E_m = 10^{\frac{RMR-10}{40}} \qquad (4.2.14)$$

（2）挪威的巴辛（Bhasin）和巴顿（Barton）等研究了岩体分类指标 Q 值、纵波速度 v_{mp}（m/s）和岩体平均变形模量 E_{mean}（GPa）间的关系，提出了如下的经验关系：

$$\begin{cases} v_{mp} = 1000 \lg Q + 3500 \\ E_{mean} = \dfrac{v_{mp} - 3500}{40} \end{cases} \qquad (4.2.15)$$

利用式（4.2.15），已知 Q 值或 v_{mp} 时，即可求出岩体的变形模量。式（4.2.15）只适用于 $Q>1$ 的岩体。

除以上两种方法外，也有人提出用声波测试资料来估算岩体的变形模量。我国也有一些地区根据岩体质量情况由岩石参数直接折减成岩体参数。

4.2.4 影响岩体变形性质的因素

影响岩体变形性质的因素较多，主要包括组成岩体的岩性、结构面发育特征、荷载条件、试样尺寸、试验方法和温度等。

结构面对岩体变形性质的影响因素包括结构面方位、密度、充填特征及其组合关系等，统称为结构效应。

（1）结构面方位。结构面方位主要表现在岩体变形随结构面与应力作用方向间夹角的不同而不同，即导致岩体变形的各向异性。这种影响在岩体中结构面组数较少时表现特别明显，而随结构面组数增多，影响越来越不明显。此外，岩体的变形模量也具有明显的各向异性。一般来说，水平结构面方向的变形模量大于垂直结构面方向的变形模量。

（2）结构面密度。主要表现在随结构面密度增大，岩体完整性变差，变形增大，变形模量减小。

（3）结构面张开度和充填特征对岩体的变形也有明显影响。一般来说，张开度较大且无充填或充填较薄时，岩体变形较大，变形模量较小；反之，则岩体变形较小，变形模量较大。荷载、尺度效应、温度、试验的系统误差对岩体变形性质的影响基本是一致的。

4.3 岩体强度特征

岩体强度是指岩体抵抗外力破坏的能力,包括抗压强度、抗拉强度和剪切强度。裂隙岩体抗拉强度很小,且岩体抗拉强度测试技术难度大,因此目前对岩体抗拉强度的研究较少。本节主要讨论岩体的剪切强度和抗压强度特性。

岩体是由岩石和结构面组成的地质体,因此其强度必然受到岩石和结构面强度及其组合方式(岩体结构)的控制。岩体强度不同于岩石强度,也不同于结构面强度。如果岩体中结构面不发育,呈完整结构,则岩体强度大致等于岩石强度;如果岩体沿某一结构面滑动,则岩体强度完全受该结构面强度的控制。本节重点讨论被各种节理、裂隙切割的岩体强度确定问题。研究表明,裂隙岩体的强度介于岩石强度和结构面强度之间(见图 4.3.1),它一方面受岩石材料性质的影响,另一方面受结构面特征(数量、方向、间距、性质等)和赋存条件(地应力、水、温度等)的控制。

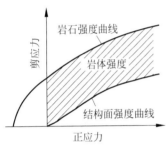

图 4.3.1 岩体的强度特征

若岩体为同类岩石分层所组成,或岩体只含有一种岩石,但有一组发育的弱面(如层理),当最大主应力 σ_1 与结构面垂直时,岩体强度与结构面无关,此时岩体强度 S_c 就是岩石的强度 R_c;当 $\beta = 45° + \varphi_j/2$ 时,岩体将沿结构面破坏,此时岩体强度就是结构面的强度;当最大主应力 σ_1 与结构面平行时,由于结构面抗拉强度小,岩体将因结构面的横向扩张而破坏,此时,岩体的强度将介于上述两者之间。如果以极坐标辐角表示结构面与最大主平面的夹角 β,径向长度表示岩体的强度,则岩体强度 S_c 随角 β 的变化情况为

$$\begin{cases} \text{当 } \beta = n\pi \text{ 时}, S_c = 2c\cos\varphi(1 - \sin\varphi) \\ \text{当 } \beta = n\pi + (45° \pm \varphi_j/2) \text{ 时}, S_c = 2c_j\cos\varphi_j(1 - \sin\varphi_j) \\ \text{当 } \beta = (n \pm 1/2)\pi \text{ 时}, 2c_j\cos\varphi_j/(1 - \sin\varphi_j) < S_c < 2c\cos\varphi(1 - \sin\varphi) \end{cases} \quad (4.3.1)$$

式中,φ 为岩石内摩擦角,(°);φ_j 为弱面内摩擦角,(°);c 为岩石内聚力,kPa;c_j 为弱面内聚力,kPa。

显然,没有弱面时岩体的强度就是图 4.3.2(a)中的外圆半径。

当岩体中有多组弱面,例如有 A、A_1、A_2 三组弱面,A_0 与 A_1 的交角为 β_1,A_0 与 A_2 的交角为 β_2,则此时岩体的强度图像将为各单组弱面体强度图像的叠加,如图 4.3.2(b)中的阴影部分,这时岩体的强度则基本取决于弱面的强度。可见,当岩体中含有三组以上弱面,且弱面分布均匀,强度大体相当时,岩体强度图像很接近图 4.3.2(b)中的内圈,这时岩体又恢复了各向同性,但是强度却大大削弱。当岩体由不同薄层岩石所组成时,其强度将变化于最弱岩层岩石强度与弱面强度之间。

4.3.1 岩体破坏及其方式

由于岩体实际受力条件是多种多样的,加之岩体自身的物质组成、结构特征和力学性质各异,以及复杂的环境因素等不同程度影响,所以任何单一的岩体破坏形式均不会居于主导

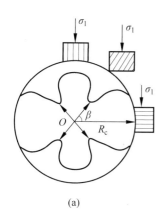 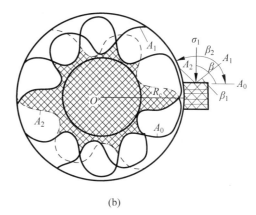

(a)　　　　　　　　　　　　　　　(b)

图 4.3.2　岩体强度的各向异性及其与岩石强度的关系

(a) 一组弱面时；(b) 多组弱面时

地位。在实际工程中，某种岩体的破坏包括多种破坏形式，且这些破坏形式所起的作用相差一般不大。但是，一些特殊情况下，在岩体破坏过程中，挠曲、剪切、拉伸和压缩 4 种破坏形式中的每一种均可能起着关键的作用。分述如下。

(1) 挠曲。挠曲破坏是指由于岩体弯曲而产生拉伸张裂，并且这种张裂逐渐发展扩大，从而导致岩体破坏。这种破坏形式经常发生于矿井及其他地下硐室顶部层状围岩中，如图 4.3.3(a) 所示。在自重力作用下，硐室顶部岩层可能脱离其上面的岩体而形成岩梁，这种岩梁在自重力作用下又继续向下挠曲，当岩梁中部开始出现裂缝时，其中性轴便随之上升，裂缝逐渐延伸，直至贯穿整个岩梁，致使部分岩体向硐室内松动或塌落等。此外，位于大角度斜坡上的岩体，由于岩层向临空面翻转与坍塌，也可能引起挠曲破坏（崩塌破坏）。

(2) 剪切。剪切破坏是指由于剪应力达到或超过岩体极限抗剪强度而形成剪切裂面。当破坏后的岩体沿着剪破裂面发生滑动时，剪应力便随之消减。在性质软弱、类似土的岩体中开挖斜坡，或者在压性（压扭性）断层破碎带中进行其他岩体工程，剪切破坏是常见的现象。此外，在矿石坚硬而顶底板比较软弱的矿井中，也可能出现剪切破坏形式，如图 4.3.3(b) 所示，由于上覆荷载或其他原因触发的强大剪应力可能使矿井侧壁的矿柱向上"冲压"到顶板中，或者向下"冲压"到底板中。在岩体中开挖其他地下硐室，也会发生剪切破坏现象。

(3) 拉伸。拉伸破坏是指由于拉应力（张应力）超过岩体极限抗拉强度而形成张性破裂面。如图 4.3.3(c) 所示，在凸向临空面的斜坡岩层中往往发生拉伸破坏，这是由于斜坡下部坡度很大，加之岩层产状又是大角度，位于斜坡上部凸起处的岩层无法维持稳定，需要由斜坡顶部凸起处稳定岩层的拉力来弥补与岩层自重力之间的平衡，而当这种拉力超过岩层抗拉强度时，就产生张性破裂面。对于具有横向结构面的斜坡岩体来说，其破坏机理也属于拉伸破坏，如图 4.3.3(d) 所示。由于拉力作用产生张性破裂面，当各个张性破裂面互相连通时便形成贯穿的滑动面，致使岩体整体下滑。当压力隧洞中的内水压力或气体压力过大而超过洞壁围岩极限抗拉强度时，也会在岩体中产生拉伸破坏，形成径向张裂面。张性破坏面较为粗糙，并且没有压碎的岩体颗粒或其他碎片。而剪切破裂面较为光滑，并且其中往往有许多因岩体受辗压而形成的粉末。

(4) 压缩。压缩破坏是一种相当复杂的岩体破坏形式，其破坏过程包括拉伸（张性）裂

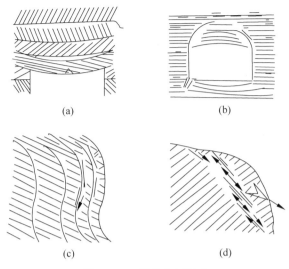

图 4.3.3　岩体破坏形式

缝的形成、由挠曲和剪切作用引起裂缝的增长,以及它们硐壁间的相互影响等。由压缩破坏所形成的裂缝中可能出现很细的岩石粉末。地下硐室开挖,在切向上由于加载有时会发生压缩破坏。在矿井中,由于过分开采拓宽空间,致使矿柱所承受的上覆荷载及自重力超过其极限抗压强度时,也会发生压缩破坏。对于大型或特大型建筑物或构筑物的岩石地基来说,当实际承受的荷载超过其极限抗压强度时,发生压缩破坏也是常有的。

4.3.2　岩体破坏判据——岩体强度理论

岩体中包含各种复杂结构面,难以从理论角度推求岩体强度。在一定假设条件下,可以采用耶格(J. C. Jaeger)的单结构面理论确定岩体强度,并可扩展到含任意数量结构面的岩体强度理论分析。

如图 4.3.4 所示,岩体中发育单个结构面 AB,假定最大主应力与结构面法线方向夹角为 β_0。由莫尔应力圆理论可知,作用于 AB 面的法向应力 σ 和剪切应力 τ 分别为

$$\begin{cases} \sigma = \dfrac{\sigma_1 + \sigma_3}{2} + \dfrac{\sigma_1 - \sigma_3}{2}\cos 2\beta_0 \\[2mm] \tau = \dfrac{\sigma_1 - \sigma_3}{2}\sin 2\beta_0 \end{cases} \qquad (4.3.2)$$

假定结构面的抗剪强度服从库仑准则:

$$\tau = \sigma \tan\varphi_j + c_j \qquad (4.3.3)$$

式中,c_j 和 φ_j 分别为结构面的黏聚力和内摩擦角。

将式(4.3.2)代入式(4.3.3)中可得沿结构面 AB 产生剪切破坏的条件为

$$\sigma_1 - \sigma_3 = \dfrac{2c_j\cos\varphi_j + 2\sigma_3\sin\varphi_j}{\sin(2\beta - \varphi_j) - \sin\varphi_j} \qquad (4.3.4)$$

由上式可知,当 $\beta_0 \to 90°$ 以及当 $\beta_0 \to \varphi_j$ 时,$\sigma_1 - \sigma_3 \to \infty$,即岩体不可能沿结构面破坏,利用莫尔应力圆可进一步直观判别岩体破坏情况。如图 4.3.5 所示,直线 1 为岩块强度包络

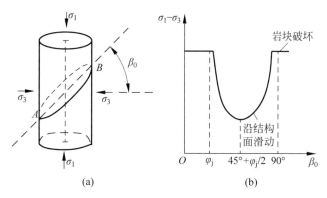

图 4.3.4 含单结构面岩体强度确定示意图

线 $\tau = \sigma\tan\varphi_0 + c_0$($\varphi_0$ 和 c_0 分别是岩块的内摩擦角和黏聚力),直线 2 为结构面强度包络线 $\tau = \sigma\tan\varphi_j + c_j$,由受力状态$(\sigma_1', \sigma_3')$和$(\sigma_1, \sigma_3)$分别绘制莫尔应力圆 O_1 和莫尔应力圆 O_2,从莫尔圆应力 O_1 的点$(\sigma_3', 0)$作结构面 AB 平行线交圆周于 P 点,P 点即为结构面的应力状况,由于 P 点在结构面强度包络线上方,岩体已沿结构面滑动;另一应力状态下,结构面应力状态为 Q 点,尽管此时结构面强度包络线与莫尔应力圆 Q_2 相交,但 Q 点在包络线下方,结构面仍处于稳定状态。

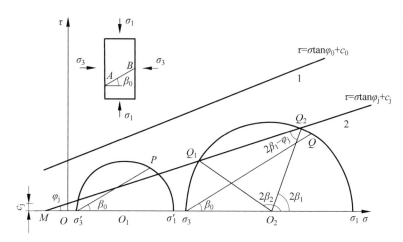

图 4.3.5 判断结构面稳定情况的图形解释

因此,在莫尔应力圆 O_2 中,只有结构面满足 $\beta_1 \leqslant \beta_0 \leqslant \beta_2$ 时,岩体才能沿结构面破坏。在$\triangle Q_2 M O_2$ 中,由正弦定理易得

$$\frac{\dfrac{\sigma_1 - \sigma_3}{2}}{\sin\varphi_j} = \frac{c_j\cot\varphi_j + \dfrac{\sigma_1 + \sigma_3}{2}}{\sin(2\beta_1 - \varphi_j)} \tag{4.3.5}$$

简化后求得

$$\beta_1 = \frac{\varphi_j}{2} + \frac{1}{2}\arcsin\left[\frac{(\sigma_1 + \sigma_3 + 2c_j\cot\varphi_j)\sin\varphi_j}{\sigma_1 - \sigma_3}\right] \tag{4.3.6}$$

同理在$\triangle Q_1 M O_2$ 中可求得

$$\beta_2 = 90° + \frac{\varphi_j}{2} - \frac{1}{2}\arcsin\left[\frac{(\sigma_1 + \sigma_3 + 2c_j\cot\varphi_j)\sin\varphi_j}{\sigma_1 - \sigma_3}\right] \tag{4.3.7}$$

当 $\beta_0 = 45° + \frac{\varphi_j}{2}$ 时,岩体强度取得最低值:

$$(\sigma_1 - \sigma_3)_{\min} = \frac{2(c_j + \sigma_3\tan\varphi_j)}{\sqrt{1 + \tan^2\varphi_j} - \tan\varphi_j} \tag{4.3.8}$$

根据上述单结构面理论,岩体强度受 β_0 控制而呈现明显的各向异性特征。当 $\beta_0 = 0$ 时,岩体强度不受结构面影响,岩体强度与岩块强度接近;当 $\beta_0 = 45° + \frac{\varphi_j}{2}$ 时,岩体将沿结构面破坏,此时,岩体强度与结构面强度相等;当 $\beta_0 = 90°$ 时,岩体将因弱面横向扩张而破坏,此时岩体强度低于岩块强度。

4.3.3 岩体强度估算

岩体强度是岩体工程设计的重要参数,而通过试验确定,尤其是岩体的原位试验,又十分费时、费钱,难以大量进行。因此,如何利用地质资料及室内试验资料,对岩体强度作出合理估算是岩体力学中重要的研究课题,下面介绍两种方法。

1. 准岩体强度

这种方法实质是用简单的试验指标来修正岩石强度作为岩体强度的估算值。

节理、裂隙等结构面是影响岩体强度的主要因素,其分布情况可通过弹性波传播来表征。弹性波穿过岩体时,遇到裂隙便发生绕射或被吸收,传播速度将会降低,裂隙越多,波速降低越大,岩石试块含裂隙少,传播速度大。因此根据弹性波在岩石试块和岩体中的传播速度对比,可判断岩体中裂隙发育程度。将此比值的平方定义为岩体完整性(龟裂)系数,以 K 表示:

$$K = \left(\frac{v_{mp}}{v_{rp}}\right)^2 \tag{4.3.9}$$

式中,v_{mp} 为岩体中弹性波纵波传播速度,m/s;v_{rp} 为岩石中弹性波纵波传播速度,m/s。

各种岩体的完整性系数见表 4.3.1。岩体完整性系数确定后,便可以计算准岩体强度。

准岩体抗压强度:

$$R_{mc} = KR_c \tag{4.3.10}$$

准岩体抗拉强度:

$$R_{mt} = KR_t \tag{4.3.11}$$

式中,R_c 为岩石试样的抗压强度,MPa;R_t 为岩石试样的抗拉强度,MPa。

表 4.3.1　不同岩体完整程度对应的完整性系数

岩 体 种 类	岩体完整性系数 K
完整	＞0.75
较完整	0.55～0.75
较破碎	0.35～0.55
破碎	0.15～0.35
极破碎	＜0.15

2. 霍克-布朗经验方程

经对含结构面岩体破坏特征的试验分析,霍克和布朗得到节理岩体通用破坏准则:

$$\sigma_1 = \sigma_3 + \sigma_{ci}\left(m\frac{\sigma_3}{\sigma_{ci}} + ks\right)^a \qquad (4.3.12)$$

式中,σ_1 为岩石破坏时的最大有效应力,MPa;σ_3 为岩石破坏时的最小有效应力,MPa;σ_{ci} 为岩石试样的单轴抗压强度,MPa,在静态时试验,σ_{ci} 取静态单轴抗压强度 σ_c,在动态时试验,σ_{ci} 取动态单轴抗压强度 σ_{cd};m 为材料常数,可由三轴试验得出,也可用巴顿等及毕昂斯基的岩体分类法来获得,见表 4.3.2;k 为岩体的特性参数,可根据现场情况确定,其值一般为 $k=1.2\sim2.0$;$s=2e^{(GSI-100)/9}$,$a=0.5-e^{-GSI/15}/6+e^{-20/3}/6$,GSI 为霍克岩体质量分级指标,可以按下节中的 Q、CSIR 分类结果取值。对于完整岩石,简化后 s 取 1,a 取 0.5。

令 $\sigma_3=0$,由式(4.3.12)可得岩体的单轴抗压强度 σ_{cm} 为

$$\sigma_{cm} = \sigma_{ci} \cdot (ks)^a \qquad (4.3.13)$$

与法向应力和切向应力有关的岩土工程中常用的莫尔包络线,可由霍克-布朗提出的方法确定。为了模拟大尺寸的现场岩体试验,由式(4.3.12)和式(4.3.13)生成一系列三轴试验值,经统计分析与曲线拟合,推导出等效莫尔包络线方程为

$$\tau = A\sigma_{ci}\left(\frac{\sigma_n - \sigma_{tm}}{\sigma_{ci}}\right)^B \qquad (4.3.14)$$

式中,A、B 为材料常数,取值见表 4.3.2;σ_n 为法向有效应力,MPa;σ_{tm} 为岩体单轴抗拉强度,MPa;τ 为剪切强度,MPa;σ_{ci} 意义同式(4.3.12);σ_{tm}/σ_{ci} 可用 T 表示,T 取值见表 4.3.2。

表 4.3.2 岩体质量和经验常数关系

岩体状况	具有很好结晶解理的碳酸盐类岩石,如白云岩、灰岩、大理岩	成岩的黏土质岩石,如泥岩、粉砂岩、页岩、板岩(垂直层理)	强烈结晶、结晶解理不发育的砂质岩石,如砂岩、石英岩	细粒多矿物结晶岩浆岩,如安山岩、辉绿石、玄武岩、流纹石	粗粒多矿物结晶岩浆岩和变质岩,如角闪岩、辉长岩、片麻岩、花岗岩、石英闪长岩等
完整岩石试样、实验室试样,无节理,RMR = 100,Q=500	$m=7.0$ $s=1.0$ $A=0.816$ $B=0.658$ $T=-0.140$	$m=10.0$ $s=1.0$ $A=0.918$ $B=0.677$ $T=-0.099$	$m=15.0$ $s=1.0$ $A=1.044$ $B=0.692$ $T=-0.067$	$m=17.0$ $s=1.0$ $A=1.086$ $B=0.883$ $T=-0.059$	$m=25.0$ $s=1.0$ $A=1.220$ $B=0.998$ $T=-0.040$
非常好质量岩体,紧密互锁,未扰动,未风化岩体,节理间距 3m 左右,RMR = 85,Q=100	$m=3.5$ $s=0.1$ $A=0.651$ $B=0.679$ $T=-0.028$	$m=5.0$ $s=0.1$ $A=0.739$ $B=0.692$ $T=-0.020$	$m=7.5$ $s=0.1$ $A=0.848$ $B=0.702$ $T=-0.013$	$m=8.5$ $s=0.1$ $A=0.651$ $B=0.705$ $T=-0.012$	$m=12.5$ $s=0.1$ $A=0.651$ $B=0.712$ $T=-0.008$

岩体状况	具有很好结晶解理的碳酸盐类岩石，如白云岩、灰岩、大理岩	成岩的黏土质岩石，如泥岩、粉砂岩、页岩、板岩(垂直层理)	强烈结晶、结晶解理不发育的砂质岩石，如砂岩、石英岩	细粒多矿物结晶岩浆岩，如安山岩、辉绿石、玄武岩、流纹石	粗粒多矿物结晶岩浆岩和变质岩，如角闪岩、辉长岩、片麻岩、花岗岩、石英闪长岩等
好质量岩体，新鲜至微风化，轻微构造变化岩体，节理间距 $1\sim3\mathrm{m}$，$RMR=65$，$Q=10$	$m=0.7$ $s=0.004$ $A=0.369$ $B=0.669$ $T=-0.006$	$m=1.0$ $s=0.004$ $A=0.427$ $B=0.683$ $T=-0.004$	$m=1.5$ $s=0.004$ $A=0.501$ $B=0.695$ $T=-0.003$	$m=1.7$ $s=0.004$ $A=0.525$ $B=0.698$ $T=-0.002$	$m=2.5$ $s=0.004$ $A=0.603$ $B=0.707$ $T=-0.002$
中等质量岩体，中等风化，岩体中发育有几组间距为 $0.3\sim1\mathrm{m}$ 节理，$RMR=44$，$Q=1.0$	$m=0.14$ $s=0.0001$ $A=0.198$ $B=0.662$ $T=-0.0007$	$m=0.20$ $s=0.0001$ $A=0.234$ $B=0.675$ $T=-0.0005$	$m=0.30$ $s=0.0001$ $A=0.280$ $B=0.688$ $T=-0.0003$	$m=0.34$ $s=0.0001$ $A=0.295$ $B=0.691$ $T=-0.0003$	$m=0.50$ $s=0.0001$ $A=0.346$ $B=0.700$ $T=-0.0002$
差质量岩体，大量风化节理，间距为 $300\sim500\mathrm{mm}$ 并含夹泥，$RMR=23$，$Q=0.1$	$m=0.04$ $s=0.00001$ $A=0.115$ $B=0.646$ $T=-0.0002$	$m=0.05$ $s=0.00001$ $A=0.129$ $B=0.655$ $T=-0.0002$	$m=0.08$ $s=0.00001$ $A=0.162$ $B=0.672$ $T=-0.0001$	$m=0.09$ $s=0.00001$ $A=0.172$ $B=0.676$ $T=-0.0001$	$m=0.13$ $s=0.00001$ $A=0.203$ $B=0.686$ $T=-0.0001$
非常差质量岩体，具有大量严重风化节理，间距小于 $50\mathrm{mm}$，充填夹泥，$RMR=3$，$Q=0.01$	$m=0.007$ $s=0$ $A=0.042$ $B=0.534$ $T=0$	$m=0.010$ $s=0$ $A=0.050$ $B=0.539$ $T=0$	$m=0.015$ $s=0$ $A=0.061$ $B=0.546$ $T=0$	$m=0.017$ $s=0$ $A=0.065$ $B=0.548$ $T=0$	$m=0.025$ $s=0$ $A=0.078$ $B=0.556$ $T=0$

霍克和布朗根据岩体性质与实践经验得

$$\begin{cases} \sigma_{\mathrm{tm}}=0.5\sigma_{\mathrm{c}}\left(m-\sqrt{m^2+4s}\right) \\ E=10^{(GSI-10)/40}, & \sigma_{\mathrm{c}}\geqslant100\mathrm{MPa} \\ E=10^{(GSI-10)/40}\sqrt{\sigma_{\mathrm{c}}/100}, & \sigma_{\mathrm{c}}<100\mathrm{MPa} \end{cases} \qquad (4.3.15)$$

式中，σ_{tm} 为岩体单轴抗拉强度，MPa；E 为岩体变形模量，GPa；其他符号意义同式(4.3.12)。

在低围压及较坚硬完整的岩体条件下，式(4.3.12)~式(4.3.15)估算的强度偏低，但对受构造扰动或结构面较发育的岩体，霍克认为用此方法估算是合理的。国内孙广忠也提出了如下反映岩体结构效应的强度判据：

$$\sigma=\sigma_{\mathrm{m}}+AN^{-\beta} \qquad (4.3.16)$$

式中，σ 为岩体强度，MPa；σ_{m} 为原位试样最小强度，MPa；A、β 为岩体常数；N 为试样所含的结构体数。

在工程实际中,从岩石参数转化为岩体参数时,密度、泊松比一般不折减,内聚力 c 一般取饱和岩石三轴剪切试验值的 1/10 左右;抗拉、抗压、变形模量、内摩擦角折减系数一般取 1/3~2/3。折减系数具体取值可用数值模拟方法结合工程开挖实际进行验算。

4.4　岩体分级

岩体作为地质介质,在形成过程中和长期的地质作用下,产生了不同的结构形式和各种规模的非连续面,使得岩体种类繁多、结构复杂、岩性差别很大。然而,在岩石工程编制定额、设计、施工过程中,往往需要对岩体质量进行评价,选择适合的参数或采取针对性的技术措施使其稳定,以达到满足工程功能的要求。因此,工程岩体分类的目的在于,一方面对工程岩体质量的优劣给予明确的区分和定性评价;另一方面为岩石工程建设的勘察、设计、施工和编制定额等提供必要的基本依据。

4.4.1　普氏分类法

以岩石试验的单轴抗压强度作为分类依据,根据普氏坚固性系数 f 将岩石分为十级。 f 值越大,表明岩体越稳定。 $f \geqslant 20$ 为 1 级,最坚固; $f \leqslant 0.3$ 为第 10 级,最软弱。普氏坚固性系数 f 为

$$f = \frac{\sigma_c}{10} \tag{4.4.1}$$

式中, σ_c 为岩石单轴抗压强度,MPa。

普氏分类法的优点是形式简单,容易测定,便于工程应用,其缺点是未考虑岩体的完整性、岩体结构特征的影响,故不能准确评定岩体的质量。

4.4.2　岩石质量指标(RQD)分级

岩石质量指标分级是根据钻探得到的岩芯完好程度来定量评价岩体质量。钻探时岩芯的采取率、岩芯的平均和最大长度受岩体的原始裂隙、硬度、均质性支配,岩体的质量好坏取决于长度大于 10cm 的大岩石所占的比例,即用直径大于或等于 75mm 的金刚石钻头和双层岩芯管在岩石中钻进,连续取芯,将长度在 10cm(含 10cm)以上的岩芯累计长度占钻孔总长度的百分比,称为岩石质量指标(rock quality designation,RQD)。

$$RQD = \frac{10cm \text{ 以上(含 10cm)岩芯累计长度}}{\text{钻孔长度}} \times 100\% \tag{4.4.2}$$

根据岩芯质量指标大小,将岩体分为五类,见表 4.4.1。

表 4.4.1　岩(芯)质量指标分级

等　　级	RQD/%	工 程 分 级
Ⅰ	90~100	极好
Ⅱ	75~90	好
Ⅲ	50~75	中等
Ⅳ	25~50	差
Ⅴ	0~25	极差

4.4.3 岩体结构类型分级

中国科学院地质研究所谷德振教授等根据岩体结构划分岩体类别。这种分类法的特点是考虑到各类结构的地质成因，突出了岩体的工程地质特性。这种分类法把岩体结构分为四类，即整块状结构、层状结构、碎裂结构和散体结构，在前三类中每类又分 2～3 亚类，详见表 4.4.2。按岩体结构类型的岩体分类方法，对重大岩体工程的地质评价来说，是一种较好的分类方法，为国内外所重视。

表 4.4.2　中国科学院地质研究所岩体分类方法

岩体结构类型				岩体完整性		主要结构面及其抗剪特性			岩体湿抗压强度/kPa
类		亚类		结构面间距/cm	完整性系数 K_v	级别	类型	主要结构面摩擦因数 f	
代号	名称	代号	名称						
I	整体块状结构	I₁	整体结构	>100	>0.75	存在Ⅳ、Ⅴ级	刚性结构面	>0.60	>600
		I₂	块状结构	50～100	0.35～0.75	以Ⅳ、Ⅴ级为主	刚性结构面、局部为破碎结构面	0.4～0.6	>300，一般大于600
Ⅱ	层状结构	Ⅱ₁	层状结构	30～50	0.3～0.6	以Ⅲ、Ⅳ级为主	刚性结构面、柔性结构面	0.3～0.5	>300
		Ⅱ₂	薄层状结构	<30	<0.40	Ⅲ、Ⅳ级显著	柔性结构面	0.3～0.4	100～300
Ⅲ	碎裂结构	Ⅲ₁	镶嵌结构	<50	<0.36	Ⅳ、Ⅴ级密集	刚性结构面、破碎结构面	0.4～0.6	<600
		Ⅲ₂	层状碎裂结构	<50（骨架岩层中较大）	<0.4	Ⅱ、Ⅲ、Ⅳ级均发育	泥化结构面	0.2～0.4	<300，骨架岩层在300上下
		Ⅲ₃	碎裂结构	<50	<0.3		破碎结构面	0.16～0.40	<300
Ⅳ	散体结构				<0.2		节理密集呈无序状分布，表现为泥包块或块夹泥	<0.2	无实际意义

4.4.4 岩体地质力学分级

由南非科学和工业研究委员会提出的岩体质量分级指标(rock mass rating，RMR)，给出了一个总的岩体评分值作为衡量岩体工程质量好坏的"综合特征值"。该值随着岩体质量从 0～100 变化,值越大表明岩体质量越好。岩体的 RMR 值取决于 5 个通用参数和 1 个修正参数。5 个通用参数分别为与岩石抗压强度有关的参数(R_1)、与岩石质量指标有关的参数 RQD(R_2)、与节理间距有关的参数(R_3)、与节理状态有关的参数(R_4)和与地下水状态有关的参数(R_5),按其各自的状态赋予一定的评分值;而修正参数 R_6 则考虑了节理分布方向对工程的影响。将上述各个参数的岩体评分值相加起来得到岩体的 RMR 值:

$$RMR = R_1 + R_2 + R_3 + R_4 + R_5 + R_6 \qquad (4.4.3)$$

上式中各参数按以下方法取值。

(1) R_1 是与岩石强度有关的参数,可以对标准试样进行单轴压缩强度试验来确定。为了便于分类,也可以对原状岩芯试样进行点荷载试验,根据点荷载指标来确定 R_1 值。岩石强度与岩体评分值 R_1 的对应关系见表 4.4.3。

表 4.4.3　由岩石抗压强度所确定的岩体评分值 R_1

点荷载指标/MPa	单轴抗压强度/MPa	评分值 R_1
>10	>250	15
4～10	100～250	12
2～4	50～100	7
1～2	25～50	4
不采用	5～25	2
不采用	1～5	1
不采用	<1	0

(2) R_2 是与岩石质量指标 RQD 有关的参数,R_2 的取值见表 4.4.4。

表 4.4.4　由岩石质量指标 RQD 所确定的岩体评分值 R_2

RQD	90%～100%	75%～90%	50%～75%	25%～50%	<25%
评分值 R_2	20	17	13	8	3

(3) R_3 是与结构面间距有关的参数,可以由现场露头统计测定。一般岩体中发育有多组结构面,对应于岩体评分值 R_3 的结构面间距,通常采用对工程稳定性起最关键作用的那一组结构面的间距确定。对应于结构面间距的岩体评分值 R_3 按表 4.4.5 取值。

表 4.4.5　最具影响的结构面组间距所确定的岩体评分值 R_3

节理间距/m	>2	0.6～2	0.2～0.6	0.06～0.2	<0.06
评分值	20	15	10	8	5

(4) R_4 是与结构面岩壁的几何状态有关的参数,其对工程稳定的主要影响因素包括结构面的粗糙度、张开度、结构面中的充填物状态以及节理延伸长度。同样,对多组结构面而言,要以最光滑、最软弱的一组结构面为准。结构面岩壁的几何状态所确定的岩体评分值 R_4 参见表 4.4.6。

表 4.4.6　由结构面岩壁的几何状态所确定的岩体评分值 R_4

说　明	评分值 R_4
尺寸有限的很粗糙的表面,未风化岩壁	30
略微粗糙的表面,张开度小于 1mm,轻微风化岩壁	25
略微粗糙的表面,张开度小于 1mm,风化岩壁	20
光滑表面,由断层泥充填厚度小于 5mm;张开度 1~5mm,节理延伸超过数米	10
由厚度大于 5mm 的断层泥充填的张开节理;张开度大于 5mm 的节理,节理延伸超过数米	0

　　(5) R_5 是考虑地下水对岩体质量影响的参数。由于地下水会严重影响岩体的力学特性,所以岩石力学分类法也引入了地下水对岩体质量影响的参数 R_5。考虑到在进行岩体分类评价时,往往岩体工程的施工尚未进行,所以考虑地下水状态的评分值 R_5 可以由勘探平洞或导洞中的地下水流入量、结构面中的水压力或者地下水总的状态(根据钻孔记录或岩芯记录)来确定。地下水状态与 R_5 值的对应关系见表 4.4.7。

表 4.4.7　由岩体中地下水状态所确定的岩体评分值 R_5

每 10m 洞长的流入量/(L/min)	节理水压力与最大主应力的比值	总的状态	评分值 R_5
无	0	完全干的	15
<10	<0.1	潮湿的	10
10~25	0.1~0.2	湿的	7
25~125	0.2~0.5	滴水的	4
>125	>0.5	流水的	0

　　(6) R_6 是与工程岩体中所发育的结构面空间方位有关的参数。结构面的空间分布特征将在很大程度上影响工程岩体的稳定性。因此,毕昂斯基考虑到结构面空间分布方向对工程的影响,以对前 5 个评分值之和加以修正,如表 4.4.8 所示。修正值采用扣除分值的形式。由于结构面的倾向和倾角对于隧洞、岩基和边坡的影响是不同的,因此对应于不同的工程,其参数的修正值也不同。

表 4.4.8　结构面方向对 RMR 的修正值 R_6

结构面方向对工程影响	对隧洞评分值修正	对地基评分值修正	对边坡评分值修正 R_6
很有利	0	0	0
有利	−2	−2	−5
较好	−5	−7	−25
不利	−10	−15	−50
很不利	−12	−25	−60

　　根据以上 6 个参数之和求得的 RMR 值,将岩体的质量好坏划分为"非常好"一直到"非常差"五类岩体。并且还给出了岩体稳定性(隧洞岩体自稳时间)以及对应的岩体黏聚力 c、内摩擦角 φ 的建议值(表 4.4.9)。

表 4.4.9　按总 RMR 评分确定的岩体级别和岩体质量评价

评分值	100～81	80～61	60～41	40～21	小于 20
分级	I	II	III	IV	V
质量描述	非常好	好	一般	较差	非常差
平均稳定时间	15m 跨度 20a	10m 跨度 1a	5m 跨度 1 周	2.5m 跨度 10h	1m 跨度 30min
岩体黏聚力/kPa	>400	300～400	200～300	100～200	<100
岩体内摩擦角/(°)	>45	35～45	25～35	15～25	<15

CSIR 分类原为解决坚硬节理岩体中浅埋隧道工程而发展起来的,从现场应用来看,使用较简便,大多数场合岩体评分值(RMR)都适用,但在处理那些造成挤压、膨胀和涌水的极其软弱岩体问题时,此分类方法就比较难以应用。

4.4.5　巴顿岩体质量分级(Q)

巴顿等总结了 200 多个隧道工程建设中的规律,于 1974 年提出了著名的隧道围岩 Q 值分类。该分类根据隧道围岩的特点,采用了 6 个参数,即岩体的质量指标 RQD、岩体裂度影响系数 J_n、结构面岩壁强度降低系数 J_a、应力折减系数 SRF、结构面粗糙度影响系数 J_r、地下水的影响系数 J_w。在经过统计分析后,利用上述的 6 个参数,提出了一个表示工程岩体质量好坏的 Q 值,按式(4.4.4)计算:

$$Q = \frac{RQD}{J_n} \times \frac{J_r}{J_a} \times \frac{J_w}{SRF} \tag{4.4.4}$$

Q 值是一个 0.001～1000 的参数。6 个参数根据各自的地质条件可分别按表 4.4.10～表 4.4.14 选取。然后代入式(4.4.4)即可得到 Q 值,按 Q 值将岩体分为 9 类,见表 4.4.15。

表 4.4.10　岩体裂度影响系数 J_n

块裂度	块状岩体	一组结构面	二组结构面	三组结构面	三组以上结构面	被压碎的岩体
J_n	0.5	2.0	4.0	9.0	15.0	20.0

表 4.4.11　结构面岩壁强度降低系数 J_a

	结构面状态					
非充填结构面	闭合的 0.75		仅改变颜色无蚀变 1.0		粉砂或砂质覆盖 3.0	黏土覆盖 4.0
充填结构面	砂或压碎岩石充填	厚度<5mm 坚硬黏土充填	厚度<5mm 的松软黏土充填	厚度< 5mm 的膨胀性黏土充填	厚度> 5mm 的坚硬黏土充填	厚度> 5mm 的松软黏土充填	厚度>5mm 的膨胀性黏土充填
	4.0	6.0	8.0	12.0	10.0	15.0	20.0

表 4.4.12　应力折减系数 SRF

结构面状态	有黏土充填结构面的松散岩体	具有张开结构面的松散岩体	深度<50m 的浅部黏土充填结构面的岩体	在中等应力下具有紧闭无充填结构面的岩体
SRF	10.0	5.0	2.5	1.0

表 4.4.13　结构面粗糙度影响系数 J_r

结构面粗糙度	非连通式	粗糙波状式	光滑波状式	粗糙平整式	光滑平整式	带擦痕平整式	被充填结构面
J_r	4.0	3.0	2.0	1.5	1.0	0.5	1.0

注："被充填的"不连续面,如果结构面的平均间距超过3m,J_r 加上 1.0。

表 4.4.14　地下水的影响系数 J_w

地下水状态	干燥	中等水量流入	未充填的结构面中大量水流入	充填结构面中大量水流入,充填物被冲出	高压断续性水流	高压连续性水流
J_w	1.0	0.66	0.5	0.33	0.1~0.2	0.05~0.1

表 4.4.15　岩体质量 Q 值分类

Q 值	<0.01	0.01~0.1	0.1~1.0	1.0~4.0	4.0~10	10~40	40~100	100~400	>400
质量评价	特别坏	极坏	坏	不良	中等	好	良好	极好	特别好
岩体类型	异常差	极差	很差	差	一般	好	很好	极好	异常好

巴顿根据大量实际工程建设的经验,提出了没有支护条件下隧道最大安全跨度(D)与岩体 Q 值分类之间的联系:

$$D = 2.1Q^{0.387} \tag{4.4.5}$$

这个经验公式将工程岩体的质量 Q 值与岩体的稳定性联系在一起。Q 值分类在地下工程的建设中具有实用性,对隧道的施工和设计有一定的指导作用。

另外,根据毕昂斯基的建议,Q 值与 RMR 分类指标间的关系为

$$RMR = 9.0\ln Q + 44 \tag{4.4.6}$$

4.4.6　岩体基本质量指标分级

按照《工程岩体分级标准》(GB/T 50218—2014)的方法,工程岩体分级分两步进行。首先从定性判别与定量测试两个方面分别确定岩石的坚硬程度和岩体的完整性,并计算出岩体基本质量(basic quality,BQ),然后结合工程特点,考虑地下水、初始应力场以及软弱结构面走向与工程轴线的关系等因素,对岩体基本质量加以修正,以修正后的岩体基本质量指标 BQ 作为划分工程岩体级别的依据。

岩体的基本质量指标 BQ 为

$$BQ = 100 + 3\sigma_{cw} + 250K \tag{4.4.7}$$

式中,K 为岩体完整性系数,可以通过岩石、岩体弹性波波速测定而计算确定,也可以对照有代表性露头或开挖面岩组的节理裂隙统计值来定性确定,见表 4.4.16;σ_{cw} 为岩石单轴饱和抗压强度,MPa,σ_{cw} 与定性划分的岩石坚硬程度的对应关系见表 4.4.17。

表 4.4.16　完整性系数(K)与节理裂隙统计值(J_v)对照

J_v/(条·m^{-3})	<3	3~10	10~20	20~35	>35
K	>0.75	0.75~0.55	0.55~0.35	0.35~0.15	<0.15

表 4.4.17 σ_{cw} 与定性划分的岩石坚硬程度的对应关系

σ_{cw}/MPa	>60	60～30	30～15	15～5	<5
K	坚硬岩	较坚硬岩	较软岩	软岩	极软岩

在用式(4.4.7)计算时,必须遵守下列条件:

当 $\sigma_{cw}>90K+30$ 时,以 $\sigma_{cw}=90K+30$ 代入求 BQ 值;

当 $K>0.04\sigma_{cw}+0.4$ 时,以 $K=0.04\sigma_{cw}+0.4$ 代入求 BQ 值。

1. 岩体基本质量初步分级

按计算得到的 BQ 值,结合岩体质量的定性特征,可将岩体初步划分为 5 级,见表 4.4.18。

表 4.4.18 岩体基本质量分级

基本质量级别	岩体质量的定性特征	岩体基本质量指标 BQ
I	坚硬岩,岩体完整	>550
II	坚硬岩,岩体较完整;较坚硬岩,岩体完整	451～550
III	坚硬岩,岩体较破碎;较坚硬岩,岩体较完整;较软岩,岩体完整	351～450
IV	坚硬岩,岩体破碎;较坚硬岩,岩体较破碎～破碎;较软岩,岩体较完整～较破碎;软岩,岩体完整～较完整	251～350
V	较软岩,岩体破碎;软岩,岩体较破碎或破碎;全部极软岩及全部极破碎岩	<250

2. 工程岩体级别的确定

工程岩体也叫围岩,对工程岩体进行详细定级时,应结合不同类型工程的特点,根据地下水状态、初始应力状态、工程轴线或工程走向线的方位与主要结构面产状的组合关系等因素,修正岩体基本质量指标 BQ 值,并以修正后的工程岩体质量指标[BQ]值,按表 4.4.18 确定岩体级别。对于地基工程,其 BQ 值不需要进行修正。

1) 地下工程岩体级别的确定

地下工程岩体质量指标修正值可按式(4.4.8)计算。其修正系数 K_1、K_2、K_3 值可分别按表 4.4.19～表 4.4.21 确定。

$$[BQ]=BQ-100(K_1+K_2+K_3) \tag{4.4.8}$$

式中,[BQ]为岩体基本质量指标修正值;K_1 为地下水影响修正系数;K_2 为主要软弱结构面产状影响修正系数;K_3 为天然应力影响修正系数。

表 4.4.19 地下水影响修正系数 K_1

地下水出水情况	BQ				
	>550	550～451	450～351	350～250	≤250
潮湿或点滴状出水,$p≤0.1$ 或 $Q≤25$	0	0	0～0.1	0.2～0.3	0.4～0.6
淋雨状或线流状出水,$0.1≤p≤0.1$ 或 $25<Q≤125$	0～0.1	0.1～0.2	0.2～0.3	0.4～0.6	0.7～0.9
涌流状出水,$p>0.5$ 或 $Q>125$	0.1～0.2	0.2～0.3	0.4～0.6	0.7～0.9	1.0

注:1. p 为地下工程围岩裂隙水压(MPa);

2. Q 为每 10m 洞长出水量[L/(min·10m)]。

表 4.4.20　主要软弱结构面产状修正系数 K_2

结构面产状及其与洞轴线的组合关系	结构面走向与洞轴线夹角<30°，倾角为30°～75°	结构面走向与洞轴线夹角>60°，倾角>75°	其他组合
K_1	0.4～0.6	0～0.2	0.2～0.4

表 4.4.21　天然应力影响修正系数 K_3

围岩强度与应力比(σ_{cw}/σ_{max})	BQ				
	>550	550～451	450～351	350～251	≤250
<4	1.0	1.0	1.0～1.5	1.0～1.5	1.0
4～7	0.5	0.5	0.5	0.5～1.0	0.5～1.0

2) 边坡工程岩体级别的确定

在进行岩体边坡工程详细定级时，应根据控制边坡稳定性的主要结构面类型与延伸性、边坡内地下水发育程度以及结构面产状与坡面间关系等影响因素，对岩体基本质量指标 BQ 值进行修正。边坡工程岩体质量指标[BQ]可按下式计算：

$$[BQ] = BQ - 100(K_4 + \lambda K_5) \tag{4.4.9}$$

$$K_5 = F_1 \times F_2 \times F_3 \tag{4.4.10}$$

式中，λ 为边坡工程主要结构面类型与延伸性修正系数；K_4 为边坡工程地下水影响修正系数；K_5 为边坡工程主要结构面产状影响修正系数；F_1 为反映主要结构面倾向与边坡倾向间关系影响的系数；F_2 为反映主要结构面倾角影响的系数；F_3 为反映边坡倾角与主要结构面倾角间关系影响的系数。

式中的修正系数 λ、K_4 和 K_5 按表 4.4.22～表 4.4.24 确定。对高度大于 60m 或特殊边坡工程岩体，还应根据坡高影响，结合工程进行专门论证，以综合确定岩体级别。

表 4.4.22　边坡工程主要结构面类型与延伸性修正系数 λ

结构面类型与延伸性	修正系数 λ
断层、夹泥层	1.0
层面、贯通性较好的结构面和裂隙	0.9～0.8
断续结构面和裂隙	0.7～0.6

表 4.4.23　边坡工程地下水影响修正系数 K_4

边坡地下水发育程度	BQ				
	>550	550～451	450～351	350～250	≤250
潮湿或点滴状出水，p_w<0.2H	0	0	0～0.1	0.2～0.3	0.4～0.6
线流状出水，0.2H<p_w≤0.5H	0～0.1	0.1～0.2	0.2～0.3	0.4～0.6	0.7～0.9
涌流状出水，p_w>0.5H	0.1～0.2	0.2～0.3	0.4～0.6	0.7～0.9	1.0

注：1. p_w 为边坡坡内潜水或承压水头(m)；

　　2. H 为边坡高度(m)。

表 4.4.24 边坡工程主要结构面产状影响修正系数 K_5

序号	条件与修正系数	影响程度划分				
		轻微	较小	中等	显著	很显著
1	结构面倾向与边坡坡面倾向间的夹角/(°)	>30	30~20	20~10	10~5	≤5
	F_1	0.15	0.40	0.70	0.85	1.0
2	结构面倾角/(°)	<20	20~30	30~35	35~45	≥45
	F_2	0.15	0.40	0.70	0.85	1.0
3	结构面倾角与边坡坡面倾角之差/(°)	>10	10~0	0	0~-10	≤-10
	F_3	0	0.2	0.8	2.0	2.5

注：表中负值表示结构面倾角、坡面倾角在坡面出露。

3) 工程岩体分级标准应用

工程岩体基本级别一旦确定以后,可按表 4.4.25 选用岩体的物理力学参数,判定跨度等于或小于 20m 的地下工程的自稳性。当实际自稳能力与表中相应级别的自稳能力不相符时,应对岩体级别作相应调整。

表 4.4.25 各级岩体物理力学参数和围岩自稳能力

级别	容重 γ /(kN·cm^{-3})	抗剪强度		形模量 E/GPa	泊松比 μ	围岩自稳能力
		φ/(°)	c/MPa			
I	>26.5	>60	>2.1	>33	<0.2	跨度≤20m,可长期稳定,偶有掉块,无塌方
II	>26.5	60~50	2.1~1.5	33~16	0.2~0.25	跨度 10~20m,可基本稳定,局部掉块或小塌方; 跨度<10m,可长期稳定,偶有掉块
III	26.5~24.5	50~39	1.5~0.7	16~6	0.25~0.3	跨度 10~20m,稳定数日至 1 月,发生小至中塌方; 跨度 5~10m,可稳定数月,可发生局部块体移动及小至中塌方; 跨度<5m,可基本稳定
IV	24.5~22.5	39~27	0.7~0.2	6~1.3	0.3~0.35	跨度>5m,一般无自稳能力,数日至数月内可发生松动变形、小塌方,进而发展为中至大塌方,埋深小时,以拱部松动破坏为主,埋深大时,有明显塑性流动变形和挤压破坏; 跨度≤5m,可稳定数日至 1 月
V	<22.5	<27	<0.2	<1.3	>0.35	无自稳能力

注：小塌方,指塌方高度<3m,或塌方体积<30m^3;中塌方,指塌方高度 3~6m,或塌方体积 30~100m^3;大塌方,指塌方高度>6m,或塌方体积>100m^3。

工程岩体级别一旦确定以后,还可按表 4.4.26 选用岩体结构面抗剪断峰值强度参数。

表 4.4.26 岩体结构面抗剪断峰值强度参数

质量级别	两侧岩体坚硬程度及结构面结合程度	内摩擦角 $\varphi/(°)$	黏聚力 c/MPa
I	坚硬岩,结合好	>37	>0.22
II	坚硬～较坚硬岩,结合一般;较软岩,结合好	37～29	0.22～0.12
III	坚硬～较坚硬岩,结合差;较软岩～软岩,结合一般	29～19	0.12～0.08
IV	较坚硬岩～较软岩,结合差～结合很差;软岩,结合差;软质岩的泥化面	19～13	0.08～0.05
V	较坚硬岩及全部软质岩,结合很差;软质岩泥化层	<13	<0.05

课后习题

1. 名词解释:①结构面产状;②结构面密度;③结构面连续性;④结构面形态;⑤结构面法向和切向刚度;⑥剪胀;⑦普氏坚固系数,⑧岩石质量指标 RQD;⑨岩体完整性指数。

2. 结构面自然特征主要包括哪些?简述各自的表征参数及定义。

3. 按结构面成因,结构面通常可分为哪几类?

4. 按结构面规模,结构面可分为哪几类,简述各类结构面特征。

5. 简述结构面法向和切向变形曲线的特点。

6. 简述影响岩体结构面力学特性的因素及特点。

7. 岩体法向变形曲线可分为哪几类,各类曲线有何特点?

8. 岩体剪切变形曲线可分为哪几类,各类曲线有何特点?

9. 岩体应力-应变曲线可分为哪几个阶段,各阶段有何特点?

10. 岩体变形特性的因素有哪些?简述变形模量的变化规律。

11. 简述巴顿 Q 法岩体分级时考虑的因素及计算原理。

12. 简述中国国标 BQ 法如何确定工程岩体级别。

地应力测量原理与技术

5.1 地应力构成及分布规律

5.1.1 地应力基本概念

地应力是存在于地层中的未受工程扰动的天然应力,也称岩体初始应力、绝对应力或原岩应力,是引起采矿、水利水电、土木建筑、铁道、公路、军事和其他各种地下或露天岩石开挖工程变形和破坏的根本作用力,是确定工程岩体力学属性、进行围岩稳定性分析、实现岩体工程开挖设计和决策科学化的必要前提条件。

岩体的地应力主要是由岩体的自重和地质构造运动引起的。岩体的地质构造应力与岩体的特性(如岩体中的裂隙发育密度与方向,岩体的弹性、塑性、黏性等)、发生过程中的地质构造运动以及历次构造运动所形成的各种地质构造现象(如断层、褶皱等)有密切关系。因此,岩体中每一单元的地应力状态随该单元的位置不同而有所变化。此外,影响岩体地应力状态的因素还有地形、地质构造形态、水、温度等,但这些因素大多是次要的,只有在特定的情况下才需考虑。对于岩体工程来说,主要考虑自重应力和构造应力,两者叠加起来构成岩体的初始应力。

1. 自重应力

地壳上部各种岩体由于受地心引力的作用而引起的应力称为自重应力,也就是说,自重应力是由岩体的自重引起的,由此引起的应力场称为自重应力场。岩体自重不仅产生垂直应力,而且由于泊松效应和流变效应也会产生水平应力。研究岩体的自重应力时,一般把岩体视为均匀、连续且各向同性的弹性体,进而,可以引用连续介质力学原理来探讨岩体的重力应力场问题。将岩体视为半无限体,即上部以地表为界,下部及水平方向均无界限。设在距地表以下 H 深度处取一微小单元体,如图 5.1.1 所示,在上覆岩层的自重作用下,单元体所受的自重应力 σ_z 可按下式计算,即

$$\sigma_z = \gamma H \tag{5.1.1}$$

式中,γ 为上覆岩层的容重,N/m^3;H 为埋藏深度,m。

若岩体由多层不同容重的岩层组成,如图 5.1.2 所示,则有

$$\sigma_z = \sum_{i=1}^{n} \gamma_i h_i \tag{5.1.2}$$

式中，γ_i 为第 i 层岩体的容重，kN/m^3；h_i 为第 i 层岩体的厚度，m。

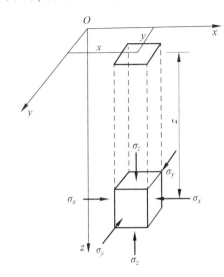

图 5.1.1 各向同性岩体自重应力

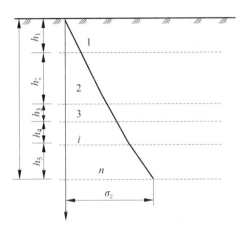

图 5.1.2 多层岩体自重应力

若把岩体视为均匀、连续且各向同性的弹性体，由于岩体单元在各个方向都受到相邻岩体的约束，不可能产生横向变形，即 $\varepsilon_x = \varepsilon_y = 0$，由广义胡克定律得

$$\varepsilon_x = \frac{1}{E}[\sigma_x - \mu(\sigma_y + \sigma_z)] = 0 \tag{5.1.3}$$

$$\varepsilon_y = \frac{1}{E}[\sigma_y - \mu(\sigma_x + \sigma_z)] = 0 \tag{5.1.4}$$

联立方程解得

$$\sigma_x = \sigma_y = \frac{\mu}{1-\mu}\sigma_z = \frac{\mu}{1-\mu}\gamma H \tag{5.1.5}$$

从式(5.1.5)可以看出，在重力场条件下，岩体中任一点的应力状态与岩石的岩性有关，可用侧压力系数 λ 取代 $\mu/(1-\mu)$，则水平应力 σ_x、σ_y 可表示为 $\sigma_x = \sigma_y = \lambda\gamma H$。根据试验测得各种岩石的 μ 值代入 $\mu/(1-\mu)$，求得 λ 值列于表 5.1.1。

表 5.1.1 不同岩性岩石的 λ 值

岩性	μ	λ
软岩	0.1~0.3	0.1~0.3
硬岩	0.2~0.4	0.25~0.67

对于理想松散介质的岩体(内聚力 $c=0$)，莫尔-库仑强度曲线如图 5.1.3(a)所示，可得

$$\sin\varphi = \frac{\sigma_z - \sigma_x}{\sigma_z + \sigma_x} \tag{5.1.6}$$

式中，φ 为松散岩体的内摩擦角，(°)。

由式(5.1.6)可得，岩体的自重应力与侧向应力的关系为

$$\lambda = \frac{\sigma_x}{\sigma_z} = \frac{1 - \sin\varphi}{1 + \sin\varphi} \tag{5.1.7}$$

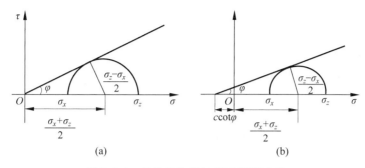

图 5.1.3　松散岩体莫尔-库仑强度曲线

松散岩体的内摩擦角一般在 30°左右,因此,松散岩体的侧压系数约为 0.33。

　　然而,破碎岩体实际上是具有一定内聚力的松散介质,则 $c>0$,其莫尔-库仑强度曲线如图 5.1.3(b)所示,则自重应力与侧向应力的关系为

$$\sigma_x = \sigma_y = \sigma_z \frac{1-\sin\varphi}{1+\sin\varphi} - \frac{2c\cos\varphi}{1+\sin\varphi} = \gamma H \frac{1-\sin\varphi}{1+\sin\varphi} - \frac{2c\cos\varphi}{1+\sin\varphi} \tag{5.1.8}$$

　　由于式(5.1.8)右端第二项为负值,因此,在一定深度以上,侧向应力 σ_x 有可能为负值,即无侧向应力作用,$\sigma_x = 0$,即可得

$$H_0 = \frac{2c\cos\varphi}{\gamma(1-\sin\varphi)} \tag{5.1.9}$$

　　所以,具有内聚力 c 的松散岩体,只有在深度 H_0 以下时,侧向应力才开始出现,并随深度成正比增加(图 5.1.4)。

　　由此可见,深度对原岩应力状态有着重大的影响,随着深度的增加,垂直应力 σ_z 和水平应力 $\sigma_x(\sigma_y)$ 都在增大。但围岩本身的强度是有限的,当垂直应力和水平应力增加到一定值后,各向受力的围岩将处于隐塑性状态。在这种状态下,岩体的变形参数(E、μ)是随深度的变化而变化的。当深度增加到一定数值后,泊松比 μ 接近 0.5,侧压系数 λ 接近

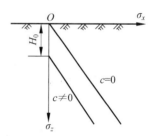

图 5.1.4　松散岩体的侧向应力

1.0,即所谓的静水应力状态(海姆假说)。海姆认为岩石长期受重力作用产生塑性变形,甚至在深度不大时也会发展成各向应力相等的隐塑性状态。在地壳深处,其温度随深度的增加而加大,温变梯度为 30℃/km。在高温高压下,坚硬的脆性岩石也将逐渐转变为塑性状态。据估算,此深度应在距地表 10km 以下。

2. 构造应力

　　由于地质构造运动而产生的应力称为地质构造应力,地质构造应力在空间上的分布规律称为地质构造应力场。

　　在能对原岩应力进行测量之前,很长一段时间里人们认为原岩应力仅仅是由自重应力引起的。从重力应力场的分析中可知,重力应力场中最大主应力的方向是铅垂方向。然而大量的实测表明,原岩应力并不完全符合重力应力场的规律。例如,我国江西铁山垄钨矿480m 深处,测得垂直应力为 10.6MPa,沿矿脉走向的水平应力为 11.2MPa,垂直矿脉走向的水平应力为 6.5MPa;山西王家岭矿区地应力场是以水平构造应力为主导的,实测最大水

平主应力平均为自重应力的 1.73~2.34 倍,垂直主应力值基本上等于或略大于自重应力值;燕山荆各庄矿区地应力场属于水平应力场,测得深度为 410m 时,最大主应力值为 27.4MPa,方位角为 136°,倾角为 3°(近水平方向),中间主应力值为 14.3MPa,方位角为 46°,倾角为 1°(近水平方向),最小主应力值为 12.8MPa,倾角为 86°(近垂直方向)。

岩体构造应力一般可分为以下三种情况:

(1) 与构造形迹相联系的原始构造应力。每一次构造运动都在地壳中留下构造痕迹,如褶皱、断层等,有的地点构造应力在这些构造形迹附近表现强烈,而且有密切联系。如顿巴斯煤田,在没有呈现构造现象的矿区,原岩体内铅垂应力 $\sigma_v = \gamma H$,在构造现象不多情况下,σ_v 约为 $1.2 \gamma H$;在构造复杂区内,σ_v 远远超过 γH。

(2) 残余构造应力。有的地区虽有构造运动形迹,但是构造应力不明显或不存在,原岩应力基本属于自重应力。其原因是,虽然远古时期地质构造运动使岩体变形,以弹性能的方式储存于地层之内,形成构造应力,但是经过漫长的地质年代,由于应力松弛,应力随之减少。而且每一次新的构造运动都将引起应力释放,地貌的变动也会引起应力释放,故使原始构造应力大大降低,这种经过显著降低的原始构造应力称为残余构造应力。各地区原始构造应力的松弛与释放程度很不相同,所以残余构造应力的差异很大。

(3) 现代构造应力。许多实测资料表明,有的地区构造应力不是与构造形迹有关,而是与现代构造运动密切相关。如哈萨克斯坦杰兹卡兹甘矿床,原岩应力以水平应力为主,其方向不是垂直而是沿构造线走向。科拉半岛水平应力为垂直应力的 19 倍,且地表以每年 5~50mm 的速度上升。由此可知,在这些地区不能用古老的构造形迹来说明现代构造应力,必须注重研究现代构造应力场。

5.1.2　地应力分布规律

通过理论研究、地质调查和大量的地应力测量资料的分析研究,已初步认识到浅部地壳应力分布的一些基本规律。

(1) 地应力是一个具有相对稳定性的非稳定应力场,是时间和空间的函数。

地应力在绝大部分地区是以水平应力为主的三向不等压应力场。三个主应力的大小和方向是随着空间和时间而变化的,因而它是个非稳定的应力场。从小范围来看,地应力在空间上的变化是很明显的,从某一点到相距数十米外的另一点,地应力的大小和方向也可能是不同的,但就某个地区整体而言,地应力的变化不大。例如,我国的华北地区,地应力场的主导方向为北西到近于东西的主压应力。

在某些地震活跃的地区,地应力的大小和方向随时间显著变化,在地震前,处于应力积累阶段,应力值不断升高,而地震时使集中的应力得到释放,应力值突然大幅下降。主应力方向在地震发生时会发生明显改变,在震后一段时间又会恢复到震前的状态。

(2) 实测垂直应力基本等于上覆岩层的重量。

对全世界实测垂直应力 σ_v 的统计资料的分析表明,在一定的深度范围内,σ_v 呈线性增长,大致相当于按平均容重 γ 等于 $27kN/m^3$ 计算出来的重力 γH。但在某些地区的测量结果有一定幅度的偏差,上述偏差除有一部分可能归结于测量误差外,板块移动、岩浆对流和侵入、扩容、不均匀膨胀等也都可引起垂直应力的异常,如图 5.1.5 所示。该图是霍克和布朗总结出的世界部分国家和地区 σ_v 值随深度 H 变化的规律。

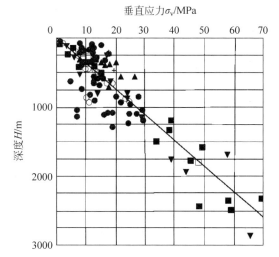

$+$——中国；●——澳大利亚；▼——美国；▲——加拿大；○——斯堪的纳维亚；■——南非；□——其他地区。

图 5.1.5　世界部分国家和地区垂直应力 σ_v 随深度 H 的变化规律

（3）水平应力普遍大于垂直应力。

实测资料表明，在绝大多数地区均有两个主应力位于水平或接近水平的平面内，其与水平面的夹角一般不大于 $30°$，最大水平主应力 $\sigma_{h,max}$ 普遍大于垂直应力 σ_v；$\sigma_{h,max}$ 与 σ_v 的比值一般为 $0.5\sim5.5$，在很多情况下比值大于 2，参见表 5.1.2。如果将最大水平主应力与最小水平主应力的平均值（$\sigma_{h,av}/\sigma_v$ 可由式（5.1.10）计算）与 σ_v 相比，总结目前全世界地应力实测的结果，得出 $\sigma_{h,av}/\sigma_v$ 之值一般为 $0.5\sim5.0$，大多数为 $0.8\sim1.0$（参见表 5.1.2）：

$$\sigma_{h,av} = \frac{\sigma_{h,max} + \sigma_{h,min}}{2} \tag{5.1.10}$$

这说明大多数情况下平均水平应力小于垂直应力，也再次说明，水平方向的构造运动如板块移动、碰撞对地壳浅层地应力的形成起控制作用。

表 5.1.2　世界部分国家和地区水平主应力与垂直主应力的比值统计

国家（地区）名称	$\sigma_{h,av}/\sigma_v$ 值分布比例			$\sigma_{h,max}/\sigma_v$
	<0.8	$0.8\sim1.2$	>1.2	
中国	32%	40%	28%	2.09
澳大利亚	0	22%	78%	2.95
加拿大	0	0	100%	2.56
美国	18%	41%	41%	3.29
挪威	17%	17%	66%	3.56
瑞典	0	0	100%	4.99
南非	41%	24%	35%	2.50
苏联	51%	29%	20%	4.30
其他地区	37.5%	37.5%	25%	1.96

(4) 平均水平应力与垂直应力的比值随深度增加而减小。

在不同地区,平均水平应力与垂直应力的比值变化的速度很不相同,图 5.1.6 为世界部分国家和地区取得的实测结果。

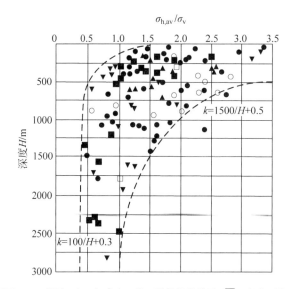

●—澳大利亚;▼—美国;▲—加拿大;○—斯堪的纳维亚;■—南非;□—其他地区。

图 5.1.6 世界部分国家和地区平均水平应力与垂直应力的比值随深度变化的规律

根据图 5.1.6,霍克和布朗回归出下列公式,用以表示 $\sigma_{h,av}/\sigma_v$ 随深度变化的取值范围:

$$\frac{100}{H} + 0.3 \leqslant \frac{\sigma_{h,av}}{\sigma_v} \leqslant \frac{1500}{H} + 0.5 \tag{5.1.11}$$

式中,H 为深度,m;$\sigma_{h,av}$ 为平均水平应力,MPa;σ_v 为垂直应力,MPa。

该图表明,在深度不大的情况下,$\sigma_{h,av}/\sigma_v$ 的值相当分散。随着深度增加,该值的变化范围逐步缩小,并向 1.0 附近集中,这说明在地壳深部有可能出现静水压力状态。

(5) 最大水平主应力和最小水平主应力也随深度呈线性增长关系。

与垂直应力不同的是,在水平主应力线性回归方程中的常数项比垂直应力线性回归方程中常数项的数值要大些,这反映了在某些地区近地表处仍存在显著水平应力的事实,斯蒂芬森(O. Stephansson)等根据实测结果给出了芬诺斯堪的亚古陆最大水平主应力和最小水平主应力随深度变化的线性方程。

最大水平主应力为

$$\sigma_{h,max} = 6.7 + 0.0444H \tag{5.1.12}$$

最小水平主应力为

$$\sigma_{h,min} = 0.8 + 0.0329H \tag{5.1.13}$$

(6) 最大水平主应力和最小水平主应力之值一般相差较大,显示出很强的方向性。

最小水平主应力 $\sigma_{h,min}$ 与最大水平主应力 $\sigma_{h,max}$ 之比一般为 0.2~0.8,多数情况下为 0.4~0.8,参见表 5.1.3。

表 5.1.3　世界部分国家和地区两个水平主应力的比值统计

实测地点	$\sigma_{h.min}/\sigma_{h.max}$ 值分布比例			
	1.0～0.75	0.75～0.50	0.50～0.25	0.25～0
斯堪的纳维亚等地	14%	67%	13%	6%
北美	22%	46%	23%	9%
中国	12%	56%	24%	8%
中国华北地区	6%	61%	22%	11%

（7）地应力的上述分布规律还受到诸多因素影响。

地应力的分布规律受到地形、地表剥蚀、风化、岩体结构特征、岩体力学性质、温度、地下水等因素的影响，特别是地形和断层的扰动影响最大。

地形对原始地应力的影响是十分复杂的。在具有负地形的峡谷或山区，地形的影响在侵蚀基准面以上及其以下一定范围内表现得特别明显。一般来说，谷底是应力集中的部位，越靠近谷底，应力集中越明显。最大主应力在谷底或河床中心近于水平，而在两岸岸坡则向谷底或河床倾斜，并大致与坡面相平行。近地表或接近谷坡的岩体，其地应力状态和深部及周围岩体显著不同，并且没有明显的规律性。随着深度不断增加或远离谷坡，地应力分布状态逐渐趋于规律化，并且显示出和区域应力场的一致性。

在断层和结构面附近，地应力分布状态将会受到明显的扰动，断层端部、拐角处及交汇处将出现应力集中的现象。端部的应力集中与断层长度有关，长度越大，应力集中越强烈。拐角处的应力集中程度与拐角大小及其与地应力的相互关系有关。当最大主应力的方向和拐角的对称轴一致时，其外侧应力大于内侧应力。由于断层带中的岩体一般都比较软弱和破碎，不能承受高的应力，且不利于能量积累，所以成为应力降低带，其最大主应力和最小主应力与周围岩体相比均显著减小。同时，断层的性质不同，对周围岩体应力状态的影响也不同。压性断层中的应力状态与周围岩体比较接近，仅是主应力的大小比周围岩体有所下降，而张性断层中的地应力大小和方向与周围岩体相比均发生显著变化。

（8）中国大陆地应力状态具有分区特点。

1980年之后在原位地应力测量方面所取得的丰富的实测资料表明，中国大陆地应力状态有明显的分区特点。

地应力值的大小在我国东、西部地区也是不同的，一般西部地区大于东部地区。华北地区以太行山为界，东西两个区域有较大差别，太行山以东的华北平原及其周边地区，其最大主压应力的方向为近东西向，而太行山以西地区最大主压应力方向则为近南北向。秦岭构造带以南的华南地区，最大主压应力的方向为北西西至北西向。东北地区主压应力方向以北东东向为主。西部地区测得的最大主压应力以北北东向为主，个别为近南北向。在滇西南北构造带上，小江断裂带附近最大主压应力的方向为近东西向。从此断裂带向西，包括澜沧江断裂以北、鲜水河断裂以南地区，最大主压应力的方向逐渐转为北西向或北北西向。

5.2　地应力测量原理

5.2.1　地应力测量的必要性

传统岩体工程的开挖设计和施工是根据经验类比法进行的。当开挖活动范围较小并接近地表,经验类比的方法往往是有效的。但是随着开挖规模的不断扩大和不断向深部发展,特别是数百万吨级的大型地下矿山、大型地下电站、大坝、大断面地下隧道、地下硐室以及高陡边坡的出现,经验类比法越来越失去其作用。根据经验类比法进行开挖施工往往造成各种露天或地下工程的失稳、坍塌或破坏,使开挖作业无法进行,并经常导致严重的工程事故,造成可怕的人员伤亡和财产的巨大损失。

为了对各种岩体工程进行科学合理的开挖设计和施工,就必须对影响工程稳定性的各种因素进行充分调查。只有详细了解了这些工程影响因素,并通过定量计算和分析,才能做出既经济又安全实用的工程设计。在诸多影响岩石开挖工程稳定性的因素中,地应力状态是最重要、最根本的因素之一。如对矿山设计者来说,只有掌握了具体工程区域的地应力条件,才能合理确定矿山总体布置,确定巷道和采场的最佳断面形状、断面尺寸,如根据弹性力学理论,巷道和采场的最佳形状主要由其断面内的两个主应力的比值来决定。为了减少巷道和采场周边的应力集中现象,它们最理想的断面形状是一个椭圆,而这个椭圆在水平和垂直两个半轴的长度之比与该断面内水平主应力和垂直主应力之比相等。在此情况下,巷道和采场周边将处于均匀等压应力状态。这是一种最稳定的受力状态。同样,在确定巷道和采场走向时,也应考虑地应力的状态,最理想的走向是与最大主应力方向平行。当然,实际工程中的采场以及巷道走向和断面形状还要由工程需要、经济性和其他条件来决定。

由于各种岩石开挖体的复杂性和形状多样性,利用理论解析进行工程稳定性的分析和计算是非常困难的。但是,随着大型电子计算机的应用和有限元、边界元、离散元等各种数值分析方法的不断发展,岩体工程迅速接近其他工程领域,成为一门可以进行定量计算和分析的工程科学。岩体工程的定量计算比其他工程要更复杂、更困难,其根本点在于工程地质条件、岩体性质的不确定性以及岩石材料受力后的应力状态具有加载途径。岩石开挖的力学效应不仅取决于当时的应力状态,也取决于历史上的全部应力状态。由于许多岩体工程是多步骤的开挖过程,每次开挖都对后期的开挖产生影响,施工步骤不同,开挖顺序不同,最终都会有各自不同的力学效应,即不同的稳定性状态。所以只有采用系统工程、数理统计理论,经过大量的计算和分析,比较各种不同开挖和支护方法、过程、步骤、顺序下应力和应变的动态变化过程,采用优化设计的方法,才能确定最经济合理的开挖设计方案。所有的计算和分析都必须在已知地应力的前提下进行,如果对工程区域的实际原始应力状态一无所知,那么任何计算和分析都将失去其应有的真实性和实用价值。

另外,地应力状态对地震预报、区域地壳稳定性评价、油田油井的稳定性、核废料储存、岩爆、煤与瓦斯突出以及地球动力学的研究等也具有重要意义。

人们认识地应力还只是近百年的事。1912 年瑞士地质学家海姆(A. Heim)在大型越岭隧道的施工过程中,通过观察和分析,首次提出了地应力的概念,并假定地应力是种静水应力状态,即地壳中任意一点的应力在各个方向上均相等,且等于单位面积上覆岩层的重量,即

$$\sigma_h = \sigma_v \tag{5.2.1}$$

式中,σ_h 为水平应力,MPa;σ_v 为垂直应力,MPa。

1926 年,苏联学者金尼克(A. H. Gennik)修正了海姆的静水压力假设,认为地壳中各点的垂直应力等于上覆岩层的重量,而侧向应力(水平应力)是泊松效应的结果,其值应为 γH

乘以一个修正系数。他根据弹性力学理论,认为这个系数等于 $\frac{\nu}{1-\nu}$,即

$$\sigma_v = \gamma H, \quad \sigma_h = \frac{\nu}{1-\nu}\gamma H \tag{5.2.2}$$

式中, γ 为上覆岩层的容重,N/m^3; H 为埋藏深度,m; ν 为上覆岩层泊松比; σ_h 为水平应力,MPa; σ_v 为垂直应力,MPa。

同期的其他学者主要关心的也是如何应用数学公式定量地计算地应力,并且也都认为地应力只与重力有关,即以垂直应力为主,他们的不同点只在于侧压系数的不同。然而,许多地质现象,如断裂、褶皱等均表明地壳中水平应力的存在。在20世纪20年代,我国地质学家李四光就指出:"在构造应力的作用仅影响地壳上层一定厚度的情况下,水平应力分量的重要性远远超过垂直应力分量。"

20世纪50年代,哈斯特(N. Hast)首先在斯堪的纳维亚半岛进行了地应力测量的工作,发现存在于地壳上部的最大主应力几乎处处是水平或接近水平的,而且最大水平主应力一般为垂直应力的1~2倍,甚至更多;在某些地表处,测得的最大水平应力高达7MPa。这就从根本上动摇了水平应力是静水压力的理论和以垂直应力为主的观点。

进一步研究表明,重力作用和构造运动是引起地应力的主要原因,其中尤以水平方向的构造运动对地应力的形成影响最大。当前的应力状态主要由最近一次的构造运动所控制,但也与历史上的构造运动有关。由于亿万年来,地球经历了无数次大大小小的构造运动,各次构造运动的应力场也经过多次的叠加、牵引和改造,另外,地应力场还受到其他多种因素的影响,因而造成了地应力状态的复杂性和多变性。即使在同一工程区域,不同点地应力的状态也可能不同,因此,地应力的大小和方向不可能通过数学计算或模型分析的方法来获得。要了解一个地区的地应力状态,唯一的方法就是进行地应力测量。

5.2.2　地应力测量的基本原则

测量原始地应力就是确定存在于拟开挖岩体及其周围区域的未受扰动的三维应力状态,这种测量通常是通过逐点量测来完成的。岩体中一点的三维应力状态可由选定坐标系中的六个分量(σ_x , σ_y , σ_z , τ_{xy} , τ_{yz} , τ_{zx})来表示,如图5.2.1所示。这种坐标系是可以根据需要和方便任意选择的,但一般取地球坐标系作为测量坐标系,由六个应力分量可求得该点的三个主应力的大小和方向,这是唯一的。在实际测量中,每一测点所涉及的岩石可能从几立方厘米到几千立方米,这取决于采用何种测量方法。但不管是几立方厘米还是

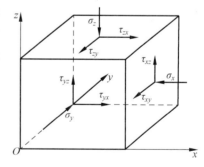

图5.2.1　岩体中任一点三维应力状态示意图

几千立方米,对于整个岩体而言,仍可视为一点。虽然也有一些测定大范围岩体平均应力的方法,如超声波等地球物理方法,但这些方法很不准确,因而远没有"点"测量方法普及。由于地应力状态的复杂性和多变性,要比较准确地测定某一地区的地应力,就必须进行充足数量的"点"测量,在此基础上,才能借助数值分析和数理统计、灰色建模、人工智能等方法,通过拟合分析进一步描绘出该地区的全部地应力场状态。

为了进行地应力测量,通常需要预先开挖一些硐室以便人和设备进入测点。然而,只要硐室一经开挖,硐室周围岩体中的应力状态就受到了扰动。有一类方法,如早期的扁千斤顶法等,就是在硐室表面进行应力测量,然后在计算原始应力状态时,再把硐室开挖引起的扰动作用考虑进去。在通常情况下,紧靠硐室表面岩体都会受到不同程度的破坏,使它们与未受扰动岩体的物理力学性质大不相同;同时硐室开挖对原始应力场的扰动也是十分复杂的,不可能进行精确的分析和计算。所以这类方法得出的原岩应力状态往往是不准确的,甚至是完全错误的。为了克服这类方法的缺点,另一类方法是从硐室表面向岩体中打小孔,直至原岩应力区。由于小孔对原岩应力状态的扰动是可以忽略不计的,这就保证了测量是在原岩应力区中进行。目前,普遍采用的应力解除法和水压致裂法均属此类方法。

近半个世纪来,特别是近 40 年来,随着地应力测量工作的不断开展,各种测量方法和测量仪器也不断发展起来,就世界范围而言,各种主要测量方法有数十种之多,而测量仪器则有数百种之多。

对测量方法的分类并没有统一的标准。有人根据测量手段的不同,将在实际测量中使用过的测量方法分为五大类:构造法、变形法、电磁法、地震法、放射性法。也有人根据测量原理的不同分为应力恢复法、应力解除法、应变恢复法、应变解除法、水压致裂法、声发射法、X 射线法、重力法八类。

但国内多数专家依据测量基本原理的不同,将测量方法分为直接测量法和间接测量法两大类。

5.3 直接测量方法

直接测量法是由测量仪器直接测量和记录各种应力量,如补偿应力、恢复应力和平衡应力,并由这些应力量和原岩应力的相互关系,通过计算获得原岩应力值。在计算过程中并不涉及不同物理量的换算,不需要知道岩石物理力学性质和应力应变关系。扁千斤顶法、刚性包体应力计法、水压致裂法和声发射法等均属直接测量法。其中,水压致裂法在目前的应用最为广泛,声发射法次之。

5.3.1 扁千斤顶法

扁千斤顶又称"压力枕",由两块薄钢板沿周边焊接在一起而成,周边有一个油压入口和一个出气阀,参见图 5.3.1。

测量步骤如下:

(1) 在准备测量应力的岩石表面,如地下巷道、硐室的表面,安装两个测量柱,并用微米表测量两柱之间的距离。

(2) 在与两测量柱对称的中间位置向岩体内开挖一个垂直于测量柱连线的扁槽,槽的大小、形状和厚度需和扁千斤顶一致。一般槽的厚度为 5～10mm,由盘锯切割而成。由于扁槽的开挖造成局部应力释放并引起测量柱之间距离的变化,测量并记录这一变化。

(3) 将扁千斤顶完全塞入槽内,必要时需注浆将扁千斤顶和岩石胶结在一起。然后用电动或手动液压泵向其加压。随着压力的增加,两测量柱之间的距离也增加。当两测量柱

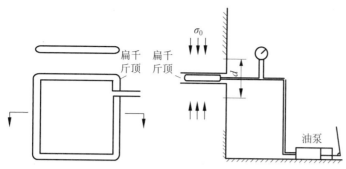

图 5.3.1 扁千斤顶应力测量示意图

之间的距离恢复到扁槽开挖前的大小时,停止加压,记录下此时扁千斤顶中压力。该压力称为"平衡应力"或"补偿应力",等于扁槽开挖前表面岩体中垂直于扁千斤顶方向,也即平行于两测量柱连线方向的应力。对于普通千斤顶,特别是面积较小的扁千斤顶,由于周边焊接圈的影响,由液压泵施加到扁千斤顶中的压力高于扁千斤顶作用于岩体上的压力,为此,在测量之前,需先在实验室中对扁千斤顶进行标定。

从原理上来讲,扁千斤顶法只是一种一维应力测量方法,一个扁槽的测量只能确定测点处垂直于扁千斤顶方向的应力分量。为了确定该测点的六个应力分量就必须在该点沿不同方向切割六个扁槽,这是不可能实现的,因为扁槽的相互重叠将造成不同方向测量结果的相互干扰,使之变得毫无意义。

由于扁千斤顶测量只能在巷道、硐室或其他开挖体表面附近的岩体中进行,因而其测量的是一种受开挖扰动的次生应力场,而非原岩应力场。同时,扁千斤顶的测量原理是基于岩石为完全线性弹性的假设,对于非线性岩体,其加载和卸载路径的应力应变关系是不同的,由扁千斤顶测得的平衡应力并不等于扁槽开挖前岩体中的应力。此外,由于开挖的影响,各种开挖体表面的岩体将会受到不同程度的损坏,这些都会造成测量结果的误差。

5.3.2 刚性包体应力计法

刚性包体应力计是 20 世纪 50 年代继扁千斤顶后应用较广泛的一种岩体应力测量方法。

刚性包体应力计的主要组成部分是一个由钢、铜合金或其他硬质金属材料制成的空心圆柱,在其中心部位有一个压力传感元件。测量时首先在测点打一钻孔,然后将该圆柱挤压进钻孔中,以使圆柱和钻孔壁保持紧密接触,就像焊接在孔壁上一样。理论分析表明,位于一个无限体中的刚性包体,当周围岩体中的应力发生变化时,在刚性包体中会产生一个均匀分布的应力场,该应力场的大小和岩体中的应力变化之间存在一定的比例关系。设在岩体中的 x 方向有一个应力变化 σ_x,那么在刚性包体中的 x 方向会产生应力 σ'_x,并且

$$\frac{\sigma'_x}{\sigma_x} = (1-\nu)^2 \left[\frac{1}{1+\nu+\dfrac{E}{E'}(\nu'+1)(1-2\nu')} + \frac{2}{\dfrac{E}{E'}(\nu'+1)+(\nu+1)(3-4\nu)} \right]$$

(5.3.1)

式中,E,E' 分别为岩体和刚性包体的弹性模量,MPa;ν、ν' 分别为岩体和刚性包体的泊松比。

由式(5.3.1)可以看出,当 E'/E 大于 5 时,σ'_x/σ_x 的比值将趋向于一个常数 1.5。这就是说,当刚性包体的弹性模量超过岩体的弹性模量 5 倍之后,在岩体中任何方位的应力变化都会在包体中相同方位引起 1.5 倍的应力。因此只要测量出刚性包体中的应力变化就可知道岩体中的应力变化。这一分析为刚性包体应力计奠定了理论基础。上述分析也说明,为了保证刚性包体应力计能有效工作,包体材料的弹性模量要尽可能大,至少要超过岩体弹性模量的 5 倍以上。根据刚性包体中压力测试原理的不同,刚性包体应力计可分为液压式应力计、电阻应变片式应力计、压磁式应力计、光弹应力计、钢弦应力计等几种。图 5.3.2 是一种液压式应力计的结构示意图。在该应力计的中心槽中装有油水混合液体,端部有一个薄膜。钻孔周围岩体中的压力发生变化时,引起刚性包体中的液压发生变化,该变化被传递到薄膜上,并由粘贴在该薄膜上的电阻应变片将这种压力变化测量出来。为了使应力计和钻孔保持紧密接触并给其施加预压力,将包体设计成具有一定的锥度,并加了一个与之匹配的具有相同内锥度的套筒,该套筒的外径和钻孔直径相同。安装时首先将套筒置入钻孔中,然后将刚性包体加压推入套筒中,由于锥度的存在,随着刚性包体的不断推入,应力计和钻孔的接触将越来越紧,其中的预压力也越来越大。

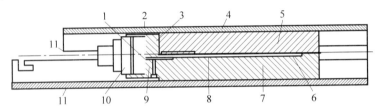

1—应变片；2—连接孔；3—包头体；4—连接孔；5—刚性包体(上半)；6—中心槽；
7—刚性包体(下半)；8—薄膜；9—密封圈；10—端帽；11—外套筒。

图 5.3.2　液压式应力计结构示意图

刚性包体应力计具有很高的稳定性,因而可用于对现场应力变化进行长期监测。然而通常只能测量垂直于钻孔平面的单向或双向应力变化情况,而不能用于测量原岩应力。除钢弦应力计外,其他各种刚性包体应力计的灵敏度均较低,故在 20 世纪 80 年代之前已被逐步淘汰。钢弦应力计目前仍在一些国家特别是美国得到较为广泛的应用。

5.3.3　水压致裂法

1. 测量原理

水压致裂法在 20 世纪 50 年代广泛应用于油田,通过在钻井中制造人工裂隙来提高石油的产量。哈伯特(M. K. Hubbert)和威利斯(D. G. Willis)在实践中发现了水压致裂裂隙和原岩应力之间的关系。这一发现又被费尔赫斯特(C. Fairhurst)和海姆森(B. C. Haimson)用于地应力测量。它的基本原理是:通过液压泵向钻孔内拟定测量深度处加压,将孔壁压裂,测定压裂过程中各特征点压力及开裂方位,然后根据压裂过程中泵压表的读数,计算测点附近岩体中地应力大小和方向。

由弹性力学理论可知,当一个位于无限体中的钻孔受到无穷远处二维应力场(σ_1,σ_2)的作用时,离开钻孔端部一定距离的部位处于平面应变状态。在这些部位,钻孔周边的应力为

$$\sigma_\theta = \sigma_1 + \sigma_2 - 2(\sigma_1 - \sigma_2)\cos 2\theta \tag{5.3.2}$$

$$\sigma_r = 0 \qquad\qquad (5.3.3)$$

式中，σ_θ，σ_r 分别为钻孔周边的切向应力和径向应力，MPa；θ 为周边一点与 σ_1 轴的夹角，(°)。

由式(5.3.2)可知，当 $\theta = 0$ 时，σ_θ 取得极小值，有

$$\sigma_\theta = 3\sigma_2 - \sigma_1 \qquad\qquad (5.3.4)$$

如果采用图 5.3.3 所示的水压致裂系统将钻孔某段封隔起来，并向该段钻孔注入高压水，当水压超过 $3\sigma_2 - \sigma_1$ 和岩石抗拉强度 T 之和后，在 $\theta = 0$ 处，也即 σ_1 所在方位将发生孔壁开裂。设钻孔壁发生初始开裂时的水压为 P_i，则有

$$P_i = 3\sigma_2 - \sigma_1 + T \qquad\qquad (5.3.5)$$

如果继续向封隔段注入高压水，使裂隙进一步扩展，当裂隙深度达到 3 倍钻孔直径时，此处已接近原岩应力状态，停止加压，保持压力恒定。将该恒定压力记为 P_s，则由图 5.3.3 可见，P_s 应和原岩应力 σ_2 平衡，即

$$P_s = \sigma_2 \qquad\qquad (5.3.6)$$

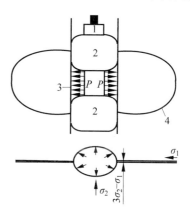

1—水压致裂装置；2—封隔器；
3—试验段；4—裂隙。

图 5.3.3　水压致裂应力测量原理

由式(5.3.5)和式(5.3.6)可知，只要测出岩石抗拉强度 T，即可由 P_i 和 P_s 求出 σ_1 和 σ_2。在钻孔中存在裂隙水的情况下，如封隔段处的裂隙水压力为 P_0，则式(5.3.6)变为

$$P_i = 3\sigma_2 - \sigma_1 + T - P_0 \qquad\qquad (5.3.7)$$

根据式(5.3.5)和式(5.3.6)求 σ_1 和 σ_2 时，需要知道封隔段岩石的抗拉强度，这往往是很困难的。为了克服这一困难，在水压致裂试验中增加一个环节，即在初始裂隙产生后，将水压卸除，使裂隙闭合，然后再重新向封隔段加压，使裂隙重新打开，记裂隙重开时的压力为 P_r，则有

$$P_r = 3\sigma_2 - \sigma_1 + P_0 \qquad\qquad (5.3.8)$$

这样，无需知道岩石的抗拉强度即可求得 σ_1 和 σ_2。因此，由水压致裂法测量原岩应力将不涉及岩石的物理力学性质，而完全由测量和记录的压力值来决定。

2. 测量步骤

(1) 打钻孔到准备测量应力的部位，并将钻孔中待加压段用封隔器密封起来，钻孔直径与所选用的封隔器的直径一致，有 38mm、51mm、76mm、91mm、110mm、130mm 几种。封隔器一般是充压膨胀式的，可用液体充压，也可用气体充压。

(2) 向两个封隔器的隔离段注射高压水，不断加大水压，直至孔壁出现开裂，获得初始开裂压力 P_i；然后继续施加水压以扩张裂隙，当裂隙扩张至 3 倍直径深度时，关闭高水压系统，保持水压恒定，此时的应力称为关闭压力，记为 P_s，最后卸压，使裂隙闭合。给封隔器加压和给封闭段注射高压水可共用一个液压回路。一般情况下，利用钻杆作为液压通道。先给封隔器加压，然后关闭封隔器进口，经过转换开关，将管路接通至给钻孔密封段加压。也可采用双回路，即给封隔器加压和水压致裂的回路是相互独立的，水压致裂的液压通道是钻杆，而封隔器加压通道为高压软管。

由图 5.3.4 可知，在整个加压过程中，同时记录压力-时间曲线图和流量-时间曲线图，

使用适当的方法从压力-时间曲线图可以确定 P_i、P_s 值；从流量-时间曲线图可以判断裂隙扩展的深度。

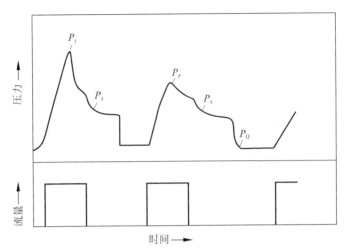

图 5.3.4　水压致裂法试验压力-时间、流量-时间曲线

(3) 重新向密封段注射高压水，使裂隙重新打开并记下裂隙重开时的压力 P_r 和随后的恒定关闭压力 P_s。这种卸压-重新加压的过程重复两三次，以提高测试数据的准确性。P_r 和 P_s 同样由压力-时间曲线和流量-时间曲线确定。

(4) 将封隔器完全卸压，连同加压管等全部设备从钻孔中取出。

(5) 测量水压致裂裂隙和钻孔试验段天然结构面、裂隙的位置、方向和大小，测量可以采用井下摄像、钻孔扫描、井下光学望远镜或印模器等。

5.3.4　声发射法

1. 测量原理

材料在受到外荷载作用时，其内部储存的应变能快速释放产生弹性波，发生声响，称为声发射。1950 年，德国人凯泽(J. Kaiser)发现多晶金属的应力从其历史最高水平释放后，再重新加载，当应力未达到先前最大应力值时，很少有声发射产生，而当应力达到或超过历史最高水平后，则大量产生声发射，这一现象叫作凯泽效应。从很少产生声发射到大量产生声发射的转折点称为凯泽点，该点对应的应力即为材料此前受到的最大应力。后来，许多人通过试验证明，花岗岩、大理岩、石英岩、砂岩、安山岩、辉长岩、闪长岩、片麻岩、辉绿岩、灰岩、砾岩等也具有显著的凯泽效应。

凯泽效应为测量岩石应力提供了一个途径，即如果从原岩中取回定向的岩石试件，通过对加工的不同方向的岩石试件进行加载声发射试验，测定凯泽点，即可找出每个试件以前所受的最大应力，并进而求出取样点的原始(历史)三维应力状态。

2. 测量步骤

1) 试件制备

从现场钻孔提取岩石试样，并确定试样在原环境状态下的方向。将试样加工成圆柱体试件,径高比为 1∶2～1∶3。为了确定测点三维应力状态,必须沿岩样六个不同方向制备试件,假如该点局部坐标系为 $Oxyz$,则三个方向选为坐标轴方向,另三个方向选为 Oxy,Oyz,Ozx 平面内的轴角平分线方向。为了获得测试数据的统计规律,每个方向的试件为 15～25 块。

为了消除由于试件端部与压力试验机上、下压头之间摩擦所产生的噪声和试件端部应力集中,试件两端浇铸由环氧树脂或其他复合材料制成的端帽(图 5.3.5)。

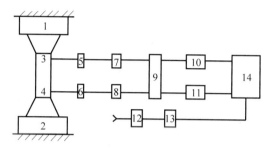

1,2—上、下压头;3,4—换能器 A,B;5,6—前置放大器 A,B;7,8—输入鉴别单元 A,B;9—定区检测单元;
10,11—计数控制单元 A,B;12—压机油路压力传感器;13—压力信号转换仪器;14—函数记录仪。

图 5.3.5　声发射监测系统示意图

2) 声发射测试

将试件放在单压缩试验机上加压,并同时监测加压过程中从试件中产生的声发射现象,图 5.3.5 是一组典型的监测系统示意图。在该系统中,两个压电换能器(声发射接收探头)固定在试件上、下部,用以将岩石试件在受压过程中产生的弹性波转换成电信号。该信号经放大、鉴别之后送入定区检测单元,定区检测是检测两个探头之间的特定区域里的声发射信号,区域外的信号被认为是噪声而不被接收。定区检测单元输出的信号送入计数控制单元,计数控制单元将规定的采样时间间隔内的声发射模拟量和数字量(事件数和振铃数)分别送到记录仪或显示器绘图、显示或打印。

凯泽效应一般发生在加载的初期,故加载系统应选用小吨位的应力控制系统,并保持加载速率恒定,尽可能避免用人工控制加载速率。如用手动加载,则应采用声发射事件数或振铃总数曲线判定凯泽点,而不应根据声发射事件速率曲线判定凯泽点。这是因为声发射速率和加载速率有关。在加载初期,人工操作很难保证加载速率恒定,在声发射事件速率曲线上可能出现多个峰值,难以判定真正的凯泽点。

3) 计算地应力

由声发射监测所获得的应力-声发射事件数(速率)曲线(见图 5.3.6),即可确定每次试验的凯泽点,并进而确定该试件轴线方向此前受到的最大应力值。15～25 个试件获得一个方向的统计结果,6 个方向的应力值即可确定取样点的历史最大三维应力大小和方向。

根据凯泽效应的定义,用声发射法测得的是取样点的先存最大应力,而非现今地应力。

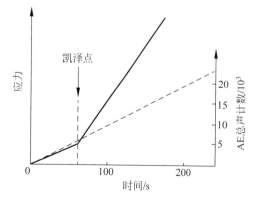

图 5.3.6　应力-声发射试验曲线

但是也有一些人对此持相反意见,并提出了"视凯泽效应"的概念。认为声发射试验可获得两个凯泽点,一个对应于引起岩石饱和残余应变的应力,它与现今应力场一致,比历史最高应力值低,因此称为视凯泽点。在视凯泽点之后,还可获得另一个真正的凯泽点,它对应于历史最高应力。

由于声发射与弹性波传播有关,所以高强度的脆性岩石有较明显的声发射凯泽效应出现,而多孔隙低强度及塑性岩体的凯泽效应不明显,所以不能用声发射法测定比较软弱疏松岩体中的应力。

5.4 间接测量方法

间接测量法不是直接测量应力量,而是借助某些传感元件或某些介质,测量和记录岩体中某些与应力相关的间接物理量的变化,如岩体变形或应变、岩体密度、渗透性、吸水性、电阻、电容变化和弹性波传播速度变化等,然后由这些间接物理量,通过相关公式计算岩体中的应力值。因此,在间接测量法中,为了计算应力值,首先必须确定岩体的某些物理力学性质以及所测物理量和应力的相互关系。间接测量法有全应力解除法(即套孔应力解除法,包括孔径变形法、孔底应变法、孔壁应变法、空心包体应变法和实心包体应变法)、局部应力解除法(切槽解除法、平行钻孔法、中心钻孔法等)、松弛应变测量法(微分应变曲线法、非弹性应变恢复法)、孔壁崩落法和地球物理探测法等,其中较为成熟且普遍采用的方法是套孔应力解除法。

5.4.1 全应力解除法(套孔应力解除法)

全应力解除法即是使测点岩体完全脱离地应力作用的方法。通常采用套钻的方法实现套孔岩芯的完全应力解除,因而也称套孔应力解除法。套孔应力解除法是发展时间最长且技术比较成熟的一种地应力测量方法。在测定原始应力(绝对应力)的适用性和可靠性方面,目前还没有哪种方法可以和全应力解除法相比。

目前,全应力解除法已形成一套标准的测量程序,具体步骤如下。

第一步:从岩体表面,一般是从地下巷道、隧道、硐室或其他开挖体的表面向岩体内部打大孔,直至需要测量岩体应力的部位。大孔直径为下一步即将打的用于安装探头的小孔直径的 3 倍以上,小孔直径一般为 36~38mm,因此大孔直径一般为 130~150mm。大孔深度为巷道、隧道或已开挖硐室跨度的 2.5 倍以上,从而保证测点是未受岩体开挖扰动的原岩应力区。硐室的跨度越大所需的大孔深度也就越大。为了节省人力、物力并保证试验的成功,测量应尽可能选择在跨度较小的开挖空间中进行。要避免将测点安排在岔道口或其他开挖扰动大的地点。为了便于下一步安装测试探头,在钻进过程中需有导向装置。大孔钻完后需将孔底磨平,并打出锥形孔,以利下一步钻同心小孔、清洗钻孔和使探头顺利进入小孔。

第二步:从大孔底打同心小孔,供安装探头用,小孔直径由所选用的探头直径决定,一般为 36~38mm。小孔深度一般为孔径 10 倍左右,从而保证小孔中央部位处于平面应变状态。小孔打完后需放水冲洗小孔,保证小孔中没有钻屑和其他杂物,为此,钻孔需上倾 1°~3°。

第三步：用专用装置将测量探头(如孔径变形计、孔壁应变计等)安装(固定或胶结)到小孔中央部位。

第四步：用第一步打大孔用的薄壁钻头继续延深大孔，从而使小孔周围岩芯实现应力解除。应力解除引起的小孔变形或应变由包括测试探头在内的量测系统测定并通过记录仪器记录下来，根据测得的小孔变形或应变通过有关公式即可求出小孔周围的原岩应力状态。

从理论上讲，不管套孔的形状和尺寸如何，套孔岩芯中的应力都将完全被解除。但是，若测量探头对应力解除过程中的小孔变形有限制或约束，它们就会对套孔岩芯中的应力释放产生影响，此时就必须考虑套孔的形状和大小。一般来说，探头的刚度越大，对小孔变形的约束越大，套孔的直径也就需要越大。对绝对刚性的探头，套孔的尺寸必须无穷大，才能实现完全的应力解除。这就是刚性探头为什么不能用于应力解除测量的缘故。对于孔径变形计、孔壁应变计和空心包体应变计等，由于它们对钻孔变形几乎没有约束，因此对套孔尺寸和形状的要求就不太严格，一般只要套孔直径超过小孔直径的 3 倍以上即可。而对实心包体应变计，套孔的直径就要适当大一些。

1. 孔径变形法

孔径变形法是通过测量应力解除过程中钻孔直径的变化而计算出垂直于钻孔轴线的平面内的应力状态，并可通过测量 3 个互不平行的钻孔确定一点的三维应力状态。

有许多仪器可用于测量孔径变形，其中最著名的是 USBM(美国矿山局)孔径变形计。USBM 孔径变形计是奥伯特(L. Obert)和梅里啵(R. H. Merrill)等于 20 世纪 60 年代研制出来的，其结构如图 5.4.1 所示。其探测头是 6 个圆头活塞，两个径向相对的活塞测量一个直径方向的变形，被测的 3 个直径方向相互间隔 $60°$。每个活塞由一个悬臂梁式的弹簧施加压力，以使其和孔壁保持接触，在悬臂弹簧的正反面各贴一支电阻应变片，应力解除前将变形计挤压进钻孔中，以便两个活塞头之间有 0.5mm(500μm)左右的预压变形，并使变形计能够固定在测点部位。应力解除时钻孔直径膨胀，预压变形得到释放，悬臂弹簧的弯曲变形发生变化，这一变化由电阻应变片探测并通过仪器记录下来。弹簧正反两面变形相反，一面是拉伸，一面是压缩，两支应变片的读数相加，使测量精度提高 1 倍。径向相对的两个悬臂弹簧上的 4 支应变片组成一个惠特斯顿电桥的全桥电路。自身解决了温度补偿的问题，也大大有利于提高测量结果的准确性。通过标定试验可以确定两个活塞头之间的径向变形和悬臂弹簧上应变片所测读数之间的关系。USBM 孔径变形计的适用孔径为 $36\sim40$mm，增加或减少活塞中的垫片，可改变其适用孔径的大小。

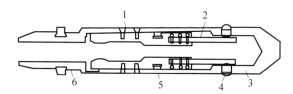

1—变形计本体；2—粘贴应变片的悬臂梁；3—外壳；4—测量活塞；5—O 形密封圈；6—安装套筒。

图 5.4.1　USBM 孔径变形计结构示意图

2. 孔底应变法

1956 年，莫尔(F. Mohr)首次报告了孔底应变测量技术。他将电阻应变片粘贴在一个磨平的孔底,然后使用延深这个钻孔的办法,使粘贴应变片的岩石实现应力解除。再将从孔底取出的带有应变片的这段岩芯拿到实验室去做加载试验,从而发现原先存在于孔底表面的应力。南非科学与工业研究理事会(CSIR)研制的门塞式孔底应变计就是根据这一原理研制出来的,但测量过程和莫尔有所不同。

CSIR 门塞式孔底应变计(见图 5.4.2)的主体是一个橡胶质的圆柱体,其端部粘贴着 3 支电阻应变片,相互间隔 45°组成一个直角应变花。橡胶圆柱外面有一个硬塑料制的外壳,应变片的导线通过插头连接到应变测量仪器上。该应变计适用于直径大于 36mm 的钻孔。

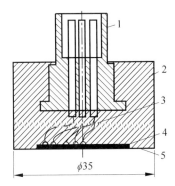

1—连接插头;2—橡胶模;3—导线;4—电阻应变片;5—环氧树脂垫片。

图 5.4.2　CSIR 门塞式应变计示意图

测量步骤如下:

第一步:将孔底磨平打光。

第二步:将应变计端部涂上胶结剂,并用专门工具送到孔底,施加压力将应变计端部和孔底挤压在一起,直到胶结剂固化为止,这样应变片也就粘贴在孔底岩石上了。记录应变片在孔底的方位。

第三步:将应变计导线连接到应变测量仪器上,记录原始应变读数(一般需调零)。

第四步:进行套孔应力解除,解除完后再测读一次应变数。根据应力解除前后 3 支应变片的读数变化即可求出孔底平面的应力状态。孔底平面的应力状态和周围原岩应力状态的关系没有理论解,只能通过试验或数值分析方法求得。由于孔底应力集中的状况极具复杂性,要精确确定二者之间的关系较为困难,使得孔底应变计测量的精度和在实际中的应用受到了影响。同时,此法也有和孔径应变法相类似的问题,即孔底应变测量只有 3 个方向是独立的。一孔测量只能给出 3 个独立方程,要求解原岩应力的 6 个分量,必须进行互不平行的 3 个钻孔的测量。但该法也有自己的优点,即它不需很长的套孔岩芯,因而有可能在较为破碎的岩石条件下使用。

3. 孔壁应变法

在三维应力场作用下,一个无限体中的钻孔表面及周围的应力分布状态可以由现代弹性理论给出精确解。通过应力解除测量钻孔表面的应变即可求出钻孔表面应力,并进而精确计算原岩应力。CSIR 三轴孔壁应变计就是根据这个原理研制出来的。

CSIR 三轴孔壁应变计的主体是 3 个测量活塞,直径约为 1.5mm 的活塞头是由橡胶类物质制造的,端部为圆弧状,其弧度和钻孔弧度一致,以便和钻孔保持紧密接触。在端部表面粘贴 4 支电阻应变片,组成一个相互间隔 45° 的圆周应变花。3 个活塞也即 3 组应变花位于同一圆周上。最初设计是不等间距分布,夹角分别为 $\frac{\pi}{2}$、$\frac{3\pi}{4}$、$\frac{3\pi}{4}$。后来格雷(W. N. Gray)和托乌斯(N. A. Toews)分析了应变花分布对测量精度的影响,认为 3 组应变花等距离分布最好,故后来的设计改为 3 个活塞成 120° 等间距分布。其外壳由前后两部分组成。在前外壳端部有 1 个圆槽,上贴 1 支应变片,后外壳端部有连接 14 根电阻应变片导线的插头(见图 5.4.3)。使用时首先将一个直径约 1.2cm、厚 0.8cm 的岩石圆片胶结在前壳端部的应变片上,供温度补偿用;然后将 3 个活塞头涂上胶结剂,用专门工具将应变剂送入钻孔中测点部位;再启动风动压力,将活塞推出,使其端部和钻孔壁保持紧密接触,直到胶结固化为止;最后进行套孔应力解除。在应力解除前后各测一次应变读数,根据 12 支应变片的读数变化值来计算应力值。一个单孔应力测量即可确定测点的三维应力大小和方向。CSIR 孔壁应变计的适用孔径为 36~38mm。

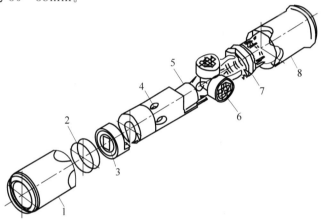

1—前外壳;2—岩石圆片;3—温度补偿片;4—应变花导向;5—本体;6—电阻应变花;7—电源插头;8—后外壳。

图 5.4.3　CSIR 三轴孔壁应变计

4. 空心包体应变法

由于在 CSIR 孔壁应变计中,3 组应变花直接粘贴在孔壁上,而应变花和孔壁之间的接触面积很小,若孔壁有裂隙缺陷,则很难保证胶结质量。如果胶结质量不好,应变计将不可能可靠工作,同时防水问题也很难解决。为了克服这些缺点,澳大利亚联邦科学和工业研究组织(CSIRO)的沃罗特尼基(G. Worotnicki)和沃尔顿(R. Walton)于 20 世纪 70 年代初期研制出一种空心包体应变计。

CSIRO 空心包体应变计(见图 5.4.4)的主体是一个用环氧树脂制成的壁厚 3mm 的空心圆筒,其外径为 37mm,内径为 31mm。在其中间部位,即直径 35mm 处沿同一圆周等间距(120°)嵌埋着 3 组电阻应变花。每组应变花由 3 支应变片组成,相互间隔 45°。在制作时,该空心圆筒是分两步浇注出来的。第一步浇注直径为 35mm

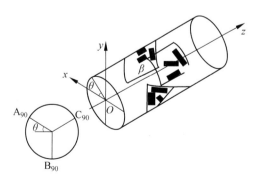

图 5.4.4　CSIRO 空心包体应变计

的空心圆筒,在规定位置贴好电阻应变花后,再浇注外面一层,使其外径达到 37mm。使用时首先将其内腔注满胶结剂,并将一个带有锥形头的柱塞用铝销钉固定在其口部防止胶结剂流出。使用专门工具将应变计推入安装小孔中,当锥形头碰到小孔底后,用力推应变计,剪断固定销,柱塞便慢慢进入内腔。胶结剂沿柱塞中心孔和靠近端部的 6 个径向小孔流入应变计与孔壁之间的环状槽内,两端的橡胶密封圈阻止胶结剂从该环状槽中流出。当柱塞完全被推入内腔后,胶结剂全部流入环形槽,并将环形槽充满。待胶结剂固化后,应变计即和孔壁牢固胶结在一起。

在后来的使用过程中,又根据实际情况对 CSIRO 空心包体应变计作了一些改进,出现了两个改进型品种。一种是将应变片由 9 支增加到 12 支,在 A 应变花附近增加了一个 45°方向应变片,在 B,C 应变花附近各增加了一个轴向应变片。该改进型应变计能获得较多数据,可用于各向异性岩体中的应力测量。另一改进型是将空心环氧树脂圆筒的厚度由 3mm减为 1mm,增加了应变计的灵敏度,可用于软岩中的应力测量。

空心包体应变计的突出优点是应变计和孔壁在相当大的一个面积上胶结在一起,因此胶结质量较好,而且胶结剂还可注入应变计周围岩体中的裂隙、缺陷,使岩石整体化,因而较易得到完整的套孔岩芯。所以这种应变计可用于中等破碎和松软的岩体中,且有较好的防水性能。因此,目前空心包体应变计已成为世界上最广泛采用的一种地应力解除测量仪器。

5. 实心包体应变法

一个位于无限体中的弹性包体(圆柱体),如包体和无限体是焊接在一起的,那么在无穷远处应力场的作用下,包体中将出现均匀的受力状态。耶格(J. C. Jaeger)和库克(N. G. Cook)给出了这种受力状态的表达式,这为实心包体应变计的产生奠定了理论基础。

罗恰(M. Rocha)和西尔瓦热奥(A. Silverio)于 1969 年首次研制出实心包体应变计。该应变计的主体部分是一个长 440mm、直径 35mm 的实心环氧树脂圆筒。在其中间一段沿 9个不同方位埋贴了 10 支 20mm 长的电阻应变片。该应变计只适用于直径为 38mm 的垂直钻孔。使用时将胶结剂装入一个附着于应变计端部的非常薄的容器中,当应变计到达孔底后,容器被挤破,胶结剂流入孔底。由于应变计在孔底和岩石胶结在一起,应变计周围的应力集中状态将是非常复杂的,应变片部位的平面应变状态很难得到保证。同时,由于包体材料的弹性模量过高,在应力解除过程中经常出现胶结层的张性破裂,因而不能可靠工作,无法真正适用于工程实际。

澳大利亚新南威尔士大学(UNSW)的布莱克伍得(R. L. Blackwood)于 1973 年研制出另一种实心包体应变计。他大幅降低了包体材料的弹性模量值,使该应变计能成功地应用于软岩(包括煤)中的应力测量。该应变计的结构见图 5.4.5(a)。在实心包体的中间40mm 长的一段中,沿 Oxy,Oyz 和 Ozx 三个平面嵌埋着 10 支 10mm 长的电阻应变片,如图 5.4.5(b)所示。在安装设备和胶结剂注入方法上,该应变计对罗恰等人的应变计作了许多重大改进,克服了前面所提到的一些问题。

必须注意,实心包体应变计和 5.3.2 节所述的刚性包体应力计有根本区别。在刚性包体应力计中,包体材料是由钢或其他硬金属材料制成的,其弹性模量值比岩石要高好几倍,它不允许钻孔有显著变形,以便围岩中的应力能有效传递到其内部的传感器上。而在实心包体应变计中,包体是由环氧树脂等软弹性材料制成的,其弹性模量值只是岩石的数分之一。它不允许对钻孔变形有显著影响,以便套孔岩芯中的应力能得到充分解除。

(a)

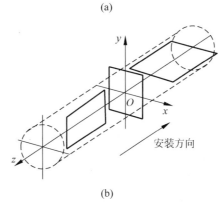

(b)

A—电缆；B—后密封圈；C—应变片部位；D—胶结剂出孔；E—活塞；F—胶结剂储存腔；G—前密封圈；
H—气泡排泄孔；I—安装套筒。

图 5.4.5　UNSW 实心包体应变计

（a）结构图；（b）应变片排列示意图

5.4.2　地球物理探测法

1. 声波观测法

从 20 世纪 60 年代初开始,声波法即被用于测量岩体中的应力状态,该方法的依据为声波,特别是纵波的传播速度和振幅可随岩体中的应力状态定量地变化,其测量步骤如下。

第一步：选择岩性、结构较为简单的地段,取某一点作为声波发射点。

第二步：以发射点为中心,在其周围不同方向布置接收点,组成监测网。

第三步：使用微爆破、机械振动或其他专用仪器向岩体中发出声波,并在各接收点使用仪器(如声岩仪)接收声波。

第四步：测量发射点至各接收点的声波传播速度,绘制如图 5.4.6 所示的速度椭圆,椭圆长、短轴的方向即代表了岩体中最大和最小主应力的方向。

第五步：使用合理的方法,对声波传播速度和地应力大小之间的关系进行标定试验,根据标定结果由测得的速度椭圆确定岩体中的应力状态。

2. 超声波谱法

阿格森(J. R. Aggson)于 1978 年首次提出超声波谱法。该方法依据的物理现象是：当岩石受到超声剪切波的作用时将成为双折射性的,其双折射率是应力的函数,测量步骤如下。

第一步：向岩体内钻孔。

1—发射点；2,3,4,5,6,7,8,9—接收点。

图 5.4.6　声波传播速度椭圆

第二步：使用专用仪器向钻孔内发射偏振剪切波并接收该波在钻孔中的传播信号。

第三步：当偏振波在钻孔中传播一段距离后，将出现快波和慢波之间的相消干涉，这种相消干涉由接收的传播信号的最小值来认定。相消干涉也即传播信号最小值出现的频率，主要由岩体中平行于剪切波偏振方向的应力分量决定，因此，测得的相互干涉频率可用于推断岩体中的应力状态。

第四步：由于不同类型的岩石在超声剪切波作用下的双折射性是各不相同的，为了根据测量数据定量确定应力的大小，必须在试验中进行相关的标定试验。

第五步：为了确定一点的二维或三维应力状态，必须在同一地点的多个互不平行的钻孔中进行上述的测量试验。

本节所介绍的内容表明，套孔应力解除法是一种比较经济而实用的方法，它能比较准确地测定岩体中的三维原始应力状态。地球物理探测法可用于探测大范围内的地壳应力状态，但是，由于对测定的数据和应力之间的关系缺乏定量的了解，同时由于岩体结构的复杂性，各点的岩石条件和性质各不相同，因此这种方法不可能为实际的岩体工程提供可靠的地应力数据。此外，还有局部应力解除法和松弛应变测量法，这些方法只能用于粗略地估计岩体中的应力状态或者岩体中的应力变化情况，而不能用于准确测定原岩应力值。

5.5 云南建云高速五老峰隧道地应力场测量实例

5.5.1 工程地质条件

1. 地形地貌特征

隧道位于建水县坡头乡，隧道区内地势起伏大，隧道进口附近海拔 1606～1646m，相对高差 40m，地形坡度 2°～10°，总体属于缓坡地带。出口附近海拔 1410～1580m，相对高差 170m，地形坡度 20°～35°，总体属于陡坡地带。隧道穿过山体中部，进口至 K25+000 段山体地形缓，地形坡度 5°～20°，该段冲沟发育，呈 U 形，地貌类型属高原溶蚀地貌中的峰丛洼地形。K25+000 至出口地形较陡，地形坡度 30°～50°，冲沟发育，呈 V 形，地貌类型属于高中山陡坡地形。轴线高程 1435～2425m，相对高差 990m。隧道穿过的山体植被茂盛，植被发育呈以乔木为主间夹灌木林的林地，隧道通过地段山体雄厚，自然山坡总体稳定，隧道轴线与地层走向呈斜交。

2. 地层岩性特征

隧址区地层从新至老为：第四系全新统坡积层、三叠系中统法郎组、三叠系中统个旧组及燕山期白垩纪花岗岩。

3. 地质构造

经地质调查隧道通过地段无大的区域性断裂通过，地表未见Ⅱ级及以上结构面分布。但受区域断裂影响，隧道通过地段分布有Ⅲ级结构面断层，主要发育多组Ⅳ、Ⅴ级结构面，因此隧道区地质构造复杂，初步分析隧道通过的断层带、结构面密集带，围岩稳定性较差。

5.5.2 原位地应力试验选点

本次试验将测点选在五老峰隧道右线出口段加宽道位置，桩号 K27+982～932，埋深大约900m。一方面加宽道位置隧道主体部分只做了初衬,对于取芯钻机来说施工较为方便,不用去破坏隧道的衬砌;另一方面,加宽道位置宽度较其他地方空间较大,可以在不影响隧道施工的情况下进行地应力测量工作。具体参数见表5.5.1。

表 5.5.1　测点信息

测点选址	测点桩号	埋深/m	测点概述
右线出口加宽道位置	K27+982～932	900	Ⅲ级围岩,花岗岩为主

5.5.3　应力测量过程

本次五老峰隧道地应力测量采用数字化无线式空心包体应变计,将采集系统和测量系统封装在空心包体内部,集成了测量应变片和采集系统的双温度补偿地应力解除测量功能,可以更为准确地测定大埋深隧道的地应力大小及方向。相比于传统的空心包体应变计,新型空心包体克服了常规的测量过程中长导线导致信号衰减、钻杆绞断导线的问题;采用断电续采机制消除了传统探头长时间测量过程中采集系统发热影响测量精度的问题,同时还能保证在试验和监测过程中采集连续有效;基于完全温度补偿理论,加入对采集系统的温度修正,实现双温度补偿,使试验精度更高。

使用空心包体应变计测量原岩应力的具体过程可分为以下几个步骤,见图5.5.1(文中归纳为3步,将图5.5.1中的1～3步归纳为1步)。

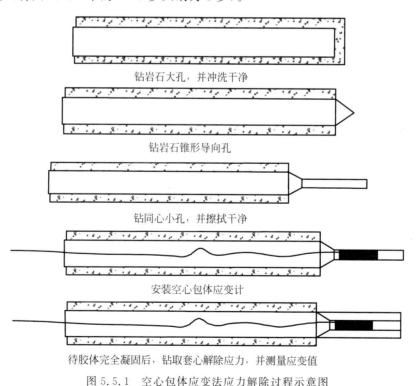

钻岩石大孔,并冲洗干净

钻岩石锥形导向孔

钻同心小孔,并擦拭干净

安装空心包体应变计

待胶体完全凝固后,钻取套心解除应力,并测量应变值

图 5.5.1　空心包体应变法应力解除过程示意图

第1步：钻孔取芯

（1）打大孔：试验的测孔选在隧道右线加宽道的右帮上，离路面高度2.5m（钻机最低钻孔高度）。大孔直径130mm，采用130金刚石取芯钻头，取芯钻机为意大利产C6XP-T履带型多功能钻机。遵循测点选取的原则，大孔深度20m。

（2）磨锥口，打小孔：大孔钻进至指定位置，查看取出的岩芯，判断测点位置岩层是否完整，并统计大孔RQD值。大孔钻进结束后，利用钻机的高压水泵冲洗大孔，冲洗完毕后，换上ϕ130的磨平锥口钻头，将孔底钻成锥形底，一方面保证后续的小孔钻进与大孔同轴心，另一方面在空心包体安装时锥形口起到一个导向的作用，防止空心包体被挤压破坏。使用锥口钻头磨进30cm左右，换上42mm的实心金刚石钻头进行小孔的钻进，钻进25cm左右。仔细清洗大孔及小孔保证无碎石残留内部。

第2步：安装空心包体应变计

（1）钻孔及空心包体参数统计：在安装空心包体应变计之前需要准确测量大孔及小孔的深度，并测量空心包体的各部分长度，精确到1cm。经过测量，钻孔的参数及新型空心包体应变计的具体参数见表5.5.2和表5.5.3。

表5.5.2 钻孔参数

孔深/m	钻孔走向/(°)	钻孔倾角/(°)	A片偏角/(°)	大孔直径/mm	小孔直径/mm	RQD/%
20	134	0	0	130	42	90.4

表5.5.3 新型空心包体应变计参数

直径/mm	柱塞伸出总长度/cm	柱塞未伸出长度/cm	胶体弹性模量/GPa	胶体泊松比
38	51.5	41.5	3	0.29

（2）配置环氧树脂：先将空心包体柱塞两端的密封橡胶圈用砂纸打磨至略大于空心包体1~2mm，保证密封的同时也能让空心包体顺利进入小孔内；然后配置环氧树脂胶，将环氧树脂A胶和B胶以4:1的比例进行充分混合，静置至无气泡，倒入空心包体空腔中并固定好铝丝消栓。

（3）安装空心包体：调整好采集参数，清空无关数据，打开空心包体采集开关并记录当下时间，封闭好后盖。将空心包体固定在安装杆上送入大孔，通过固定在安装杆前段的摄像头和吊针调整空心包体位置，使主应变花A始终在中心正上方。在空心包体前端接近小孔时，安装杆推进要放慢，避免压坏空心包体。当空心包体前端柱头到达小孔孔底时，慢慢推进100mm（空心包体柱塞长度），剪断铝丝插销，使空腔内部胶体填满包体与岩石之间的缝隙，完成安装。

第3步：套芯解除，记录应变

安装20~24h后，环氧树脂基本完成固化。这时，接通安装在安装杆上的摄像头观察孔内情况，确定无异常后，通过钻机将安装杆缓缓从钻孔中拉出。钻机换上取芯钻头开始进行解除应力操作，由于此次试验所用的是新型无线空心包体，所以在解除套芯的过程中避免了老式的包体线缆穿过钻杆的麻烦。大约以2cm/10min速度（空心包体采集参数每10min采集一次应变）钻进，记录钻进时间和钻进距离，钻进30cm后停止钻进。在试验中，由于岩芯未折断,故再钻进20cm,将岩芯同空心包体一起取出。取出岩芯后,打开包体后盖,关闭采集开关,记录时间,并包裹好岩芯,避免破坏。

5.5.4 应变数据处理

将包裹好的岩芯运回实验室,打开包体后盖,打开采集开关,将配套的无线接收器插入计算机,启动专用软件,输入指令,开始读取包体内储存的应变数据。

由于新型空心包体是无线续采式采集数据,所以从空心包体开关被打开的时候就已经开始采集数据,所以根据每次开关记录的时间和采集系统的采集间隔来筛选数据。在所有数据中选取应力解除前一组数据作为基础数据,应变变化值即是后续采集数据减去基础数据,处理后的部分采集数据见表5.5.4。

表 5.5.4　五老峰隧道应力测量原始应变值

进尺/cm	通道/10^{-6}													
	A45	A90	A135	AA0	B45	B90	B135	B0	C45	C90	C135	C0	T1	T2
2	−36	−47	−94	−84	−41	−77	−14	−104	−55	−79	−97	−67	−947	−7
4	72	77	38	13	−17	21	91	−42	27	−4	74	19	3396	11
6	114	104	87	61	45	104	111	104	91	32	201	78	3106	23
8	178	190	101	74	234	174	314	331	145	173	314	107	4844	24
10	191	199	168	107	426	501	477	507	233	460	507	178	2659	27
12	636	774	411	242	1071	1702	2294	1254	831	1737	1518	324	3290	31
14	2145	2313	1024	509	2887	3878	3101	2010	1732	3883	3316	1358	7898	45
16	2055	2157	966	499	2611	3331	2644	2004	1733	3372	3124	1304	7239	49
18	1836	2004	955	471	2454	2610	2431	1983	1723	2771	2970	1251	6792	54
20	1777	1832	950	464	2105	2462	2257	1905	1710	2534	2731	1212	6845	71
22	1650	1614	953	442	1777	2157	1932	1899	1691	2112	2614	1197	7345	78
24	1597	1422	941	415	1630	1694	1590	1817	1610	1756	2419	1053	7138	90

5.5.5 室内温度标定及温度修正

地应力测量中,一般采用室内温度标定试验来确定空心包体内部应变片与温度变化的关系,即确定每个通道的温度应变率(每摄氏度变化引起的应变量)。

在空心包体中,将敏感性测温原件安装在工作应变片的附近,并用环氧树脂胶结在同一层,保证测温原件与工作应变片处于同样的工作环境中。监测过程中,测温原件对受力变化无反应,只对温度产生变化,新型空心包体的断电续采功能使得工作应变片采集应变变化的同时,测温原件同时采集温度,这样一来测温原件就能完整地监测整个试验过程中温度的变化。然后再根据室内温度标定的结果和试验过程中的温度变化消除解除套芯过程的温度影响部分,就可以得到完全的岩石应变值,这个过程就是完全温度补偿法。

标定试验的主要仪器就是高低温恒温箱,将空心包体放入恒温箱内,打开采集开关,设置不同的温度来测定每个通道与温度变化的关系。另外,工作应变片和测温应变片是分开来测的,测温应变片需要在安装空心包体之前进行标定,这样得到的数据更为准确。本次试验以 10℃ 开始测试,梯度为 10℃,进行到 30℃ 测试完毕,每个梯度的测试要稳定 2h 以上保证应变片受到的温度影响稳定。

每个梯度做了 20 组温度标定试验后,取每个通道的平均示数作为本次试验结果。试验数据见表 5.5.5。

表 5.5.5　各通道温度标定结果

通　　道	温度/℃			通　　道	温度/℃		
	10	20	30		10	20	30
CH1	1738	2352.5	2896.5	CH8	1191.5	1180.5	1172.5
CH2	768	2052.5	3193	CH9	450	1061	1531.5
CH3	341.5	1025.5	1624	CH10	−201.5	1132	2234.5
CH4	1349.5	1363.5	1378.5	CH11	−1466	−769	−194.5
CH5	1856	2555.5	3084	CH12	−1755.5	−1804.5	−1863.5
CH6	1013	2356	3457.5	CH13	−114552.5	−86605.5	−61898.5
CH7	678	1323.5	1857	CH14	−113541	−85752.5	59651

得到温度标定数据后对其进行回归分析,通过回归分析其变化趋势,可以得到各通道的温度变化与通道示数的相关性。由此得到各通道的温度标定公式,进而得到各应变片的温度应变率。试验结果见表 5.5.6。

表 5.5.6　工作应变片标定的温度应变率

通　　道	温度应变率/$(10^{-6} \cdot ℃^{-1})$	通道	温度应变率/$(10^{-6} \cdot ℃^{-1})$
CH1/A45	57.926	CH7/B135	58.95
CH2/A90	121.25	CH8/B0	−0.95
CH3/A135	64.125	CH9/C45	54.075
CH4/A0	1.45	CH10/C90	121.8
CH5/B45	61.4	CH11/C135	63.57
CH6/B90	122.23	CH12/C0	−5.4

对测温元件进行温度标定则得到试验温度与测温通道示数的关系,测温通道的回归曲线如图 5.5.2 所示。

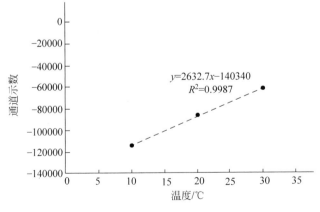

图 5.5.2　测温通道回归曲线

如图 5.5.2 所示,分析其回归曲线,在一定温度范围内,$R^2 = 0.9987$,即通道示数与温度的关系基本符合上图所示线性关系,所以在测量之后,可以根据测温通道的示数计算当时的实际温度及后续过程中的温度变化。

通过室内温度补偿试验获得了12只工作应变片的温度标定系数和测温敏感原件的温度系数。两者结合,即可准确地计算出测量过程中因温度变化产生的误差,用测量值减去误差就是较为准确的应变值了。通过计算得到温度补偿后的应变值见表 5.5.7。

表 5.5.7 五老峰隧道应力测量温度修正应变值

| 进尺/ | 通道/10^{-6} | | | | | | | | | | | | | |
cm	A45	A90	A135	AA0	B45	B90	B135	B0	C45	C90	C135	C0	T1	T2
2	−15	−3	−71	−83	−19	−33	7	−104	−36	−35	−74	−69	0	0
4	−3	−79	−44	11	−96	−136	15	−41	−43	−161	−9	26	0	0
6	46	−39	11	59	−27	−40	41	105	27	−112	125	84	0	0
8	71	−33	−17	71	122	−50	205	333	46	−51	196	117	0	0
10	132	77	103	106	364	378	417	508	178	337	442	183	0	0
12	563	623	331	240	995	1550	2220	1255	764	1585	1438	331	0	0
14	1971	1950	832	505	2704	3512	2924	2013	1570	3517	3124	1374	0	0
16	1895	1824	790	495	2443	2996	2482	2007	1585	3037	2948	1319	0	0
18	1686	1692	791	467	2297	2295	2279	1985	1584	2456	2805	1265	0	0
20	1626	1517	783	460	1946	2145	2104	1907	1570	2217	2565	1226	0	0
22	1488	1276	774	438	1607	1817	1767	1902	1540	1772	2435	1212	0	0
24	1440	1094	767	411	1465	1363	1430	1820	1464	1425	2246	1068	0	0

对应空心包体测量技术的要求,需进行室内温度标定试验,得到各通道的温度标定系数,并对测点的应变值进行温度修正,原始应变和温度修正后的应变对比见表 5.5.8。

表 5.5.8 温度修正前后应变值对比

通 道	最大应变值/10^{-6}	温度应变率/$(10^{-6} \cdot ℃^{-1})$	温度修正后最大应变值/10^{-6}
A45	2145	57.926	1971
A90	2313	121.25	1950
A135	1024	64.125	832
A0	509	1.45	505
B45	2887	61.4	2704
B90	3878	122.23	3512
B135	3101	58.95	2924
B0	2010	−0.95	2013
C45	1723	54.075	1570
C90	3883	121.8	3517
C135	3316	63.57	3124
C0	1358	−5.4	1374

通过上表对比分析可以看到,采用完全温度补偿法对应变数据进行温度修正后,工作通道的应变修正值在 $3 \times 10^{-6} \sim 388 \times 10^{-6}$ 之间,因此在地应力测量中,温度因素对测量的影响不得不考虑。

5.5.6 右线出口−900m处测点应力计算

空心包体应变计法计算原理与孔壁变形法相似,但是因为空心包体在构造上又有所不同,应变花粘贴在距离包体外部大约 1mm 处,所以测量应力时,应变花与岩石是有一定距离的,计算原理如下。

孔壁应变计孔壁周向、轴向应变值和剪切应变值计算公式为

$$\varepsilon_{\theta} = \frac{1}{E} \{ (\sigma_x + \sigma_y) + 2(1-\nu^2)[(\sigma_x - \sigma_y)\cos 2\theta - 2\tau_{xy}\sin 2\theta] - \nu\sigma_z \} \quad (5.5.1)$$

$$\varepsilon_z = \frac{1}{E}[\sigma_z - \nu(\sigma_x + \sigma_y)] \quad (5.5.2)$$

$$\gamma_{\theta z} = \frac{4}{E}(1+\nu)(\tau_{yz}\cos\theta - \tau_{zx}\sin\theta) \quad (5.5.3)$$

式中,ε_{θ},ε_z,$\gamma_{\theta z}$ 分别为孔壁应变计所测周向应变、轴向应变和剪切应变值;ν 为岩石的泊松比;σ_x,σ_y,σ_z,τ_{xy},τ_{yz},τ_{zx} 为原岩应力分量。

但由于在空心包体应变计中,应变片不是直接粘贴在孔壁上,而是与孔壁有 1.5mm 左右的距离,因而其测出的应变值和孔壁应变计测出的应变值是有区别的。为了修正这一区别,Worotnicki 和 Walton 在式(5.5.1)~式(5.5.3)中加了 4 个修正系数 k_1,k_2,k_3,k_4(统称为 k 系数),其形式如下:

$$\varepsilon_{\theta} = \frac{1}{E} \{ (\sigma_x + \sigma_y)k_1 + 2(1-\nu^2)[(\sigma_x - \sigma_y)\cos 2\theta - 2\tau_{xy}\sin 2\theta]k_2 - \nu\sigma_z k_4 \} \quad (5.5.4)$$

$$\varepsilon_z = \frac{1}{E}[\sigma_z - \nu(\sigma_x + \sigma_y)] \quad (5.5.5)$$

$$\gamma_{\theta z} = \frac{4}{E}(1+\nu)(\tau_{yz}\cos\theta - \tau_{zx}\sin\theta)k_3 \quad (5.5.6)$$

式中:ε_{θ},ε_z,$\gamma_{\theta z}$ 分别为空心包体应变计所测周向应变、轴向应变和剪切应变值。

Duncan Fama 和 Pender 给出了 k 系数的计算公式,其形式如下:

$$k_1 = d_1(1-\nu_1\nu_2)\left[1 - 2\nu + \frac{R_1^2}{\rho^2}\right] + \nu_1\nu_2 \quad (5.5.7)$$

$$k_2 = (1-\nu_1)d_2\rho^2 + d_3 + \nu_1\frac{d_4}{\rho^2} + \frac{d_5}{\rho^4} \quad (5.5.8)$$

$$k_3 = d_6\left(1 + \frac{R_1^2}{\rho^2}\right) \quad (5.5.9)$$

$$k_4 = (\nu_2 - \nu_1)d_1\left(1 - 2\nu_1 + \frac{R_1^2}{\rho^2}\right)\nu_2 + \frac{\nu_1}{\nu_2} \quad (5.5.10)$$

式中

$$d_1 = \frac{1}{1 - 2\nu + m^2 + n(1-m^2)} \quad (5.5.11)$$

$$d_2 = \frac{12(1-n)m^2(1-m^2)}{R_2^2 D} \quad (5.5.12)$$

$$d_3 = \frac{1}{D}\left[m^4(4m^2-3)(1-n)+x_1+n\right] \tag{5.5.13}$$

$$d_4 = \frac{-4R_1^2}{D}\left[m^6(1-n)+x_1+n\right] \tag{5.5.14}$$

$$d_5 = \frac{3R_1^4}{D}\left[m^4(1-n)+x_1+n\right] \tag{5.5.15}$$

$$d_6 = \frac{1}{1+m^2+n(1-m^2)} \tag{5.5.16}$$

$$n = \frac{G_1}{G_2};\ m = \frac{R_1}{R_2} \tag{5.5.17}$$

$$D = (1+x_2 n)\left[x_1+n+(1-n)(3m^2-6m^4+4m^6)\right]+$$
$$(x_1-x_2 n)m^2\left[(1-n)m^6+(x_1+n)\right] \tag{5.5.18}$$

$$x_1 = 3-4\nu_1;\ x_2 = 3-4\nu_2 \tag{5.5.19}$$

式中,R_1 为空心包体内半径,mm;R_2 为安装小孔半径,mm;G_1,G_2 分别为空心包体材料环氧树脂和岩石的剪切模量,MPa;ν_1,ν_2 分别为空心包体材料和岩石的泊松比;ρ 为电阻应变片在空心包体中的径向距离,mm。

可见 k 系数是与岩石和空心包体材料的弹性模量、泊松比、空心包体的几何形状、钻孔半径等有关的变数,而不是对所有情况都适用的固定数。对于每一次应力解除试验,都必须具体计算该测点的 k 系数值。

计算应力之前,先对岩芯进行室内围压试验或者室内岩石力学试验(当岩芯破碎或者试验条件不允许的时候,可以在测点附近重新取芯测试),可以得到测点附近区域的弹性模量和泊松比,如图 5.5.3 所示。

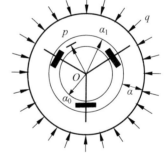

图 5.5.3　围压加载试验示意图

然后再根据空心包体应力计的 k 值计算公式,结合空心包体的相关参数,计算 k 值,如表 5.5.9 所示。

表 5.5.9　k 值求解

岩石力学参数		k 值			
弹性模量/GPa	泊松比	k_1	k_2	k_3	k_4
31.25	0.18	1.168	1.226	1.118	0.8912

根据表 5.5.9 及表 5.5.8 中的温度修正后的真实应变值,代入计算公式,通过坐标公式的转换得到最大水平主应力、最小水平主应力以及垂直应力的大小、方向和倾角,具体值见表 5.5.10。

表 5.5.10　应力值求解

σ_1			σ_2			σ_3		
大小/MPa	方向/(°)	倾角/(°)	大小/MPa	方向/(°)	倾角/(°)	大小/MPa	方向/(°)	倾角/(°)
38.27	−36.82	−18	24.94	−19.34	71	23.11	54.94	−5

根据上表,本次试验获得关于五老峰隧道－900m 处应力的如下结论:

(1) 最大主应力大小为 38.27MPa,走向为北偏西 37°,倾角－18°。最小主应力大小为 23.11MPa,走向为北偏东 55°,倾角－5°。最大与最小主应力(σ_1、σ_3)方向相互垂直,且都近乎水平方向。

(2) 第二主应力大小为 24.94MPa,走向北偏西 19°,倾角 71°。方向接近垂直,因此第二主应力又称垂直应力,数值上大于垂直方向上的岩石重力,所以垂直应力应该是由重力作用和构造作用共同造成的。

(3) 最大主应力的大小为垂直应力的 1.5 倍,说明五老峰隧道右线出口－900m 处的地应力以水平应力为主。

课后习题

1. 岩体原始应力状态与哪些因素有关?

2. 某花岗岩埋深 1km,其上覆盖地层的平均容重 $\gamma=25\mathrm{kN/m^3}$,花岗岩处于弹性状态,泊松比 $\mu=0.3$。该花岗岩在自重作用下的初始垂直应力和水平应力分别为多少?

3. 简述地应力测量的重要性。

4. 简述地壳浅部地应力分布的基本规律。

5. 地应力测量方法分哪两类? 两类的主要区别是什么? 每类包括哪些主要测量技术?

6. 简述水压致裂法的基本测量原理、主要测量步骤和优缺点。

7. 简述套孔应力解除法的基本测量原理和主要测试步骤。

8. 简述声发射法的主要测试原理。

9. 简述 USBM 孔径变形计的基本工作原理。

10. 简述孔壁应变计的基本工作原理。

11. 简述空心包体应变计的基本工作原理。

12. 空心包体应变计与孔径变形计、孔底应变计及孔壁应变计相比,主要有哪些优点?

13. 简述实心包体应变计的基本工作原理。

14. 实心包体应变计与刚性包体应力计的主要区别是什么?

15. 从环境温度对地应力测量结果的影响论述地应力解除测量中温度补偿技术的重要性。

第6章 → Chapter 6
岩石地下工程

岩石地下工程是在地下岩石中开挖或修建的各种构筑物,包括矿山巷道、铁路及公路隧道、水工隧洞、地下发电站厂房、地下铁道及地下停车场、地下储油库及储气库、地下军事工程以及地下核废料密闭储藏库等,其共同特点是在岩体内开挖出具有一定横断面面积和尺寸的硐室。

在岩石地下工程中,受开挖作用影响使应力状态发生改变的周围岩体,称作围岩。岩体未进行扰动时,内部应力处于平衡状态,也称作原始应力状态。从原始地应力场变化至新的平衡应力场的过程称为应力重分布,围岩中重新分布后的应力称为二次应力,也叫围岩应力或诱发应力。若围岩中的次生应力未超过岩体自身强度,则围岩处于自然稳定状态;否则围岩将发生破坏,产生冒顶、片帮以及底板鼓起等现象。

因此,在进行岩石地下工程的稳定性分析时,应首先根据工程所在的岩体天然应力状态确定岩体开挖后围岩中应力重分布的大小和特点;其次对围岩应力与围岩变形及强度之间的相互关系进行研究;最终确定围岩压力与围岩抗力的大小和分布情况,以此作为岩石地下工程设计与施工的重要依据。为此,本章将主要讨论地下工程围岩重分布应力、围岩压力计算与控制、地下工程施工及监测等问题。

6.1 地下工程围岩应力状态解析

围岩应力解析法是指采用数学力学的计算取得闭合解的方法来求解地下工程围岩应力问题。当地下工程围岩能够自稳时,围岩状态一般都处于全应力-应变曲线的峰前段,可以认为此时岩体属于变形体范畴,故通常采用变形体力学的方法研究;当岩体的应力不超过弹性范围时用弹性力学方法,否则宜用弹塑性力学或损伤力学的方法进行研究。当岩体应力超过峰值应力时,围岩就会进入全应力-应变曲线的峰后段,岩体可能发生刚体滑移或处于张裂状态,此时变形体力学的方法则不再适用,需采取其他方法,如块体力学或一些初等力学方法。

实际硐室开挖后二次应力状态受岩体性质、开挖形状、初始应力场以及施工方式等因素的影响。利用解析法求解二次应力状态时,需进行如下假设:

(1)围岩为连续、均质、各向同性介质。

(2)围岩为线性弹性,无蠕变或塑性变形。

(3)巷道为无限长,断面形状和尺寸保持不变,符合平面应变条件。

(4)符合深埋条件,即埋深 H 与巷道半径之比大于 20。

(5)忽略计算单元的自重,即不计巷道开挖引起的重力变化。

6.1.1 围岩二次应力状态的弹性分布

1. 圆形硐室

在距地表深 H 处开挖一半径为 a 的圆形硐室,且 $H \gg a$,水平荷载对称于竖轴,竖向荷载对称于横轴。该问题可视为双向受压无限板孔口应力分布问题,如图 6.1.1 所示。

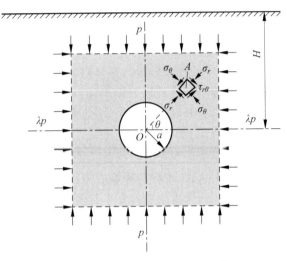

图 6.1.1　圆形硐室围岩应力状态

该解析由德国工程师基尔希(G. Kirsch)于 1898 年首次解出。在距圆形硐室中心 r 处取单元体 $A(r, \theta)$(θ 为 OA 与水平轴的夹角),A 点的应力为

$$\begin{cases} \sigma_r = \dfrac{1}{2}(1+\lambda)p\left(1-\dfrac{a^2}{r^2}\right) + \dfrac{1}{2}(\lambda-1)p\left(1-4\dfrac{a^2}{r^2}+3\dfrac{a^4}{r^4}\right)\cos2\theta \\[2mm] \sigma_\theta = \dfrac{1}{2}(1+\lambda)p\left(1+\dfrac{a^2}{r^2}\right) - \dfrac{1}{2}(\lambda-1)p\left(1+3\dfrac{a^4}{r^4}\right)\cos2\theta \\[2mm] \tau_{r\theta} = \dfrac{1}{2}(1-\lambda)p\left(1+2\dfrac{a^2}{r^2}-3\dfrac{a^4}{r^4}\right)\sin2\theta \end{cases} \quad (6.1.1)$$

式中,σ_r 为径向应力;σ_θ 为环向应力;$\tau_{r\theta}$ 为剪应力;p 为作用在岩体上的初始垂直应力;λp 为作用在岩体上的初始水平应力;λ 为侧压力系数。

由此可知,硐室围岩应力分布与 p、λ、a、r 及 θ 有关。以下分别对硐室周边及围岩内应力分布特征进行讨论。

1) 深埋圆形硐室周边弹性二次应力分布特征

在硐周 $r=a$ 处,根据式(6.1.1)可得

$$\begin{cases} \sigma_r = 0 \\ \sigma_\theta = p(1+2\cos\theta) + \lambda p(1-2\cos\theta) \\ \tau_{r\theta} = 0 \end{cases} \quad (6.1.2)$$

由式(6.1.2)可知,硐周处径向应力 $\sigma_r = 0$,剪应力 $\tau_{r\theta} = 0$,所以环向应力 σ_θ 为主应力。说明地下工程的开挖使硐周从二向(或三向)应力状态变成单向(或二向)应力状态。

定义应力集中系数 K 为环向应力 σ_θ 与初始垂直应力 p 之比,或径向应力 σ_r 与初始垂直应力 p 之比,以评价应力集中的程度。环向应力集中系数 $K = 1 + 2\cos2\theta + \lambda(1 - 2\cos2\theta)$,分别将不同的 λ 值($\lambda = 0, 1/3, 1/2, 1$ 和 $\lambda = 1, 2, 3, 4$)代入式(6.1.2),可得环向应力集中系数的分布形态如图 6.1.2 所示。

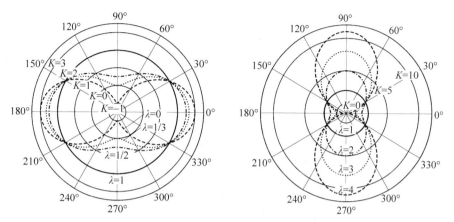

图 6.1.2　不同侧压系数下圆形硐室周边环向应力集中系数分布形态

(1) 当 $\lambda = 0$ 时,硐室顶部出现最大环向拉应力,拉应力的分布区域为垂直轴±30°范围内;随着 λ 的增加,顶部环向拉应力值及范围逐渐减小。

(2) 当 $\lambda = 1/3$ 时,硐室顶部环向应力变为零;当 $1/3 < \lambda < 1$ 时,硐室顶部环向应力皆为压应力;在侧壁范围内,环向应力均为压应力,且均大于硐室顶部应力值。

(3) 当 $\lambda = 1$ 时,硐周二次应力分布与 θ 无关,呈轴对称分布,各点应力相等,出现等压力环,该值为 $2p$,该应力状态对圆形硐室的稳定是最有利的。

(4) 当 $1 < \lambda < 3$ 时,硐室周边应力均为压应力,且硐室顶部应力值大于侧壁应力值;当 $\lambda = 3$ 时,硐室侧壁环向应力为零。

(5) 当 $\lambda > 3$ 时,硐室顶部应力均为压应力,硐室侧壁应力出现拉应力,且随着 λ 值的增大,侧壁拉应力值及范围逐渐增大。

2) 深埋圆形硐室围岩弹性二次应力分布特征

(1) 当 $\lambda = 1$ 时,围岩处于静水压力状态,由式(6.1.1)可得围岩的应力为

$$\begin{cases} \sigma_r = p\left(1 - \dfrac{a^2}{r^2}\right) \\ \sigma_\theta = p\left(1 + \dfrac{a^2}{r^2}\right) \\ \tau_{r\theta} = 0 \end{cases} \quad (6.1.3)$$

由式(6.1.3)可得,径向应力 σ_r 和环向应力 σ_θ 都随距离 r 变化,如图 6.1.3 所示。

在无支护时,硐周径向应力 $\sigma_r = 0$;随着 r 的增大,σ_r 逐渐加大,在无穷远处 σ_r 趋于原岩

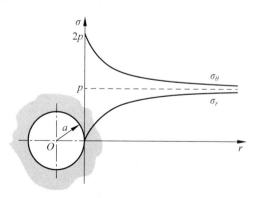

图 6.1.3　侧压系数为 1 时圆形硐室围岩
应力分布曲线

应力 p。在硐周处环向应力 $\sigma_\theta = 2p$；随着 r 的增加，σ_θ 逐渐减小，在无穷远处 σ_θ 也趋近于原岩应力 p。由于 $\tau_{r\theta} = 0$，表明 σ_r 和 σ_θ 均为主应力，在硐周处 $\sigma_\theta - \sigma_r = 2p$，即此处主应力差最大。

（2）当 $\lambda \neq 1$ 时，围岩内的三个应力分量均随 θ 发生变化。以 $\lambda = 0$ 和 $\lambda = 1/3$ 为例，分别代入式（6.1.1），分析围岩应力沿侧壁中点（$\theta = 0$）与硐顶（$\theta = 90°$）两个方向的变化规律（$\tau_{r\theta}$ 均为零）。图 6.1.4、图 6.1.5 分别表示环向应力集中系数和径向应力集中系数随 r/a 的变化，由这两图可知：沿侧壁中点（$\theta = 0$），环向应力 σ_θ 值在硐周处最大，随 r/a 的增加而迅速减小。径向应力 σ_r 在硐室周边均为零，当 $\lambda = 1/3$ 及 $\lambda = 0$ 时，σ_r 随 r/a 先增大后减小，应力均趋于 λp，即接近初始应力状态。

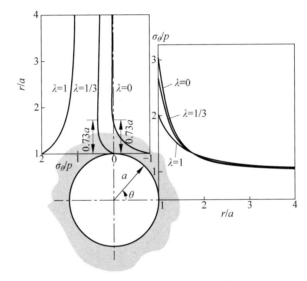

图 6.1.4 σ_θ / p 随 r/a 的变化

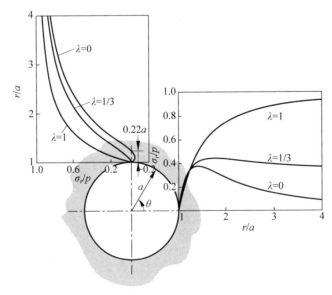

图 6.1.5 σ_r / p 随 r/a 的变化

沿硐顶处（$\theta = 90°$），当 $\lambda = 0$ 时，硐室壁面上的环向应力 σ_θ 为 $-p$，即出现拉应力，该拉应力深入围岩范围约为 $0.73a$，之后转为压应力；当 $\lambda = 1/3$ 时，硐室壁面上的 $\sigma_\theta = 0$，随着离壁面距离的增加，σ_θ 逐渐增大，距离硐周 $0.73a$ 时达到最大值，之后缓慢减小，随着 r/a 增加，σ_θ 逐渐接近于 λp，即接近初始应力状态。对于硐顶的径向应力 σ_r，当 $0 \leqslant \lambda \leqslant 1$ 时，变化大致相同，均由零逐渐增加至 p；当 $\lambda = 0$ 时，围岩首先出现拉应力，该深度约为 $0.22a$，之后转变为压应力状态。

从上述分析可知，地下工程开挖后的二次应力分布影响范围是有限的，对于一般圆形地下工程，其范围大致为 $(3 \sim 5)a$，在此范围之外，围岩处于初始应力状态。

2. 椭圆形硐室

由圆形断面硐室弹性应力分布可以看出，在一定水平应力条件下，硐室周边会出现拉应力，直接影响硐室的稳定性。椭圆形硐室在实际地下工程中应用不多，但存在一些类似椭圆形孔的工程空间，所以研究椭圆形孔周边的应力分布对地下工程的维护有实际意义。

在原岩应力状态下，设椭圆形断面长半轴为 a，短半轴为 b，作用在巷道围岩上的原岩垂直应力为 p，原岩水平应力为 q，巷道周边上任一点的切向应力为 σ_θ，径向应力为 σ_r，剪应力为 $\tau_{r\theta}$。因此椭圆形硐室（如图 6.1.6 所示）周边任一点的应力可利用复变函数进行求解，计算公式为

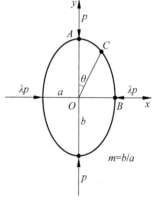

$$\begin{cases} \sigma_\theta = p\,\dfrac{m^2\sin^2\theta + 2m\sin^2\theta - \cos^2\theta}{\cos^2\theta + m^2\sin^2\theta} + \\ \qquad \lambda p\,\dfrac{\cos^2\theta + 2m\cos^2\theta - m^2\sin^2\theta}{\cos^2\theta + m^2\sin^2\theta} \\ \sigma_r = \tau_{r\theta} = 0 \end{cases} \quad (6.1.4)$$

图 6.1.6　椭圆形硐室周边应力示意图

式中，$m = b/a$ 为椭圆轴比；θ 为计算点 C 和椭圆中心的连线与垂直轴的夹角。

1）等应力轴比状态（最佳轴比）

所谓等应力轴比状态就是使硐室周边应力均匀分布时的椭圆长短轴之比。该轴比可通过求式（6.1.4）的极值而得到。

$$\frac{\mathrm{d}\sigma_\theta}{\mathrm{d}\theta} = 0 \quad (6.1.5)$$

由式（6.1.5）可得

$$m = \frac{1}{\lambda} \quad (6.1.6)$$

将此 m 值代入式（6.1.4），可得

$$\sigma_\theta = p + \lambda p = \text{const.} \quad (6.1.7)$$

由上式可知 σ_θ 与 θ 无关，即硐室周边应力处处相等，故式（6.1.6）中 m 值即为等应力轴比。采用等应力轴比所确定的硐室断面为工程设计所追求的最佳状态。等应力轴比与初

始应力的绝对值无关,只与 λ 值有关,如下所示:

(1) λ=1 时,m=1,a=b,最佳断面为圆形(圆是椭圆的特例)。

(2) λ=1/2 时,m=2,b=2a,最佳断面为 b=2a 的竖椭圆。

(3) λ=2 时,m=1/2,a=2b,最佳断面为 a=2b 的横(卧)椭圆。

2) 零应力(无拉应力)轴比状态

地下工程岩体抗拉强度最弱,当不能满足等应力轴比状态时,可寻求零应力(无拉应力)轴比。硐室周边各点对应的零应力轴比各不相同,通常首先满足硐顶和侧壁中点的零应力轴比。

(1) 对于硐顶 A,有 $\theta=0$,$\sin\theta=0$,$\cos\theta=1$,代入式(6.1.4)得

$$\sigma_\theta = -p + \lambda p(1+2m) \tag{6.1.8}$$

当 λ>1 时,$\lambda p(1+2m) > p$ 恒成立,不会出现拉应力;当 λ<1 时,无拉应力出现的条件为 $\lambda p(1+2m) \geqslant p$,整理可得无拉应力轴比为

$$m \geqslant \frac{1-\lambda}{2\lambda} \quad (\lambda < 1) \tag{6.1.9}$$

上式取等号时即为零应力轴比。

(2) 对于侧壁中点 B,有 $\theta=90°$,$\sin\theta=1$,$\cos\theta=0$,代入式(6.1.4)得

$$\sigma_\theta = p\left(1+\frac{2}{m}\right) - \lambda p \tag{6.1.10}$$

当 λ<1 时,$p\left(1+\dfrac{2}{m}\right) > \lambda p$ 恒成立,不会出现拉应力;当 λ>1 时,无拉应力出现的条件为 $p\left(1+\dfrac{2}{m}\right) \geqslant p$,整理可得无拉应力轴比为

$$m \leqslant \frac{2}{\lambda-1} \quad (\lambda > 1) \tag{6.1.11}$$

上式取等号时即为零应力轴比。

总之,要结合工程条件选择硐室断面形状,避免出现拉应力。当 λ<1 时,应考虑硐顶处,使之不出现拉应力;当 λ>1 时,应考虑侧壁中点,使其不出现拉应力。

3. 矩形硐室

在岩石地下工程中,经常会遇到一些非圆形硐室,例如矩形、梯形或不规则形状,相较于圆形和椭圆形硐室,该类硐室往往具有应力分布不均匀、容易破坏等缺点。因此,掌握硐室形状对围岩应力状态的影响规律是至关重要的。

矩形硐室围岩应力求解较为复杂,通常需要运用弹性理论中的复变函数与保角变换,以圆角近似代替矩形硐室的角点,通过映射变换得到围岩应力的近似弹性解。

表 6.1.1 列出了矩形硐室在水平与垂直初始应力作用下的围岩内边界各点环向应力计算系数,边界任意点环向应力的计算示例如下:某矩形硐室宽高比 $a/b=5$,查表 6.1.1,硐室顶部中点($\theta=90°$)的环向应力计算公式为 $\sigma_\theta = 1.181\lambda p - 0.938p$。

表 6.1.1　矩形硐室在水平与垂直初始应力作用下围岩内边界各点环向应力计算系数

θ	a/b=5		a/b=3.2		a/b=1.8		a/b=1		附图
	λp	p	λp	p	λp	p	λp	p	
0	−0.743	2.380	−0.753	2.043	−0.831	1.886	−0.936	1.763	
10°	0.127	7.774	−0.831	2.814	−0.829	1.970	−0.910	1.727	
20°	1.248	−0.911	1.758	−0.678	−0.802	2.493	−0.851	1.657	
25°	1.242	−0.940	1.340	−0.836	−0.460	3.747	−0.819	1.642	
30°	1.230	−0.948	1.289	−0.868	−3.924	1.294	−0.791	1.673	
35°	1.219	−0.948	1.282	−0.890	1.721	−0.767	−0.768	1.821	
45°	1.209	−0.947	1.285	−0.906	1.437	−0.790	−0.676	2.440	
50°	1.202	−0.945	1.290	−0.919	1.377	−0.807	4.480	4.480	
90°	1.181	−0.938	1.312	−0.953	1.541	−0.972	1.763	−0.936	

由表 6.1.1 可得以下结论：

(1) 当 $\lambda=0$ 时，各种宽高比的顶部中点都出现拉应力，为最不利情况。

(2) 各种宽高比顶部中点恰不出现拉应力的 λ 值见表 6.1.2。

表 6.1.2　顶部中点恰不出现拉应力的 λ 值

a/b	5.0	3.2	1.8	1.0
λ	0.938/1.181=0.79	0.953/1.312=0.73	0.972/1.541=0.63	0.936/1.763=0.53

图 6.1.7 分别给出 $\lambda=1$ 及 $\lambda=0.4$ 时，$a/b=1.8$ 的矩形断面硐室周边环向应力分布。从图中可以看出：

(1) 顶底板中点水平应力在巷道周边出现拉应力，越往围岩内部，应力逐渐由拉应力转化为压应力，并趋于原岩应力 q；

(2) 顶底板中点垂直应力在巷道周边为 0，越往围岩内部，应力越大，并趋于原岩应力 p；

(3) 两帮中点水平应力在巷道周边为 0，越往围岩内部，应力越大，并趋于原岩应力 q；

(4) 两帮中点垂直应力在巷道周边最大，越往围岩深部应力逐渐减小，并趋于原岩应力 p；

(5) 巷道四角处应力集中最大，其大小与曲率半径有关。曲率半径越小，应力集中越大，在角隅可达 6~8。

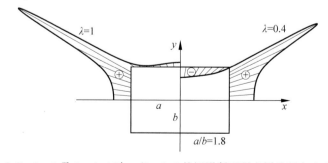

图 6.1.7　$\lambda=1$ 及 $\lambda=0.4$ 时，$a/b=1.8$ 的矩形断面硐室周边环向应力分布

6.1.2 围岩二次应力状态的弹塑性分布

大多数岩体往往受结构面切割的影响,整体性丧失,强度降低,在应力重分布作用下,很容易发生塑性变形使得原有物性状态发生改变。由弹性围岩重分布应力特点可知,地下工程开挖形成硐室后,如果围岩应力小于岩体的屈服极限,则围岩处于弹性状态,硐室无需支护即可处于稳定状态。若围岩应力超过岩体屈服极限,围岩由弹性状态转变为塑性状态。塑性圈岩体的基本特点是裂隙增多,黏聚力、内摩擦角和变形模量值降低。而弹性圈围岩仍保持原岩强度,其应力-应变关系仍服从胡克定律。

塑性区应力状态的解析解,只适用于在连续、均质、各向同性且 $\lambda = 1$ 的岩体中开挖圆形硐室。塑性区应满足平衡方程和塑性条件,弹性区应满足平衡方程及弹性条件,在弹、塑性区交界处,应同时满足塑性条件和弹性条件。为区别塑性区应力与弹性区应力,上角标 p 表示塑性区应力,上角标 e 表示弹性区应力。

1. 平衡方程

为求解塑性圈内重分布应力,假设开挖圆形断面,$\lambda = 1$,在塑性区内径向距离 r 处取一微分体 $ABCD$,作用在微分体 $ABCD$ 上的应力有径向应力 σ_r 和 $\sigma_r + \mathrm{d}\sigma_r$、切向应力 σ_θ。根据图 6.1.8 所示受力状态,轴对称条件下,不考虑体力时,塑性区沿径向的平衡方程为

$$\frac{\sigma_\theta^{\mathrm{p}} - \sigma_r^{\mathrm{p}}}{r} - \frac{\mathrm{d}\sigma_r^{\mathrm{p}}}{\mathrm{d}r} = 0 \tag{6.1.12}$$

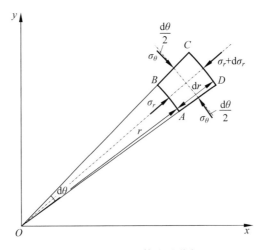

图 6.1.8 微元体力学分析

2. 塑性条件

围岩出现塑性区后,塑性区内的岩体既应满足连续条件和平衡微分方程,也应满足塑性条件。所谓塑性条件,即当岩体中应力满足此条件时,岩体便呈现塑性状态。根据莫尔-库仑强度理论,σ_r^{p} 和 $\sigma_\theta^{\mathrm{p}}$ 应满足下式:

$$\sigma_\theta^{\mathrm{p}} = \frac{1 + \sin\varphi}{1 - \sin\varphi}\sigma_r^{\mathrm{p}} + \frac{2c\cos\varphi}{1 - \sin\varphi} \tag{6.1.13}$$

3. 塑性区二次应力分析

塑性区的岩体应力应同时满足式(6.1.12)和式(6.1.13),即两个方程式求解两个未知数,因此不必借用几何方程即静定求解。将式(6.1.13)代入式(6.1.12),得

$$2(c\cot\varphi + \sigma_r^p)\frac{\sin\varphi}{1-\sin\varphi}dr = rd\sigma_r^p \tag{6.1.14}$$

整理得

$$2(c\cot\varphi + \sigma_r^p)\frac{\sin\varphi}{1-\sin\varphi}\frac{1}{r} - \frac{d\sigma_r^p}{dr} = 0 \tag{6.1.15}$$

分离变量,解微分方程

$$\frac{d\sigma_r^p}{c\cot\varphi + \sigma_r^p} = \frac{2\sin\varphi}{1-\sin\varphi}\frac{dr}{r} \tag{6.1.16}$$

两边积分

$$\int\frac{d\sigma_r^p}{c\cot\varphi + \sigma_r^p} = \frac{2\sin\varphi}{1-\sin\varphi}\int\frac{dr}{r} \tag{6.1.17}$$

$$\ln(c\cot\varphi + \sigma_r^p) = \frac{2\sin\varphi}{1-\sin\varphi}\ln r + A \tag{6.1.18}$$

求解积分常数 A

在有支护条件下,当 $r=a$(硐室半径)时,σ_r^p 应等于支护力 p_i,因此有

$$A = \ln(c\cot\varphi + p_i) - \frac{2\sin\varphi}{1-\sin\varphi}\ln a \tag{6.1.19}$$

将式(6.1.19)代入式(6.1.18),得

$$\ln(c\cot\varphi + \sigma_r^p) = \frac{2\sin\varphi}{1-\sin\varphi}\ln r + \ln(c\cot\varphi + p_i) - \frac{2\sin\varphi}{1-\sin\varphi}\ln a$$
$$= \ln\left[\left(\frac{r}{a}\right)^{\frac{2\sin\varphi}{1-\sin\varphi}}(p_i + c\cot\varphi)\right] \tag{6.1.20}$$

则

$$c\cot\varphi + \sigma_r^p = (p_i + c\cot\varphi)\left(\frac{r}{a}\right)^{\frac{2\sin\varphi}{1-\sin\varphi}} \tag{6.1.21}$$

整理得

$$\sigma_r^p = (p_i + c\cot\varphi)\left(\frac{r}{a}\right)^{\frac{2\sin\varphi}{1-\sin\varphi}} - c\cot\varphi \tag{6.1.22}$$

将式(6.1.22)代入式(6.1.13),得

$$\sigma_\theta^p = \left(\frac{1+\sin\varphi}{1-\sin\varphi}\right)(p_i + c\cot\varphi)\left(\frac{r}{a}\right)^{\frac{2\sin\varphi}{1-\sin\varphi}} - c\cot\varphi \tag{6.1.23}$$

根据式(6.1.22)和式(6.1.23)可知,塑性区的切向应力与原岩应力无关,这是极限平衡问题的特点之一。

4. 塑性区半径

根据弹性区与塑性区交界处应力相等的条件,即同时满足二者时,可求得塑性区半径 R_p。

弹性区应力按弹性理论中厚壁圆筒公式求得,如图 6.1.9 所示。将弹性区视为半径无穷大的厚壁筒,外界面上作用有原岩应力 p,内界面为塑性区与弹性区的接触应力 σ_R。当 $\lambda = 1$ 时,其应力公式为

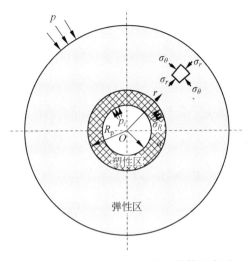

$$\begin{cases} \sigma_r^e = p\left(1 - \dfrac{R_p^2}{r^2}\right) + \sigma_R\,\dfrac{R_p^2}{r^2} \\[3mm] \sigma_\theta^e = p\left(1 + \dfrac{R_p^2}{r^2}\right) - \sigma_R\,\dfrac{R_p^2}{r^2} \end{cases} \tag{6.1.24}$$

式(6.1.24)为在硐室周边有塑性区产生时,弹性区内任意一点的应力公式。在弹性区、塑性区交界处,径向应力与环向应力之和始终为 $2p$。所以当 $r = R_p$ 时,将式(6.1.24)中的两式相加,可得

图 6.1.9　弹性区、塑性区半径计算示意图

$$\sigma_\theta^e + \sigma_r^e = 2p \tag{6.1.25}$$

而将式(6.1.22)和式(6.1.23)相加,可得

$$\sigma_\theta^p + \sigma_r^p = \frac{2(p_i + c\cot\varphi)}{1 - \sin\varphi}\left(\frac{R_p}{a}\right)^{\frac{2\sin\varphi}{1-\sin\varphi}} - 2c\cot\varphi \tag{6.1.26}$$

式(6.1.25)应与式(6.1.26)相等,故有

$$\frac{2(p_i + c\cot\varphi)}{1 - \sin\varphi}\left(\frac{R_p}{a}\right)^{\frac{2\sin\varphi}{1-\sin\varphi}} - 2c\cot\varphi = 2p \tag{6.1.27}$$

化简后得

$$R_p = a\left[\frac{p + c\cot\varphi}{p_i + c\cot\varphi}(1 - \sin\varphi)\right]^{\frac{1-\sin\varphi}{2\sin\varphi}} \tag{6.1.28}$$

式(6.1.22)、式(6.1.23)及式(6.1.28)称为卡斯特奈(H. Kastner)公式或修正芬纳(R. Fenner)公式。它与芬纳公式的区别在于:芬纳公式忽略了弹性、塑性边界处的黏聚力 c。

令 $r = R_p$,将式(6.1.28)代入式(6.1.22),可得弹性、塑性边界处的径向接触应力为

$$\sigma_R = p(1 - \sin\varphi) - c\cos\varphi \tag{6.1.29}$$

令 $c = 0$,可得芬纳公式中弹性、塑性边界处的径向接触应力:

$$\sigma_R = p(1 - \sin\varphi) \tag{6.1.30}$$

将式(6.1.30)代入式(6.1.22),可求得芬纳公式的塑性区半径为

$$R_p = a\left[\frac{p(1 - \sin\varphi) + c\cot\varphi}{p_i + c\cot\varphi}\right]^{\frac{1-\sin\varphi}{2\sin\varphi}} \tag{6.1.31}$$

对比式(6.1.28)与式(6.1.31)可知,考虑弹性、塑性边界的岩体黏聚力时,其塑性区半径将有所减小。

无论芬纳公式还是修正芬纳公式,均未考虑塑性区内岩体抗剪强度指标 c、φ 劣化。若岩体破裂后仅考虑摩擦强度,忽略黏聚力,则式(6.1.13)变为

$$\sigma_\theta^p = \frac{1 + \sin\varphi^f}{1 - \sin\varphi^f}\sigma_r^p \tag{6.1.32}$$

式中,φ^f 为破裂区岩体的内摩擦角。

将前述推导过程中式(6.1.13)替换为式(6.1.32),可得破裂区半径:

$$R_d = a\left[\frac{p(1-\sin\varphi)-c\cos\varphi}{p_i}\right]^{\frac{1-\sin\varphi^f}{2\sin\varphi^f}} \tag{6.1.33}$$

与式(6.1.28)、式(6.1.31)相比,破裂区半径对支护力 p_i 的变化响应更为敏感,一般而言,当支护力 p_i 较小时,式(6.1.33)所得破裂区半径大于式(6.1.28)、式(6.1.31)所得塑性区半径。

由式(6.1.28)、式(6.1.31)和式(6.1.33)可得以下几点结论:

(1)巷道所在处的原岩应力 p 越大,巷道埋藏越深,则塑性区的范围越大。

(2)支架对围岩的支护力 p_i 越大,塑性区的范围越小,如果不架设支架,即 $p_i=0$ 时,则巷道围岩中塑性区最大。

(3)岩体强度指标 c、φ 值越小,岩体的强度越低,则塑性区越大。

(4)硐室半径 a 越大,塑性区半径 R_p 也越大,两者成正比关系。

5. 弹性区二次应力

根据中厚壁圆筒公式,将式(6.1.28)中 R_p 和式(6.1.29)中 σ_R 代入式(6.1.24)可得弹性区的应力为

$$\begin{cases} \sigma_\theta^e = p + (c\cos\varphi + p\sin\varphi)\left[\frac{(p+c\cot\varphi)(1-\sin\varphi)}{p_i+c\cot\varphi}\right]^{\frac{1-\sin\varphi}{\sin\varphi}}\left(\frac{a}{r}\right)^2 \\ \sigma_r^e = p - (c\cos\varphi + p\sin\varphi)\left[\frac{(p+c\cot\varphi)(1-\sin\varphi)}{p_i+c\cot\varphi}\right]^{\frac{1-\sin\varphi}{\sin\varphi}}\left(\frac{a}{r}\right)^2 \end{cases} \tag{6.1.34}$$

6. 围岩应力变化规律

图 6.1.10 绘出了从硐室周边沿径向方向上各点的应力变化规律。可以看出,当围岩进入塑性状态时,环向应力 σ_θ 的最大值从硐室周边转移到弹性区、塑性区的交界处。随着向岩体内部延伸,围岩应力逐渐恢复到原岩应力状态。由于塑性区的出现,环向应力 σ_θ 从弹性区、塑性区的交界处到硐室周边逐渐降低,而径向应力 σ_r 则逐渐增大,最终恢复至原岩应力状态。

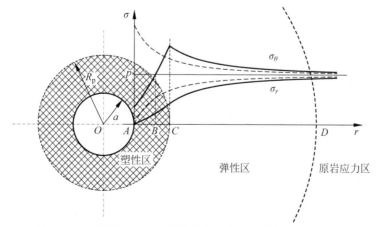

图 6.1.10 围岩二次应力弹性分布与弹塑性分布规律($p_i=0$)

根据围岩应力分布状态,可将硐室周围岩体由浅入深分为 4 个区域,见表 6.1.3。

表 6.1.3　硐室围岩应力分区

按围岩变形划分		按围岩应力状态划分
塑性变形区(AC)	应力松弛区(AB)	应力降低区
	塑性强化区(BC)	应力升高区(承载区)
弹性变形区	弹性变形区(CD)	
	原岩状态区(AD 以外)	原岩应力区

(1)应力松弛区(AB),此区内岩体已被裂隙切割,靠近硐室周边破坏最为严重,岩体强度明显降低,其黏聚力 c 趋于零,内摩擦角 φ 亦有所降低。因区域内岩体应力低于原岩应力,故也称应力降低区,但岩体尚保持完整,未发生冒落。

(2)塑性强化区(BC),此区内岩体呈塑性状态,但具有较高的承载能力,岩体内应力大于原岩应力,岩体处于塑性强化状态,故称作塑性强化区。

(3)弹性变形区(CD),此区内岩体在二次应力作用下仍处于弹性变形状态,各点应力均大于原岩应力,并随着远离硐室的方向逐步恢复至原岩应力状态。

(4)原岩状态区(AD 以外的区域),此区内岩体未受开挖影响,岩体仍处于原岩应力状态。

6.1.3　地下工程围岩稳定性判别

天然岩体经历了长期的构造运动,发育有各种定向和非定向的软弱结构面,而岩体的强度、变形和破坏又主要由这些软弱结构面控制,因此,研究围岩的变形和破坏不可忽视各类岩体的具体破坏情况。实际调查表明,硐室围岩破坏的形式可归纳为如下几种基本形态。

1. 拉破坏

由围岩二次应力分布特征可知,当岩体侧压力系数 $\lambda < 1/3$ 时,硐室顶部、底部处于单向受拉状态,若顶、底板的拉应力大于围岩的抗拉强度 σ_t,则围岩发生破坏。判别条件为

$$\sigma_\theta \leqslant \sigma_t \tag{6.1.35}$$

2. 压剪破坏

1)基于莫尔-库仑强度准则

在较大初始应力或复杂应力作用下,完整岩体中的硐室围岩将会发生剪切破坏,一般可采用莫尔-库仑强度理论作为破坏判据,即

$$\tau = c + \sigma \tan\varphi \tag{6.1.36}$$

莫尔-库仑强度准则用主应力表示为

$$\sigma_1 = \sigma_3 \frac{1 + \sin\varphi}{1 - \sin\varphi} + \frac{2c\cos\varphi}{1 - \sin\varphi} \tag{6.1.37}$$

当围岩中某点的最大主应力 σ_1 和最小主应力 σ_3 满足上述关系时,该点将发生剪切破坏。通过前述分析可知,破坏的危险点在围岩的内边界上,对于无支护地下工程(或支护前),围岩内边界最大环向应力 $\sigma_{\theta\max}$ 为最大主应力,径向应力 $\sigma_r = 0$ 为最小主应力,由式(6.1.37)得

$$\sigma_{\theta\max} < \frac{2c\cos\varphi}{1-\sin\varphi} = \sigma_c \qquad (6.1.38)$$

式中，$\sigma_{\theta\max}$ 为围岩内边界最大环向应力，可通过理论计算或实测得到；σ_c 为单轴抗压强度。

当满足上式关系时，围岩不会发生破坏。否则，围岩将在最大环向应力 $\sigma_{\theta\max}$ 的危险点破坏。

2）基于霍克-布朗强度准则

霍克(E. Hoek)和布朗(E. T. Brown)基于大量岩石(岩体)抛物线型破坏包络线的系统研究结果，提出了岩石破坏经验判据，即

$$\sigma_1 = \sigma_3 + \sigma_c\left(m_b\frac{\sigma_3}{\sigma_c} + s\right)^a \qquad (6.1.39)$$

式中，σ_1 为破坏时最大有效主应力；σ_3 为破坏时最小有效主应力；σ_c 为岩块单轴抗压强度；m_b、s、a 为表示岩体特性的半经验参数，取值依据详见 4.4 节。

当围岩中某点的应力状态满足式(6.1.37)时，岩石达到临界稳定状态。采用霍克-布朗强度准则对岩体稳定性进行判断，令 $\sigma_3=0$，可得岩体的单轴抗压强度为

$$\sigma_{mc} = \sigma_c s^a \qquad (6.1.40)$$

当围岩应力小于岩体的单轴抗压强度，围岩不会发生破坏。

6.2 地压计算与控制

6.2.1 塑性形变压力计算

塑性形变压力是由于围岩产生塑性变形而施加给支护体的压力，这是最常见的一种围岩形变压力。一般来说，围岩产生的塑性变形具有随时间增长而增强的特点，若不及时进行支护，则会引起围岩失稳破坏，形成较大的围岩压力。为求得塑性形变压力，应首先得知硐室开挖后周边围岩的塑性形变量，继而根据支护力与位移的关系进行求解。

1. 塑性区位移

现以 $\lambda=1$ 的圆形硐室为例，说明塑性区位移的求解方法，由于支护抗力与围岩压力相等，故 p_i 表示支护力，同时 p 表示围岩压力。硐室开挖后，弹性区内边界将随塑性区的产生向围岩深处扩展，根据弹性力学理论，塑性区半径 R_p 可看作弹性区内边界，而外边界则可视为无穷大的厚壁筒，在弹性边界处的位移表达式为

$$u_R = \frac{1+\nu}{E}(p-\sigma_R)R_p \qquad (6.2.1)$$

式中，ν 为泊松比；E 为弹性模量。

在上式中，只有径向接触应力 σ_R 未知，因此将式(6.1.29)代入式(6.2.1)可得

$$u_R = \frac{(1+\nu)R_p}{E}(p\sin\varphi + c\cos\varphi) \qquad (6.2.2)$$

此时，认为塑性区位移前后体积保持不变，如图 6.2.1 所示，实线表示位移前的体积，虚线表示位移后的体积，u_R 为弹性区界面上的位移，u_a 为硐室周边的位移，故建立下式

$$\pi(R_p^2 - a^2) = \pi\left[(R_p - u_R)^2 - (a - u_a)^2\right] \qquad (6.2.3)$$

展开上式,由于 u_R 和 u_a 均很小,所以略去高阶微量化简后可得

$$u_a = \frac{R_p}{a} u_R \qquad (6.2.4)$$

将式(6.2.2)代入上式得轴对称条件下的硐室周边位移为

$$u_a = \frac{(1+\nu)R_p^2}{Ea}(p\sin\varphi + c\cos\varphi) \qquad (6.2.5)$$

上述计算是在轴对称条件下取得的,虽然不可直接应用于其他条件下的位移计算,但从支护与围岩共同作用理论分析实际问题具有一定意义。

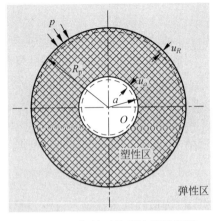

图 6.2.1　塑性区体积计算示意图

2. 塑性形变压力计算

令 $I = \frac{1+\nu}{E}(p\sin\varphi + c\cos\varphi)$,并称 I 为位移系数。将 I 代入式(6.2.5)得

$$\frac{u_a}{a} = I\left(\frac{R_p}{a}\right)^2 \qquad (6.2.6)$$

$$\frac{a}{R_p} = \sqrt{\frac{Ia}{u_a}} \qquad (6.2.7)$$

根据弹性区与塑性区交界面处应力相等的条件,可得支护力与塑性区半径的关系

$$p_i = (p + c\cot\varphi)(1 - \sin\varphi)\left(\frac{a}{R_p}\right)^{\frac{2\sin\varphi}{1-\sin\varphi}} - c\cot\varphi \qquad (6.2.8)$$

由式(6.2.8)可知,硐室开挖后,塑性形变压力的大小不仅取决于塑性区半径的大小,还取决于岩体初始应力状态。当 R_p 增大时,塑性形变压力减小,原因是硐室开挖后二次应力场与塑性区的形成是一个不断变化的过程,塑性区半径越大,岩体产生的塑性变形量越大,能量释放越多。此时进行支护,作用在支护结构上的塑性形变压力只是剩余变形量所产生的,前期释放能量不会对支护结构造成影响,因此塑性形变压力随塑性区半径的增大而减小。

将式(6.2.7)代入式(6.2.8),得

$$p_i = (p + c\cot\varphi)(1 - \sin\varphi)\left(\frac{Ia}{u_a}\right)^{\frac{\sin\varphi}{1-\sin\varphi}} - c\cot\varphi \qquad (6.2.9)$$

式(6.2.9)为塑性区支护力-位移表达式(也称为修正芬纳公式),将用于收敛-约束法的支护结构设计。

6.2.2　松动压力计算

松动围岩压力,是指松动塌落岩体重力所引起的直接作用在支护上的压力。开挖硐室所引起的围岩松动和破坏范围有的可达地表,有的影响范围较小。当埋深超过一定限值后,开挖往往会导致硐顶岩体的塌落而形成一个有限范围的破裂区,通常称为自然拱,此时松动压力即为该自然拱内的岩体自重,其大小取决于自然拱的边界,与硐室埋深无关。当埋深较

浅时,开挖影响将波及地面而不能形成自然拱,此时硐室两侧可能形成滑动面并连通至地表而发生坍陷,松动压力即为滑动岩体自重与两侧滑动面摩擦力之差,其大小与埋深直接相关。

1. 普氏理论

普氏理论由俄国学者普罗托吉雅柯诺夫(М. М. Протодьяконов)于1907年提出,他认为岩体内存在很多大大小小的裂缝、层理、结构面等软弱结构面,这些纵横交错的软弱面将岩体割裂成各种大小的块体,从而破坏了岩石的整体性。与整个地层相比,被软弱面割裂而成的岩块几何尺寸较小。因此,可以把硐室周围的岩石看作没有黏聚力的块状散粒体,对于岩石实际存在的黏聚力,可用增大内摩擦因数的方法来补偿,这个增大的内摩擦因数被称为岩石坚固系数,用 f 表示。通常情况下,硐室开挖后,顶部岩石坍落形成压力拱需要一定时间,而实际施工支护时不会等待压力拱完全形成,所以作用于支护上的垂直压力可以认为是压力拱与支护之间的岩石质量,而与拱外岩体无关。因此,正确决定压力拱的形状,则成为计算围岩压力的关键。

1) 压力拱形状及拱高

首先确定自然平衡拱拱轴线方程的表达式,然后求出硐顶到拱轴线的距离,以计算平衡拱内岩体的自重。如图 6.2.2 所示,在拱轴线上任取一点 $E(x,y)$,根据拱轴线不能承受拉应力的条件,所有外力对 E 点的弯矩为零,即

$$\begin{cases} \sum M = 0 \\ Ty - \sigma_{\mathrm{v}} x^2 / 2 = 0 \end{cases} \tag{6.2.10}$$

式中,σ_{v} 为拱轴线上部岩体的自重所产生的均布荷载;T 为平衡拱拱顶截面的水平推力;x、y 分别为 E 点的 x、y 轴坐标。

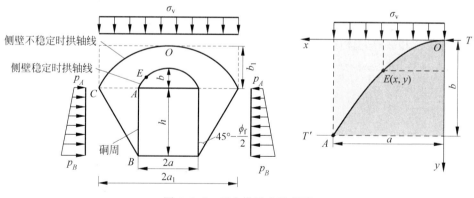

图 6.2.2 压力拱受力示意图

由静力平衡条件可知,上述方程中的水平推力 T 与作用在拱脚的水平推力 T' 大小相等、方向相反,即 $T = T'$。

为了保证拱在水平方向有足够的稳定性,水平推力 T' 必须满足下列要求:

$$T' \leqslant fa\sigma_{\mathrm{v}} \tag{6.2.11}$$

作用在拱脚处的水平推力必须小于或者等于垂直反力产生的最大摩擦力,以保持拱脚

稳定。普氏取安全系数为 2,得

$$2T' \leqslant f a \sigma_v \tag{6.2.12}$$

代入式(6.2.10)得拱轴线方程:

$$y = \frac{x^2}{af} \tag{6.2.13}$$

显然,式(6.2.13)是一条抛物线,根据此式可求得拱轴线上任意一点的高度。当 $x = a$ 时,可得拱顶高度 b 为

$$b = \frac{a}{f} \tag{6.2.14}$$

式中,a 为硐室宽度的一半;f 为普氏系数,或称岩石坚固系数,其物理意义可理解为增大后的摩擦系数。

2) 硐室顶部松动围岩压力计算

(1) 在坚硬岩体中,硐室侧壁围岩较稳定,自然拱的跨度即为硐室的跨度 $2a$,拱顶总压力为

$$P_v = 2A_1 \gamma \cdot 1 = \frac{4a^2}{3f}\gamma \tag{6.2.15}$$

式中,$A_1 = ab - A_2$;$A_2 = \int_0^a \frac{x^2}{af} \mathrm{d}x = \frac{a^2}{3f}$;$\gamma$ 为围岩容重。

为便于计算支护构件内力,可把抛物线顶部围岩压力近似处理为拱高为 b 的矩形均布围岩压力(偏于安全),则总的顶压为

$$P_v = 2ab\gamma = 2\frac{a^2\gamma}{f} \tag{6.2.16}$$

松动压力的荷载集度为

$$p_v = \frac{P_v}{2a} = \frac{a\gamma}{f} \tag{6.2.17}$$

(2) 在松散和破碎岩体中,硐室侧壁受到扰动而产生滑移,自然拱的跨度也相应增加。如 $f < 2$ 时,硐室开挖后侧壁可能产生向硐室内的滑动失稳,其滑动面与竖直方向夹角为 $45° - \dfrac{\varphi_f}{2}$,如图 6.2.2 所示。此时,压力拱继续扩大为拱跨为 $2a_1$ 的新压力拱,其跨度为

$$2a_1 = 2a + 2h\tan\left(45° - \frac{\varphi_f}{2}\right) \tag{6.2.18}$$

式中,h 为硐室的高度。

此时围岩压力为压力拱内的岩石质量:

$$P_v = 2\int_0^a \frac{\gamma}{f}\left(a_1 - \frac{x^2}{a_1}\right)\mathrm{d}x = \frac{2\gamma a}{3fa_1}(3a_1^2 - a^2) \tag{6.2.19}$$

为计算方便,一般将上覆破碎岩体视为矩形面积,其近似计算为

$$P_v = 2ab_1\gamma = 2a\frac{a_1}{f}\gamma \tag{6.2.20}$$

式中,b_1 为扩大后的压力拱拱高。

则松动压力的荷载集度为

$$p_v = \frac{P_v}{2a} = \frac{a_1\gamma}{f} \tag{6.2.21}$$

3) 侧壁围岩压力

如果硐室两侧岩体不稳定,将沿图6.2.2中BC面滑动。ABC三棱柱体沿BC面向硐室内滑动时对支护产生侧压力,侧压力大小可按土力学中朗肯主动土压力理论进行计算。

A、B两点的侧压力分别为

$$\begin{cases} p_A = p_v \tan^2\left(45° - \dfrac{\varphi_f}{2}\right) \\ p_B = (p_v + \gamma h)\tan^2\left(45° - \dfrac{\varphi_f}{2}\right) \end{cases} \tag{6.2.22}$$

4) 对普氏理论的评述

普氏理论的基本前提是假定巷道围岩为黏聚力很低的松散体,硐室开挖后,巷道顶部能形成稳定的压力拱,这种假设简化了地压的计算。因此,应用普氏理论可使计算巷道压力简化,但存在以下缺点:

(1) 普氏理论把岩体看作松散体,这种假设与多数岩体的实际情况不符,岩体只在某些断裂破碎带或强风化带等处才接近于松散体。

(2) 普氏理论中引进岩石坚固性系数f的概念,而从$f = \tan\varphi + \dfrac{c}{\sigma}$可知,它随应力$\sigma$的变化而变化,故$f$不是岩体本身的特性参数,也无法通过试验确定。

(3) 按照普氏理论,巷道顶压在顶部中央最大,但许多工程的顶压并非如此,最大顶压常偏离拱顶。这些问题显然无法借助普氏理论解释。

(4) 根据普氏理论,巷道压力只与巷道跨度大小有关,而与巷道断面形状、上覆岩层的厚度以及施工方法、施工程序无关,这些都与地下工程实践不完全相符。

因此压力拱理论的适用条件为:①硐室上方的岩石能够形成自然压力拱;②硐室上方要有足够的厚度且有相当稳定的岩体,以承受岩体自重和其上的荷载。因此,能否形成压力拱就成为应用压力拱理论的关键。对于不能形成压力拱的情况,可以采用类似极限平衡方程的方法进行计算。

2. 太沙基理论

太沙基(K. Terzaghi)理论把硐室围岩视为散粒体,硐室开挖后上方围岩将形成卸落拱,如图6.2.3所示。

当硐室形成后侧壁岩体稳定时,下沉仅限于硐顶上的岩体,AD、BC为滑动面,并延伸至地表。当硐室侧壁岩体不稳定时,硐室侧壁将出现与其呈$45° - \dfrac{\varphi}{2}$的倾斜滑动面并垂直延伸至地表,硐室顶部岩体下沉的跨度为

$$2a_1 = 2\left[a + h\tan\left(45° - \frac{\varphi}{2}\right)\right] \tag{6.2.23}$$

在上述柱状岩体距地表z处取厚度为$\mathrm{d}z$的薄层单元体,当薄层向下产生位移时,薄层两侧的摩擦力$\mathrm{d}F$(相当于滑动面上的抗剪强度)将薄层位移的影响传至两侧围岩,从而引起"应力传递"现象。摩擦力可按莫尔-库仑强度准则确定:

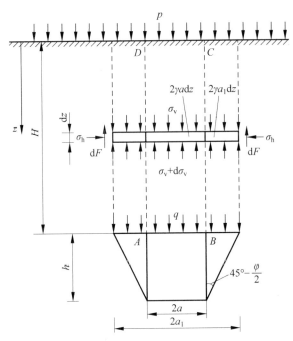

图 6.2.3　太沙基理论计算示意图

注：虚线 AD 与 BC 之间为侧壁岩体稳定状态；虚线 AD 左侧、BC 右侧为侧壁岩体不稳定状态。

$$dF = (c + \sigma_h \tan\varphi)dz = (c + \lambda\sigma_v \tan\varphi)dz \tag{6.2.24}$$

式中，σ_v、σ_h 分别为 z 处的垂直应力与水平应力。

若在地表同时作用有均布荷载 p，根据薄层单元体在垂直方向的平衡条件，可列出以下方程（当侧壁岩体稳定时，计算过程中以 a 代替 a_1）

$$2a_1\sigma_v + 2\gamma a_1 dz = 2a_1(\sigma_v + d\sigma_v) + 2(c + \lambda\sigma_v \tan\varphi)dz \tag{6.2.25}$$

整理后得

$$d\sigma_v = \left(\gamma - \lambda\sigma_v \frac{\tan\varphi}{a_1} - \frac{c}{a_1}\right)dz \tag{6.2.26}$$

考虑边界条件 $z=0$、$\sigma_v = p$，求解上式可得

$$\sigma_v = \frac{\gamma a_1 - c}{\lambda\tan\varphi}\left(1 - e^{-\frac{\lambda\tan\varphi}{a_1}z}\right) + p e^{-\frac{\lambda\tan\varphi}{a_1}z} \tag{6.2.27}$$

当 $z=H$ 时，σ_v 即为作用在硐顶的垂直围岩压力

$$q = \frac{\gamma a_1 - c}{\lambda\tan\varphi}\left(1 - e^{-\frac{\lambda\tan\varphi}{a_1}H}\right) + p e^{-\frac{\lambda\tan\varphi}{a_1}H} \tag{6.2.28}$$

上式表明，地下工程埋深较浅时，松动压力与埋深有关，随着埋深的增大而增大；当埋深较大（$H > 5a_1$）时，式中的指数项趋于零，说明由摩擦力所产生的应力传递作用，使上覆柱状岩体的部分重量传至两侧，垂直应力基本上保持不变，即

$$q = \frac{\gamma a_1 - c}{\lambda\tan\varphi} \tag{6.2.29}$$

对于理想的松散岩土体，$c=0$，则

$$q = \frac{\gamma a_1}{\lambda \tan\varphi} \tag{6.2.30}$$

若令 $\lambda = 1, \tan\varphi = f$,则式(6.2.30)与普氏理论计算式(6.2.21)形式相同。

从太沙基松动压力的计算示意图可知,该理论是基于浅埋硐室失稳模式建立的,当相关参数满足一定条件时,其结果也符合深埋硐室的情况。但需要注意的是,深埋洞室的破裂面不是沿两侧的破裂面,而是形成自然平衡拱。侧壁压力仍按朗肯主动土压力理论计算。

6.2.3　岩石地下工程压力控制

当地下工程所处围岩受压力过大时,围岩往往不能处于自稳状态。因此需借助支护和围岩加固手段以控制围岩,保证施工安全,满足地下工程服务年限和使用要求。

岩石地下工程的稳定涉及因素比较多,尤其在一些复杂地质条件下,更是一个困难的问题。在采矿工程中,受矿体赋存条件的制约,岩石地下工程的位置、围岩性质及其地质环境条件无法随意选择,导致维护工作极具困难性。但即便如此,工程中总还有一部分可控或可调的因素。因此,在岩石地下工程的设计与施工中,要根据其稳定的基本原则,充分利用有利条件,采取合理措施,保证在经济的原则下,实现工程稳定。

从前面的分析可知,充分发挥围岩的自承能力,是实现岩石地下工程稳定的最经济、最可靠的方法。所以岩体内的应力及其强度是决定围岩稳定的首要因素。当岩体应力超过其强度而设置支护时,支护应力与支护强度便成了岩石工程稳定的决定性因素。因此,维护岩石地下工程稳定的出发点和基本原则,就是合理利用应力与强度的关系。

1) 合理利用和充分发挥岩体强度

(1) 地下的地质条件相当复杂,软岩的强度可以在5MPa以下,而硬岩石可达300MPa以上。即使在同一个岩层中,岩性的好坏也会相差很大,其强度甚至可以相差十余倍。岩石性质的好坏,是影响岩石工程稳定最根本、最重要的因素。因此,应在充分比较施工和维护稳定两方面经济合理性的基础上,尽量将工程位置设计在岩性好的岩层中。

(2) 避免岩石强度的损坏。工程经验表明,在同一岩层中,机械掘进巷道的寿命往往要比爆破施工巷道长得多,这是因为爆破施工损坏了岩石的原有强度。资料表明,不同爆破方法可使岩石基本质量指标降低10%～34%,围岩的破裂范围可以达到巷道半径33%以上。另外,被水软化的岩石强度常常要降低1/5以上,有时甚至完全被水崩裂潮解。特别是一些含蒙脱石等成分的泥质岩石,还存在遇水膨胀等问题。因此,施工中要特别注意防、排水工作。喷混凝土的方法可封闭岩石,防止其软化、风化,是维护巷道稳定的有效措施。

(3) 充分发挥岩体的承载能力。通过前述分析可知,围岩在地下岩石工程稳定中起到举足轻重的作用。因此,在围岩承载能力允许范围内,适当的围岩变形可以减小围岩的内应力,减少支护的强度和刚度要求,这对实现工程稳定及经济性有双利的效果。煤矿支护中还通过专门的收缩变形机构(可缩型变形支架)来实现"让压"。

(4) 加固岩体。当岩体质量较差时,可以采用锚固、注浆等方法来加固岩体,提高岩体强度及其承载能力。岩体结构面、破碎带等结构破坏的影响往往是岩石强度降低的主要原因。因此,采用加固岩体的锚喷支护、注浆等经济的方法,可能会达到意想不到的效果。

2) 改善围岩应力条件

(1) 选择合理的断面形状和尺寸。岩石性质为抗压怕拉,岩石的应力状态也会影响岩石的强度。因此,确定硐室的断面形状时,应尽量保证围岩均匀受压。如果不易实现,也应尽量避免围岩出现拉应力,使硐室的高径比和地应力场(侧压力大小)匹配。当然,也应避免围岩出现过高的应力集中而造成超过强度的破坏。

(2) 选择合理的位置和方向。岩石地下工程的位置应避免选择在构造应力影响显著的地方;如果无法避免,应尽量了解构造应力的大小、方向等情况。国外学者特别强调,硐室轴线方向应与最大主应力方向一致,尤其要避免与之正交。

(3)"卸压"方法。近几年,国内外学者广泛开展"卸压"支护方法研究。"卸压"是指在一些应力集中的区域,通过钻孔或爆破,甚至专门开挖卸压硐室,改变围岩应力的不利分布,避免高应力向不利部位(如硐室底角)传递。所以,"卸压"方法常作为解决煤矿采区巷道底鼓的一种有效措施。

3) 合理支护

合理的支护包括支护的形式、支护刚度、支护时间、支护受力情况的合理性及支护的经济性。支护应该是巷道稳定的加强性措施。因此,支护参数的选择仍应着眼于充分改善围岩应力状态,调动围岩的自承能力和考虑支护与岩体的相互作用的影响。在此基础上,注意提高支护的能力和效率。例如,锚杆支护能起到意想不到的效果,就因为它是一种可以在内部加固岩体的支护形式,有利于岩石强度的充分发挥。另外,当地压可能超过支护构件能力时,使支护具有一定的可缩性,也是利用围岩支护共同作用原理来实现围岩稳定,保证支护不被损坏的合理方法。

支护与围岩间应力传递的优劣,对支护发挥自身能力的大小及围岩稳定效果起到重要的影响。当荷载不均匀地集中作用在支护个别地方时,会造成支护在未达到其承载能力之前(有时甚至还不到其 1/10)出现局部破坏而整体失稳的情况;另外,支护与围岩间总存有间隙(有时可达 0.5m 之多),这种间隙不仅使构件受力不均匀,延缓支护对围岩的作用,还会恶化围岩的受力状态。所以,采取有效措施(如注浆、充填等)实现支护与围岩间的密实接触,从而实现围岩压力均匀传递。

6.3 岩石地下工程施工

6.3.1 岩石地下工程施工方法

1. 新奥法

新奥法是 New Austrian Tunnelling Method 的简称,缩写为 NATM,国内译文为新奥地利隧道施工方法,由奥地利拉布西维茨(L. Rabcewicz)教授等于 20 世纪 50 年代初期创建并于 1963 年正式命名。新奥法是应用岩体力学的理论,以维护和利用围岩的自承能力为基点,采用锚杆和喷射混凝土为主要支护手段,及时对围岩进行支护,控制围岩的松弛和变形,使围岩成为支护体系的组成部分,并通过对围岩和支护的量测、监控来指导隧道与地下工程设计施工的方法和原则,如图 6.3.1 所示。

地下工程开挖前,无论选址区域的地质条件如何,选址区域内的原始地应力都是处于某种平衡状态的。但是,硐室开挖后,开挖断面内的岩体应力得到解除,围岩处于临空状态,破坏了选址区域的应力平衡状态,围岩的径向应力突然降为零,而环向应力则立即升高,围岩

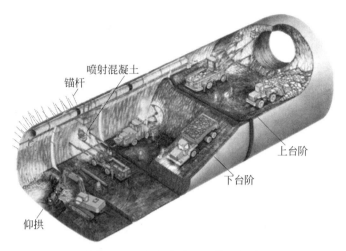

喷射混凝土
锚杆
上台阶
下台阶
仰拱

图 6.3.1　新奥法施工工艺示意图

由原来的三维应力状态变为二维应力状态。开挖后,围岩的弹性变形瞬间完成,但弹性和塑性变形将随时间的推移继续发展,这种变形是在围岩应力重新调整过程中产生的。若某个部位的压剪应力超过围岩的抗剪强度时,岩石就会发生剪切破坏,破坏部分的围岩失去了自承能力,必然又造成应力的重新分布。应力将向较深层围岩转移,其结果有两种:一是应力重分布后,围岩不再继续破坏,暂时能自稳;二是应力重分布后,围岩仍在继续破坏,最后发生塌方。针对第二种情况,需对开挖轮廓及时采取喷射混凝土、锚杆、钢架等支护手段,约束围岩的进一步破坏,将二维应力状态还原成三维应力状态,并通过监控量测,及时调整支护措施和支护时机,控制围岩的持续变形,使围岩的自承能力得到充分发挥,形成新的稳定状态。这就是新奥法的基本原理。

新奥法是一种动态的信息化施工理念,根据围岩的实际情况来确定开挖方法和断面大小,开挖后利用时空效应并采用锚喷等支护手段及时对围岩进行加固,把可能塌落的围岩与深层围岩共同组成一个有机的承载环,抑制围岩变形的过快发展,同时又释放能量,大大减轻作用在二次衬砌上的围岩压力,使硐室施工安全、可靠、经济合理,故新奥法在世界各国的隧道施工中得到了广泛应用。

2. 新意法

20 世纪 70 年代中期,意大利的 Pietro Lunardi 教授开始进行研究,并逐步提出了岩土控制变形分析(ADECO-RS)法,又简称为新意法,并将之运用于隧道设计与施工中。

新意法通过对隧道掌子面超前核心岩土介质的勘察,预测其稳定性,按隧道开挖后围岩稳定、暂时稳定、不稳定,将其划分为 A、B、C 三类,如图 6.3.2 所示。新意法强调控制围岩变形、强调掌子面前方围岩的超前支护和加固,通过监测和控制掌子面前方的围岩、采用配套的机械化作业,实现全断面开挖。

新意法的一个重要特点是把超前核心土视作一种新的隧道长期和短期稳定工具。超前核心土的强度及对变形的敏感性在隧道施工中起决定性作用,同时也决定了掌子面到达时隧道的变形特性。隧道的稳定与掌子面前方超前核心土息息相关。采取措施作用于超前核心土的刚度,能够调整掌子面(挤出、预收敛)和隧道(收敛)的变形反应,使超前核心岩土成

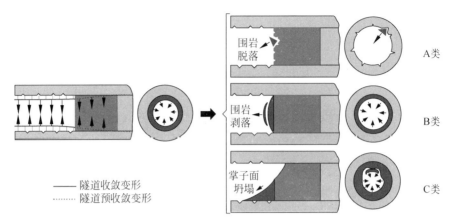

图 6.3.2　隧道掌子面围岩的稳定程度分类

为保持隧道稳定的工具。

与新奥法相比,新意法更加重视掌子面超前核心岩土的收敛变形和挤压变形的量测,强调对超前核心岩土的控制与动态设计,突出机械化全断面开挖的理念,可在设计阶段较准确地预测变形完成时间。对于无法采用新奥法修建或开挖速度很慢的情况,新意法经济性好,施工速度较快;对于可采用新奥法修建的情况,两者经济性接近,施工速度相当。

3. 挪威法

挪威法全称"挪威隧道施工法"(Norwegian method of tunnelling,NMT),这是 20 世纪 80 年代后期,挪威根据本国大量修建地下工程的经验总结出的一套设计施工方法。其基本内容是按照挪威学者巴顿创立的 Q 值法来划分围岩类别,直接对应确定工程所需的支护结构参数;挪威法特别重视施工前的地质勘查,在施工过程中将超前钻孔作为不可缺少的施工工序进行管理,及时、准确地掌握前方的围岩状态;合理的支护参数是指根据隧道每个开挖循环过程中的观测和量测记录,计算 Q 值,动态调整支护参数;高性能支护材料是指高质量的湿喷钢纤维混凝土和全长胶结型高拉应力耐腐蚀锚杆。支护体系的最大特点是将一次支护作为永久结构,只有在预测运营后可能出现漏水、冰霜等危害的情况下,才施作二次衬砌。

与隧道复合衬砌相比,钢纤维喷射混凝土单层衬砌施工工艺简单,在混凝土中掺入钢纤维代替传统的钢筋挂网,可避免在钢筋网后出现空洞,避免围岩在变形过程中产生应力集中,有效提高衬砌强度,大幅提高工效,该方法对开挖轮廓形状适应性强,即使轮廓不平整,喷层也能贴合岩面,如图 6.3.3 所示。围岩条件变化时,只需调整锚杆长度、间距以及喷层厚度即可,软弱围岩条件下的支护措施如图 6.3.4 所示。

与新奥法相比,挪威法适用范围更广,包括硬岩及节理岩体等。挪威法一般不采用模筑混凝土衬砌,可大幅减少开挖断面尺寸和衬砌造价,同时,挪威法具有施工效率高、成本低、操作性强、更安全与更环保等优点。

6.3.2　岩石地下施工支护与加固技术

地下工程及隧道支护的分类方法有很多,如按支护材料分为钢、木、钢筋混凝土。按支护断面形状分为矩形、梯形、直墙拱顶形、圆形、椭圆形、马蹄形等,按支护施工和制作方式有

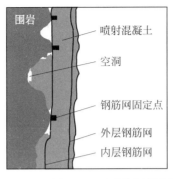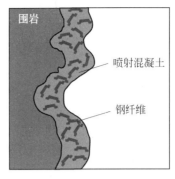

图 6.3.3　不同类型喷射混凝土与围岩的贴合情况

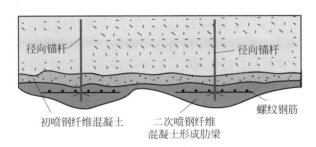

图 6.3.4　软弱围岩条件下的支护措施

装配式、整体式、预制式、现浇式等。若考虑支护-围岩的相互影响与共同作用,按支护对围岩变形的阻止情况可分为刚性支护与可缩性支护,刚性与可缩性不是绝对的,当可缩性支护在可缩能力丧失之后就成为刚性支护,当底板基础发生陷入下沉时,刚性支护也具有可缩性能力;按支护与围岩的关系可分为普通支护和锚喷支护。

围岩加固是另一类维护地下工程稳定的方法,如采用注浆等方法改善围岩的物理力学性质及其所处的不良状态,能对围岩稳定产生良好的作用,其基本原理就是针对具体削弱岩体强度的因素,采用一些物理或其他手段来提高岩体的自身承载能力。以下介绍几种常用的支护与加固形式。

1. 锚杆(索)支护

锚杆(索)是将一种杆体置入岩体牢固结合,部分长度裸露在岩体外面挤压围岩或使锚杆从里面拉住围岩,其发挥的作用即为锚固,如图 6.3.5 所示。锚固的基本原理是依靠锚杆周围稳定地层的抗剪强度来传递结构物(被加固物)的拉力,以稳定结构物或保持岩土体自身的稳定。锚杆的构造类型很多,早期主要采用机械式(倒楔式、涨壳式等)金属或木锚杆,后来较多采用黏结式(采用水泥砂浆、树脂等黏结剂)钢筋锚杆、木锚杆、竹锚杆以及管缝式锚杆(管径略大于孔径的开缝钢管)等。根据杆体锚固长度可以分为端头(局部)锚固型和全长锚固型两类,各类水泥砂浆锚杆和树脂锚杆均可实现全长锚固,管缝式锚杆属于全长锚固。

锚杆支护的主要特点包括:①锚杆支护是通过围岩内部的锚杆改变围岩本身的力学状态,在硐室周围形成一个整体而又稳定的承载拱,达到维护硐室稳定的目的;②锚固支护具有支护效果好、成本低、操作简便、使用灵活、占用施工净空少、有利于机械化操作、施工速度

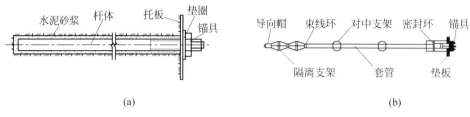

图 6.3.5 锚固结构示意图

(a) 全长黏结型锚杆；(b) 锚索

较快等优点；③但锚杆支护不能封闭围岩，围岩易风化，不能防止各锚杆之间裂隙岩石的剥落。

2. 锚喷支护

锚喷支护是锚杆(索)与喷射混凝土联合支护的简称。喷射混凝土是使用混凝土喷射机将混有速凝剂的混凝土拌合料与高压水喷射到岩壁表面。锚杆(索)与喷射混凝土均可独立使用，但二者联合应用时，支护效果更好。锚喷联合支护的力学作用表现在两方面：

(1) 开挖后，在硐室周边形成松动圈和塑性变形区。喷射混凝土支护有两方面的好处，一方面水泥砂浆的胶结作用提高了松动圈的整体稳定性；另一方面喷射混凝土层的柔性，允许围岩发生较大位移而不发生松脱，能充分发挥围岩的自支承能力。

(2) 锚杆(索)的挤压加固及其与围岩的变形协调作用，可进一步加固围岩，提高其整体承压能力。

锚喷支护实现了"既让围岩变形又限制围岩变形"的作用，充分利用了围岩的自承作用，使围岩在与锚喷支护共同变形的过程中自身能够稳定，从而减少传到支护上的压力。由此可知，锚喷支护不是"被动"承受松动压力，而是与围岩协调工作，承受变形压力。因此，锚喷支护实质上是围岩-支护共同作用原理在实际工程中的应用。

3. 注浆加固

岩土注浆主要有抗渗和加固两个功能。常采用水泥浆、硅粉水泥浆、改性树脂、水玻璃、丙烯酰胺类及无毒丙凝、聚氨酯等化学浆液灌浆加固裂隙岩体。围岩注浆加固的特点是：依靠注浆液黏结裂隙岩体，改善围岩的物理力学性质及其力学状态，加强围岩自身承载能力，并使围岩产生成拱作用。因此，对一些裂隙发育的围岩，注浆加固可有效维护巷道稳定性。另外，注浆与锚杆、支架形成的联合支护，可以大大提高锚杆或支架对围岩的作用力，改善支护效果。目前还有一种所谓的"注浆锚杆"，就是将注浆后的注浆管留在岩体中作为锚杆发挥作用，锚杆周围岩体密实，锚杆在注浆孔中又牢靠黏结，因此往往能取得比较理想的效果。

注浆加固方法适合于裂隙岩体和破碎岩体。影响注浆加固效果的因素很多，包括岩体的裂隙发育和分布情况，注浆孔的布置及浆液的渗透范围，浆液配比及其流动、固结性能，注浆压力等一系列因素，而这其中又包含了一些岩石力学基本理论中仍没完全解决的基本问题，如围岩的裂隙结构及其对稳定性分析的影响，围岩的破裂演化及平衡过程等。因此，目前的注浆加固设计实际上仍具有比较大的经验性。

对于加固性注浆，注浆的时机选择对注浆加固效果有很大影响。与支护时间的选择一样，注浆也应考虑围岩的应力条件和岩性条件。注浆过迟，难以起到支护作用；注浆过早，为了适应围岩的应力、裂隙发育等条件,对浆液材料的黏结性能、渗透性、固结强度以及浆液固结体的允许变形量等都有相对较高的要求;同时,当注浆工作和前方工作面施工相距过近时,两道工序会相互干扰,因此,一般要使注浆工作面滞后于前方工作面100m左右。

4. 钢拱架

无论是喷射混凝土还是施工锚杆(索)或是在混凝土中加入钢筋网、钢纤维,主要都是利用其柔性和韧性,而对其整体刚度并未过多要求,这对支护破碎程度较低的围岩保证其稳定性是可行的。但当围岩软弱破碎严重且自稳性差时,开挖后就要求早期支护具有较大的刚度,以阻止围岩的过度变形和承受部分松弛荷载。钢拱架就具有这样的力学性能。

隧道初期支护拱架通常包括型钢钢架和格栅钢架。型钢钢架具有刚度大、承受能力强、及时受力等特点,在软弱破碎围岩中、需采用超前支护的围岩地段或处理塌方时使用较多;但型钢钢架与喷射混凝土黏结不好,围岩间的空隙难以用喷射混凝土紧密充填;由于型钢两侧所喷混凝土被型钢隔离,导致钢架附近喷射混凝土出现裂缝。格栅钢架与型钢钢架相比,具有受力好、质量轻、刚度可调节、省钢材、易制造安装、钢架两侧喷混凝土可连成整体并共同作用等优点。

5. 现浇混凝土

现浇混凝土是按照设计要求在施工现场进行支模浇筑的混凝土工程施工方法。地下硐室通常也采用现浇混凝土衬砌作为永久性支护结构的一部分,目的是保证硐室在服役年限中的稳定、耐久,以及作为安全储备的工程措施,通常采用素混凝土或钢筋混凝土。由于其在锚喷支护施作后进行,隧道工程中称之为二次衬砌,锚喷支护为初期支护,二者同时使用时,称为复合式衬砌。

当围岩性质较好,强度较高时,二次衬砌按安全储备设计,应在围岩或围岩加初期支护稳定后施作;当围岩性质较差,强度较低时,二次衬砌按承载结构设计以承受后期围岩压力,如施工后发生的外部施压、软弱围岩的蠕变压力、膨胀性地压或浅埋隧道受到的附加荷载等,并应根据现场量测数据调整施作时机。

现浇筑模混凝土衬砌施工的主要环节包括:混凝土材料及模板的选择与准备、浇筑前的准备工作、混凝土的制备与运输、浇筑作业、养护与拆模。必要时在成硐地段对衬砌背后进行压浆工作等。

6.4　岩石地下工程监测

现场观测(亦称原位量测)及监控是研究地压问题的重要手段。对岩石地下工程稳定性进行监测和预报,是保证工程设计与施工科学合理、安全的重要措施。新奥法施工技术就是把施工过程中的监测作为一条重要原则,通过监测分析对原设计参数进行优化,并指导下一步的施工。对于竣工投入使用的重要岩体工程、采空区或生产采场,仍需对其稳定性进行监测和预报,确保安全生产万无一失。

现场监测及监控工作主要为:①地质和支护状态现场观察,包括开挖面附近的围岩稳定性、围岩构造情况、支护变形与稳定情况;②岩体力学参数测试,包括抗压强度、变形模量、黏结力、内摩擦角、泊松比;③应力应变测试,包括岩体原岩应力,围岩应力与应变,支护结构的应力与应变;④压力测试,包括支护结构上的围岩压力、渗水压力;⑤位移测试,包括围岩位移(含地表沉降)、支护结构位移;⑥温度测试,包括岩体(围岩)温度、洞内温度、洞外温度;⑦物理探测,即弹性波(声波)测试,包括纵波速度、横波速度、动弹性模量、动泊松比;⑧超前地质预报,即地质素描、隧道地震波超前预报、红外探测、地质雷达探测、超前地质钻探、超前掘进钻眼探测、地质综合剖析。

岩石地下工程监测有以下的特点:①时效性,由于岩体工程的服务年限一般都较长,岩体具有流变特性,因此,测试设备应保持长期稳定;②环境复杂,地下工程环境恶劣,要求设备具有防潮、防电磁干扰等性能,煤矿还需防爆;③监测信息的时空要求,现代大型岩体工程监测的网络化已日益显示其必要性与可能性,在监测的信息量和反馈速度上的要求日渐提高;④空间制约,地下空间有限,要求监测设备微型化并尽可能地隐蔽,减少对施工的干扰,避免施工对监测设备的损坏。

6.4.1　围岩位移与变形观测

1. 围岩表面位移测量

1) 裂缝位移观测

岩体在破坏过程中,必然出现已有裂隙的扩展或新裂隙的生成,或是沿原结构面张开滑动。观察这些缝隙的发展过程,可圈定地压活动的范围,判断其发展趋势。

观测点可选择在地压活动地段、易于发生移动的岩体结构面处,或是在其影响范围内的其他构筑物处。用黄泥或铅油等涂抹在裂缝上,或用木楔插入缝中楔紧,或把玻璃条用水泥浆固定在裂缝两端,就可观测裂缝的变化。如在裂缝的两边布置三个测点,定期测量三个点之间的距离,就可以用三角形关系测定裂缝的发展速度和移动趋势。

2) 巷道收敛观测

巷道收敛计是测量精度较高、使用比较方便、应用比较广泛的一种仪器,其构造如图 6.4.1 所示,它由四部分组成:①壁面测点和球铰连接部分(包括壁面埋腿、球形测点、本体球铰);②张紧部分(张紧弹簧与张紧力指示百分表);③调距部分(包括调距螺母和距离指示百分表);④测尺部分(包括钢卷尺、限位销、带孔钢卷尺、尺头球铰、钢带尺架)。

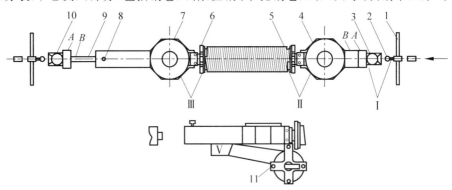

1—壁面埋腿;2—球形测点;3—本体球铰;4—张紧力指示百分表;5—张紧弹簧;6—调距螺母;
7—距离指示百分表;8—钢卷尺限位销;9—带孔钢卷尺;10—尺头球铰;11—钢带尺架。
图 6.4.1　SLJ-80 型洞径收敛计结构

地下工程周边各点趋向中心的变形称为收敛,如图 6.4.2 所示,可菱形布置四测点或三角形布置三测点,假设中心点相对不动,即可获得断面相对位移。通过与初始测量值的比较,可获得巷道观测断面两测点间,在任意时刻连线方向的收敛变化和速度变化等规律。所得数据是两点在连线方向上的位移之和,它可以反映出两点间的相对位移变化。

测量前,在硐室壁面钻孔中插入带球形测点的壁面埋腿,并灌入水泥砂浆使其固结,测量时,将收敛计的本体球铰和尺头球铰分别套在测线两端的球形测点上,理紧钢卷尺,压下钢卷尺限位销以固定钢尺长度,调整张紧弹簧使钢卷尺保持恒定张紧力,通过距离指示百分表读出两点间的距离。两点间的每次测量,均采用 2 次重测与读数,测量值在误差范围内方为有效,取 2 次读数的平均值为本次的测值。

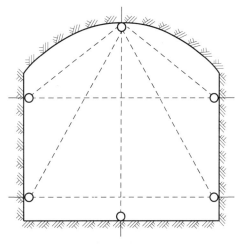

图 6.4.2 收敛测量点布置

测点应布置在待测巷道的待测段内,且具代表性的位置。为了有对比性,要求每类巷道内布置 2～3 个测点,每两个测点间距以 20～25m 为宜。

2. 围岩内部位移测量

围岩内部位移测量是了解其内部位移、破裂等情况最直接的方法,对于判断或预报围岩稳定性有重要意义。这种测量通常采用钻孔多点位移计、顶板离层仪、钻孔倾斜仪、声波探测、钻孔电视、深部基点观测等设备。

1) 多点位移计及顶板离层仪

多点位移计主要由在孔中固定测点的锚固器(压缩木锚固器、弹簧锚固器、卡环弹簧锚固器、水泥砂浆锚固器等)、传递位移量的连接件(由钢丝、圆钢或钢管制成)、孔口测量头与量测仪器组成。测量原理是:在钻孔岩壁的不同深度位置固定若干个测点,每个测点分别用连接件连接到孔口,这样,孔口就可以测量到连接件随测点移动所发生的移动量。在孔口的岩壁上设立一个稳定的基准板,用足够精度的测量仪器测量基准板到连接件外端的距离,孔壁某点连接件的两次测量差值,就是该时间段测点到孔口的深度范围内岩体的相对位移值,如图 6.4.3 所示,通过比较不同深度测点的相对位移量,可确定围岩不同深度各点之间的相对位移,以及各点相对位移量随岩层深度的变化关系。

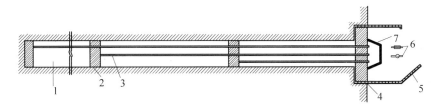

1—钻孔;2—测点锚固器;3—连接杆;4—量测头;5—保护盖;6—测量计;7—测量基准板图。

图 6.4.3 钻孔多点位移计测量围岩位移

如孔中最深的测点埋设较深,可认为该点是在开挖影响移动范围以外的不动点,以该点为原点,可计算出孔内其他各点(含岩壁面)的绝对位移量。

测量连接件位移量的常用方法有直读式和电传感式两种。直读式常用百分表或深度游标卡尺等量测仪器;电传感测量计有电感式位移计、振弦式位移计和电阻应变式位移计等。

根据多点位移计的原理,可以制成"顶板离层仪",用于测量顶板岩层间的离层(两岩层面发生脱离)量。当出现过大离层时,离层仪将报警。只要把顶板离层仪的两个固定测点安设在容易离层的层面两侧,当测出此两测点相对位移(即层面位移)达到临界值,仪器就可以自动报警,以避免发生顶板冒落事故。

2)弹性波测量围岩松动圈

利用弹性波在岩体内的传播特性,可以测定岩体的弹性常数,了解岩体的某些物理力学性质,测定围岩主应力方向,判断围岩完整性与破坏程度,检测爆破振动对围岩稳定性的影响程度,检测围岩加固效果等。下面对声波法测定围岩松动圈进行具体介绍。

(1)弹性波在岩体中的传播特性。弹性波在以下条件中传播较快:坚硬的岩体;裂隙不发育和风化程度低的岩体;孔隙率小、密度大、弹性模量大的岩体;抗压强度大的岩体;断层和破碎带少或规模小的岩体;岩体受压的方向。弹性波在岩体中的传播还受岩体湿度的影响,特别是裂隙中含水程度的影响。

(2)测试仪器。声波仪是进行声波测试的主要设备,其主要部件是发射机和接收机。发射机能向声波测试探头输出电脉冲,接收机探头能将所探测的微量信号放大,在示波器上反映出来,并能直接测得从发射到接收的时间间隙。一些仪器具有测点自动定位与记录系统,可获得最终的统计参数与剖面图。

换能器即声波测试探头,按其功能可分为发射换能器和接收换能器,其主要元件均为压电陶瓷,主要功能是将声波仪输出的电脉冲变为声波能或将声波能变为电信号输入接收机。

为使换能器更好地与岩体耦合,以正常发挥其功能,在岩壁上进行声波测试时,一般用黄油作耦合剂将换能器端面紧贴于岩面,在钻孔中则用水作为耦合剂,以保证良好的耦合。

(3)弹性波测量围岩松动圈的方法。松动圈是设计支护强度和参数的重要依据。用弹性波测定围岩松动圈时,预先在硐室的岩壁面上打一排垂直于壁面的扇形测孔,其深度应大于松动圈的范围;将发射换能器和接收换能器构成的组合体放入充满水的测孔中,如图6.4.4所示,自孔口开始每隔一定间距测量一次岩体的声波传播时间,根据发射和接收换能器间的距离算出声波传播速度。

声波传播速度与入射角、反射角关系为

$$\sin\alpha / \sin\beta = v_1 / v_2 \tag{6.4.1}$$

式中,α 为入射角;β 为折射角;v_1、v_2 分别为声波在水中和岩体内的传播速度。

由于 $v_1 < v_2$,则 $\alpha < \beta$,因此,α 增大,β 也增大。当 α 增大到某一临界角 i 时,β 达到 $90°$,$\sin\beta = 1$,这时折射波在岩体内沿孔壁周围滑行,形成滑行波。

当发射换能器向多个方向发射声波时,透过水向岩体内发射的声波中,总会有一束波以临界角 i 入射岩壁,于是产生沿孔壁周围传播的滑行波,则接收换能器就能接收到声波,从而实现单孔声波探测,这时 $v_1 / v_2 = \sin i$。

如果在水平方向或上向钻孔中测试,还要加设封孔器,以便钻孔内注满水。松动圈范围内岩体破碎,裂隙发育,波速较低;应力升高区内裂隙被压缩,波速较高;再往里是比较稳

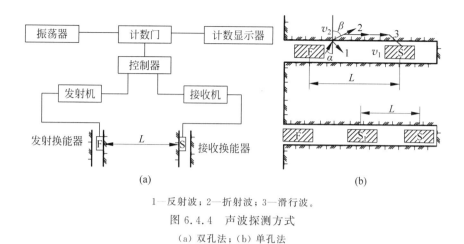

1—反射波；2—折射波；3—滑行波。

图 6.4.4 声波探测方式

（a）双孔法；（b）单孔法

定的原岩区声速。松动圈可划定在孔口附近波速低于原岩区正常值的范围。图 6.4.5 为隔河岩水电站引水隧洞围岩松动圈测定示意图，松动圈厚度大约为 0.55m。

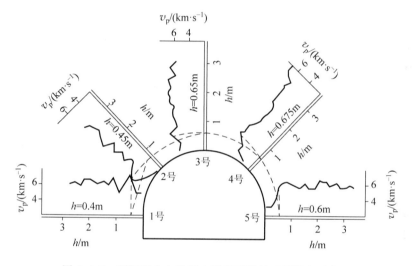

图 6.4.5 隔河岩水电站引水隧洞围岩松动圈测定示意图

3. 围岩破坏微震监测

微震是岩体破裂萌生、发展、贯通等失稳过程的动力现象。在地下矿山，微震是由开挖活动诱发的，其震动能量为 $10^2 \sim 10^{10}$ J，对应里氏地震震级为 $0 \sim 4.5$ 级，震动频率为 $0 \sim 150$ Hz，影响范围从几百米到几百千米，甚至几千千米。

1）微震监测原理

微震信号包含大量围岩受力破坏及地质缺陷活化过程的有用信息。通常情况下，微震越活跃的区域，岩体发生破裂的可能性越大。通过在地下矿山的顶板和底板布置多组检波器，实时采集微震数据，利用接收到的直达纵波起始点的时间差，在特定的波速场条件下，进行二维或三维定位，可确定破裂发生的位置，在三维空间上显示，并利用震相持续时间计算所释放的能量和震级，推断岩石材料的力学行为，估测岩体结构是否发生破坏，以及破坏的性质和发生的规模。

2）微震监测法

微震监测法是采用微震网络进行现场实时监测，监测到的微震活动称为微震事件。一个微震事件包含微震活动发生的时间、地点及剧烈程度等情况。

典型的微震监测系统包括三大部分：传感器（拾震器）模块、通信模块和分析记录模块。传感器可布置在地下，也可布置在地面，对监测区域必须形成网状结构；地下布置一般采用有线方式，地面布置采用有线或无线方式均可；分析记录模块不仅具有记录原始信息的功能，还具有估算微震活动释放的能量以及显示震源位置等功能。

微震监测已成为矿山冲击地压预报的重要手段。研究人员通过对门头沟煤矿1986—1990年的6321次微震进行分析，归纳出冲击地压前兆的微震活动规律有：微震活动的频度急剧增加；微震总能量急剧增加；爆破后，微震活动恢复到爆破前微震活动水平所需时间增加。

6.4.2 围岩应力及支架压力监测

1. 光弹应力计

光弹应力计是一个具有反射层的玻璃中空扁圆柱体，也称光弹片。使用时将其黏结在钻孔岩壁上，当岩体应力发生变化时，光弹应力计处于受力状态，用反射式光弹仪可观测到光弹应力计上的等差条纹，把它与经过标定的标准条纹进行比较，可确定应力变化的比值与方向。再经过有关测定与计算，即可求出岩体所受的最大应力数值。

光弹应力计一般由普通玻璃制作测片，测片外径50mm，内径10mm，厚度20mm，配以反射镀层、木锥陀和防潮密封层组装而成，如图6.4.6所示。

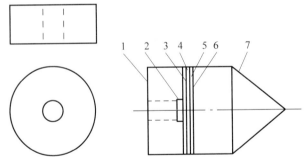

1—测片；2—石蜡；3—镀层；4—冷凝剂；5—红丹漆；6—玻璃片；7—木锥陀。

图6.4.6 光弹应力计测片及组装

光弹应力计的布点与埋设必须根据实际情况因地制宜，按照地压观测总体方案的要求进行。只要观测人员便于出入、危险系数低的井下巷道、矿柱、矿壁以至采场均可布置观测线。布点处岩石的完整性要好，破碎或节理发育地段不宜设点。埋设应力计的测孔要尽量达到圆、平、直、高、低适宜，适当增大孔口直径，以利埋点和观测。根据现有观测仪器的性能和玻璃片的规格，孔深以1m左右为宜，最终孔径应不大于60mm。

埋设时，在孔底填塞约10cm的水泥砂浆，然后借助专用工具将应力计缓慢送入孔底，使木锥陀部分插入水泥砂浆。应力计正确定位后，取出辅助送入工具，代以前端垫有多层草纸的木棒,并于另一端用小锤缓缓敲击,随着木锥陀的不断插入,被挤压的水泥砂浆填满应力计与孔壁间的间隙,从而将应力计与孔壁黏结成整体。

2. 锚杆(索)测力计

应用锚杆或锚索进行围岩支护的地下工程,可以用锚杆(索)测力计了解锚杆(索)受力情况。锚杆(索)测力计在测力钢筒上均布数支振弦式应变计,当荷载使钢筒产生轴向变形时,应变计与钢筒产生同步变形,变形使应变计的振弦产生应力变化,从而改变振弦的振动频率。电磁线圈激振振弦并测量其振动频率,频率信号经电缆传输至读数装置,即可测出引起受力钢筒变形的应变量,代入标定系数可计算出锚杆(索)测力计所感受到的荷载值。

3. 岩柱与支架压力监测

钢弦压力盒和油压枕广泛用于测定支架、支承岩柱以及充填体所承受的荷载。

1) 钢弦压力盒测定压力

钢弦压力盒的主要组成部分为金属工作薄膜 1、铁芯 4、电磁线圈 5、钢弦 7 等,钢弦两端固定在支架 12 上,由钢弦栓 3 夹紧,电缆 11 通过套管 9 引出接至频率仪,如图 6.4.7 所示。

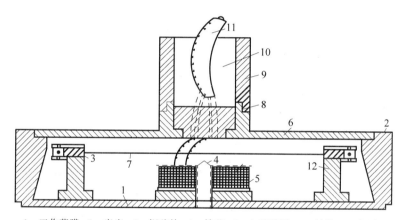

1—工作薄膜;2—底座;3—钢弦栓;4—铁芯;5—电磁线圈;6—封盖;7—钢弦;
8—塞子;9—套管;10—防水材料;11—电缆;12—钢弦支架。

图 6.4.7 YLH 系列钢弦压力盒结构

压力盒的工作原理是:当压力作用于压力盒底部工作薄膜上时,底膜受力向里挠曲拉紧钢弦,钢弦内应力和自振频率则相应发生变化。根据弹性振动理论,钢弦受拉力作用的自振频率 f 可表示为压力盒底膜所受压力 P(kN)的函数:

$$f = \sqrt{f_0^2 + RP} \qquad (6.4.2)$$

式中,f_0 与 f 分别为压力盒受压前、后钢弦的振动频率,Hz;R 为压力盒系数,每个压力盒均不同,须预先在实验室标定压力与频率关系。

压力盒中的钢弦自振频率是用频率仪来测定的。频率仪主要由放大器、示波器和低频信号发生器等部件组成。从低频信号发生器的自动激发装置向压力盒中的电磁线圈输入脉冲电流,激励钢弦产生振动,该振动在电磁线圈内感应产生交变电动势,经放大器放大后送至示波器的垂直偏振板,这样,在示波器的荧光屏上将出现波形图;调整面板上的旋钮,使信号发生器的频率与接收的钢弦振动频率相同,这时在仪器的荧光屏上将出现椭圆图形。

此时数码管显示出的数值即为钢弦振动频率 f_0。

目前使用的钢弦压力盒有 YLH 系列和 GH 系列,这两个系列的钢弦压力盒都是双线圈自激型,其工作原理基本相同。只是 GH 系列结构稍有差异:电缆插口从垂直受力面的侧翼引出,而不从上、下受力面引出;受力面上增加了导向球面盖,如图 6.4.8 所示。

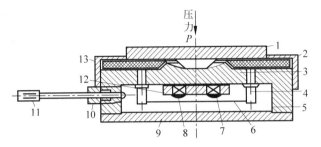

1—导向球面盖;2—橡胶垫;3—工作薄膜;4—钢弦柱;5—O 形密封圈;6—钢弦;7—激发磁头;
8—感应磁头;9—后盖;10—电缆接头;11—电缆插头;12—铝座;13—护罩图。

图 6.4.8　GH-50 型钢弦压力盒结构示意图

2) 液压式矿压观测仪

液压式矿压观测仪是利用液体不可压缩的原理,将支柱荷载或矿柱的应力转换成液压腔或液压囊的压力值。其测量元件有弹簧管、波纹管、波登管及柱塞螺旋弹簧等。目前,用于矿压观测的液压式仪器有压力表、液压测力计和液压自动记录仪。

(1) 压力表。压力表结构简单,测量范围宽,使用维修方便,制造实现了标准化和系列化。各类压力表中,以弹簧式压力表为主,其中又以单圈弹簧管应用最广。压力表外径尺寸大部分在 $\phi60\sim\phi250$mm 之间,精度等级一般为 $1\%\sim2.5\%$。

近年来出现了精密压力表、超高压力表、微压计、耐高温压力表及特殊用途的压力表。

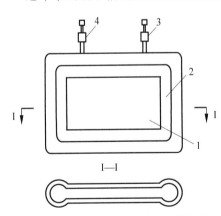

1—腹腔;2—枕环;3—进油嘴;4—排气阀。
图 6.4.9　压力枕结构示意图

(2) 液压测力计。ZHC 型钻孔油压枕由两块厚约 1.5mm 的薄钢板对焊而成,枕体可分为腹腔、枕环、进油嘴和排气阀四部分,如图 6.4.9 所示,密封的腹腔内充满一定压力的油。将压力枕置入土壤、混凝土中,或放入凿好的岩石狭缝中,并紧密接触,作用在压力枕上的围岩(土)压力通过压力油传递给油压表,测出油压,对比事先率定的压力枕的油压 q 与外压 p 之间的关系曲线,即可求得外压力。如压力枕安设在支架上,则测量的压力即为支架在该处承受的压力。

油压枕在钻孔中的安装方式有充填式、预包式和双楔式三种。首先,在安装仪器的地方按设计要求用风动设备钻孔,并用风或水冲洗钻孔凿眼碎屑。如用充填式油压枕,向搅拌好的砂浆中注入适量水玻璃或速凝剂(三乙醇胺 0.5%,食盐 0.5%),用送灰器送入孔内,然后插入油压枕,待砂浆达到凝固强度后即可加初压。使用预包式油压枕时,一般要求孔径只能比包体外径大 2mm。使用双楔式油压枕时,钻孔直径为 36～54mm。油压枕主要用于测量围岩和充填体的支撑压力,在围岩应力测量中较少采用。

HC 型液压测力计结构如图 6.4.10 所示,主要用于测量采掘工作面支柱阻力。该类测力计有两种规格,HC-45 型用于单体金属支柱和液压支柱;HC-25 型适用于木支柱和各种巷道支架。

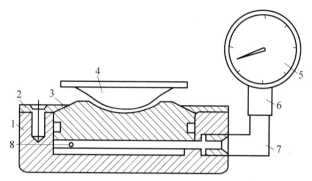

1—油缸;2—压盖;3—活塞;4—调心盖;5—压力表;6—阻尼螺钉;7—管接头;8—排气孔。

图 6.4.10 HC 型液压测力计

当测力计的调心盖承压时,活塞向下压迫油体,产生与支柱工作阻力相应的油压,压力经管接头传至压力表,表的读数即为支柱工作阻力或作用在支柱上的荷载。阻尼螺钉的作用是防止突然卸载而损坏压力表。排气孔是为注油时排放油缸和管路中的气体而设置的。

6.4.3 光电技术在岩石地下工程监测中的应用

随着现代测试技术的成熟,岩石地下工程新型监测手段层出不穷,如以计算机和电子技术为基础的各种远距离监测、数据传输到文字显示、数据或图像处理、激光测距与定位、探地雷达探测地层性质和状态(硐室围岩松动区范围、断层)等。此处仅介绍光纤传感技术在地下工程监测中的应用。

1. 光纤传感的特点

光纤传感技术与传统电磁传感技术相比,具有不同特点,见表 6.4.1。

表 6.4.1 光纤传感技术与电磁传感技术的比较

比 较 指 标	光纤传感技术	电磁传感技术
监测环境	可用于水下、潮湿、易燃易爆、电磁干扰、高能辐射等环境	不适用复杂环境;如特殊防护,可作短期监测
灵敏度	位移达 $10^{-4} \sim 10^{-2}$ mm 量级,压力 $0.001 \sim 0.01$MPa	同光纤传感技术
连接成网	需作无源连接,连接器件价格较贵,且维修复杂	连接简便易修复,费用低廉
区域控制	易作大范围联网监测,无需作前置放大或中继放大,并可作分布式监测	大于 200mm 信号传输需作前置放大,远距离传输需作中继放大
施工干扰	体积小易于隐藏,元件损坏难修复	体积较大,故障易排除

比 较 指 标	光纤传感技术	电磁传感技术
服务年限	$>10a$	$1\sim2a$
监测费用	在同一精度与测试量程内,为电磁传感技术的 $1/3\sim1/2$	较高

2. 光纤传感技术原理

当光入射到两种不同折射率的物质界面上时,将发生反射与折射现象。由于导光介质对光的吸收,通常光线在传输过程中会很快衰减。

光纤对光信号作低衰减传输主要是利用光的全反射原理。若传输入射光介质的折射率 n_1 大于第二种介质的折射率 n_2,则当入射角满足一定条件时,光在界面上将发生全反射而不会透射到第二种介质;若将两种介质做成如图 6.4.11 所示同心环状的光纤结构,则光线作折线式向前传递时,全反射的条件得以保证。

光纤在纤芯中传导光的物理参数,如振幅、相位、频率、色散、偏振方向等,具有良好的光敏感性,因此,光纤可构成一类新型的传感器。光纤传感器可以探测的物理量已有 100 多种,具有结构简单、体积小、质量轻、抗电磁场和地球环流的干扰、可靠性高、安全、可长距离传输等优点,并可使传感器系统向网格化和智能化的方向发展。

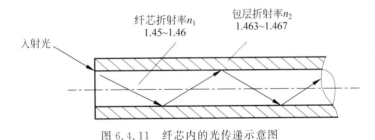

图 6.4.11　纤芯内的光传递示意图

3. 光纤传感技术在岩石地下工程监测中的应用

1) 光纤钢环式位移计

光纤钢环式位移计变形传感器属于光强调剂型光纤传感器,通过控制光纤曲率变化来调节光的强度,其工作示意图见图 6.4.12。位移计外形尺寸为 $\phi19\sim\phi200mm$,灵敏度达 $10^{-3}mm/nW$ 数量级,量程达 $10\sim20mm$,性能良好,结构牢固,已用于坝体内部位移监测。类似地,还可以制成光纤测力计。

2) 光纤钢弦传感器

利用光纤的低衰减光导特性,可增大遥测距离。光纤钢弦传感器就是利用了光纤传输钢弦测力计信号的原理,用光纤向钢弦照射入射光,钢弦振动时,接收到的反射光为脉冲式,由接收光纤传输到光脉冲计数器,计量脉冲次数(弦的振频),即可换算出钢弦承受的压力。

3) 分布式光纤传感技术

沿光纤传输的光,在纤芯折射率不匹配或不连续等情况下会产生后向反射光;如局部受到扭剪损伤甚至断裂,会产生菲涅尔反射;纤芯折射率微观不均匀,产生瑞利散射。这些后向光有一部分可为纤芯俘获而返回光纤的入射端,并被时域反射计接收。因此,敷设在地

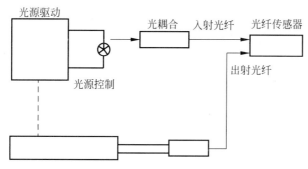

图 6.4.12　光纤传感器工作示意图

下岩石工程监测区域内的分布光纤,就能获取因外场作用导致光纤产生这类缺陷的物理效应。这对控制岩体深部滑动等的监测很有成效。

　　了解各类矿压观测仪器的特点和功能,便于针对不同的地压研究问题和研究目的,合理设计现场监测系统及监测的具体参数,正确、经济、合理地选用现场地压观测仪器。

课后习题

　　1. 请解释下列名词:①原岩应力;②二次应力;③应力集中系数;④围岩应力;⑤形变压力;⑥松动压力;⑦新奥法;⑧锚杆(锚索)。

　　2. 简述二次应力与原岩应力有什么不同。

　　3. 简述围岩弹性状态下二次应力分布规律。

　　4. 简述弹塑性状态下圆形硐室二次应力分布规律。

　　5. 简述侧压系数 λ 对巷道围岩应力分布有什么影响?

　　6. 围岩压力分为哪几类?产生围岩压力的基本机理是什么?并叙述影响围岩压力的主要因素。

　　7. 简述地下工程围岩的破坏机理。

　　8. 硐室围岩根据弹塑性区围岩应力变化规律及分布状态可分成哪几个区域?并说明每个区的应力分布特点。

　　9. 简述新奥法、新意法与挪威法的施工理念及适用范围。

　　10. 有一半径 $r=3$m 的圆形硐室,埋深 $H=50$m,岩石容重 $\gamma=25$kN/m^3,泊松比 $\mu=0.25$,岩体弹性模量 $E=15$GPa。试分别求 $\theta=\pi/2$ 和 $\theta=0°$ 处的硐室周边应力及位移。

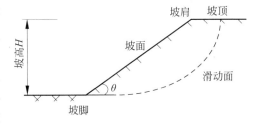

第7章 Chapter 7
岩石边坡工程

7.1 岩石边坡破坏

7.1.1 边坡的概念与分类

边坡是指自然或人工形成的斜坡,是人类工程活动中最基本的地质环境之一,也是工程建设中最常见的一种工程形式。典型边坡示意图如图 7.1.1 所示。坡面与坡顶相交的部位称为坡肩,与坡底面相交的部位称为坡趾或坡脚;边坡与水平面的夹角称为坡面角或坡倾角;坡肩与坡脚间的高差称为坡高。

根据边坡外观条件不同有多种分类方法,其中最常用的有:按边坡成因分类、按边坡介质组成分类、按边坡工程作用分类等方法。

按边坡成因可分为两类,即天然边坡和人工边坡。天然边坡是在自然地质作用下形成的,形成时间一般较长。人工边坡则是由于人工开挖或填筑施工而形成的与地面成一定斜度的地段。

图 7.1.1 边坡基本概念示意图

按边坡介质组成可分为土质边坡、岩质边坡和岩土混合边坡三类。土质边坡的稳定性取决于土体强度,岩质边坡的稳定性则主要取决于结构面的空间分布及其强度,岩土混合边坡的稳定性可能同时取决于上述两个因素。

按边坡工程作用分类,可将边坡划分为路堑边坡和路堤边坡、水坝边坡、库岸边坡、渠道边坡和坝肩边坡、露天矿边坡和排土场边坡、建筑边坡和基坑边坡。

7.1.2 边坡的变形与破坏

1. 边坡变形特征

边坡形成过程中,由于应力状态的变化,边坡岩土体产生不同方式、不同规模和不同程度的变形,并在一定条件下发展为破坏。边坡破坏是指边坡岩土体中已经形成贯通性破坏面时的变形。而在贯通性破坏面形成之前,边坡岩土体的变形与局部破裂称为边坡变形。边坡变形主要表现为松动和蠕动。

边坡形成的初始阶段,坡体表部往往出现一系列与坡向近于平行的陡倾角张开裂隙,被这种裂隙切割的岩体向临空方向松开、移动,这种过程和现象称为松动。它是一种边坡卸荷回弹的过程和现象。

边坡岩体在自重应力为主的坡体应力长期作用下,向临空方向缓慢而持续的变形,称为边坡蠕动。研究表明,边坡蠕动形成机制为岩土的粒间滑动(塑性变形),或者沿岩石裂纹微错,或者由岩体中一系列裂隙扩展所致。蠕动是岩体在应力长期作用下,坡体内部产生的一种缓慢的调整性形变,是岩体趋于破坏的演变过程。坡体中由自重应力引起的剪应力与岩体长期抗剪强度相比很低时,坡体减速蠕动;当应力值接近或超过岩体长期抗剪强度时,坡体加速蠕动,直至破坏。

2. 边坡破坏形式及分类

边坡岩体中出现了贯通的破坏面,使被分割的岩体以不同的方式脱离母体,称为边坡的破坏。

自然边坡的形成过程往往比较缓慢,在坡体中应力的改变也是渐变的,所以在发生破坏之前总要经过松动、蠕动等变形阶段,而人工边坡由于坡体应力的变化和附加载荷的施加可能较快,因此可能出现两种情况:一是当迅速形成的坡体应力超过坡体极限强度,足以构成贯通性破坏面时,边坡破坏迅速发生,蠕动时间极短暂;二是若应力小于坡体极限强度,而大于长期强度,在发生破坏之前将经过一段较长时间的蠕动过程。此外,自然应力对坡体破坏的影响也很大,当某些应力(如地震、孔隙水压力)突然加剧,可使一些原来并无明显蠕动迹象的边坡突然破坏。

边坡破坏的分类,国内外已有多种不同方案。20世纪90年代,国际工程地质协会(IAEC)滑坡委员会建议采用瓦恩斯(D. Varnes)的滑坡分类作为国际标准方案,如表7.1.1所示。该分类综合考虑了边坡的物质组成和运动方式,按物质组成分为岩质和土质边坡,按运动方式分为崩落(塌)、倾倒、滑动(落)、(侧向)扩离和流动5种基本类型,还可组合成多种复合类型,如崩塌碎屑流、滑坡-泥石流等。

表7.1.1 瓦恩斯的滑坡分类

运动形式		岩土类型		
		岩石	工程土体	
			粗颗粒为主	细颗粒为主
崩塌		岩崩	碎屑崩落	土崩
倾倒		岩石倾倒	碎屑倾倒	土体倾倒
滑动	旋转	岩滑	碎屑滑动	土滑
	平移			
侧向扩离		岩石侧向扩离	碎屑侧向扩离	土体侧向扩离
流动		岩流	碎屑蠕滑	土体蠕滑
复合			两种或两种以上运动方式复合	

瓦恩斯的分类实际上是将边坡变形、破坏和破坏后的继续运动三者综合在一起。如分类中的"流动"包括了边坡岩土体的蠕变、碎屑流和泥流等。显然前者属于边坡变形,实际上边坡发生滑坡、崩塌等破坏之前,都可能经历过蠕变。后两者作为与边坡破坏相联系的现

象,则大多是由崩塌或滑坡体在继续运动过程中发展而成的运动方式。又如分类中的"倾倒",实际上也是一种变形方式,其最终破坏可表现为崩塌或滑坡。

就岩质边坡破坏机制而言,崩塌以拉断破坏为主,滑动以剪切破坏为主,扩离则主要由塑性流动破坏所致,图 7.1.2 为典型岩质的边坡失稳。

图 7.1.2　典型岩质的边坡失稳

7.1.3　边坡破坏后果

我国是世界上地质灾害最严重、受威胁人口最多的国家之一。地质条件复杂,构造活动频繁,崩塌、滑坡、泥石流、地面塌陷、地面沉降、地裂缝等灾害隐患多、分布广,且隐蔽性、突发性和破坏性强,防范难度大。特别是近年来受极端天气、地震、工程建设等因素影响,地质灾害多发频发,造成严重损失。

以 2021 年为例,全国共发生地质灾害 4772 起,其中滑坡 2335 起、崩塌 1746 起、泥石流 374 起、地面塌陷 285 起、地裂缝 21 起、地面沉降 11 起,分别占地质灾害总数的 48.9%、36.6%、7.8%、6.0%、0.5% 和 0.2%,共造成 80 人死亡、11 人失踪,直接经济损失 32 亿元。虽然与 2020 年相比,地质灾害发生数量、死亡失踪人数和直接经济损失均有所减少,但我国仍属于受边坡灾害影响较为严重的地区。严重的边坡灾害会造成极大的人员伤亡和经济损失,工程边坡失稳的主要影响包括工程安全、人员伤亡和经济损失,天然边坡失稳的主要影响包括人员伤亡和生态环境的破坏。

对于工程边坡而言,经济损失包括清除塌滑岩石和加固边坡等直接损失和间接损失。间接损失主要有车辆损坏、交通延误、业务中断、土地价值下降导致的税收损失,以及河流因滑坡而堵塞产生的洪水灾害或供水中断等,露天矿山的间接损失还包括边坡无法靠界而造成的矿石储量损失等。在人口密度高的城市或交通生命线附近,即使是很小的滑坡也可能摧毁房屋、堵塞交通路线,造成巨大的经济损失和恶劣的社会影响。如 2021 年 1 月 3 日贵州毕节市内的某一工地上,3.5 万 m³ 的岩土体从工地的山坡上滑落,造成 14 人死亡、3 人受伤的严重后果。相比之下,农村地区或者无人区的滑坡造成的经济损失相对较小,可能仅涉及丧失农业用地带来的经济损失。

7.2　边坡稳定性影响因素及评价指标

7.2.1　边坡稳定性影响因素

影响边坡稳定的因素多且繁杂,可简单归纳为内部因素和外部因素。内部因素主要包括岩土体性质、地质构造及地应力等;外部因素主要包括外动力作用(风化、剥蚀)、地震、降雨、地下水、干湿循环、冻融循环及爆破开挖等。其中,内部因素是影响边坡稳定的最根本因素,决定了边坡变形失稳模式和规模,对边坡稳定起控制作用;外部因素则通过内部因素对边坡起破坏作用,从而引起边坡失稳破坏。边坡失稳往往是多个因素共同作用的结果,因而在对边坡稳定性进行评价时,应特别注意区分各因素在边坡稳定中所起的作用,重点考察和分析起主导作用的影响因素。

1. 岩土体性质及地质构造

边坡岩土体的性质,是决定边坡抗滑力的根本因素。所谓岩土体性质,是指岩石和土体的物理、化学、力学及水理性质等。边坡失稳主要表现为剪切破坏,因而岩土体的抗剪强度是衡量边坡稳定的重要参数。

不同岩土体组成的边坡,其变形破坏特征有所不同。在黄土地区,边坡的变形破坏形式以滑坡为主;在花岗岩、厚层石灰岩、砂岩地区以崩塌为主;在片岩、板岩、千枚岩地区易产生表层挠曲和倾倒等蠕动变形;在碎屑岩及松散土层地区,易产生碎屑流或泥石流等。

地质构造是指组成地壳的岩层在内、外动力地质作用下发生变形而形成的诸如断层、褶皱、节理、劈理等各种面状和线状构造。地质构造的形态、产状及规模等,对边坡尤其是岩质边坡稳定性的影响十分显著。

断层的存在破坏了岩体的整体性,降低了边坡岩体的整体强度;褶皱核部岩层变形强烈,背斜顶部和向斜底部发育有张拉裂隙,稳定性较差;节理是一种发育广泛的裂隙,其将岩层切割成块体,对岩体强度和稳定性有较大影响。岩层中的断层破碎带和节理裂隙往往是地下水的通道,岩石质地变软、强度降低,边坡稳定性变差。

岩体被不同方向、不同性质、不同年代的断层、节理切割,如同时存在层理、片理,则情况更加复杂。通常把断层、节理、层理、片理等称为结构面或不连续面。岩石块体和不连续面组成岩体,因而岩体被视为不连续体,其中不连续面对岩体稳定性有重要影响。

对岩体边坡而言,结构面的力学性质对边坡稳定性的影响十分显著。图 7.2.1 显示了岩体工程地质条件对边坡稳定性的影响。图 7.2.1(a)、(b)为沉积岩地层边坡的典型特征,如果岩层倾角大于不连续面的摩擦角将会产生滑动,图 7.2.1(a)为潜在不稳定边坡,图 7.2.1(b)为稳定边坡;图 7.2.1(c)所示的边坡一般是稳定的,由共轭节理组切割的岩块可能产生小规模的崩塌现象;图 7.2.1(d)为一组陡倾节理切割形成的反坡结构,由于岩块重心失衡可能产生倾倒破坏;图 7.2.1(e)为典型的水平层状砂岩-页岩互层结构,其中页岩风化速度快,形成了一系列可能失稳的砂岩块体;图 7.2.1(f)为多组节理切割的岩体边坡,虽然节理本身不能形成连续的滑动面,但如果边坡角过大,将形成类似于土质边坡的弧形滑动。

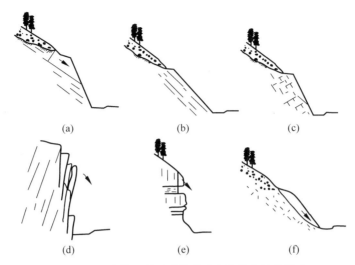

图 7.2.1 岩体工程地质条件对边坡稳定性的影响

2. 地应力

在地应力状态复杂的区域,构造活动比较强烈,构造应力场复杂多变,岩体中裂隙高度发育,直接导致岩体完整性差、强度低、渗透性强,边坡容易失稳。

对边坡而言,一般情况下水平应力、近水平应力大于竖直应力,较高的水平应力易使边坡中的岩层向临空面产生层间滑动,尤其存在结构面渗水及软弱夹层时,层间错动较为明显。深切河谷中筑坝时的坝肩处(河谷两岸),大型露天采场边帮的岩体都会因水平应力大而产生边坡开裂、破坏,特别是在坡脚处。地下工程中的边墙,尤其是高边墙,也常因水平应力作用而产生开裂、错位、内鼓等。

3. 水的影响

水对边坡稳定性的影响体现在地表水和地下水两个方面。地表水主要通过大气降水补给,并以地表径流等形式对边坡造成冲刷破坏,其中对土质边坡的影响主要以侵蚀为主,一般对岩质边坡的影响较小。地下水是指埋藏在地表以下各种形式的重力水,对边坡稳定性的影响较为复杂,主要表现为:处于地下水浸润线以下的透水边坡岩土体将承受水的浮托力,而不透水的边坡岩土体将承受静水压力,充水的张裂隙将承受裂隙水静水压力的作用;地下水的渗透流动将对边坡岩土体产生动水压力;水对边坡岩土体还会产生软化、侵蚀、膨胀等物理化学作用,大幅降低岩土体抗剪强度。

4. 振动的影响

地震引起坡体振动,等于坡体承受一种附加荷载。它使坡体受到反复振动冲击,使坡体软弱面咬合松动,抗剪强度降低或完全失去结构强度,边坡稳定性下降甚至失稳。地震对边坡稳定性的影响较大,一方面地震作用产生水平地震附加力,使边坡下滑力增大,从而降低边坡稳定性;另一方面地震产生的地震波可能引起边坡岩土体应力的瞬时变化,造成边坡岩土体结构发生变化甚至破坏。

地震横波在地表引起周期性左右晃动,纵波引起上下颠簸。在地震作用下,边坡岩体的结构面发生张裂、松弛现象,同时地下水状态也发生较大变化;在地震力的反复振动冲击下,边坡岩体结构面发生位移变形,直至破坏。地震对边坡稳定性的影响主要表现为触发(诱发)效应和累积效应。

爆破广泛应用于各类矿山、隧道、水利工程施工,会导致周围岩体产生不同程度的损伤,从而影响边坡稳定性。爆破的影响主要体现在三个方面,即爆破的动力作用、爆破对岩体的松动破坏以及疲劳破坏。

5. 边坡形态

边坡形态指边坡的外形、坡高、坡度、断面形态以及边坡临空程度等。目前的稳定性分析方法通常把边坡看成二维,且假定边坡从坡顶到坡底是一个平面;而实际上边坡在平面图上总是呈弯曲状,在断面图中亦是如此。边坡形态对边坡稳定有一定程度的影响,边坡表面形状影响边坡岩土体内的应力状态,坡度及坡高越大时稳定性越差。

6. 其他因素

除前述因素外,人为因素、风化作用、植被等都可能影响边坡的稳定性。人为因素主要包括施工开挖、边坡卸载与加载、工程荷载、边坡加固措施等。风化作用会弱化岩土体及结构面的力学性质,从而引起边坡失稳。植物根系可保持土质边坡的稳定,通过植物吸收部分地下水有助于保持边坡的干燥;在岩质边坡上,生长在裂隙中的树根有时也会引起边坡局部的崩滑,树根在原岩结构面中延伸穿插,产生根劈作用,可能对边坡稳定性产生不利影响。

7.2.2 边坡稳定性评价指标

边坡失稳的基本特征为岩土体沿某一滑动面或滑动区域发生剪切破坏,即滑动面上的剪切力(下滑力)大于岩土体的抗剪能力(抗滑力)时,则该边坡发生失稳。失稳的形式包括滑动体产生位移、边坡逐渐或突然崩塌。边坡失稳的准确定义需结合实际工程类型。例如,在不影响生产安全的前提下,露天矿山边坡可以允许产生几米的位移,但对于一个桥基边坡而言则不允许产生微小位移。因此边坡稳定性的设计计算方法与工程需求有较大关联。

基于以上理念,边坡稳定性的设计计算方法或指标可由以下一种或多种方法表示。

(1) 安全系数:通过对边坡进行极限平衡分析,将边坡稳定性量化,若边坡安全系数大于1,则边坡稳定。安全系数具有直观、定量等特点,是目前工程界普遍采用的用以评价边坡工程稳定性的有效指标之一,对于各种类型地质环境的岩(土)质边坡具有较成熟的使用经验。

(2) 允许变形:不稳定边坡定义为边坡产生足够大的变形且影响生产安全,或岩土体位移速度大于规定值。边坡变形计算是边坡稳定性评价的重要内容,目前,可有效反映结构面空间状态的非连续介质应力-应变分析等数值模拟法得到快速发展,广泛应用于各类地质条件下的边坡变形稳定性分析。

(3) 失稳概率:通过抗滑力与下滑力概率分布的差异,将边坡稳定性量化。该方法中"5%的失稳概率"以及"失稳的结果表现为彻底失去使用寿命"等定义难以得到工程的直接验证,导致该方法在边坡稳定性分析中的使用经验相对较少。

(4) 荷载抗力系数设计法(load and resistance factors design,LRFD):稳定边坡定义为抵抗力与其对应的分项系数乘积大于或等于荷载与其对应的分项系数乘积之和。该方法因结构设计而得到发展,现已扩展到地基、边坡等相关工程领域。

7.3 边坡稳定性分析方法

边坡工程研究的核心问题是边坡稳定性分析,边坡稳定性分析可以确定边坡是否处于稳定状态,以及是否需要对其进行加固与治理,是防止其发生破坏的重要决策依据。

边坡发生破坏失稳是一种复杂的地质灾害过程,由于边坡内部结构的复杂性和组成边坡岩石性质的不同,造成边坡破坏具有不同模式。边坡稳定性分析必须在大量工程地质勘查与岩土体物理力学试验的基础上进行,在具体分析时,首先应根据地质体结构特征确定边坡可能的破坏形式,然后针对不同破坏模式采用相应的分析方法。不同的破坏模式存在不同的滑动面,因此应采用不同的分析方法及计算公式来分析其稳定状态。目前用于边坡稳定性分析的方法大体上可分为定性分析方法和定量分析方法两大类。

定性分析方法包括工程地质类比法、坡率法、图解法、地质分析法(历史成因分析、过程机制分析)及边坡稳定专家系统等。定性分析方法主要是针对初勘所取得的地质资料进行研究,由于该阶段试验资料少,多用定性分析对边坡稳定性作出评估,分析时应按不同的构造区段及边坡的不同方位分别进行。

定量计算方法包括极限平衡法、数值分析法、敏感性分析法、概率设计方法与荷载抗力系数设计法等。所有定量计算方法都是基于定性方法之上的,当定性分析认为边坡是不稳定的或不满足设计安全系数时,则对其进行详勘,取得包括岩土或软弱结构面强度、地下水流与水压等方面的资料后,再经定量分析对边坡稳定性作出判断。定量分析方法实质是一种半定量的方法,虽然评价结果表现为确定的数值,但最终仍依赖人为判断。

在具体应用中,应根据实际边坡工程地质条件,选取一种或几种方法进行综合分析。

7.3.1 工程地质类比法

工程地质类比法是指把所要研究的边坡与已取得勘察资料且地质条件类似的边坡进行对照,并作出工程地质评价的方法,又称工程地质比拟法、经验类比法。工程地质类比法具有经验性和区域性的特点,应用时必须全面分析已有边坡与新研究边坡两者之间的地形地貌、地层岩性、结构、水文地质、自然环境、变形主导因素及发育阶段等方面的相似性与差异性,同时还应考虑工程的规模、类型及其对边坡的特殊要求等。

工程地质类比法的一般步骤为:①确定研究区域,在研究区域内调查研究分析地质地貌形态、古滑坡及滑坡群、所有边坡的岩土体类型,并描述和分析研究区域内的堆积和切割特性,同时对所有边坡进行相应的工程地质测绘。②在边坡工程影响所及的范围内,详细勘探、测量和描述地层层次、岩性、岩体结构的单元块体的形状和大小,结构面的类型、性质、特征、产状、分布规律和发育程度,结构面富集物状态和成分,气象条件,地下水出露特征和赋存状态等。③确定边坡结构面的平面图和剖面图。④将上述资料与条件相同、规模相近的边坡进行对比,通过经验判断,最后做出定性评价以确定当前边坡岩体的稳定程度及推测今后可能的发展趋势。

7.3.2 图解法

边坡稳定性分析图解法可以分为两大类。第一类是用一定的曲线和图形表征边坡相关参数之间的定量关系,由此求出边坡安全系数,或已知安全系数及其他参数(岩土体黏聚力、摩擦角、容重、边坡坡角、坡高以及结构面倾角)仅一个未知的情况下,求出稳定坡角或极限坡高,此类方法相当于力学计算的简化,如图7.3.1所示。第二类是利用图解法求边坡变形破坏的边界条件,分析结构面的组合关系,为力学计算创造条件,如赤平极射投影分析法及实体比例投影法。

常用图解法包括摩擦圆法、赤平极射投影分析法以及实体比例投影法,其中实体比例投影法用于边坡稳定分析时,可快速、直观地分辨出控制边坡的主要与次要结构面,确定边坡结构的稳定类型,判定不稳定块体的形状、规模及滑动方向。对用图解法判定为不稳定的边坡,须进一步用计算加以验证。

赤平极射投影法是岩质边坡稳定性分析评价的常用方法。该方法既可确定边坡结构面(包括边坡临空面)的空间组合关系,给出可能不稳定结构体的几何形态、规模大小及其空间分布位置,也可确定不稳定结构体可能的位移方向,作出边坡稳定状态的初步评价。若结合结构面的强度条件和边坡上的作用力,还可以进行边坡稳定性的分析计算,求出其安全系数。

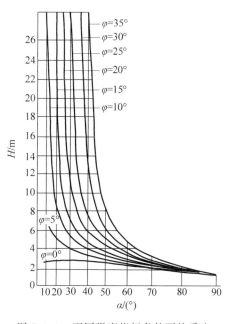

图 7.3.1 不同强度指标条件下均质边坡高度-坡角关系曲线

赤平极射投影法把节理岩体中结构面的空间几何信息表现在平面上,其特点是:只反映物体线和面产状与角距的关系,而不涉及其具体位置、长短大小与距离远近。该方法以一个参考球作为投影工具,以参考球的中心作为比较物体几何要素(点、线、面)方向和角距的原点,以通过球心的一个水平面(通常称为赤道平面)作为投影平面。球体的上、下两个球极分别称为北极和南极,根据投影方式不同(射线由北极或南极发出)又分为上半球和下半球投影。某一个岩体结构面的空间方位(产状),通常用其走向、倾向和倾角来描述,在赤平极射投影法中,倾向和倾角这两个参数可用一个大圆或一个极点唯一表示,然后通过不同的投影方式投影在赤道平面上,该方法可非常直观地反映岩体中结构面的分布情况。图7.3.2描述了边坡失稳的三种典型类型与相应的结构面赤平极射投影图的对应关系。

对于图7.3.2(a)所示的平面滑动,当结构面的倾向与坡面倾向相反时,边坡为稳定状态;当结构面的倾向与坡面倾向基本一致但其倾角大于坡角时,边坡为基本稳定状态;当结构面的倾向与坡面倾向之间夹角小于30°且倾角小于坡角时,边坡为不稳定状态。

如图7.3.2(b)所示,当边坡被两个相交的结构面切割时,形成的潜在滑移体多数为楔形体,其在重力作用下的滑动方向,一般由两个结构面组合交线的倾斜方向控制。当结构面

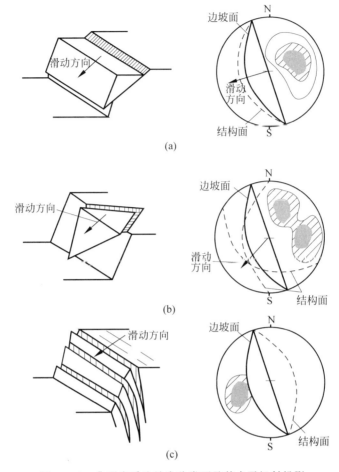

图 7.3.2 典型岩质边坡失稳类型及其赤平极射投影

组合交线的倾向与边坡坡面倾向之间夹角小于 $30°$,且组合交线的倾角小于坡角时,楔形体为潜在不稳定性状态。当主要结构面的倾角较陡且倾向坡内时,在与平缓结构面的共同作用下,边坡可能发生倾倒破坏,如图 7.3.2(c)所示。

7.3.3 极限平衡法

极限平衡法视边坡岩土体为刚体,不考虑岩土体本身变形对边坡稳定性的影响,且需进行许多简化假设(如条分法中对条间作用力及方向的假设),由此会产生一定的计算误差。但该类方法能给出物理意义明确的边坡安全系数及潜在破坏面,因此被广泛应用于采矿、水利、土建等各类边坡的稳定性分析。

极限平衡条分法早期以莫尔-库仑强度理论为基础,将坡体划分为若干条块(主要为垂直条分),直接对某些多余未知量作出假设,使得方程式的数量和未知数的数量相等,问题变为静定可解,进而建立作用在条块上的力(力矩)平衡方程,求解安全系数。根据边坡破坏的边界条件,应用力学分析方法,对各种荷载作用下的潜在滑动面进行理论计算和抗滑强度的力学分析,通过反复计算和分析比较,最终确定边坡的安全系数。

目前,基于不同假设条件已形成多种极限平衡条分法,主要包括瑞典条分法(Ordinary/Fellenius)、简化毕肖普法(Bishop Simplified)、简化简布法(Janbu Simplified)、通用简布法、陆军工程师团法(Crops of Engineers)、罗厄法(Lowe-Karafiath)、斯宾塞法(Spencer)、摩根斯坦-普赖斯法(Morgenstern-Price)、通用条分法(General Limit Equilibrium)、萨尔玛法(Sarma)及不平衡推力法等。上述方法均属于二维极限平衡条分法,这些方法的主要区别在于其满足的平衡条件及条间力假设不同,如表7.3.1和表7.3.2所示。

表 7.3.1　各类极限平衡条分法的平衡条件

方法	平衡条件		
	力矩平衡	静力平衡	
		水平力	垂直力
瑞典条分法	是	否	否
简化毕肖普法	是	否	是
简化简布法	否	是	是
通用简布法	是	是	是
陆军工程师团法♯1	否	是	是
陆军工程师团法♯2	否	是	是
罗厄法	否	是	是
斯宾塞法	是	是	是
摩根斯坦-普赖斯法	是	是	是
通用条分法	是	是	是
萨尔玛法	是	是	是
不平衡推力法	否	是	是

表 7.3.2　各类极限平衡条分法的条间力假设

方法	是否考虑条间法向力(E)	是否考虑条间切向力(X)	X/E 的结果或 X-E 的关系
瑞典条分法	否	否	无条间力
简化毕肖普法	是	否	仅水平力
简化简布法	是	否	仅水平力
通用简布法	是	是	应用推力线
陆军工程师团法♯1	是	是	从坡顶到坡脚直线的斜率
陆军工程师团法♯2	是	是	条块顶部地面的斜率
罗厄法	是	是	条块顶部和底部倾角平均值的正切值
斯宾塞法	是	是	常数
摩根斯坦-普赖斯法	是	是	变量,用户函数
通用条分法	是	是	可采用各方法的假设条件
萨尔玛法	是	是	$X = ch + E\tan\varphi$
不平衡推力法	是	是	上一条块底面的斜率

随着极限平衡法的发展,越来越多的工程实践证明,针对边坡的稳定性分析应该从三维角度而不仅仅是二维的角度来进行,因为三维的分析方式不仅能提高精度,使边坡处治设计

更为经济合理,而且计算机技术的发展也使三维稳定分析中繁琐的计算得以实现。边坡三维极限平衡条分法如图 7.3.3 所示。

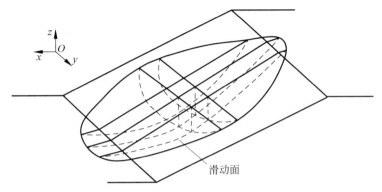

图 7.3.3 三维极限平衡条分法示意图

严格的三维极限平衡法需满足 6 个平衡条件,即 3 个方向力平衡条件和绕 3 个方向轴的力矩平衡条件。严格来说,这些方法只适用于对称边坡,对于非对称边坡,要满足的平衡条件数应更多些。目前能满足 5 个或 6 个平衡条件的三维极限平衡法研究成果非常少见。迄今为止,工程界可广泛应用的三维边坡稳定分析软件尚不多见。

7.3.4 数值模拟法

边坡稳定性分析应遵循以定性分析为基础,定量计算为主要手段,进行综合评价的原则。在求取边坡安全系数时,如能合理假定滑裂面形状,通常可采用传统分析方法,但由于该类方法建立在极限平衡理论基础上,没有考虑岩土体内部的应力-应变关系,无法分析边坡破坏的发生与发展过程,无法考虑变形对边坡稳定的影响,无法考虑岩土体与支挡结构的共同作用及其变形协调。因此,当边坡破坏机制复杂或边坡分析需要考虑应力变形时,宜结合数值模拟法进行分析。

数值模拟法是随着计算机技术的发展而形成的一种计算方法,可在不同的边界条件下求出边坡的位移场、应力场、渗流场,并可模拟边坡的破坏及其发展过程。根据介质的不同,数值模拟法大致可分为两大类,基于连续介质和非连续介质的应力-应变分析方法。

基于连续介质的分析方法包括有限元(FEM)、边界元(BEM)、拉格朗日元(FLAC)等,其具有强大的处理复杂几何边界条件和材料非线性特征的能力,同时也可模拟有限数量的岩体结构面。这些方法在固体和流体计算领域均有广泛应用,属于理论体系比较严格也比较成熟的一类方法。

尽管有限元能够通过设置界面单元来模拟这些结构面,但是当结构面较多时,不仅很不方便,还会在模拟大变形和收敛性能方面出现问题。近期,在非连续介质应力-应变分析方面发展了一系列新的方法,如离散元(DEM)、界面元(IEM)、不连续变形分析法(DDA)、流形元(NMM)等,为研究类似岩体这样的非连续介质提供了有效手段。其具有强大的处理非连续介质和大变形的能力,不仅能比较真实地模拟结构加载破坏全过程的应力-应变性状,而且还可以动画形式再现边坡破坏后的塌落、崩解过程。

7.3.5 敏感性分析法

在采用边坡安全系数作为稳定性判断指标的方法中,用于定义坡体抗滑力与下滑力的各个参数都具有唯一确定值。但在实际工程中,这些参数值的测定一般只能获得一定的取值范围。由于这些参数对边坡稳定性分析至关重要,因此在分析计算时需使用上、下限值法对这些参数进行敏感性分析,以检验参数的不同取值对边坡安全系数的影响。当需要进行敏感性分析的参数超过 3 个,分析情况将变得较为复杂,且各参数之间的关系难以研究清楚。此时,在分析过程中需采用分析与判断相结合的手段,用以评估各参数的变化对边坡稳定性的影响,最终确定合理的边坡安全系数。

图 7.3.4 为某采石场边坡参数敏感性分析所得到的计算结果,岩石内摩擦角取值范围为 $15°\sim25°$,水压力取值范围为无水压至饱和水压。由图可知,水压力对边坡稳定性的影响远大于内摩擦角的影响。边坡无水时,即使边坡垂直、内摩擦角为 $15°$,边坡依然可以保持稳定;而边坡充满水时,即使坡角降至 $60°$、内摩擦角变为 $25°$,边坡也会出现不稳定情况。

边坡参数敏感性分析的作用是评估相关参数对边坡稳定性的影响程度,在可行性分析和收集资料时,该方法可使边坡参数的选取更为合理,若某个对边坡稳定性影响较大的参数存在不确定性,则设计时应选择合适的安全系数以考虑这一因素的影响。

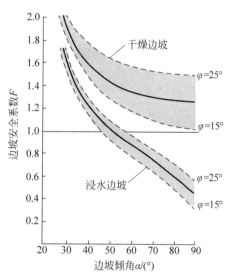

图 7.3.4 某采石场边坡安全系数与坡角

7.3.6 荷载抗力系数设计法

基于概率论的荷载抗力系数分析法,也称荷载抗力系数设计法,其为结构设计提供了合理的理论基础,最初在建筑工程领域得到应用,随后进一步推广到桥梁等结构设计领域,主要用于解释荷载与抗力的变异性,其目的是在不同荷载条件下为钢筋混凝土结构(如桥梁结构)及岩土工程结构(如地基结构)等确定统一的安全余量。为了保证地基与结构设计的一致性,荷载抗力系数设计法目前已广泛应用于岩土工程领域。

荷载抗力系数设计法的基本原理是抵抗力和荷载分别为表征各自参数不确定性及变异性程度的分项系数乘积,且需满足抵抗力与其对应的分项系数乘积大于或等于荷载与其对应的分项系数乘积之和,即

$$\varphi_k R_{nk} \geqslant \sum \eta_{ij} \gamma_{ij} Q_{ij} \tag{7.3.1}$$

式中,φ_k 为抗力分项系数;R_{nk} 为第 k 个失稳模式或正常使用极限状态下边坡的抗力标准值;η_{ij} 为单元或系统的延展性、冗余性及操作重要性的分项系数;γ_{ij} 为荷载分项系数;Q_{ij} 为第 i 个荷载类型在第 j 个荷载组合下的荷载效应。

式(7.3.1)中荷载分项系数通常大于1(荷载有利于构件稳定除外),而抗力分项系数通

常小于 1。荷载抗力系数设计法一般仅适用于与结构相关的边坡设计,当边坡并非建(构)筑物的一部分时,通常采用其他分析方法进行边坡稳定性计算。

7.3.7　边坡稳定性分析方法选用原则

边坡稳定性分析法按类型大致可分为两类,即定性分析与定量分析。开展边坡稳定性初步判别时,一般采用工程地质类比法、坡率法及图解法等定性分析方法。

根据边坡实际工程地质条件,如果具有类似工程经验及区域特性的边坡工程案例,一般可采用工程地质类比法。采用该方法时,应结合已有的工程经验及实际地质情况来判断边坡的稳定性。

赤平极射投影法适用于规模小、结构面组合关系较复杂的岩质边坡稳定性的初步判别,一般可采用下半球等角度投影法。此外,进行岩质边坡滑动破坏判别时,可采用大圆分析法或极点分析法;进行岩质边坡倾倒破坏判别时,可采用极点分析法。

深入开展边坡稳定性量化研究时,一般采用极限平衡法、数值模拟法、可靠度分析法及荷载抗力系数设计法等定量分析方法。

极限平衡法一般只能计算出边坡的安全系数及滑面位置。采用该方法时,对于呈碎裂结构、散体结构的岩质边坡,当滑面形状较为简单时,宜采用简化 Bishop 法、Morgenstern-Price 法等方法进行稳定性计算;当滑动面形状较为复杂时,宜采用 Morgenstern-Price 法、不平衡推力法等方法进行稳定性计算。对于呈块体结构和层状结构的岩质边坡,宜采用 Sarma 法、不平衡推力法等进行稳定性计算。

如需考虑边坡变形对相关工程构筑物应力、变形的影响,或是针对因开挖卸荷导致变形破坏的边坡,则需使用数值模拟法开展边坡的应力、变形计算。数值模拟法通常可适用于各类边坡稳定性分析,在工程应用中往往具有以下优点:①数值计算模型无需事先定义破坏模式,可通过计算自动产生;②数值计算模型可包含断层、地下水等关键地质特征信息;③数值分析有助于解释被观测到的物理行为;④数值分析可以评估多种可能性的地质模型、破坏模式和设计方案。但是,与其他边坡稳定性定量分析方法相比较,数值模拟法通常需花费较多的时间进行建模与计算分析。

针对具有重要等级的边坡工程,一般需采用多种定性、定量方法进行边坡稳定性综合分析。

7.4　岩石边坡防护与监测

7.4.1　边坡防护与加固

边坡变形破坏过程及其产生的不良地质环境均可对人类活动产生十分严重的危害,甚至会引起生态环境的失调和破坏,从而造成更大范围和更为深远的影响。因此,为了消除边坡失稳可能造成的危害、保障生命财产和重要设施的安全,完善边坡防护与加固理论、掌握相关技术手段必不可少。

边坡防护与加固的手段种类繁多,按侧重点不同可分为解决裸露边坡表层稳定问题的坡面防护和增加边坡稳定性防止滑塌的抗滑支挡工程(挡土墙、锚固、抗滑桩等)。除岩土体本身的稳定性外,水对边坡稳定性的影响同样不容忽视,因此边坡疏排水也是防护工作中的重点内容,按排水工程的适用对象不同可分为坡面排水工程和地下排水工程。

1. 防治方案确定原则

(1)以防为主,防治结合。边坡的防治工作在于"防",就是要尽量做到防患于未然。所谓防,主要包括两方面内容:

第一,要正确选择建设场地,合理制定人工边坡的布置和开挖方案。例如在高地应力区开挖人工边坡时,应注意合理布置边坡方向,尽可能使边坡走向与地应力区最大主应力方向基本一致,露天采矿宜采用椭圆形矿坑,其长轴应平行于最大主应力方向。对于稳定性极差,且治理难度大、耗资多的边坡地段(如可能发生滑动的大型滑坡区、崩塌区),应以绕避为宜。

第二,结合边坡工程实际条件及稳定性分析评价,全面排查可能导致边坡稳定性下降的因素。事前采取必要措施消除或改变这些因素,并力图变不利因素为有利因素,以确保边坡稳定。

(2)及时治理就是要针对边坡已出现变形破坏的具体状况,及时采取必要的措施增加其稳定性。当边坡变形迹象已十分明显或已进入加速变形阶段时,仅采取消除或改变主导因素的措施已不足以制止破坏发生,此时,必须及时采取降低边坡下滑力、增加边坡抗滑力的有效措施(如削方、支挡、喷锚、土质改良等),以迅速改善边坡的稳定状况。

(3)考虑工程的重要性是制定处治方案必须遵循的原则。对于威胁永久性工程安全的边坡变形和破坏,应采取全面、严密的处治措施,以确保边坡具有较高的安全系数。对于一般工程或临时工程,则可采取较简易的处治措施,以保证边坡在营运期间处于稳定状态。

2. 处治措施确定原则

(1)处治措施的选择必须建立在工程地质勘察和边坡破坏机制分析的基础之上。

(2)处治措施应针对引起滑坡的主导因素进行制定,原则上应一次根治,不留后患。

(3)对工程建设中随时可能产生危害的边坡,应先采用立即生效的工程措施,然后再实施其他工程。

(4)对性质复杂、规模巨大、短期内不易排查或工程建设进度不允许完全排查后再处治的滑坡或变形体,应在保证工程建设安全的前提下,作出全面的处治规划,采用分期治理的方法,使后期工程既可获得必需的资料,又能争取到一定的建设时间,保证整个工程的安全和效益。

(5)一般情况下,对边坡处治(特别是滑坡和变形体的处治)的时间应以旱季为宜,施工方法和程序应以避免造成坡体产生新的变形破坏为原则。

3. 防治措施

1)对边坡进行深入的调查研究

详细勘察现场,收集整理和分析历史资料,访问有关人员,以尽可能全面地了解事态的进程和发展规律。研究现场的监测结果,以圈定变形区的范围及分析变形的发展进程,识别潜在滑体的破坏模式。如果之前没有观测网应立即补建,并使之逐步完善,此举不仅为了解边坡失稳过程和制定稳坡方案所必需,而且还将用于评价稳坡效果及长期监测。如果潜滑地段的工程水文地质条件尚不清楚,则需要进行补充勘察,否则所制定的稳坡方案可能忽视关键问题而事倍功半。

　　2）消除、削弱或改变使边坡稳定性降低的各种因素

　　一类是针对导致边坡外形或表面状态改变的因素而采取的措施，主要是保证边坡不受地表水的冲刷或海、湖、水库等波浪产生的冲蚀，如修筑导流堤（顺坝或丁坝）、水下防波堤（破浪堤）等。另一类措施是针对改变边坡岩土体强度和应力状态的因素采取的，主要是保证边坡有较高的安全系数，如锚固、抗滑桩等工程。

　　3）降低下滑力、提高抗滑力

　　边坡防治的技术措施主要是从提高抗滑力和降低下滑力从而提高安全系数入手的。为增加边坡的安全系数，提高其稳定性，可采取的措施包括：减小对岩土体的损伤以免 c、φ 值降低，例如制定合理的爆破方案等；也可设法提高岩土体 c、φ 值，例如采用注浆法加固岩土体等；采取防排水措施使边坡岩土体中的潜水位尽可能降低，既提高坡体的抗滑力又降低下滑力，是稳定边坡最为有效和经济的方法；向潜在滑体提供锚固力，提高抗滑力、降低下滑力。坡趾是边坡的重点薄弱环节之一，必要时可用"压脚法"加固，此法仅适用于小规模的土质边坡，对高大的岩质边坡需大量回填，适用性不强；减载或削坡，在坡顶进行挖方以降低坡高称为减载，挖缓坡面减小坡角称为削坡。

　　总之，边坡处治措施的选择不仅要遵循防治原则，还要结合变形破坏的方式、类型等工程实际条件。工程中常用的防治技术手段按照变形破坏方式的不同而不同，如表 7.4.1 所示。

表 7.4.1　边坡变形破坏方式与防治措施

变形破坏方式	防治措施
风化、剥蚀	坡面防护：砌石、喷射混凝土、植被防护等
水流侵蚀	冲刷防护：植物、抛石、浆砌片石、石笼等
落石、崩塌	支撑、防护网、锚固等
坡体变形	锚固、抗滑桩、排水等
滑坡	锚固、挡墙、抗滑桩、排水、减载压重等

7.4.2　边坡稳定性监测

　　边坡稳定性监测是对影响边坡稳定性的因素和表征稳定性变化的边坡状况反复观测，以研究边坡稳定程度及变化规律，是评价边坡设计性能与破坏风险、使风险最小化的重要工具。

　　需要认识到，经济合理的边坡设计，绝非是不发生任何滑塌的保守设计（事实上也很难做到），而是允许适量滑塌甚至局部性一定规模滑塌的实用设计，但绝不允许发生毫无预见的突发灾害性滑塌。由于岩土体特性的不均匀性，地质条件和力学作用机理的复杂性，以及这些影响因素本身的不确定性，边坡变形失稳机理非常复杂，且灾害性滑塌难以准确预见，而边坡稳定性监测可为灾害征兆识别提供宏观观察结果，并为边坡安全防范、稳定性分析与评判、滑塌灾害预报与加固技术应用提供基础分析数据。

　　边坡稳定性监测的主要任务包括：

　　（1）描述边坡现状，调查边坡、滑坡区域工程水文地质情况；

（2）确定边坡变形影响范围，识别潜在滑体的破坏机制和滑塌模式；

（3）确定监测技术方案，建立边坡监测网（测点、测站）；

（4）实施工程监测，提供可靠的第一手变形、应力等数据；

（5）制定防灾减灾和减少危害的技术措施，甚至修改边坡设计；

（6）评价滑坡治理的工程效果。

边坡稳定性监测一般分为两类：第一类监测是对总体边坡进行全面、定期检测，目的是测定边坡初始状态，较早发现不稳定区段，以便对不稳定边坡进行进一步观测、研究，为修改设计和治理边坡积累资料；第二类监测是对不稳定边坡进行监测，目的是确定不稳定区域范围，研究边坡破坏模式及破坏过程，预测边坡破坏发展趋势，制定合理处治方案，防止意外滑坡。常用的岩石边坡监测内容和方法如表 7.4.2 表示。

表 7.4.2　岩石边坡监测内容和方法

监 测 内 容		监 测 方 法
位移监测	边坡表面位移	收敛计、全站仪、自动全站仪地表位移监测系统、雷达监测系统、CCD 成像及三维激光扫描技术、GPS 与北斗导航监测系统、分布式光纤监测
	边坡内部位移	土体位移计、多点位移计、倾斜仪（倾角仪）、TDR 时域反射系统
水的监测	降雨	雨强、雨量监测仪
	地表水	流量计
	地下水	钻孔水位和水压监测、排水洞水量监测
震动监测	爆破振动量	测振仪
	微震	微震监测系统
	声发射	声发射仪
加固工程结构物荷载监测	锚杆与土钉轴力	振弦式锚杆测力计、电阻应变片式锚杆测力计
	预应力锚（索）杆	振弦式锚索测力计、光纤光栅锚索测力计
	抗滑桩	光纤光栅式钢筋计、混凝土应力计
	挡土墙	精密水准仪、经纬仪、振弦式土压力计、光纤光栅式土压力计

低功耗、抗干扰、易维护的监测设备，以及集成化（RTK、网络 RTK、超站仪、GPS 一机多天线技术）、自动化（以测量机器人为代表）、智能化（各种遥控、遥传、遥测系统协同）、"天-空-地"多手段有机协同监测是边坡监测智能感知研究的发展趋势。

课后习题

1. 名词解释：①边坡；②边坡变形；③边坡破坏；④滑坡；⑤安全系数；⑥极限平衡法。

2. 简述边坡按不同因素可划分的类别及各类别特征。

3. 简述边坡的破坏形式及分类。

4. 简述边坡稳定性的影响因素。

5. 简述边坡稳定性分析的定性分析法和定量分析法。

6. 边坡稳定性的设计计算方法或指标包括哪些？

7. 论述岩土体性质及地质构造对边坡稳定性的影响。

8. 简述水对边坡稳定性的影响。

9. 论述边坡稳定性分析的主要方法及其适用条件。

10. 论述赤平极射投影法在边坡稳定性分析中的应用。

11. 极限平衡法包括哪些具体的方法？

12. 简述边坡失稳防治方案及处治措施的确定原则。

13. 简述降低下滑力、提高抗滑力的工程与技术措施。

14. 简述边坡稳定性监测的主要任务。

15. 简述边坡稳定性监测的内容及其方法。

第8章 Chapter 8
岩石力学常规试验方法

　　岩体所处的水文工程地质条件往往比较复杂，成为工程建设中的"拦路虎"，岩石力学试验研究的目的与任务是通过测试手段去认识并改造复杂岩体的性质，使工程建设更加经济、安全。在工程实践中，岩石力学试验通常用于岩石分级和工程地质评价。岩石力学试验包括强度和变形特性的试验，是测试岩石力学性质指标的重要途径，因其具有严格控制试验环境条件、灵活控制试验方法、试验成本相对低廉及可重复性等特点，成为岩石力学特性研究的基本手段，在各行业中得到普遍使用与推广。随着科学技术发展与进步，新技术、新材料和新方法不断在岩石力学试验中得到应用，推动岩石力学试验技术的进步。本章主要对单轴压缩试验、三轴压缩试验、直接剪切试验、巴西圆盘劈裂试验和点荷载强度试验五种岩石力学常规试验方法进行介绍。

8.1　单轴压缩试验

8.1.1　基本原理

　　岩石在荷载作用下产生破坏时所承受的最大应力称为岩石的强度。根据荷载作用的方式和试样破坏的形式，岩石的强度可分为抗压强度、抗拉强度以及抗剪强度等。岩石试样在单轴荷载作用下出现压缩破坏时，单位面积上所承受的荷载称为单轴抗压强度，即试样破坏时的最大荷载与垂直于加载方向试样的横截面面积之比。岩石的单轴抗压强度是衡量岩石抵抗破坏能力的关键指标，是岩土工程中最常用的岩石力学特性参数，也是进行岩体分类的重要指标。该指标可通过室内的单轴抗压强度试验获得。

　　根据岩石试样含水状态不同，岩石单轴抗压强度分为天然状态下的单轴抗压强度、干燥状态下的单轴抗压强度以及饱和状态下的单轴抗压强度。利用岩石饱和状态下和干燥状态下的单轴抗压强度可以计算表征岩石软化程度的软化系数，以此了解岩石与水相互作用时强度降低的性能。一般情况下，岩石的单轴抗压强度与抗拉强度之间有一定比例关系，通常抗拉强度为抗压强度的 3%～30%，从而可借助于岩石的单轴抗压强度大致估算其抗拉强度。因此，岩石的单轴抗压强度是岩石强度中最常用的力学指标，岩石单轴抗压强度试验也是岩石力学性质试验中最基本的试验。因为试样只受到轴向压力作用，侧向没有压力，因此试样变形没有受到限制，如图 8.1.1(a)所示。

　　试样在单轴压缩荷载作用下破坏时，在试件中可产生三种破坏形式：

（1）X状共轭斜面剪切破坏：破坏面法线与荷载轴线（即试样轴线）的夹角 $\beta = \dfrac{\pi}{4} + \dfrac{\phi}{2}$，其中 ϕ 为岩石的内摩擦角，如图 8.1.1(b) 所示。该类型破坏是最常见的破坏形式。

（2）单斜面剪切破坏：角 β 定义与图 8.1.1(b) 相同，如图 8.1.1(c) 所示。

上述两种破坏都是由于破坏面上的剪应力超过其抗剪强度引起的，可视为剪切破坏。但试样破坏前其破坏面所须承受的最大剪应力也与破坏面上的正应力有关，因而该类破坏可称为压-剪破坏。

（3）拉伸破坏：在轴向压应力作用下，试样径向产生拉应力，这是泊松效应的结果。该类型破坏是径向拉应力超过岩石抗拉强度引起的，如图 8.1.1(d) 所示。

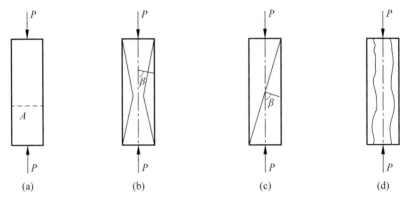

图 8.1.1　单轴压缩试验试样受力和破坏状态示意图

单轴压缩试验试样形状通常采用国际岩石力学学会推荐的圆柱体，圆柱体直径一般不小于 50mm。圆柱体试样长度与直径之比（L/D）对试验结果有很大影响。以 σ_{c} 表示实际的岩石单轴抗压强度，以 σ_{c}' 表示试验测得的岩石单轴抗压强度，则 σ_{c} 和 σ_{c}' 之间的关系可由式(8.1.1)和图 8.1.2 表示：

$$\sigma_{c} = \dfrac{\sigma_{c}'}{0.778 + 0.222 \dfrac{L}{D}} \tag{8.1.1}$$

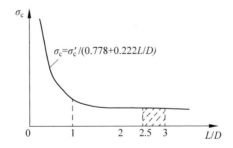

图 8.1.2　实际的岩石单轴抗压强度 σ_{c} 与试样 L/D 之间的关系示意图

由图 8.1.2 可见，当 $L/D \geqslant 2.5 \sim 3$ 时，σ_{c} 曲线趋于稳定，试验结果 σ_{c}' 值不随 L/D 的变化而明显变化。因此国际岩石力学学会建议进行岩石单轴抗压强度试验时使用高度 L 与直径 D 之比为 $2.5 \sim 3$ 的试样。

　　进行压缩试验时,试样的端部效应也必须予以注意。如图 8.1.3 所示,当试样由上、下两个铁板加压时,由于铁板与试样端面之间存在摩擦力,阻止试样端部的侧向变形,所以试样端部的应力状态不是非限制性的,也不是均匀的。只有在离开端面一定距离的部位,才会出现均匀应力状态。为了减少"端部效应",必须在试样和铁板之间加润滑剂,以充分减少铁板与试样端面之间的摩擦力。同时必须使试样长度达到规定要求,以保证在试样中部出现均匀应力状态。

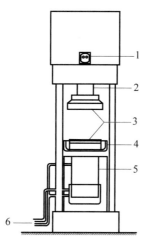

1—调节按钮;2—调节螺栓;3—加压板;4—碎片托盘;5—液压油缸;6—液压入口。

图 8.1.3　单轴压缩试验设备示意图

8.1.2　试验操作方法

1. 试样制备

(1) 试样可选用钻取的岩芯或从坑槽勘探工程中凿取的岩块。

(2) 采用圆柱体作为标准试样,直径为 50mm,允许变化范围为 48～52mm,高为 100mm,允许变化范围为 95～105mm。

(3) 对于非均质的粗粒结构岩石或取样尺寸小于标准尺寸者,可采用非标准试样,但高径比最小要保持为 2∶1。

(4) 对于层(片)状岩石,一般按垂直和平行于层(片)理两个方向制样。

(5) 对于遇水崩解、溶解和干缩湿胀的岩石应采用干法制样。

(6) 试样数量视所要求的受力方向或含水状态而定,每种情况不少于 3 个。

2. 试样描述和量测

(1) 描述试样岩性、裂隙以及试样端部和边角的状态,记录加载方向与层理、片理和节理裂隙间的关系。

(2) 测量试样尺寸。一般情况以试样两端和中间 3 个断面上相互垂直的两个方向共计 6 个直径的平均值作为平均直径,并以此计算承压面积。以均匀分布于周边的 4 点和中间点的 5 个高度的平均值作为平均高度。

3．试样含水处理

试样含水状态可根据工程需要选择天然含水状态、烘干状态或饱和状态，并按下列要求进行处理：

（1）天然含水状态。应在试样拆除密封后立即制备试样，并测定其天然含水率。

（2）烘干状态。将试样制成标准试样后，对于不含矿物结晶水的试样，放在105～110℃烘箱里烘24h至恒重。对于含有矿物结晶水的岩石，应降低烘箱温度，可在(40±5)℃恒温下烘24h。烘干后，从烘箱里取出试样，立即放入干燥箱，待其温度降至室温，方可进行试验。

（3）饱和状态。试样饱水的过程刚好与试样干燥相反，目的是通过排气、浸泡的方法排除试样内部气体，使孔隙充满水，处理后的试样处于固相和液相的两相状态。一般可采取自由吸水法或真空抽气法对试样进行饱水处理。

4．试样加载方法

（1）将试样置于试验机承压板中心，上、下承压板与试样之间放置与试样相同直径的刚性垫块，垫块厚度与直径之比不应小于0.5。

（2）启动试验机，使试验机下底（或上顶）座徐徐上升（下降），当试样顶面接近承压板时，调整球形座，使刚性垫块与试验机上、下承压板均匀且平行接触，受力对中。

（3）以0.5～1.0MPa/s的速率加载（通常对于软岩可以采取这个范围的下限，对于坚硬岩石可以采用这个范围的上限）直至试样破坏为止，记录最大破坏荷载。

8.1.3　试验实例

为研究单轴压缩下单裂隙类岩石的力学特性，拟对含贯穿单裂隙类岩石试样进行单轴压缩测试。采用水泥、硅粉等材料制作不同倾角和不同裂隙长度的多组类岩石试样，试样是高径比为1∶2的标准圆柱体(ϕ50mm×ϕ100mm)，并在微机控制电液伺服万能试验机上进行单轴压缩试验，得到单轴压缩下单裂隙类岩石的破坏强度和应力-应变曲线及相关力学参数。

本次试验中，以高强硅粉砂浆材料为主要原材料制作类岩石模型试样，采用0.4mm厚的高强薄钢片制作贯穿单裂隙。采用425#普通硅酸盐水泥、高强硅粉、铁粉、粒径不大于60μm石英砂、XC-100A聚羧酸系高性能减水剂和水，等等，作为试样制取原材料。经过多次配合比试验，最终确定本试验配合比为水泥∶硅粉∶铁粉∶石英砂∶减水剂∶水＝1.00∶0.13∶0.25∶0.80∶0.01∶0.40（质量比）。预制贯穿裂隙长度分别为6mm、12mm、18mm、24mm共4种特定的尺寸，均对应有0°、15°、30°、45°、60°、75°、90°共7种特定的裂隙倾角。对所有的单裂隙类岩石试样及完整类岩石试样进行编号处理，共计29种不同类型的类岩石试样，具体编号如表8.1.1所示。表中，"B0615"前两位数字"06"表示裂隙长度为6mm，后两位数字"15"表示裂隙倾角为15°。由于试验过程中经常出现各种偶然误差、人为误差，等等，为保证试验数据准确性，每种类型的试样不得少于3组，并对其分别进行编号，如B0615-1、B0615-2、B0615-3。

表 8.1.1　预制裂隙长度与倾角布置参数

编号	裂隙长度/mm	裂隙倾角/(°)	编号	裂隙长度/mm	裂隙倾角/(°)
B0600	6	0	B1800	18	0
B0615	6	15	B1815	18	15
B0630	6	30	B1830	18	30
B0645	6	45	B1845	18	45
B0660	6	60	B1860	18	60
B0675	6	75	B1875	18	75
B0690	6	90	B1890	18	90
B1200	12	0	B2400	24	0
B1215	12	15	B2415	24	15
B1230	12	30	B2430	24	30
B1245	12	45	B2445	24	45
B1260	12	60	B2460	24	60
B1275	12	75	B2475	24	75
B1290	12	90	B2490	24	90
B0000	0	0			

含贯穿裂隙类岩石试样和完整类岩石试样单轴压缩试验,试验加载系统由微机控制电液伺服万能试验机和 MaxTest 加载控制系统组成,如图 8.1.4 所示。通过 MaxTest 程序对试样的加载方式、加载过程进行控制,通过微机控制电液伺服万能试验机对试样进行压缩,并通过计算机自动采集和保存相关试验数据。在试验开始前,采用制备的多余试样进行几次单轴压缩测试,检验试验装置是否正常工作,从而确定本试验装置是否需经进一步调试。通过几次测试,确保试样装置工作状态保持良好,以及加载速率能够达到试验要求。

图 8.1.4　微机控制电液伺服万能试验机

在试验过程中,常会因一些人为误差、偶然误差等导致出现少数结果异常的情况。故需对试验结果的可疑值进行检验,保证试验数据的可靠性。常用的数据检验方法有格鲁布斯检验法、t 检验法、Q 检验法、跳跃度检验法等。本试验采取格鲁布斯检验法对数据进行检验。格鲁布斯检验法是检验数据异常值的一种统计检验方法,在本试验中,将置信水平低于95%的可疑值剔除,对检验后的数据组取算术平均值,最终得到合理的试验数据。每个试样组数据均通过格鲁布斯检验法进行检验,经筛选后的数据,再取算术平均值,最终试验数据如表8.1.2所示。

表 8.1.2 单轴压缩试验结果

编号	裂隙长度/mm	裂隙倾角/(°)	质量/g	高度/mm	直径/mm	破坏强度/MPa	弹性模量/GPa
B0600	6	0	418.2	99	49.7	39.3	34.9
B0615	6	15	426.7	100.2	49.7	37.3	28.9
B0630	6	30	428.5	100.2	49.7	37.4	20.5
B0645	6	45	423.7	100.5	49.6	36.9	20.0
B0660	6	60	423.7	100	49.7	40.2	20.5
B0675	6	75	426.1	100	50.4	40.7	25.8
B0690	6	90	427.8	99.8	49.8	40.5	23.5
B1200	12	0	427.2	100.5	49.5	34.4	29.8
B1215	12	15	426.6	100.5	49.7	30.2	24.9
B1230	12	30	423.6	99.8	49.8	33.2	25.9
B1245	12	45	424.6	100	49.6	32.7	28.9
B1260	12	60	426.8	100.2	49.7	34.5	31.6
B1275	12	75	429.4	100.3	49.9	33.0	29.8
B1290	12	90	422.4	100	49.7	34.7	29.7
B1800	18	0	416.9	99.8	49.7	22.3	23.3
B1815	18	15	421.7	100	49.7	21.1	18.0
B1830	18	30	421.6	100.8	49.7	22.0	23.4
B1845	18	45	415.9	100.5	49.4	23.5	25.9
B1860	18	60	411.9	100	49.6	28.1	26.3
B1875	18	75	420.5	100	50.1	36.8	31.3
B1890	18	90	424.4	100.5	49.6	48.3	32.7
B2400	24	0	415.7	100.5	49.4	16.2	10.4
B2415	24	15	418.9	98.8	49.7	19.7	12.9
B2430	24	30	415.9	99.5	49.9	20.5	24.4
B2445	24	45	420.2	100.3	49.8	23.2	16.8
B2460	24	60	414.7	100.5	49.6	25.7	31.4
B2475	24	75	409.5	98.5	49.9	31.1	20.3
B2490	24	90	417.7	99.1	49.6	43.0	26.1
B0000	0	0	428.6	99.8	49.7	46	36.7

8.2 三轴压缩试验

8.2.1 基本原理

自然界的绝大多数岩石都处在三向压缩应力状态。从某种意义上讲,岩石在三向压缩应力作用下,表现出的强度和变形特征才是岩石力学属性的真实反映。所以研究岩石在三向应力作用下的强度和变形特征比研究岩石单轴压缩强度和变形特征对岩土工程意义更为重大。由于三向应力状态在水平和垂直方向有多种应力组合,所以岩石的三向压缩强度并不是一个确定值,其随着三向应力的不同组合而发生变化。只有通过测定岩石在某种组合的三向应力作用下发生破坏时的极限应力值,才能得到岩石的三向压缩强度。

常规三轴试验是国家标准和行业规范推荐的三轴试验方法,其试验装置示意图见图8.2.1。由于侧向压应力的存在,常规三轴加载时的端部效应较单轴加载时小,侧向压力由圆柱形液压油缸施加。由于试样侧表面已被加压油缸的橡皮套包裹,液压油不会在试样表面造成摩擦力,因而侧向压力可以均匀施加到试样中。

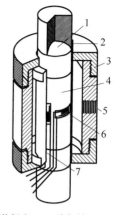

1—球状钢座;2—清扫缝;3—三轴压力腔壳体;4—岩石试样;5—高压油入口;6—应变计;7—橡皮密封套。

图 8.2.1 常规三轴试验装置示意图

真三轴压缩试验更符合自然界中岩石真实受力状态,国内外学者在这方面完成的工作取得了一批很有意义的成果。真三轴压缩试验过程详见《岩石真三轴试验规程》(T/CSRME 007—2021)(简称"试验规程"),图8.2.2为国内中科院岩土所自行研制的高压伺服真三轴试验装置示意图。

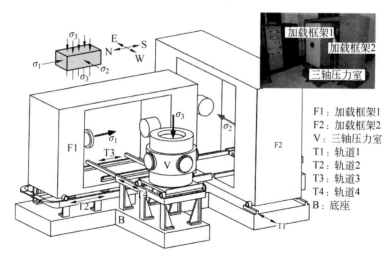

F1:加载框架1
F2:加载框架2
V:三轴压力室
T1:轨道1
T2:轨道2
T3:轨道3
T4:轨道4
B:底座

图 8.2.2 高压伺服真三轴试验装置示意图

三轴压缩试验的特点是可以通过同种岩石的不同试样或不同试验条件得到几乎恒定的强度指标值,这一强度指标值以莫尔强度包络线的形式给出,莫尔强度理论详见3.1.5节。对于直线型强度包络线,其与 τ 轴的截距称为岩石黏聚力,记为 c(MPa),与 σ_1 轴的夹角称为岩石内摩擦角,记为 φ(°)。对于曲线型强度包络线,曲线斜率是变化的,确定 c 和 φ 的一种方法是将包络线和 τ 轴的截距定为 c,将包络线与 τ 轴相交点的包络线外切线与 σ 轴夹角定为 φ;另一种方法建议根据实际应力状态在莫尔包络线上找到相应点,在该点作包络线外切线,外切线与 σ 的夹角为 φ,外切线及其延长线与 τ 轴相交的截距即为 c。实践中大多采用第一种方法确定曲线型强度包络线的 c 和 φ。

8.2.2 操作方法

三轴压缩试验操作方法如下:

(1) 试样制备同单轴压缩强度试验,每种含水状态需制样 5 个以上。

(2) 试样描述同单轴压缩强度试验。

(3) 烘干试样和饱水试样的处理同单轴压缩强度试验。

(4) 试验防油处理。首先在准备好的试样表面套一个热缩管,再用"带风焊塑枪"给热缩管加热,使之紧缩于试样表面,以防止液压油渗入试样内部,同时避免试样破坏后碎屑落入压力室内。

(5) 将密封好的试样放在压力室底座承压板的中间,用手动面板控制底座上升,至试样顶面与传力柱接触,并预加轴向荷载 0.2~0.5kN。

(6) 安装变形测量器件。

① 当使用位移传感器量测试样横向变形时,环向引伸仪的安装方式同单轴压缩变形试验;利用试验机的纵向位移传感器量测试样纵向变形。三轴试验机及压力室构件的变形,应在试验前率定,在计算试样纵向变形时扣除。

② 使用电阻应变仪可测定试样的纵向和横向应变。其安装调试方法同岩石单轴压缩变形试验,但须将试样焊接好的导线从压力室导线孔中引出,与静态电阻应变仪连接。对电阻应变片,不仅需要进行防潮处理,还需进行防油处理。在条件许可的情况下,优先采用位移传感器直接测量试样的纵向和横向变形。

(7) 施加侧向压力。侧向压力的确定须考虑下述条件:

① 选定的侧向压力应能使所求莫尔包络线明显反映出试验需要的应力区间。

② 最小侧向压力的选定,应考虑试验机精度。

③ 在工程无特殊要求的情况下,可根据试样的取样深度及地应力条件先确定最大侧向压力值,再对最大侧压进行等差或等比分级,分级数不少于 5 级,分别施加给每个试样。

(8) 将三轴压力室放在底座上,并用螺栓将压力室和底座连接。

(9) 给三轴压力室注入液压油,并打开压力室顶部的排气孔,排除室内空气。当压力室注满液压油,排气孔有油溢出时,关闭排气孔阀门。

(10) 以 0.05MPa/s 的加载速率同步施加侧压和轴压至预定值,并使侧压在试验过程中保持稳定。侧压变化范围不得超过预定值的 2%,然后以 0.5~1.0MPa/s 的加载速率施加轴向荷载,直至试样破坏。记录破坏时的最大荷载以及相应侧压值。

(11) 在施加轴向荷载的过程中,记录各级荷载下的纵向和横向应变值。为了绘制应力-应变曲线,测点应不少于 10 个,测点间隔可根据岩石软硬设定。若使用液压伺服控制试验机和位移传感器进行三轴试验,试验过程中的轴向荷载、纵向及横向变形、试样破坏最大荷载以及相应侧压值都由计算机自动记录。

(12) 试验结束后,打开排油阀,排出压力室的液压油,提起三轴压力室,取出破坏后的试样并进行描述。当有完整破裂面时,应测量破裂面与试样轴线之间的夹角。

8.2.3　试验实例

在解决煤矿工程地质和相关工程稳定性问题,并对煤体质量和稳定性作出评价时,必须了解煤岩在不同围压作用下的变形及强度特征。采用 MTS815 电液伺服岩石试验系统对鲍店煤矿 3♯煤进行较为系统的常规三轴压缩试验。

1. 试验方法

煤样常规三轴压缩试验在 MTS815 电液伺服岩石试验机上进行。采用先加围压至预定值,再以 $1.5 \times 10^{-5} s^{-1}$ 的轴向应变速度加载至煤样破坏的试验方法。

2. 煤样制备

由于煤的层理、节理非常发育,各种微孔隙、裂隙较多,所以煤相对比较软弱破碎,强度低,离散性大。在进行力学性质试验时,煤的取样制样十分困难,且取样制样过程中煤的原生状态极易受人为因素扰动影响。煤样取自兖州矿业集团鲍店煤矿 3♯煤,煤块取自该矿 5309 综放工作面上回风巷。在取样、制样过程中,为尽可能保持煤样的原始状态,减少人为扰动影响,采取以下主要措施:

(1) 大块煤样均取自两工作面前 100m 以外的上回风巷,以消除工作面前方支承压力的影响,所取大块煤在垂直方向上均属同一分层煤,在水平方向上均在同一位置附近。

(2) 为有效控制取样过程中煤块里产生的人为裂隙等,在矿井井下采用打眼机定向密集打眼获取大块煤样,并立即包装好,写好标签。大块煤升井后尽快运抵实验室进行加工。

(3) 在实验室内对大块煤样进行钻、切、磨的过程中,尽可能采用干钻、干切、干磨,在加工过程中,尽可能降低机床转速,以减轻人为扰动影响。

(4) 对于加工好的煤样及时进行声波速度测试,并做好记录。

(5) 加工后煤样的高度、直径、平整度、光洁度、平行度均能达到岩石试验规范标准。

3. 试验结果

为尽可能减小煤样力学性质离散性对试验结果的影响,加工大量煤样,选取相邻位置两个大块煤中加工纵波速度相近且表面无明显缺陷的 8 个煤样进行三轴压缩试验。同时根据对大量煤样单轴抗压强度与纵波速度实测结果的回归关系,估计参与三轴压缩煤样的单轴抗压强度,进行三轴压缩试验的煤样条件见表 8.2.1。鲍店煤矿 3♯煤常规三轴压缩试验结果见表 8.2.2。由试验结果得到的莫尔强度包络线如图 8.2.3 所示,c 和 φ 分别为 5.32MPa、53.06°。

表 8.2.1　煤样条件

煤样编号	直径/mm	高度/mm	纵波速度/$(mm \cdot s^{-1})$	围压/MPa	预计单轴抗压强度/MPa
1	49.7	98.3	2264.64	0	31.92
2	49.8	97.9	2180.41	2	29.84
3	49.9	99.5	2219.59	5	30.79
4	49.8	99.2	2242.92	8	31.37
5	49.7	100.1	2290.22	12	32.58
6	49.7	97.5	2307.37	16	33.03

续表

煤样编号	直径/mm	高度/mm	纵波速度/(mm·s⁻¹)	围压/MPa	预计单轴抗压强度/MPa
7	49.8	95.8	2339.50	20	33.89
8	49.9	98.4	2355.26	24	34.32

表 8.2.2　煤样试验结果

煤样编号	峰值强度/MPa	峰值应变	弹性模量/MPa	残余强度/MPa
1	30.16	0.00682	4385	3.1
2	44.38	0.00839	5442	24.9
3	63.04	0.01042	6265	32.9
4	76.89	0.01148	6168	35.9
5	92.51	0.01259	6467	56.1
6	106.07	0.01310	6990	71.9
7	112.99	0.01377	7230	87.6
8	123.16	0.01420	7415	97.3

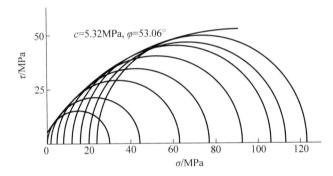

图 8.2.3　莫尔强度包络线

8.3　直接剪切试验

8.3.1　基本原理

　　岩石的抗剪强度是岩石抵抗剪切破坏的极限能力,是岩石力学性能的重要指标之一,常以黏聚力 c 和内摩擦角 φ 两个抗剪参数表示。室内试验常采用岩石直剪试验和三轴压缩强度试验来测定岩石的抗剪强度指标。岩石抗剪强度参数常常通过室内的直剪强度试验和三轴压缩强度试验获得,两种试验方法各有其优缺点。直剪强度试验具有设备结构简单、操作方法易掌握等优点,被广泛应用。但是,直剪强度试验中岩石试样沿施加剪切荷载的方向破坏,剪切破坏面固定,不一定沿试样中的最弱面破坏。三轴压缩强度试验与直剪强度试验相比更加复杂,不易掌握,但能真实模拟深部岩石的三向应力状态。在三向应力作用下,岩石沿着由微结构和受力状态所决定的最易破裂的面产生剪切破坏,可反映现场岩石的破坏模式,试验获得的抗剪强度参数能真实反映岩石的抗剪切破坏能力。

综上所述,直剪强度试验获得的抗剪强度参数与三轴压缩强度试验获得的参数往往存在差异,建议在条件允许的情况下,尽量选择三轴压缩强度试验以获取岩石的抗剪强度参数。

直剪试验采用直剪试验仪进行,如图8.3.1所示。直剪试验仪压剪试验是典型的标准的限制性剪切试验,试验装置功能多,精度高。

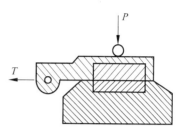

图8.3.1　直剪试验仪示意图

直剪试验仪是进行直剪试验的重要设备,在岩土类结构面的试验研究中发挥着重要作用。现有的直剪切试验设备主要分为剪切盒式和三轴加载式两种类型。剪切盒式直剪设备利用上下剪切盒的相对错动形成剪切面,再分别利用独立加载单元完成结构面法向和剪切方向的加载,安装在加载单元上的测力传感器可以测出作用于结构面上的法向力和剪切力。

试验时,先在试样垂直方向施加荷载 P,然后在水平方向以一定速率施加剪切力 T,直至试样破坏。剪切面上的正应力 σ 和剪应力 τ 按下列公式计算:

$$\sigma = \frac{P}{A} \tag{8.3.1}$$

$$\tau = \frac{T}{A} \tag{8.3.2}$$

式中,A 为试样的剪切面面积,mm^2;P,T 分别为垂直荷载和水平剪切力,kN。

给定正应力下的抗剪强度以 τ_f 表示。用相同试样、不同 σ 进行多次试验即可求出不同 σ 下的抗剪强度 τ_f,绘成关系曲线 τ_f-σ,如图8.3.2所示。

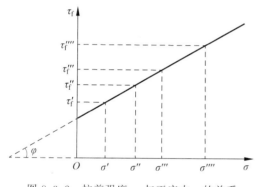

图8.3.2　抗剪强度 τ_f 与正应力 σ 的关系

试验证明,这条强度线不是绝对严格的直线,但在岩石较完整或正应力值不是很大时可近似看作直线。图8.3.3是一种便携式直剪仪(剪切盒)装置示意图,剪切面位于试样中部。剪切面所受剪切力和正压力分别由两个油压千斤顶施加。这种方法对进行弱面剪切试验较为方便。

8.3.2　操作方法

1. 试样制备

(1)现场采样。在试验区,按照试样结构特征的不同,每种情况采集规格大致为9cm×9cm×9cm的非规则形状岩块6块以上。拟剪切面应位于岩块中间部位,注意保持试样原始状态。根据采样点岩石的受力状态,用红油漆标注拟剪切方向以及拟剪切面的大致范围,用细铁丝将试样交叉捆紧,然后在试样表面涂抹1～2层其他颜色的油漆(目的在于保持试样天然含水状态)。试样在采取、运输和制备过程中应防止扰动和失水,特别是采集含有软弱结构面的岩石,要注意保持软弱结构面的天然含水状态和结构特征。

(2)一般采用完整岩石制备成标准尺寸的试样,通常制成立方体或圆柱体,要求边长或

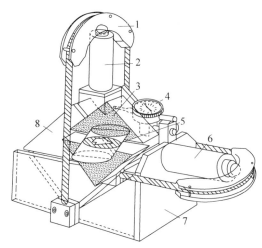

1—支撑顶柱；2—正应力加压千斤顶；3—试样；4—剪切位移测量装置；5—剪切
面；6—剪切加压千斤顶；7—下部剪切盒；8—上部剪切盒。

图 8.3.3 直剪仪(剪切盒)装置示意图

直径为 50mm。其中，立方体试样的相邻各面应相互垂直，圆柱体试样的高径比要求为 1∶1。试样形状和尺寸可根据试验要求和试样采集情况确定。

（3）对于难以制成规则几何形状的软弱结构面、弱岩(如层面及断层破碎带、裂隙、滑动面、软弱夹层、各类页岩、千枚岩、片岩、蚀变岩、强风化岩石等)和碎石土(如含砾石的黏性土、冰碛砾石等)，需采用特殊的方法制备试样。

（4）每种试验情况的试样数量应不少于 6 个。对于结构比较复杂、试验结果比较分散的试样，需增加试样个数，以提高强度曲线的线性回归系数而满足数据分析要求。

（5）试样描述。由于直剪强度试验的试样类型复杂，试样原始结构对试验结果影响很大，往往在进行抗剪强度参数取值时，需要综合分析试验前试样状态、试验过程中出现的异常情况以及试样破坏后的形态。所以，必须对试样进行以下几个方面的详细描述：

① 常规描述，内容包括岩石名称、颜色、矿物成分、风化程度等。

② 试验前应仔细描述试样中层理、片理以及裂隙与剪切方向的相互关系。

③ 结构面的充填物性质、充填厚度以及试样在采取和制备过程中受扰动的情况。

2．操作方法

（1）根据试样形状和尺寸，选择相应的剪切环并放置在剪切盒内。

（2）将试样放入剪切环，通过调整下剪切盒底部的刚性垫块高度，使试样中心刚好在剪切缝位置。

（3）放置上剪切盒，依次在试样顶部放上刚性传力铁块和滚珠轴承。将剪切荷载千斤顶紧贴下剪切盒推板。

（4）将法向油泵换向把手推向加载端，若试样强度较大，应关闭小量程压力表。摇动油泵手柄，使法向千斤顶活塞徐徐下降至接触滚珠轴承，测定法向千斤顶压力表初值 $I_{\sigma 0}$。

（5）施加法向压力至预定值 I_{σ}(其中包含初值 $I_{\sigma 0}$)，若预定值较大，则关闭小量程压力表保护阀门，并保持不变。

（6）安装磁性表座、剪切位移百分表、法向位移百分表。

（7）将水平油泵换向把手推向加载端,若试样强度较大,应关闭小量程压力表开关,摇动油泵手柄,使水平千斤顶的活塞缓缓伸出接触到上剪切盒推板为止,测定水平千斤顶压力表初值 $I_{\tau 0}$。

（8）采用快剪法。法向荷载(即 I_σ)保持不变,逐级施加剪切荷载(一般分 10 级左右施加),同时测记每级剪切荷载作用下的剪切、法向位移,直至试样破坏,记录破坏时的剪切荷载最大值(即水平千斤顶压力表最大值 I_τ)。

（9）卸除剪切载荷。将水平油泵换向把手推向卸载端,摇动油泵手柄,使水平千斤顶的活塞缓缓缩进,至脱离剪切盒推板。

（10）卸除法向荷载。将法向油泵换向把手推向卸载端,摇动油泵手柄,使法向千斤顶活塞徐徐上升,至脱离滚珠轴承。

（11）依次卸下滚珠轴承、传压铁块、上剪切盒,取出被剪断试样,进行破坏后的描述。

（12）每种情况的试样个数不少于 5 个。

8.3.3 试验实例

为深入研究含水率对土石混合体力学特性的影响,下面以 4 种含水率的土石混合体为试验对象,通过室内大型直剪试验研究其宏观力学特性随含水率的变化规律。

试验所用直剪试验机为 ZY50-2G 大型粗粒土直剪试验机,仪器主要由刚性框架、剪切盒、水平加载系统、垂直加载系统和数据采集系统组成。最大垂直输出荷载和最大水平输出荷载可达 700kN,最大水平行程可达 120mm,剪切盒内部尺寸为 504.6mm×400mm(直径×高度)。通过固定上剪切盒和水平移动下剪切盒,使试样在均匀受力的条件下进行剪切。

试验所用的土石混合体取自重庆市渝北区某土石混合体回填区,取样点位于该区域的下穿隧道掌子面处,隧道埋深约 30m,主要由粉质黏土和泥质砂岩组成,通过现场灌水法测得试样天然密度为 2.07g/cm³,运回实验室后通过烘干法测得天然含水率为 9.2%、干密度为 1.90g/cm³。根据大型直剪试验的规定,砾石最大粒径不能超过试样高度或直径的 1/5。本试验试样高度为 400mm,直径为 504.6mm,砾石最大粒径取 60mm,符合试验规定。对于大于 60mm 的颗粒采用等量替代法进行缩尺。试验对等量替换后的试样设计了 4 种含水率状态:晾晒后的含水率(3.4%)、天然含水率(9.2%)、饱和含水率(18.6%)以及介于天然含水率和饱和含水率之间的 13.9%。

装样结束并调整仪器后,进行快剪试验,剪切速度设定 0.8mm/min。由于取样现场隧道埋深 30m,预期最大压力约 600kPa,根据《土工试验方法标准》(GB/T 50123—2019)规定,法向压力分别取 200kPa、400kPa、600kPa、800kPa。当剪切位移达到试样直径的 1/10 时,剪切完成。

根据《土工试验方法标准》(GB/T 50123—2019)要求,取剪应力-剪切位移关系曲线上的峰值或稳定值作为抗剪强度;如无明显峰值,则取剪切位移达到试样直径 10% 处的剪应力作为抗剪强度,结果如表 8.3.1 所示。

含水率/%	法向压力/kPa			
	200	400	600	800
3.4	212.1	401.0	534.9	653.8
9.2	125.7	255.4	357.1	430.8
13.9	98.4	214.0	296.8	369.4
18.6	91.5	166.1	220.2	315.0

表 8.3.1　土石混合体的抗剪强度　　　　　　　　　单位：kPa

8.4　巴西圆盘劈裂试验

8.4.1　基本原理

岩石的抗拉强度是指岩石试样在拉伸荷载作用下达到破坏时所能承受的最大拉应力。抗拉强度试验可分为直接拉伸试验和间接拉伸试验。直接拉伸试验类似于金属的拉伸试验，利用特制的夹具和黏合剂，将试样夹在试验机上进行拉伸。直接拉伸试验由于试件制备精度要求较高、黏结接触控制严格、易产生扭曲破坏和应力集中等原因而很少被采用，常采用间接拉伸试验测定岩石抗拉强度。

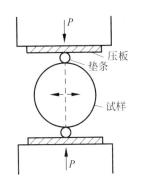

图 8.4.1　巴西圆盘劈裂试验
示意图

间接拉伸试验主要包括巴西圆盘劈裂试验、弯曲梁试验等。巴西圆盘劈裂试验能够利用理论公式准确计算抗拉强度，试验过程简单，同时可研究岩石抗拉强度的各向异性，试样所受拉应力集中于沿受载直径面上。《工程岩体试验方法标准》(GB/T 50266—2013)和《水利水电工程岩石试验规程》(SL 264—2020)等均采用巴西圆盘劈裂试验作为岩石抗拉强度试验方法。因此，本节主要介绍巴西圆盘劈裂试验。

巴西圆盘劈裂试验是由巴西学者卡内罗(Carneiro)于1943年提出，用于测试混凝土抗拉强度。《工程岩体试验方法标准》(GB/T 50266—2013)中建议巴西圆盘劈裂试验采用线荷载加载方式，如图 8.4.1 所示。通过垫条对圆柱体试件施加径向荷载直至破坏，从而间接求取岩石抗拉强度。

$$\sigma_t = \frac{2P}{\pi Dl} \tag{8.4.1}$$

式中，P 为试件破坏时最大荷载，N；D 为圆柱体试样的直径，m；l 为圆柱体试样的厚度，m。

压缩线荷载 P 作用下沿直径和垂直于直径加载方向的应力分布如图 8.4.2(a)所示。在圆盘上下加载边缘处，沿加载方向的 σ_y 和垂直于加载方向的 σ_x 均为压应力。随着与中心距离的减小，σ_y 仍为压应力，但应力值比边缘处显著减小；σ_x 变成拉应力，并趋于均一分布。当拉应力 σ_x 达到岩石抗拉强度，试件沿加载方向劈裂破坏，理论上破坏是从试件中心开始，如图 8.4.2(b)所示，然后沿加载直径方向扩展至试件两端。

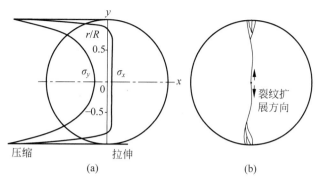

图 8.4.2　巴西圆盘劈裂试验试样应力分布及破坏形式

(a) 应力分布；(b) 破坏形式

巴西圆盘劈裂试验简单易行，不需特殊设备，只要有普通压力机便可进行试验，因此该法已经得到广泛的应用。

8.4.2　操作方法

巴西圆盘劈裂试验操作方法如下：

(1) 试样制备和加工精度。

① 采用圆柱体作为标准试样，直径为 50mm，高度为直径的 0.5～1.0，试样高度应大于岩石最大颗粒直径的 10 倍。试样尺寸的允许变化范围不超过 5%。

② 采用非标准尺寸试样时，其高径比仍须保持标准试样的要求。

③ 每种试验情况试样数量不少于 3 个。

④ 试样制备精度要求在整个高度上直径最大误差不应超过 0.1mm，两端面的不平行度不宜超过 0.1mm；端面应垂直于试样轴线，最大偏差不应超过 0.25°。

(2) 试样描述同岩石单轴压缩强度试验。

(3) 通过试样直径的两端，在试样的侧面沿轴线方向画两条加载基线，将两根垫条沿加载基线固定。垫条长度应大于试件厚度，硬度与岩石试件硬度相匹配。对于坚硬和较坚硬的岩石，垫条一般采用直径为 1mm 的钢丝；对于软弱和较软弱的岩石，垫条一般采用硬纸板或胶木条，其宽度与试样直径之比为 0.08～0.1。

(4) 将试样置于试验机承压板的中心，调整球形座，使试样均匀受力，作用力通过两垫条确定的平面。

(5) 以 0.1～0.3MPa/s 的速率加载，直至试样破坏为止；若是软岩和较软的岩石，应适当降低加载速率，记录最大破坏荷载。

(6) 试样最终破坏应沿着两垫条确定的平面，否则视为无效试验，需检查失败原因，重新试验。

(7) 观察试样在受载状态下的破裂发展过程，并描述试样的破坏形态。

8.4.3　试验实例

以甘肃岷县木寨岭隧道炭质板岩为研究对象，对其开展即时烘干试样(即试样加工后烘干处理)和静置风干试样(加工后室内常温通风放置 60d)的巴西圆盘劈裂试验,分析两种条件下炭质板岩的抗拉力学性能。

炭质板岩采集自甘肃岷县海兰高速木寨岭隧道,呈微薄层状构造,裂隙及层理发育明显,层理形态差异较显著,其层理间距为 3.5～14.5mm。水平层理试样抗压强度为48.8MPa,弹性模量约为 6.5GPa,泊松比为 0.20;垂直层理试样抗压强度为 50.5MPa,弹性模量约为 7.8GPa,泊松比为 0.23。加工后岩样平均密度为 2.688g/cm³,采用日本理学TTR-Ⅲ多功能 X 射线衍射仪测定矿物组成具体为:石英(48.8%)和黏土矿物(47.9%)、斜长石(1.8%)、黄铁矿(0.9%)、钾长石(0.6%),其中黏土矿物以伊利石、绿泥石、伊蒙混层、高岭石及蒙皂石为主。

在制备试样过程中,试样与水的接触状态及时间基本一致,时间约为 1.5h,水岩接触为后续水岩作用提供了条件,同时认定其水岩作用状态相同、含水率一致。为尽可能和工程实践中炭质板岩对照,该巴西圆盘劈裂试样制备后按照预定要求将试样转移到室内常温自然通风条件下静置 60d(简称静置风干试样),同时另一批试样在加工后即时烘干处理并密封(简称即时烘干试样),以最大化减小其吸水作用对该部分试样的影响。通过烘干法可得:该炭质板岩试样制备完成时含水率为 1.63%～1.95%,静置通风 60d 后试验状态下试样含水率为 0.21%～0.24%,即时烘干试样含水率接近于零。设垂直于横观各向同性面的圆盘层理面与水平面夹角 α 为层理倾角,如图 8.4.3 所示。静置风干试样及烘干试样中 α 均为 0°、30°、45°、60°、90°。

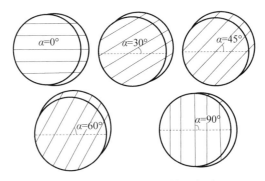

图 8.4.3　巴西圆盘试样示意图

采用光弹加载仪开展巴西圆盘劈裂试验,该设备轴向最大加载为 30kN,位移传感器精度为 0.001mm,符合试验要求。加载时采用位移控制,加载速率为 0.1mm/min,加载过程中系统自动记录加载力和位移数据。炭质板岩即时烘干试样和静置风干试样均为 5 组试样,即时烘干试样每组进行 3 例试验,实际完成 15 例试验;炭质板岩静置风干试样考虑到水岩及风干影响造成的离散性,每组进行 4 例试验,实际完成 21 例试验。试验结果见表 8.4.1。

表 8.4.1　炭质板岩抗拉强度　　　　　　　　　　　　单位:MPa

层理倾角/(°)	即时烘干				静置风干						
	试样抗拉强度			均值	标准差	试样抗拉强度					均值	标准差
0	12.19	10.81	11.60	11.53	0.21	1.33	1.72	1.43	1.58	1.19	1.45	0.21
30	9.70	10.80	8.43	9.64	1.19	1.12	0.73	1.35	1.16	—	1.09	0.26

续表

层理倾角/(°)	即时烘干					静置风干						
	试样抗拉强度			均值	标准差	试样抗拉强度					均值	标准差
45	7.45	7.56	8.17	7.73	0.97	0.97	0.73	0.56	1.30	—	0.89	0.32
60	5.13	7.30	7.18	6.54	0.76	0.76	0.99	0.97	0.41	—	0.78	0.27
90	4.88	6.57	7.61	6.35	0.59	0.59	0.71	0.68	0.78	—	0.69	0.08

炭质板岩即时烘干试样和静置风干试样抗拉强度在层理倾角 0°,30°,45°,60°,90°分别为 11.53MPa,9.64MPa,7.73MPa,6.54MPa,6.35MPa 和 1.45MPa,1.09MPa,0.89MPa,0.78MPa,0.69MPa。

8.5 点荷载强度试验

8.5.1 基本原理

点荷载强度试验是布鲁克(E. Broch)和富兰克林(J. A. Franklin)于 1972 年提出的一种通过岩石劈裂间接确定岩石强度的试验方法。该方法将岩石试样置于上、下两个锥形加荷器之间,通过油压千斤顶对其施加集中点荷载,直到试样破坏,通过油压千斤顶读数,来计算岩石的点荷载强度指数和强度各向异性指数。利用该试验测得的岩石点荷载强度指数,可作为岩石分级的依据,并可利用经验公式计算岩石的单轴抗压强度和抗拉强度指标。根据平行和垂直岩石层面的点荷载强度测值,可确定岩石的各向异性指数。

该试验由于试样承载面面积很小,试样破坏所需要的压力较低,因此点荷载仪的体积小、质量轻、便于携带。点荷载强度试验的另一优点是对试样的形状和精度要求较低,无需切磨加工,一定长度的岩芯或从现场岩体上敲击下来的不规则岩块,只需用地质锤略加修整即可以直接用于试验,不仅大大降低了试验成本,而且缩短了试验时间。该试验适用于除砂砾岩等非均质性较大的岩石和单轴抗压强度不大于 5MPa 的极软岩外的各类岩石。

小型点荷载试验装置由一个手动液压泵、一个液压千斤顶和一对圆锥形加压头组成,加载方式如图 8.5.1(a)所示。压力 P 由液压千斤顶提供,加压千斤顶和压力头结构见图 8.5.1(b)。这种小型点荷载试验装置带到岩土工程现场进行试验,大型点荷载试验装置的原理与小型点荷载试验装置的原理相同,可提供更大的压力,适合于大尺寸的试样。

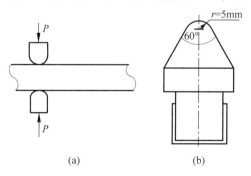

(a)　　　　　(b)

图 8.5.1　点荷载试验示意图

点荷载试验所获得的强度指标用 I_s 表示：

$$I_s = \frac{P}{D_e^2} \tag{8.5.1}$$

式中，I_s 为未经修正的点荷载强度指数，MPa；P 为岩石破坏时的荷载，N；D_e 为等价岩芯直径，mm。

如图 8.5.2 所示，岩芯径向加载时，$D_e^2 = D^2$ 或 $D_e^2 = DD'$；岩芯轴向加载、规则块体或不规则块体加载时，$D_e^2 = \frac{4ZD}{\pi}$ 或 $D_e^2 = \frac{4ZD'}{\pi}$。D 为加载点间距，mm；D' 为上下锥端发生贯入条件下，试件破坏瞬间的加载点间距，mm；Z 为通过两加载点最小截面的宽度或平均宽度，mm。

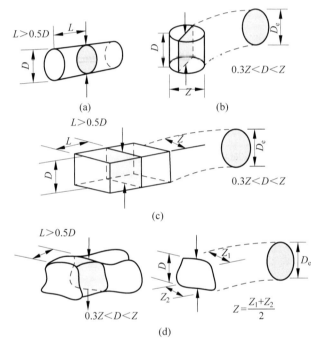

图 8.5.2　不同形状试件的加载方式和等价岩芯直径示意图
(a) 圆柱体径向加载；(b) 圆柱体轴向加载；(c) 规则块体加载；(d) 不规则块体加载

根据试验可知，I_s 值不仅与岩石强度有关，还与加载点间距有关。ISRM 将直径为 50mm 的圆柱体试样测定的径向加载点荷载试验强度指标值确定为标准试验值，其他尺寸试样的试验结果可根据下述情况进行修正。

(1) 当试验数据较多，且同一组试样中的等价岩芯直径具有多种尺寸而不等于 50mm 时，应根据试验结果绘制 D_e^2 与破坏荷载 P 的关系曲线，并在曲线上取 D_e^2 为 2500mm^2 时所对应的 P_{50} 值，岩石点荷载强度指数按下式修正：

$$I_{s(50)} = \frac{P_{50}}{2500} \tag{8.5.2}$$

式中，$I_{s(50)}$ 为等价岩芯直径为 50mm 的岩石点荷载强度指数，MPa；P_{50} 为根据 D_e-P 关系曲线求得的 D_e^2 为 2500mm^2 时的荷载值，N。

（2）当试验数据较少且等价岩芯直径不为 50mm 时，岩石点荷载强度指数按下式修正：

$$I_{s(50)} = FI_s \qquad\qquad (8.5.3)$$

$$F = \left(\frac{D_e}{50}\right)^m \qquad\qquad (8.5.4)$$

式中，F 为尺寸修正系数；m 为修正系数，可取 $0.40 \sim 0.45$，或根据同类岩石的经验值确定。

岩石点荷载强度各向异性指数是指在岩石点荷载试验中，垂直于软弱面的岩石点荷载强度指数与平行于软弱面的岩石点荷载强度指数之比，即

$$I_{a(50)} = \frac{I'_{s(50)}}{I''_{s(50)}} \qquad\qquad (8.5.5)$$

式中，$I_{a(50)}$ 为岩石点荷载强度各向异性指数；$I'_{s(50)}$ 为垂直于软弱面的岩石点荷载强度指数，MPa；$I''_{s(50)}$ 为平行于软弱面的岩石点荷载强度指数，MPa。

8.5.2 操作方法

1. 试样制备

（1）试样可采用钻孔岩芯或从岩石露头、勘探坑槽、硐室中采取的岩块。

（2）不同形状试样的尺寸要求如图 8.5.2 所示。

（3）试样数量要求。

① 试样应按岩石含水状态和结构特征分组。

② 每组岩芯试样数量不应少于 10 块。

③ 每组方块体或不规则块体试样的数量不应少于 20 块，要求不规则块体试样的形状基本一致。

2. 试样描述

（1）岩石名称、颜色、矿物成分、结构、构造、风化程度和胶结性质等。

（2）试样形状、尺寸及制备方法。

（3）加载方向与层理、裂隙等结构面的关系。

（4）含水状态和所使用的方法。

3. 试验前准备工作

（1）率定压力表，使压力表的指针正对零点。

（2）检查液压油泵的储油量。

（3）连接加载系统及测量系统。

（4）检查点荷载试验仪工作状态，调整上加荷器螺杆，使上、下两个锥尖铅直对齐。

4. 试样安装

（1）圆柱体径向试验的安装方法为：将岩芯试样置于上、下两加荷器之间，启动油泵使加荷器的球端圆锥与试样紧密接触，两加载点的连线应通过试样直径；加载点至试样自由端的距离应对应于两加载点间距的 1/2；测量试样加荷点间距，要求误差不超过 $\pm 2\%$。

（2）圆柱体轴向试验的安装方法为：将岩芯试样置于上、下两加载器之间，启动油泵使加荷器的球端圆锥与试样紧密接触，两加载点的连线应通过试样圆心；测量加载点间的距

离及试样直径,前者允许偏差为±2%,后者允许偏差为±5%。

(3) 方块体和不规则块体试验的安装方法为:选择试样最小尺寸的一边为加载方向,将试样置于上、下两加载器之间,启动油泵使加荷器的球端圆锥与试样中心处紧密接触,加载点至试样自由端的距离应对应于两加载点间距的1/2;测量加载点间的距离及垂直于加载方向的试样最小宽度或平均宽度,前者允许偏差为±2%,后者允许偏差为±5%。

(4) 在进行各向异性岩石试验时,应使加载方向平行于层面做一组径向试验,再使加载方向垂直于层面做一组轴向试验。

5. 施加荷载

试验时应连续、均匀地施加荷载,使试样控制在10～60s破坏,并记录破坏荷载。

6. 检查试样破坏情况

当破坏面贯穿整个试样并通过上、下加荷点时,试验有效,否则无效。描述试样的破坏形态。

8.5.3 试验实例

某场区属于由碳酸盐岩组成的剥蚀丘陵区坡麓地带。场地整体倾向为北北西向,坡度为7°～10°,整体呈单斜。场地由人工爆破开挖而成,高低起伏,地面标高介于132～170m,最大高差约38m,基岩面大范围出露。由于岩体垂直节理发育,该边坡出现多处小型崩塌。依据规范从现场取样对其组织荷载试验,经分析后明确各处灰岩的点荷载强度。

1. 试验仪器

配置加载系统:SD-1型携带式数码点荷载仪,本次试验所用的球端圆锥状压头顶角采取60°的设置方式,曲率半径为5mm,正常工况下可提供的最大压力为40MPa。

2. 试验流程

试样加工→试样描述(包含各自在岩性、构造等方面的表现)→仪器安装就位→依次加载→刻画试样破坏特性→计算点荷载强度指数。

确定点荷载强度后,可通过《工程岩体分级标准》(GB/T 50218—2014)中的换算公式将其转化为抗压强度 σ_c:

$$\sigma_c = 22.82 I_{s(50)}^{0.75} \tag{8.5.6}$$

3. 试验结果

试样的点荷载破坏面形状包括平整、中部凹陷、波浪状等。采集各组试验数据,为消除误差,剔除各组最大值和最小值,计算点荷载强度及抗压强度,整理所得结果见表8.5.1。各点的点荷载强度均值为3.66MPa,未出现明显的数据离散现象。灰岩的抗压强度均值为62.53MPa,表明岩石具有较好的强度表现。

表 8.5.1 试验结果

试验地点	岩性	标高/m	点荷载强度/MPa	抗压强度/MPa
1	灰岩	1580	3.99	64.14
2	灰岩	1580	3.44	57.56

续表

试验地点	岩性	标高/m	点荷载强度/MPa	抗压强度/MPa
3	灰岩	1580	3.31	55.69
4	灰岩	1580	3.81	74.1
5	灰岩	1680	3.73	61.16

课后习题

1. 简述岩石在单轴压缩条件下的变形特征。

2. 岩石破坏有哪几种形式？对各种破坏的原因作出解释。

3. 影响岩石强度的主要试验因素有哪些？

4. 什么是岩石的全应力-应变曲线？

5. 巴西圆盘劈裂试验时，岩石承受对称压缩，为什么在破坏面上出现拉应力？绘制试样受力图说明巴西圆盘劈裂试验的基本原理。

6. 在三轴压缩试验条件下，岩石的力学性质会发生哪些变化？

7. 什么是莫尔强度包络线？如何根据试验结果绘制莫尔强度包络线？

8. 岩石的抗剪强度与剪切面所受正应力有什么关系？

第9章 Chapter 9
岩石力学现代测试技术

岩石材料具有明显的非线性弹性、非均一性、空间各向异性与不连续性等特点,是在十分复杂的物理化学作用下由多种矿物成分组合而成的,其中各种矿物成分颗粒的晶格排列、力学性质及其相互间的连接方式都存在着差异,这些都决定了岩石复杂的力学特性。目前,各类涉及水利、能源、交通及国防等大型岩土工程的施工建设所遇到的岩石力学问题越来越复杂。室内岩石力学试验是了解岩石力学特性的重要途径,具有可长期观测、试验环境条件可控、物资设备允许多次重复使用、花费耗材相对较少等优点,因此以室内岩石力学试验入手探究工程岩石力学问题十分普遍。随着科学技术发展的日新月异,许多新技术、新材料和新方法的应用,不断推动着岩石力学室内试验测试技术与仪器设备的更新换代。本章将对CT 测试技术、声发射测试技术、霍普金森压杆测试技术、数字图像相关测试技术以及扫描电镜测试技术的原理、操作方法和相关实例进行具体介绍,并对其他两种测试技术进行简要介绍。

9.1 CT 测试技术

CT 是英文 computerized tomography 的缩写,中文可翻译为计算机体层摄影。体层摄影有两种基本却又迥然不同的成像形式:一种是射线穿过工件后直接在胶片上感光成像;另一种则是先进行样品对射线吸收值的测量,再由计算机进行处理,最后在屏幕上成像(即CT)。

CT 检测技术目前已经在很多领域得到广泛的应用,如太空中星系的定位观测、地震波曲线记录资料的综合计算成像、地质构造成像分析、油田井间成像、城市地下管网成像、机械产品无损探伤、海洋构造、地球 Q 值分布等。特别是在医学断层图像方面应用最为广泛和成熟。因此,将 CT 扫描技术与岩石力学相结合成为当前更深一步研究岩石力学特性的热门手段。

本节针对 X 射线 CT 扫描技术的基本原理、操作过程及相关测试实例进行介绍。

9.1.1 基本原理

X 射线在穿过某物质时其强度呈指数关系衰减,X 射线通过均匀物质后的强度与入射强度的关系为

$$I_{out} = I_{in} \cdot e^{-\mu l} \tag{9.1.1}$$

式中，l 为 X 射线在均匀物质中传播的距离，mm；μ 为物质对 X 射线的衰减系数。由于散射引起的衰减远小于吸收引起的衰减，故通常直接称 μ 为吸收系数，而忽略散射的部分。

X 射线在衰减系数不同的物质中传播时衰减的快慢不同，其基本规律是：在具有较小衰减系数的物质中，X 射线经过较长距离才被完全吸收，而在具有较大衰减系数的物质中，X 射线经过较短距离就已完全衰减。

X 射线穿过一组衰减系数不同的模块后的强度与入射的 X 射线强度的关系为

$$I_{\text{out}} = I_{\text{in}} \cdot e^{-(\mu_1 + \mu_2 + \mu_3 + \cdots + \mu_n)\Delta l} \tag{9.1.2}$$

式中，Δl 为正方体模块的边长，mm；μ_n 为模块的衰减系数。

对于不均匀物质有

$$I_{\text{out}} = I_{\text{in}} \cdot e^{-\int \mu \, dl} \tag{9.1.3}$$

即 X 射线在穿过不均匀物质时的衰减率为 X 射线在其传播途径中物质吸收系数的线积分值，这里 μ 是 l 的函数，即在 X 射线传播途径的各点上的 μ 值是不同的。

由于 I_{out} 仅仅能反映 X 射线在传播过程中的综合效果，而不可能反映在这一路径上不同密度物质的分布情况，这就是线积分测量方式的最大缺陷。从常规 X 射线设备所得到的影像中，各组织的图像相互重叠，高密度样品的图像将掩盖低密度组织的影像。

为解决上述问题，许多科学工作者开始研究重建图像技术。重建图像与感光成像有明显的区别，它可以排除几何因素和胶片因素对图像质量的影响。美国物理学家 A. M. Cormak 教授于 1963 年第一个提出 X 射线计算机体层摄影理论，他通过求解线积分的方式，推导出了二维区域内 X 射线吸收系数的分析解。

假设有一区域 D，一束 X 射线穿过该区域的路径为 S，在区域 D 内 S 路径上的每一点的吸收系数用函数 $g(s)$ 描述，穿过该区后，样品对 X 射线的总的吸收系数为

$$\mu = \int g(s) \, ds \tag{9.1.4}$$

式中，$g(s)$ 为各点的线吸收函数，在区域 D 内是逐点变化的。

Cormak 用傅里叶级数展开式和逆转换法推导了 $g(s)$ 与 μ 之间的变化关系。由试验测量得到的 μ，可确定区域 D 内各点的 $g(s)$ 值，即各点对 X 射线的吸收值。根据各点的吸收值即可重新组建出区域 D 的图像，各点的吸收值需用计算机进行计算和处理，此即 CT 技术的基本原理。

1973 年，Hounsfield 在《英国放射学报》上发表了关于计算机横截面转轴扫描（层析摄影）的论文，给出了 CT 值的概念。因为在研究 CT 图像时，人们更关心各组织密度间的差异，而不是密度的绝对值。某物质的 CT 数 H_{rm} 定义为

$$H_{\text{rm}} = 1000 \times \frac{\mu_{\text{rm}} - \mu_{\text{H}_2\text{O}}}{\mu_{\text{H}_2\text{O}}} \tag{9.1.5}$$

CT 值的单位名称为 Hu，1000 即为 Hu 的分度因数。按上述定义，空气的 CT 值为 $-1000\,\text{Hu}$，纯水为 0Hu。物质的 CT 数本质上反映物质的密度，即物质的密度越大，CT 值越大。物质对 X 射线的衰减系数除与物质本身的密度有关外，还与通过该物质的 X 射线能量有关，X 射线的能量越低，则物质的 CT 数相对偏高。

CT 技术的关键是其图像重建理论。1907 年，德国数学家 Radon 提出了通过一系列线

积分求解被积函数空间分布的投影与反投影 Radon 变换公式：

$$F(x,y)=\int_0^{2\pi}\frac{1}{L^2}F(\alpha,\beta)\times G(\beta)\mathrm{d}\beta \qquad (9.1.6)$$

式中，$F(x,y)$ 为坐标 (x,y) 处的 CT 值；L 为线积分长度，mm；$F(\alpha,\beta)$ 为 CT 值在空间方位 α 角、探测器方位角 β 的投影值；$G(\beta)$ 为 β 角的卷积核函数。

9.1.2 操作方法

岩石力学 CT 测试设备如图 9.1.1 所示，试验的操作过程主要包括样品安装、数据采集及数据重建三部分。

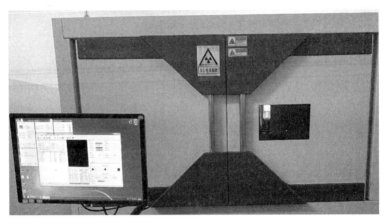

图 9.1.1 CT 测试设备

1. 样品安装

1）观察待测样品，选取适合该样品的样品夹持器

各种样品夹持器只针对固体样品设计，对于液体样品，需在密闭封装后再使用夹持器夹持，防止液体溅落到夹持器或样品台上，对样品夹持器和样品台造成污染甚至损坏；根据样品夹持器所能夹持的样品尺寸和待测样品的尺寸，选择合适的样品夹持器；对于尺寸较大的样品，需对样品进行适当的加工，防止由于样品尺寸过大，扫描过程中碰撞仪器其他部件。

2）样品固定

将样品固定在选择好的样品夹持器上，打开仪器前防护门，将样品夹持器置于样品台上，确认样品夹持器放入样品台三个定位球内，确保样品夹持器放置牢固，样品安装完成。

3）仪器检测

关闭仪器前防护门，确认仪器前后防护门均关闭后，按动操作台上防护门关闭确定按钮，射线源状态变为"待机"。

2. 数据采集

1）扫描准备

启动软件，进行设备自检。自检内容包括：连接射线源、连接探测器、连接控制器、连接镜头转塔、控制器回零、射线源预热、偏移量校正。

2）采集 CT 图像

以高分辨探测器采集 CT 图像为例,介绍操作过程。

（1）选择探测器,选项包括"镜头 X2""镜头 X4""镜头 X10""镜头 X20""镜头 X40","曝光时间"设置为"1s",图像合并数设置为"1"。

（2）开启射线源后,开启实时动态扫描模式,同时调整样品台、射线源及探测器位置,使样品成像区域适中。

（3）调整样品旋转中心。

（4）扫描完成后,关闭实时动态扫描模式。

（5）设置 CT 采集参数。

（6）进行穿透率计算,并重复计算,直到所获图像满足对穿透率以及计数的要求。

（7）设置相关扫描参数并进行 CT 扫描,扫描完成后进行文件存储。

3. 数据重建与处理

数据重建,即将采集获得的二维图像信息重建为三维体数据,主要过程如下:

（1）打开 CT 扫描数据。设置重建参数,进行数据重建,可选择感兴趣区域进行重建。

（2）数据与图像处理。重建软件设有图像处理功能,分为对重建后的数据进行处理以及对原始采集图像进行处理两部分。

① CT 图像处理。对于 CT 图像,软件提供图像去噪、图像增强、快速处理、图像滤波及图像分割等处理方法。

② 扫描数据修复。对于扫描数据,软件提供两种修复功能,分别为数据缺陷修复及环状伪影去除。

9.1.3　测试实例

采用 3D 打印技术和 CT 扫描三维重构技术,对含同种节理类型的非贯通平行四节理模型相邻节理的连接贯通方式,以及模型内部破裂模式进行研究。对非贯通平行四节理试样单轴压缩试验前后进行 CT 扫描,对获取的 CT 数据进行三维重构,实现内部结构的可视化,并对压缩过程中内部裂隙的产生、扩展、演化规律以及破裂模式进行分析。

1. 试验条件

采用医用螺旋 CT 扫描仪分别对单轴压缩试验前后的非贯通平行四节理(试样 B-1-1)进行 CT 扫描,并三维重构试样内部结构,以获取内部节理的扩展分布情况。

2. 试验结果分析

CT 图像中,用不同区域像素对应的物质 X 射线线性平均衰减量来表示 CT 值,实际中采用水的衰减系数作基准,通过式(9.1.5)获得某物质的 CT 值。CT 值为 $-1024\sim3071$,用于衡量扫描对象对 X 射线的吸收率,实际应用中认为 CT 值与 CT 图像灰度值一一对应。由于物体各部分的组成物质不同,结构存在差异,导致同一物体不同部位密度存在不同的情况,反映在 CT 图像中为各部位的灰度值不相同。CT 图像灰度深的部位对应密度小,灰度浅的部位对应密度大。

根据 CT 图像的灰度特征对试样 B-1-1 单轴压缩前进行 CT 扫描三维重构,在试样内部平行设置四个方形片状预制节理图像,预制节理由非胶结充填粉末构成。

　　试样 B-1-1 单轴压缩后 CT 扫描三维重构图像如图 9.1.2 所示,试样的破裂形式由受打印方向影响的张拉破裂(见图 9.1.2(c))和不受打印方向影响的翼形扁颈漏斗状破裂(见图 9.1.2(d))两部分组成,同时含有主裂隙和次裂隙完整裂隙分布的三维图像(见图 9.1.2(a))。组成裂隙结构的两部分的分布形式呈垂直关系,由于内置节理的存在,试样内部产生了翼形剪切破裂贯通试样。

彩图 9.1.2

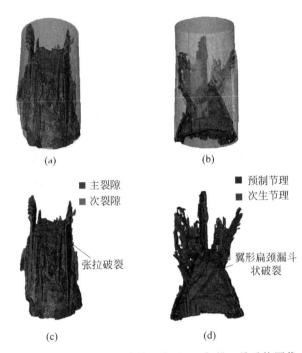

(a)　　　　　　　　　　　　(b)

■ 主裂隙
■ 次裂隙

■ 预制节理
■ 次生节理

张拉破裂

翼形扁颈漏斗状破裂

(c)　　　　　　　　　　　　(d)

图 9.1.2　试样 B-1-1 单轴压缩后 CT 扫描三维重构图像
(a) 三维重构图像;(b) 只含主裂隙三维图像;(c) 裂隙三维重构图像;(d) 主裂隙三维图像

　　将 4 个预制节理分为左、右两对说明它们之间的连接贯通规律:
　　(1) 次生裂隙只在预制节理边缘以张拉或者剪切的方式产生,预制节理边缘之间以张拉裂纹的形式连接,上、下两端以剪切裂纹的形式扩展,节理面上、下附近无次生裂隙,表明预制节理在压缩过程中对上、下岩体起到了保护作用。
　　(2) 左、右预制节理之间主要通过受打印方向影响产生的张拉裂隙连接,预制节理下部次生裂隙与圆锥剪切裂隙连接也实现了左、右预制节理的贯通。

9.2　声发射测试技术

　　材料中局部能量快速释放而产生瞬态弹性波的现象称为声发射(acoustic emission,AE)。材料在应力作用下的变形与裂纹扩展,是结构失效的重要机制,这种直接与变形和断裂机制有关的源,被称为声发射源。通常把利用声发射仪接收声发射信号,对材料或构件进行检测的这项技术,称为声发射技术。
　　声发射现象具有以下两个特征:①声发射信号起源于材料内部,是局部发生的非稳定状态导致的瞬态事件；②声发射信号具有较宽的频率范围，而其声级却较低。

目前，声发射技术已逐渐发展成为岩石力学试验研究的一种不可或缺的重要手段。例如，采用三维声发射定位技术研究类岩石材料中内置裂隙单轴压缩条件下的断裂模式及声发射特征，提出三维裂隙起裂强度的判定方法，并可判定三维裂纹稳定扩展与失稳扩展状态，为工程检测岩体破裂的演化状态提供一种新解决方案。本小节将对岩石声发射测试的基本原理、操作方法及相关应用实例做简要介绍。

9.2.1 基本原理

1. 声发射条件

用一个简单的小球-弹簧模型来模拟材料发生的断裂事件。一个断裂事件的出现，会发射应力波，应力波所负载的能量，可看成弹性应变储能容器局部释放的能量。

如图 9.2.1 所示，在两个拉长的弹簧中间有一个小球质量块，弹簧的初始刚度为 K，当被拉长 $x/2$ 时，弹簧所受到的初始拉力为 P。

令弹簧 2 刚度突然降低到 $K-\delta K$，则弹簧受到的拉力降低 δP，相应弹性应变储能降低 δU。经推导可得

$$\delta P = \frac{K\delta K x}{2(2K-\delta K)} \qquad (9.2.1)$$

$$\delta U = \frac{K\delta K x^2}{4(2K-\delta K)} = \frac{x}{2}\delta P \qquad (9.2.2)$$

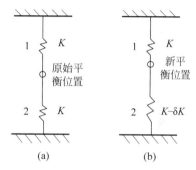

图 9.2.1 小球-弹簧模型模拟声发射事件
(a) 原始状态；(b) 新的平衡状态

由以上两式可以看出，小球-弹簧系统所释放的能量与荷载的瞬间降落 δP 成正比，而 δP 与刚度的瞬间减小 δK 成正比(当 $K \gg \delta K$ 时)。由此可得：声发射的产生是材料中局部区域快速卸载使弹性能得到释放的结果。若固体中所有点在同一时间受到同一机械力作用，那么这个物体在时间和空间上将同时发生运动，如果这个物体作为一个整体运动，则这个过程不会产生波。只有在局部作用时，物体各部分有速度差异，才会产生波。

由于大部分材料都是非均质的和有缺陷的，在外应力作用下，内部强度较低的微元体在局部应力集中到某一程度时发生破坏(产生塑性变形)，使局部应力松弛，产生应力降，造成局部区域快速卸载，因而产生声发射。

综上所述，材料产生声发射的必要条件是：①局部塑性变形或断裂产生应力降；②快速卸载，如果卸载的时间较长，释放的能量减小，就可能使灵敏度较低的检测仪器检测不到声发射信号。此外，仪器能否接收到信号还与材料的性质有关，如果材料的衰减系数很大，也有可能接收不到信号。

2. 声发射波传播特征

固体介质中局部变形时，不仅产生压缩变形，而且产生剪切变形。因此，声发射将激起两种波，即纵波(压缩波)和横波(剪切波)。它们以不同的速度在介质中传播，当遇到不同介质界面时会产生反射和折射。任何一种波在界面上反射时将发生波形变换，各自按照反射

与折射定律反射和折射,在固体自由表面还会出现沿表面传播的表面波。因此,声发射波的传播规律与固体介质的弹性性质密切相关。

造成声波在固体中衰减的原因很多,主要有散射衰减、内摩擦张弛、内摩擦滞后及位错运动引起的衰减等。材料内部不同因素和过程引发的衰减与频率 f 的关系如表 9.2.1 所示。

表 9.2.1　各种衰减的 α-f 关系

衰减种类	α-f 关系	备　注
内摩擦张弛	$\alpha = Rf^2$	R 为常数,在张弛频率附近此关系不成立
内摩擦滞后	$\alpha = Af$	A 为常数
位错运动	$\alpha = Bf + Cf^2$	B、C 皆为常数
散射衰减	$\alpha = Df + Ef^4$	D、E 皆为常数

在实际物体中,声发射波的传播要比理想介质中的传播复杂得多。声发射波在有限介质中的传播、传播过程中的模式转换和传播速度变化等问题尚不能做到理论分析。

若在半无限大固体中的某一点产生声发射波,当传播到表面上某一点的时候,纵波、横波和表面波相继到达,互相干涉呈现复杂的模式,如图 9.2.2(a)所示。声发射波在厚板中的传播方式如图 9.2.2(b)所示,波在两个界面上发生多次反射,每次反射都要发生模式变化,这样传播的波称为循轨波。循轨波的传播除具有复杂的特性外,还会因频率不同、传播速度不同引起频散现象。假定声发射源波形是一个简单的脉冲,在有限介质中传播一定距离之后,波形变钝,脉冲变宽,并分离为几个脉冲,先后到达表面某一点。

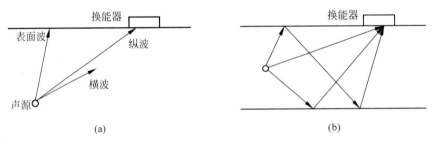

图 9.2.2　声发射传播示意

(a) 半无限大物体内声发射波的传播;(b) 循轨波的传播

一个声发射脉冲在侧面及两端面多次反射,叠加在一起形成持续时间很长的多次反射波,其结果使声发射脉冲激发试样的固有振动模式,使其在共振频率附近的振动增强。在这种情况下,只有将观测到的频谱除去响应因子的影响,才有可能得到原始波形的频谱,若能同时判断相位特性,才有可能再现原始波形。

3. 声发射信号表征参数

1) 声发射信号

在实际声发射信号检测中,检测到的信号是经过多次反射和波形变换的复杂信号。在这种信号中,试样或构件的固有频率部分得到加强,也可能出现明显的频散现象。信号波形畸变严重,一个峰的波可能分离为多峰的波,信号波形前沿变钝,这种畸变了的信号由换能器接收并将其变换为电信号,再由电子线路处理,最后由显示仪器显示出来。我们可按传输

网络系统分析其概念,如图 9.2.3 所示。信号的变化过程表达式为

$$F(S) = E(S)[P(S)I(S)C(S)R(S)] = E(S)G(S) \qquad (9.2.3)$$

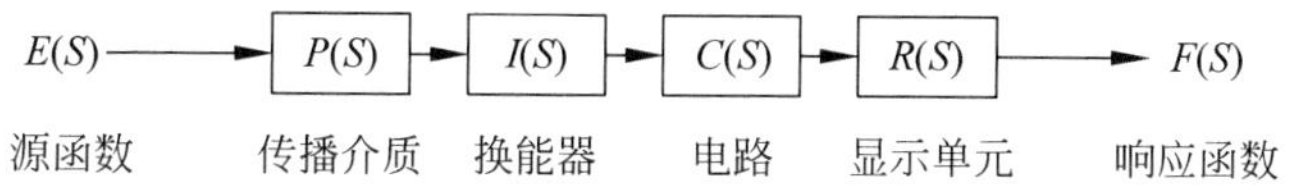

$E(S)$ —→ $P(S)$ → $I(S)$ → $C(S)$ → $R(S)$ —→ $F(S)$

源函数　　传播介质　换能器　电路　显示单元　响应函数

图 9.2.3　传递函数示意图

$F(S)$ 是与显示结果有关的响应函数,其值等于初始声发射信号 $E(S)$ 和传递函数 $G(S)$ 之积。$P(S)$ 是与传递介质有关的函数,与材料性质和结构的几何形状有关;$I(S)$ 是与界面和换能器有关的传递函数,与耦合状态和频响等因素有关;$C(S)$ 是与信号处理电子线路有关的传递函数,与前置放大器、滤波器和主放大器等的频带、增益和动态范围等性质有关;$R(S)$ 是与参数显示方法有关的传递函数。若能求出系统的传递函数 $G(S)$,由仪器终端测得响应函数,则可求出源函数,由此直接分析声发射源的性质。

2) 声发射特征参数

声发射参数分析方法,是指以多个简化的、以时间 t 为横坐标的波形特征参数来表示声发射信号特征,然后对其进行分析和处理的方法。声发射参数分析法是一种相对成熟的分析方法,能够快速、直观、实时、简便地处理声发射信号,在声发射技术发展初期是声发射信号处理的主流方法,直至目前仍被广泛采用,并且声发射参数分析由原来的单一参数演化为复杂参数,分析方法也更加灵活。声发射参数分析法的缺点是:参数通常在设定某一阈值的条件下提取,容易受到环境干扰噪声的影响,试验中不同的参数设置会导致结果产生差异。

声发射基本参数是指通过测试仪器直接得到时域或频域参数。一个声发射事件在到达传感器时有可能被分解成多个波,当声发射应力波激发传感器并使之谐振时,输出的电压信号幅值最大,此段所需要的时间称为上升时间。传感器输出信号达到最大幅值后,在下一个声发射时间到达之前,传感器由于阻尼逐渐衰减,输出信号的幅值也逐渐减小,上升时间及其衰减快慢均与传感器的特性有关。此后,传感器可能接收到变形波或反射波,又使输出信号扩大,使波形出现一个小峰。传感器每振荡一次输出的一个脉冲称为振铃,振铃脉冲的峰值包络线所形成的信号称为声发射事件。图 9.2.4 表示一个声发射信号波形及部分声发射表征参数,如振铃计数(AE count)、幅度(AE amplitude)、上升时间(rise time)、持续时间(AE duration)、门槛值(AE threshold)、能量(AE energy)。

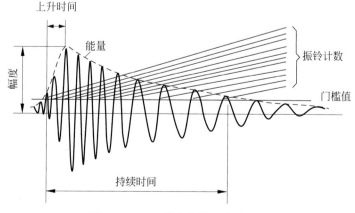

图 9.2.4　AE 波击特性提取示意图

常用声发射信号表征参数的含义和用途如表 9.2.2 所示。

表 9.2.2 AE 信号表征参数

参　数	含　义	特点与用途
波击(hit)和波击计数	一个通道上一个 AE 信号包含的波击个数,可分为总计数、计数率	反映 AE 活动的总量和频度,常用于 AE 活动性评价
事件计数(AE event)	由一个或几个波击鉴别所得 AE 事件的个数,可分为总计数、计数率。一个阵列中,一个或几个波击对应一个事件	反映 AE 事件的总量和频度,用于波源的活动性和定位集中度评价
振铃计数(AE count)	越过门槛信号的振荡次数,可分为总计数和计数率	信号处理简便,能粗略反映信号强度和频度,因而广泛用于 AE 活动性评价,但受门槛影响
幅度(AE amplitude)	事件信号波形的最大振幅值,通常用 dB 表示	与事件的大小有直接关系,不受门槛的影响,直接决定事件的可测性,常用于波源的类型鉴别、强度及衰减的测量
能量(AE energy)	事件信号检波包络线下面积,分为总计数和计数率	反映事件的相对能量或强度,对门槛、工作频率和传播特性不甚敏感,可取代振铃计数,也用于波源的类型鉴别
持续时间(AE duration)	事件信号第一次越过门槛至最终降至门槛所经历的时间间隔	与振铃计数十分相似,但常用于特殊波源类型和噪声的鉴别
上升时间(AE rise time)	事件信号第一次越过门槛至最大振幅经历的时间间隔	因受传播的影响其物理意义变得不明确,有时用于机电噪声鉴别
有效值电压(RMS)	采样时间内信号电平的均方根值,以 V 表示	与声发射的大小有关,测量简便,不受门槛的影响,适用于连续型信号,主要用于连续型声发射活动性评价
平均信号电平(ASL)	采样时间内,信号电平的均值,以 dB 表示	提供的信息和应用与 RMS 相似,对幅度动态范围要求高而时间分辨率要求不高的连续型信号尤为有用。也用于背景噪声水平的测量
时差	同一个 AE 波到达各传感器的时间差	取决于波源的位置、传感器间距和传播速度,用于波源的位置计算
外变量	试验过程外加变量,包括历时、荷载、位移、温度及疲劳周次	不属于信号参数,但属于波击信号参数数据集,用于 AE 活动性分析

4. 声发射源

经大量试验及理论分析,发现岩石材料中有许多结构可成为声发射源,如图 9.2.5 所示。

9.2.2 操作方法

本节以岩石三点弯曲试验为例,介绍声发射测试的操作流程。

1. 试验设备

试验设备主要包括加载系统和声发射系统。加载系统包括加载试验机与加载模具,加载试验机选用 TAW-3000 型刚性伺服试验机。三点弯曲模具分上、下两部分,模具上部两

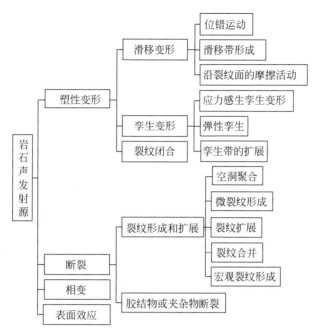

图 9.2.5　岩石材料的声发射源

个压头要严格等分地放置在细缝两侧,下部通过螺母与垫块结合以确保试样位于压力机正下方。试验开始前,应将岩石试样及加载模具放置于加载机承压板中心位置,对岩石试样轴向施加预加载荷,令岩石试样与压力机加载面充分耦合,上下加载端面涂抹耦合剂避免因接触、摩擦产生的热效应对试验结果造成干扰。

声发射系统采用美国物理声学 PCI-Ⅱ型声发射仪,该系统可对加载过程声发射频域与时域数据有效采集,并对声发射源进行准确定位。声发射前置放大器可提供 20dB、40dB 和 60dB 三种挡位的增益,该前置放大器具有噪声低、高带宽、抗撞击和体积小等优点。试验开始前将声发射系统前置放大器门槛设置为 40dB,采样门槛设置为 45dB,筛除噪声产生的波形。试验采用的传感器为 RS-2A 型传感器,共布置 6 个传感器。为减少声发射信号衰减和畸变,在试样和声发射传感器之间涂上适量耦合剂以增加二者的耦合性。试验开始时,将加载设备和声发射监测系统同时开启,保证以统一的时间为单位实时记录相关力学参数和声发射参数,并记录岩石拉伸断裂全过程。

2. 试样准备

将岩石试样加工为 100mm×45mm×150mm 的长方体试样,试样满足岩石力学试验规程要求。试样尺寸示意图如图 9.2.6 所示,为使裂纹发生在指定位置并产生严格的张拉断裂,在试样顶部中间位置加工出一条深度为 20mm、宽度为 2mm 的预制裂纹。

3. 试验过程

将制备好的试样打磨光滑,表面擦拭干净。利用强力胶、气球和双面胶将声发射传感器固定在试样对应的位置上,放入加载装置中准备试验,具体流程如下:

(1)组装并调试试验所需要的仪器,设置好声发射设备采集参数,将三点弯曲加载模具放置在试验机加载端正下方,使其均匀受力。利用直尺量取加载模具上部两个压头之间的

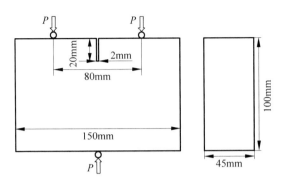

图 9.2.6　试样尺寸示意图

跨距,保证加载段中心、上部两压头中心、预制裂缝、试样中心线以及下部支座接触点位于同一垂直线上。

(2) 设置试验机参数对岩石试样预加载到 2kN,避免后续放置声发射探头导致加载端产生摩擦滑移对试验结果造成影响。在试样表面固定探头时稍用力挤压一下,以便传感器与试样表面充分接触,安装完后利用断铅试验测试探头耦合程度。

(3) 统一将加载速率设为 200N/s。为了保证时间一致性,试验开始时严格保证加载系统和声发射系统同时启动,用摄像机录制整个加载过程,试验结束后记录破裂现象及加载时间。按对称分布形式精确测量试样上 6 枚 RS-2A 型传感器位置坐标,如表 9.2.3 所示。

表 9.2.3　传感器位置坐标

传感器编号	X 轴	Y 轴	Z 轴
01	100	35	75
02	100	115	75
03	100	35	25
04	100	115	25
05	0	35	50
06	0	115	50

为了便于观察裂纹扩展情况,在正面布置 2 枚 RS-2A 型传感器,将剩下的 4 枚传感器均匀布置在试样后面,传感器布置如图 9.2.7 所示。

4. 后期处理

对声发射监测系统得到的上升时间、振铃计数、幅度和能量等参数进行处理分析。

9.2.3　测试实例

本次测试基于 3D 打印技术制作了不同倾角的交叉节理,采用水泥砂浆浇筑养护后获得交叉节理试样,并进行单轴压缩试验研究。为了探究单轴压缩过程中交叉节理试样的破裂演化特性,采用声发射技术进行监测,统计分析不同加载阶段声发射事件数量。

1. 试验条件

单轴压缩测试系统由压力加载系统、声发射测试系统和应变采集仪组成。加载系统为

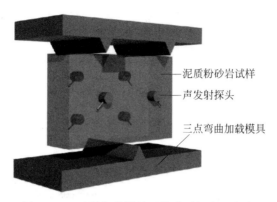

图 9.2.7 试样加载模具及传感器的布置方式

YAW-600 型微机控制电液伺服岩石试验机,采用位移控制加载,加载速度为 0.0015mm/s。为探究交叉节理试样单轴压缩条件下的力学破裂特性,采用声发射测试系统采集声发射信号,统计声发射事件数量随时间的变化,分析内部裂隙的时空演化过程。

使用 ITASCA 公司的 InSite 声发射测试系统(见图 9.2.8)进行声发射信号的采集,采用美国物理声学公司的 Nano30 型传感器,直径为 7.9mm,频率为 125~750kHz。该系统可对破裂声发射事件数量进行统计,以及进行三维可视化震源定位分析,能够解决振铃计数对微破裂事件统计不准确的问题,这里不研究震源定位,只统计声发射事件数量。

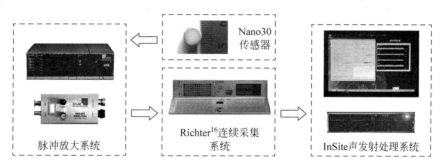

图 9.2.8 InSite 声发射测试系统

2. 破裂过程声发射特征参数变化

这一部分将以主节理倾角-次节理倾角分别为 30°-60°,30°-90°,60°-90°,60°-120°试样为例,结合力学变形特性对试样破裂过程中的声发射进行分析,如图 9.2.9 所示。单轴压缩试验采用恒定速率位移加载,所以应力随时间的变化可表征加载过程中应力-应变特性,将压密、弹性、塑性屈服和峰后软化 4 个变形阶段依次标记为 Ⅰ、Ⅱ、Ⅲ、Ⅳ(图 9.2.9)进行分析。声发射特性分析统计了声发射事件率(AE events rate,AEER)和累积声发射事件(accumulative AE events,AAEE),用于获取不同时刻的内部破裂数量和损伤情况。

加载初期阶段(Ⅰ、Ⅱ),主节理 $\alpha=30°$ 试样 AEER 较小,产生的微破裂较少(图 9.2.9(a)、(b)),而主节理 $\alpha=60°$ 试样在 Ⅰ、Ⅱ 阶段会产生明显的 AE 事件聚集现象(图 9.2.9(c)、(d))。由于 Ⅰ、Ⅱ 阶段 $\alpha=30°$ 试样的 AE 事件较少,所以前两个阶段的聚集性破裂不是由内部孔洞引起的。且 $\alpha=60°$ 试样节理附近的应变较小,主节理与内摩擦角接近,节理与块体之

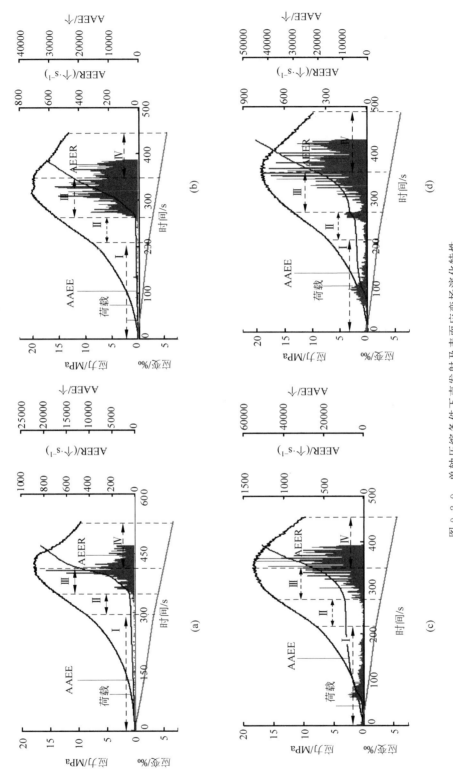

图 9.2.9　单轴压缩条件下声发射及表面应变场演化特性
(a) 30°~60°；(b) 30°~90°；(c) 60°~90°；(d) 60°~120°

间更易张开,所以其压密和弹性阶段聚集性声发射事件必然是由于交叉节理和块体之间黏结的 I 型破裂造成的。这两阶段 $\alpha=30°$ 试样节理附近的应变大于 $\alpha=60°$ 试样,说明 $\alpha=30°$ 试样的相对起裂应力小于 $\alpha=60°$ 试样。

塑性屈服阶段(Ⅲ),随加载的进行,试样的 AEER 随时间增长迅速,AAEE 呈指数增长,峰值强度时 AEER 最大。

峰后应变软化阶段(Ⅳ),AEER 逐渐减小,说明微破裂产生量减少,由微观损伤向宏观破裂演化。

相同 α 条件下,$\beta=90°$ 时的累积声发射事件最多,说明次节理平行最大主应力方向时对试样的相对初始损伤最小,试样破裂的总损伤主要是主节理的扩展。

9.3　霍普金森压杆测试技术

霍普金森压杆装置的原型由 B. Hopkinson 于 1914 年提出,Kolsky 于 1949 年在 B. Hopkinson 提出的压杆技术基础上发展了分离式霍普金森压杆(split Hopkinson pressure bar,SHPB)技术。经过五十多年的发展,SHPB 技术已成为常用的材料动态力学试验技术手段和高 g 值加速度传感器校准标定手段。典型的 SHPB 试验装置由 3 个主要部分构成,即加载装置、杆组件以及数据记录和处理系统,如图 9.3.1 所示。

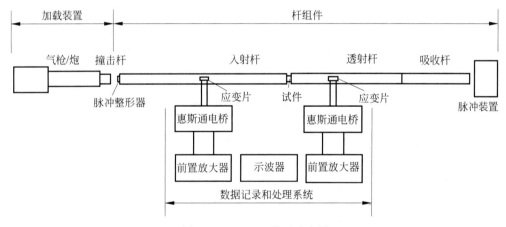

图 9.3.1　SHPB 装置示意图

在 SHPB 试验中,加载应可控、稳定且可重复,通常加载方法可分为静态类型和动态类型。由于存在安全性隐患,目前 SHPB 试验已很少采用静态加载。常用的 SHPB 试验动态加载方式是发射撞击杆撞击入射杆,应用这种撞击杆的发射机理可实现对入射杆产生一个可控、可重复的撞击。撞击速度可通过改变容器内的压缩气体压力或撞击杆距炮口的距离进行控制。加载脉冲的持续时间与撞击杆长度成正比。当撞击杆以一定速度撞击入射杆时,在入射杆中产生一个入射波,当入射波传播到入射杆与试样的接触界面时,一部分反射回入射杆形成反射波,另一部分对试样加载并向透射杆传播形成透射波,通过粘贴在入射杆与透射杆上的应变片可记录入射波、反射波及透射波,SHPB 试验典型波形如图 9.3.2 所示。

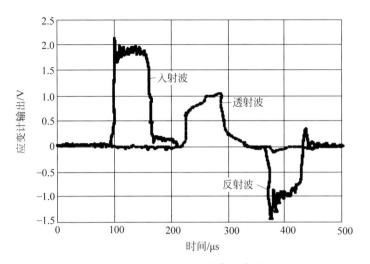

图 9.3.2　SHPB 试验典型波形

9.3.1　基本原理

典型 SHPB 试验中,应力波是由撞击杆撞击入射杆产生的。图 9.3.3 是杆中应力波传播的位置-时间(x-t)示意图。当入射杆中的压缩波传播到入射杆和试样的接触面时,部分反射回入射杆,而其余部分透射进入试样。由于试样和杆之间的阻抗失配,应力波将在试样中来回反射。这些反射波将逐渐提高试样中的应力水平,并压缩试样。试样中的应力波与试样/透射杆接触面之间相互作用形成透射信号的波形。

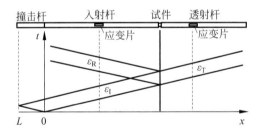

图 9.3.3　SHPB 系统中应力传播的 x-t 示意图

在撞击杆与入射杆的撞击中同样也会在撞击杆中产生一个压缩波,在其自由端处反射形成拉伸波(图 9.3.3),此拉伸波作为卸载波在入射杆中传播。与压缩波类似的是,此卸载波在杆/试样界面上部分反射回入射杆,而其余部分进入透射杆传播,此时试样被卸载(图 9.3.3)。因此,在 SHPB 试验中产生的加载脉冲持续时间 T 与撞击杆的长度 L 有关:

$$T = \frac{2L}{C_{st}} \tag{9.3.1}$$

式中,C_{st} 为撞击杆材料的弹性波速,m/s。

通常而言,撞击杆的直径和横截面面积与入射杆和透射杆相同,产生应力波的长度(波速与持续时间的乘积)为撞击杆长度的 2 倍。

在撞击杆和入射杆的材料及直径相同的情况下,由撞击杆碰撞产生的入射波的应力 σ_{I}

（或应变 ε_I），取决于撞击速度 v_st。

$$\sigma_\mathrm{I} = \frac{1}{2}\rho_\mathrm{B} v_\mathrm{st} \tag{9.3.2}$$

$$\varepsilon_\mathrm{I} = \frac{1}{2}\frac{v_\mathrm{st}}{C_\mathrm{B}} \tag{9.3.3}$$

式中，ρ_B 为杆材料的密度，$\mathrm{kg/m^3}$；C_B 为弹性杆中的波速，$\mathrm{m/s}$。

入射波和反射波是通过入射杆上的应变片测得的，而透射波是通过透射杆上的应变片测得的（图9.3.3）。在正式试验之前，常用式（9.3.2）对整个 SHPB 系统进行动态标定。

假设应力波在入射杆和透射杆中传播没有弥散，根据一维应力波理论，试样两端的质点速度与3个实测应变波（脉冲）的关系（图9.3.4）为

$$v_1 = C_\mathrm{B}(\varepsilon_\mathrm{I} - \varepsilon_\mathrm{R}) \tag{9.3.4}$$

$$v_2 = C_\mathrm{B}\varepsilon_\mathrm{T} \tag{9.3.5}$$

式中，ε_I，ε_R，ε_T 分别为入射应变、反射应变和透射应变。

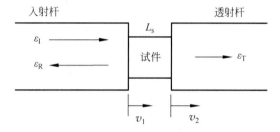

图 9.3.4 SHPB 测试部分

试样中的平均工程应变率和应变为

$$\dot{\varepsilon} = \frac{v_1 - v_2}{L_\mathrm{s}} = \frac{C_\mathrm{B}}{L_\mathrm{s}}(\varepsilon_\mathrm{I} - \varepsilon_\mathrm{R} - \varepsilon_\mathrm{T}) \tag{9.3.6}$$

$$\varepsilon = \int_0^t \varepsilon\, \mathrm{d}t = \frac{C_\mathrm{B}}{L_\mathrm{s}}\int_0^t (\varepsilon_\mathrm{I} - \varepsilon_\mathrm{R} - \varepsilon_\mathrm{T})\,\mathrm{d}t \tag{9.3.7}$$

式中，L_s 为试样的初始长度，mm。

试样两端的应力由弹性关系计算，得

$$\sigma_1 = \frac{A_\mathrm{B}}{A_\mathrm{s}}E_\mathrm{B}(\varepsilon_\mathrm{I} + \varepsilon_\mathrm{R}) \tag{9.3.8}$$

$$\sigma_2 = \frac{A_\mathrm{B}}{A_\mathrm{s}}E_\mathrm{B}\varepsilon_\mathrm{T} \tag{9.3.9}$$

式中，A_B 为杆的横截面面积，$\mathrm{mm^2}$；A_s 为试样的横截面面积，$\mathrm{mm^2}$；E_B 为杆材料的弹性模量，GPa。

在 SHPB 试验中假设试样处于应力平衡，试样变形均匀。应力平衡表达为

$$\sigma_1 = \sigma_2 \tag{9.3.10}$$

代入式（9.3.8）和式（9.3.9）得

$$\varepsilon_\mathrm{I} + \varepsilon_\mathrm{B} = \varepsilon_\mathrm{T} \tag{9.3.11}$$

式（9.3.6）、式（9.3.7）和式（9.3.9）可因此简化为如下形式：

$$\dot{\varepsilon} = -2 \frac{C_B}{L_s} \varepsilon_B \tag{9.3.12}$$

$$\varepsilon = -2 \frac{C_B}{L_s} \int_0^t \varepsilon_R \, \mathrm{d}t \tag{9.3.13}$$

$$\sigma = \frac{A_B}{A_s} E_B \varepsilon_T \tag{9.3.14}$$

当试样应力不完全平衡时,试样中的应力可取两端平均值计算。

$$\bar{\sigma} = \frac{1}{2}(\sigma_1 + \sigma_2) = \frac{1}{2} \frac{A_B}{A_s} E_B (\varepsilon_I + \varepsilon_R + \varepsilon_T) \tag{9.3.15}$$

式(9.3.15)计算的是试样平均应力,当试样中的应力或应变处于极度不均匀状态时,则不能通过式(9.3.15)计算,可通过消去时间变量获得应力-应变关系。

以上公式均是在质量和动量守恒的基础上由一维波传播假设推导而得的。以下通过能量守恒分析理想塑性试样在 SHPB 试验中的能量分布情况。

当应力波在长杆中传播时,应力波的机械能主要由杆变形的应变能和杆运动的动能组成。当应力波在入射杆中传播时,入射波弹性应变能(E_I)可以由入射应变 ε_I 计算得到,即

$$E_I = V_I \int_0^{\varepsilon_I} \sigma \, \mathrm{d}\varepsilon \tag{9.3.16}$$

式中,V_I 为入射杆变形部分的体积,mm^3。

值得注意的是,应力波传播过程中,在任意时刻仅有部分入射杆(受波加载区域)因入射脉冲加载而引起弹性变形。入射杆变形部分的体积 V_I 与加载历时和杆的横截面面积相关,可表示为

$$V_I = A_0 C_0 T \tag{9.3.17}$$

式中,T 为加载历时,见式(9.3.1)。

对于线性弹性杆,有

$$\sigma = E_B \varepsilon \tag{9.3.18}$$

式(9.3.16)可以改写为

$$E_I = \frac{1}{2} A_B C_B E_B T \varepsilon_I^2 \tag{9.3.19}$$

与反射波和透射波分别相关的弹性应变能 E_R 和 E_T 可通过类似的推导过程计算:

$$E_R = \frac{1}{2} A_B C_B E_B T \varepsilon_R^2 \tag{9.3.20}$$

$$E_T = \frac{1}{2} A_B C_B E_B T \varepsilon_T^2 \tag{9.3.21}$$

杆中弹性应变能对试样变形的贡献为

$$\delta_E = E_I - E_R - E_T = \frac{1}{2} A_B C_B E_B T (\varepsilon_I^2 - \varepsilon_R^2 - \varepsilon_T^2) \tag{9.3.22}$$

或者当试样处于动态应力平衡时,有

$$\delta_E = -A_B C_B E_B T \varepsilon_R \varepsilon_T \tag{9.3.23}$$

因为反射应变 ε_R 的符号与入射应变和透射应变的符号相反,故在式(9.3.23)中的能量差 δ_E 为正。

在入射波到达后,入射杆的动能 K_I 可表示为

$$K_I = \frac{1}{2}mv_I^2 \tag{9.3.24}$$

式中,m 为入射杆中变形部分的质量,g;v_I 为质点速度,m/s。

m,v_I 可以通过下式计算:

$$m = \rho_B A_B C_B T \tag{9.3.25}$$

$$v_I = C_B \varepsilon_I \tag{9.3.26}$$

则式(9.3.24)可以表示为

$$K_I = \frac{1}{2}\rho_B A_B C_B^3 T \varepsilon_I^2 \tag{9.3.27}$$

故与反射波和透射波相关的动能为

$$K_I = \frac{1}{2}\rho_B A_B C_B^3 T \varepsilon_I^2 \tag{9.3.28}$$

$$K_T = \frac{1}{2}\rho_B A_B C_B^3 T \varepsilon_T^2 \tag{9.3.29}$$

动能对试样变形的贡献为

$$\delta_k = K_I - K_R - K_T = \frac{1}{2}\rho_B A_B C_B^3 T(\varepsilon_I^2 - \varepsilon_R^2 - \varepsilon_T^2) \tag{9.3.30}$$

当试样处于应力平衡时,有

$$\delta_k = -\rho_B A_B C_B^3 T \varepsilon_R \varepsilon_T \tag{9.3.31}$$

对于线性弹性杆,有

$$E_B = \rho_B C_B^2 \tag{9.3.32}$$

式(9.3.31)变为

$$\delta_k = -A_B C_B E_B T \varepsilon_R \varepsilon_T \tag{9.3.33}$$

可见式(9.3.33)和式(9.3.23)的形式相同。

如果假设试样具有理想塑性响应,试样变形能可简化为

$$E_s = A_s L_s \sigma_y \varepsilon_p \tag{9.3.34}$$

式中,L_s 为试样的初始长度,mm;σ_y 为试样的屈服强度,MPa;ε_p 为试样的塑性应变,mm。

$$\sigma_y = \frac{A_B}{A_s} E_B \varepsilon_T \tag{9.3.35}$$

$$\varepsilon_p = \dot{\varepsilon} \cdot T = -2\frac{C_B}{L_p}\varepsilon_R T \tag{9.3.36}$$

式(9.3.36)是基于试样的恒应变率变形而获得的,因此,式(9.3.34)可表示为

$$E_s = -2A_B E_B C_B T \varepsilon_R \varepsilon_T = 2\delta_E = 2\delta_k \tag{9.3.37}$$

式(9.3.37)表明杆中弹性应变能为试样变形能提供了1/2的能量,而另1/2的能量则来自入射动能,此分析没有包括试样中的动能。

9.3.2 操作方法

1. 试验前准备

(1) 试样准备。保证试样变形后的直径不大于杆直径,试样长度大约为其直径的一半。

（2）杆系统对中调整。以发射管轴线为基准调整杆系,将撞击杆置于发射管口部(出头 20mm 左右),以其端面为基准先调整入射杆,调整方式是将入射杆用前后两个中心支架支撑,调整前先松开侧面的锁紧螺栓,调整前后中心支架使杆端面与撞击杆端面密合,过程中宜用高度尺、水平尺和千分表等。调整完毕后拧紧锁紧螺栓,将其他中心支架滚轮轻轻靠上。

（3）应变片粘贴。在杆横截面一条直径两端沿轴向粘贴两片应变片,串联后作为 1/4 桥臂接入电桥盒,或采用半桥接法。

（4）准备好测速装置和气源,旋开发射管泄气阀,用软杆(铜质、铝质、塑料)将子弹推入适当位置,如到发射管底部会发出声音,然后旋紧发射管泄气阀。

（5）准备入射杆端部垫片、试样两端垫片及脉冲整形器。在入射杆端部套一个套筒,将一垫片置于其中,保证垫片露头,同时在试样两端入射杆端面、透射杆端面加上垫片,垫片与杆之间加少许凡士林,在垫片上加脉冲整形器(用凡士林贴上)。

（6）缓冲装置就位,并将保护套套于试验段,做到脆性试样压缩时的安全防护。

2. SHPB 试验过程（非高温）

（1）开启设备。打开电源,检查子弹是否回位,开启空压机、超动态应变仪及计算机等设备,打开数据采集卡。

（2）装夹试样。将黄油涂抹试样两端黏到入射杆与透射杆之间(尽量保证试样与两杆同心),然后扣上防护罩。

（3）调整炮管与入射杆之间的距离,保持在 10～20mm;启动软件,设置参数。

（4）发射子弹,前推子弹发射按钮,听到撞击声音后复位,保存波形后导入数据分析软件进行分析,若波形过长,可对部分波形进行抓取。

（5）关闭设备。设备使用完毕,关闭计算机、超动态应变仪及数据采集卡,空压机红色开关按下,关闭电源。

3. 高温条件下加热炉的使用

高温条件下的试验操作规程与非高温基本一致,但需要在开启控制板总开关之后打开尾座同步,并在装夹试样的时候用加热炉对试样进行加热。

9.3.3　测试实例

在冲击荷载作用下,不同品位的磁铁矿存在不同的动态抗压强度和动态弹性模量。试验中冲击气压为 0.65MPa,通过冲击加载品位为 39.5%、45.7%、50.3%、55.2% 的 4 种不同的磁铁矿石来获取动态力学曲线,每组品位 2 个试样。试验结果如表 9.3.1 所示。

表 9.3.1　动态压缩试验结果

岩性	试样尺寸/mm	矿石品位/%	冲击速度/(m·s^{-1})	试样数	动态抗压强度/MPa	$E_{动态}$/GPa
磁铁矿石	50×35	39.5	8.29	2	28.4	14.7
		45.7	8.32	2	42.5	16.2
		50.3	8.35	2	53.8	21.6
		55.2	8.38	2	99.8	48.2

1. 磁铁矿应变率时程曲线分析

4 种不同品位下矿石的应变率时程曲线如图 9.3.5 所示。

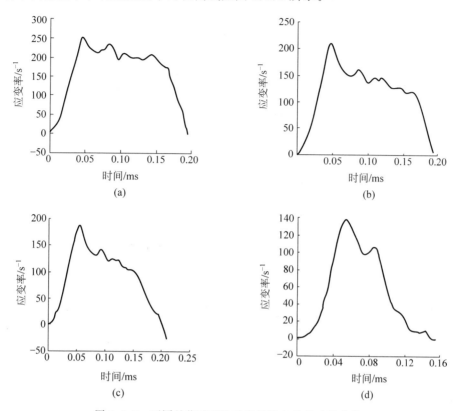

图 9.3.5　不同品位矿石的动态压缩应变率时程曲线

（a）品位为 39.5%；（b）品位为 45.7%；（c）品位为 50.3%；（d）品位为 55.2%

　　分析可知,在冲击速度接近或相等的情况下,矿石含 Fe 越多,应变率越低,低品位矿石的应变率能够持续在峰值的时间更多。

2. 磁铁矿应力时程曲线分析

4 种品位的试样应力时程曲线如图 9.3.6 所示。

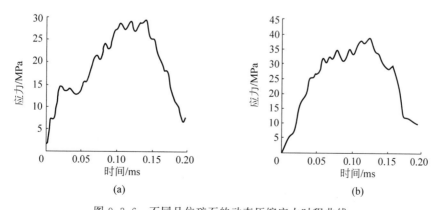

图 9.3.6　不同品位矿石的动态压缩应力时程曲线

（a）品位为 39.5%；（b）品位为 45.7%；（c）品位为 50.3%；（d）品位为 55.2%

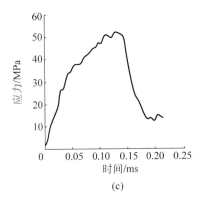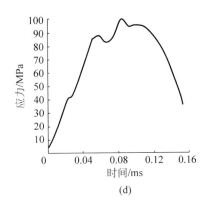

(c)   (d)

图 9.3.6 （续）

分析可知，矿石破坏的过程都在 0.2ms 左右完成，品位为 39.5%、45.7%、50.3%、55.2%的磁铁矿对应的峰值应力分别为 28.4MPa、42.5MPa、53.8MPa、99.8MPa，发现矿石品位越高，对应的动态峰值应力也越大，说明 Fe 的含量对矿石的动态抗压强度起着关键作用。

9.4　数字图像相关测试技术

数字图像相关法（digital image correlation，DIC），又称数字散斑相关法，是将试件变形前后的两幅数字图像，通过相关计算获取感兴趣区域的变形信息。数字图像相关法得益于数字相机和计算机技术的进步以及大量科研工作者的创新工作而不断发展优化，是试验力学领域发展起来的最为成功的测量方法之一。该方法对试验环境要求极为宽松，并且具有全场测量、抗干扰能力强、测量精度高等优点。

9.4.1　基本原理

DIC 的基本思想就是在给定物体变形后的图像中，识别对应于变形前的图像中某一散斑子区（样本）的子区。假设物体变形前后的两个数字图像的 RGB 特征值函数分别为 $f_1(x,y)$ 和 $f_2(x,y)$，位移场为 $u(x,y)$ 和 $v(x,y)$，则变形前的图像任一点(x,y)的特征值与变形后的图像上位于点$[x'=x+u(x,y),y'=y+v(x,y)]$的特征值相对应，即

$$f_1(x,y)=f_2[x+u(x,y),y+v(x,y)] \tag{9.4.1}$$

由统计学定义为二维样本空间，产生位移后，原来子区 I_1 内的斑点就位于子区 I_2 内的相应位置，与原斑点一一对应，构成另一样本空间。由概率统计理论可知，子区 I_1 和子区 I_2 的相关系数 C 为

$$C=\frac{\sum f_1(x,y)\cdot f_2(x',y')}{\sqrt{\sum f_1^2(x,y)\sum f_2^2(x',y')}} \tag{9.4.2}$$

式中，$f_1(x,y)$ 与 $f_2(x',y')$ 分别为相应图像子集中的特征值分布；$\sum f_1^2(x,y)$ 和 $\sum f_2^2(x',y')$ 为自相关函数；$\sum f_1(x,y)\cdot f_2(x',y')$ 为协相关函数。

当 $C=1$ 时,两个子区完全相关,$C=0$ 时,两个子区不相关。一般情况下当 C 取最大值时 $u'(x,y)$、$v'(x,y)$ 趋近真实位移场 $u(x,y)$ 和 $v(x,y)$。具体计算时,通常取图像的 RGB 值作为图像特征值,一般先在变形前的图像确定被测量区,在被测量区上选定一个搜索样本子区,一般可取 $(10\sim40)\times(10\sim40)$ 像素的样本子区,然后在变形后的图像上进行逐点搜索对应的位移值。得到的所有位移值集合,即为测量区位移场。

相关函数是二维数字图像相关法的关键问题之一,它关系到是否能够准确测量出位移,也是在搜索匹配过程中的关键评判依据。相关函数需要满足以下要求:

(1) 操作性强。相关函数的形式应简洁明了,便于计算机编程计算,还要能够应用在各种情况下变形前后的图像。

(2) 可靠性高。算法本身对环境适应性强的优势也导致在获取数字图像的过程中,由于各种因素的影响会使图像样本之间存在微小差异,导致相关性搜索存在差异,因此,相关函数需要对图像存在的微小差异具有很高的敏感性,才能提高匹配到目标图像子区的概率。

(3) 抗干扰性高。在获取变形前后散斑图时,可能会由于周围试验环境的问题产生噪声(如振动、照明条件等),这些噪声会对成像灰度分布造成一定的微小变化,因此,选取的相关函数需要能够克服或降低这些干扰因素,才能准确稳定地进行相关性搜索匹配。

(4) 计算量小。由算法的基本原理可知,算法处理的对象是数字图像,所以包含的计算量非常庞大。而在进行搜索匹配的过程中都需要相关函数来进行判断,相关函数是算法中计算部分较为重要的一环。因此,需要选择计算量小的相关函数来提升算法的计算效率。

9.4.2　操作方法

1. 前期准备

DIC 试验前期准备包括计算试验参数,如相机到试样的工作距离、散斑点大小等,之后还需要挑选散斑制作工具、制作散斑、准备试验场地等。

1) 计算试验参数

(1) 根据测得的试样表面尺寸,预估出试样受到载荷时运动及变形范围,并预估出试验所需的视野范围,如图 9.4.1 所示。

(2) 参考相关操作手册,选取其他试验参数。

2) 挑选散斑制作工具

散斑制作工具以及方式有很多,如滚轮式散斑制作工具、喷漆、喷枪和记号笔等。根据不同情况选择合适的散斑制作工具以及方式。

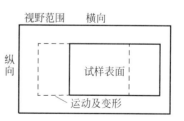

图 9.4.1　试验范围示意图

3) 制作散斑

(1) 制作底层

第一步是制作底层,目的是尽可能增加对比度。散斑图案可能是白底黑点或者黑底白点,通常会使用哑光黑或哑光白的喷漆来制作底层。为了制作底层,需要使用喷漆快速地扫过试样表面来制作一个非常薄的底层,通常需要重复 $3\sim10$ 次来保证覆盖到全部区域。在极少数情况下,一些材料本身的颜色足够浅或足够深,同时不会产生反光,可以不需要底层。而对于大应变材料试验,当应变超过一定值时,底漆会脱落,所以一般来说也不需要底层或者选用能承受住大应变的底层。

（2）滚轮制作散斑

可以将较大的视野范围分成多个小区域来滚动滚轮制作散斑。由于滚轮上的点只覆盖10％，所以对于每一小区域都需要滚动多次（5～10 次）。

2. 实施阶段

1）安装 DIC 试验设备

将采集相机紧固在系统支撑上，并连接到计算机，确保相机镜头对焦、光圈适用于试样测试需要，具体步骤如下：

（1）固定三脚架，并保持基本水平。

（2）将云台安装到三脚架顶端，对准螺纹孔，旋转进去即可。

（3）将滑块安装到云台上，调整三脚架中轴的高度。

（4）固定零部件。

（5）将相机相关连线连接至计算机，启动数据分析软件，选择相机型号和采集图像存放路径。

（6）根据软件中的图像调整相机位置和方位。

（7）调整好相机方位后，将光圈调至最大，此时景深最小，在景深最小时调整好图像清晰度，再将光圈调整至实际试验需要的大小。

2）标定相机

需要通过拍摄 15～30 组标定板图像来标定两台相机的内部参数以及外部空间位置。具体步骤可见相关操作说明书。

3）采集试验图像

采集试验过程中需测试样品表面的散斑图案，具体步骤见相关操作说明书。

4）后期处理

通过 DIC 分析软件可分析试验得到的散斑图案，从而得到需测试样表面的形貌、位移以及应变。

5）整理试验设备

试验结束后，需要整理收纳归还试验设备，方便进行下次试验以及设备日常存放维护。

9.4.3 测试实例

因含预制节理试样的破坏是其内部裂纹不断萌生、扩展和贯通的损伤演化结果，而 DIC可以基于细观角度很好地观测裂纹的起裂及扩展过程，故结合技术在室内开展力学试验，分别从力学性质、变形特性、裂纹起裂及试样破裂模式等方面探究不同角度的预制节理对岩体在应力作用下破坏模式的影响。

1. 试验方案及条件

1）单轴压缩试验

本次单轴压缩试验加载系统采用 YAW-600 型微机控制电液伺服岩石压力机，采用位移加载，加载速率为 0.0015mm/s，试验开始前预加载至 500N，并在压缩全程采用 DIC监测。

2）DIC 试验

DIC 试验具体步骤为：①制备散斑；②将试样置于加载台中心位置，为减小端部摩擦效应，在试块上下端分别放置两张减摩片；③安装固定拍摄设备；④压缩试验与拍摄同步开启；⑤试验结束后将散斑图像导入 DIC 数据分析系统 Vic-2D 软件中，经过分析处理后得到试样加载过程中的全场位移场和应变场。

2. DIC 试验结果分析

1）应变集中带的发展

对五种角度（$\alpha=0°$、$30°$、$45°$、$60°$ 及 $90°$）的节理试样，从各自处理结果中选取能够表征试样裂纹发展过程的五张云图。下面以 $\alpha=0°$ 和 $30°$ 为例做简要分析，如图 9.4.2 所示。

从图中可以看到，在加载初始阶段，由于受到试样表面微小不平整的影响，无论预制节理角度如何，在各自的主应变场中都会分布着一些应变局部化带，随着加载的不断进行，试样逐渐达到新的应力平衡，之前非均匀分布的局部化带消失，新的规律性高应变带出现，高应变带产生并扩展至整个试样上下，能够清晰地表示裂纹的起裂及扩展过程。

通过对各试样主应变云图的观察与分析，可以得出：

（1）$\alpha=0°$ 时，应变集中带的发展趋势表明裂纹是从预制节理一侧尖端部位起裂，先沿与预制节理成一定角度的方向扩展，而后逐步与加载方向一致，直至裂纹贯通试样上下两端并形成宏观裂缝。

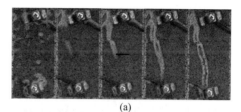

彩图 9.4.2

(a)

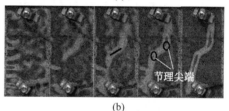

(b)

节理尖端

图 9.4.2　两种角度节理试样的主应变云图
（a）$\alpha=0°$；（b）$\alpha=30°$

（2）$\alpha=30°$ 时，裂纹在节理两尖端位置同时起裂，然后以翼裂纹的形式逐步扩展直至贯通整个试样。

2）裂纹的起裂、扩展及破裂模式

相较于应变云图，位移云图能够更加清晰地呈现不同角度试样裂纹扩展的规律。根据 DIC 分析系统处理得到的水平位移云图变化趋势，确定了单轴压缩下各试样裂纹的起裂位置及扩展路径，如图 9.4.3 所示。

张拉裂纹

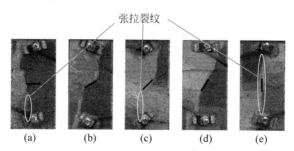

彩图 9.4.3

(a)　　(b)　　(c)　　(d)　　(e)

图 9.4.3　各试样破坏时水平位移云图
（a）$\alpha=0°$；（b）$\alpha=30°$；（c）$\alpha=45°$；（d）$\alpha=60°$；（e）$\alpha=90°$

结合主应变云图变化可以得出：

（1）$\alpha=0°$时，裂纹从节理一侧尖端处在剪应力控制下起裂，起裂时为单翼型剪切裂纹，之后随着加载的进行不断扩展，当扩展到接近试样下端时变为张拉型裂纹并贯通试样前后，试样最终的破裂模式为拉剪混合破坏。

（2）α 为 30°,45°和 60°时，试样起裂同 0°试样一样皆受剪应力控制，起裂时裂纹为双翼型剪切裂纹，起裂后上下裂纹同时扩展，其中 45°试样裂纹向下扩展时由剪切裂纹变为张拉裂纹，最终以拉剪混合模式破裂，30°和 60°试样翼型裂纹的扩展始终为剪切形式，最终破裂模式皆为剪切破坏。

（3）当预制节理角度 $\alpha=90°$时，裂纹从试样整体的底端紧靠中心位置开始起裂，并逐步由底端向上扩展，扩展路径经过预制节理位置，且基本与预制节理方向重合，之后沿加载方向形成上下贯通的张拉裂纹，最终试样整体呈张拉劈裂破坏模式。

9.5 扫描电镜测试技术

电子显微镜，简称电镜（electron microscopy，EM），它是利用电子束对样品放大成像的一种显微镜，包括扫描电镜（scanning electron microscope，SEM）和透射电镜（transmission electron microscope，TEM）两大类型，其分辨率最高达到 0.01nm，放大倍率高达 80 万～10 万倍，借助这种电镜我们能直接看到物质的超微结构。从第一台电镜问世至今，电镜技术在各学科的应用研究取得了可喜的成就，尤其是近年来，扫描电镜在岩石力学领域的应用呈现出较快的发展趋势。

9.5.1 基本原理

1. 工作原理

由电子枪阴极激发出的电子束在加速电场作用下形成高能电子束，经过聚光镜、光阑和物镜三级聚焦系统后汇聚成一束极细（0.3～3nm）的电子探针，入射到试样表面的某个分析点时，与样品原子发生弹性散射和非弹性散射，以此激发出携带样品特征的各类信号电子，诸如二次电子、背散射电子、特征 X 射线、吸收电子、俄歇电子和阴极荧光等；利用二次电子探测器、背散射电子探测器和 X 射线能谱仪等相应探测器采集这些信号电子并转化成电信号进行成像，就可以清楚地分析出样品在入射点的特征，如微区形貌或成分组成等。然而，样品表面的单个入射点特征不具有代表性，需要采集更多入射点的特征即一个区域特征。因此，必须利用扫描线圈驱动入射电子束在试样表面选定区域内进行从左至右、从上至下的光栅式扫描，从而对整个光栅区域内每个分析点进行采样，以此完成成像。

在采样和成像过程中，扫描发生器同时控制高能电子束和荧光屏中的电流电子"同步扫描"，如图 9.5.1 所示。

当电子束在样品表面上进行从左至右、从上至下的光栅式扫描时，在荧光屏上也以相同方式同步扫描，并且样品表面的采样点和荧光屏上的荧光粉颗粒数量也相同，因此"样品空间"上的一系列点就与"显示空间"各点建立了严格的对应关系，确保荧光屏上的图像可以客观真实地反映样品对应位置的特征。样品表面被高能电子束扫描，会激发出各种信号的电

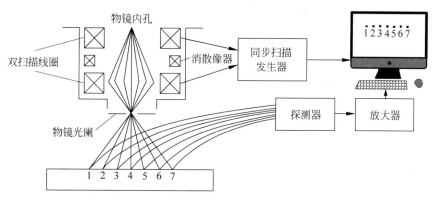

图 9.5.1 扫描电镜工作原理

子,其信号强度与样品表面特征有密切关系。这些信号通过探测器被按顺序、成比例地转换为视频信号,经放大后,形成扫描电镜的图像,而图像上强度的变化反映出样品的特征变化。

2. 图像衬度及成因

不同样品或者同一样品的不同微区,由于其形貌、原子序数或化学成分、晶体结构或取向等重要特征点存在着或多或少的差异,促使扫描电镜的高能电子束与微区原子相互作用所激发的信号强度不同,进而导致荧光屏上出现不同亮度的区域,获得扫描图像的衬度,其数学表达式如下:

$$C = (I_{\max} - I_{\min})/I_{\max} \tag{9.5.1}$$

式中,$I_{\max}$、$I_{\min}$ 分别为扫描区域中被检测信号强度的最大值和最小值,且 $0 \leqslant C \leqslant 1$。衬度反映与样品性质有关的信息及其在微区中的变化。

利用扫描电镜获取图像衬度的前提是样品微区的性质确实存在差异。利用探测器只能将这种差异检测并反映出来,然后通过后期的信号处理软件予以增强。形貌衬度和成分衬度是扫描电镜应用中最常见的两种图像衬度。

1) 形貌衬度

形貌衬度是指对样品表面形貌特别敏感的信号成像后所得到的衬度。二次电子和背散射电子均可以提供形貌衬度,这是扫描电镜中最常用的图像衬度。

(1) 二次电子像的形貌衬度

二次电子主要来自样品表面下纳米尺寸的浅层区域(<10nm),它的强度与样品微区形貌相关,而与样品的原子序数不存在明显依赖关系。二次电子像的分辨率高,适于显示形貌细节。在扫描电镜中,二次电子产率 δ 随微区表面倾斜程度变化而变化。图 9.5.2 为微区形貌的三种特例,样品相对入射电子的倾斜逐渐增大,即电子束与样品表面法线的夹角 θ 分别为 $0°$、$45°$ 和 $60°$,若入射电子束强度 E_0 已知,通过探测器检测出三个部位的二次电子产率的关系为 $\delta_3 > \delta_2 > \delta_1$,即 δ 随表面倾角 θ 的增大而上升。倾角大,电子束在 10nm 表层内穿过的距离长($L < \sqrt{2}L < 2L$),引起价电子电离的机会多,就会产生较多的二次电子;另外,随微区倾角的加大,入射电子束的作用区更加靠近表面,作用区内的大量二次电子均可以离开表层出射,从而增加了二次电子产率。

对于表面光滑的样品,当入射电子束大于 1kV 时,二次电子产率 δ 与样品倾角 θ 成余

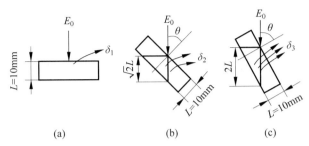

图 9.5.2　二次电子产率与形貌倾角的关系

(a) $\theta=0°$；(b) $\theta=45°$；(c) $\theta=60°$

弦关系：

$$\delta=\delta_0\,\frac{1}{\cos\theta} \tag{9.5.2}$$

式中，δ_0 为水平样品的二次电子产率。

由式(9.5.2)可以绘制二次电子产率 δ 与样品倾角 θ 的关系图9.5.3，由图9.5.3可知，样品表面倾角大的区域比倾角小的区域产生的二次电子多，这种信号强度的差异是提供形貌衬度的依据。如图9.5.4所示，假设样品表面区域由 a、b、c、d 几个倾角不同的小面构成，则由于每个小面的二次电子产率不同，导致荧光屏上出现图像衬度，其中，倾角最大的 b 面最亮，c 面和 d 面次之，水平的 a 面最暗。

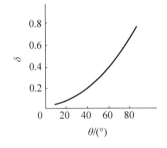

图 9.5.3　$\delta\text{-}\theta$ 关系曲线

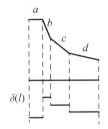

图 9.5.4　形貌与 $\delta(l)$ 的关系

实际样品的表面形貌要复杂得多，可能由不同倾角的小面、曲面、尖角、边缘、孔洞及沟槽组成，表面常覆盖小颗粒，如图9.5.5所示。这些部位的二次电子产率相对较多，俗称尖端、平面、边缘、孔洞和颗粒效应。样品中凡有这些特征的部位，二次电子信号强，这些微观细节在图像中呈现亮区，清晰可辨。从上述衬度成因中，很容易理解样品形貌像的特征。

二次电子探测器通常置于样品的侧上方。探测器前端的收集器加有＋300V偏电压，对电子形成强吸引场，大量二次电子被收集，见图9.5.6。面向探测器出射的二次电子毫无阻挡地在探测器上产生强信号，那些背向探测器出射的二次电子也被吸引，这些电子由于达到探测器的路程长，途中与残余气体分子或油蒸气分子碰撞而损失能量，导致产生在探测器上的信号减弱，但仍有相当一部分二次电子通过弯曲的轨迹进入探测器，这有利于显示背向探测器部位的细节，而不会形成阴影，改善了二次电子像的衬度。

二次电子像衬度可以用"光学照明法"模拟，见图9.5.7。物体被两个相对的光源照明，

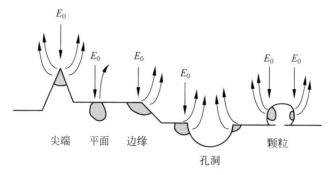

图 9.5.5　样品表面微观形貌示意图

强光源位于探测器位置,照亮 A 面,弱光源照亮 B 面,观察者位于电子束入射方向,可看到物体 A 面比 B 面亮,形貌突显出来,其衬度与图 9.5.6 描述是一致的。

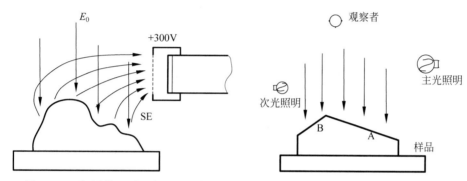

图 9.5.6　探测器监测二次电子示意图　　　图 9.5.7　形貌衬度光学模拟示意图

（2）背散射电子像的形貌衬度

背散射电子虽然大部分来自样品的较深部位,但如图 9.5.2 所示,随样品倾角 θ 增大,电子束向前散射的趋势导致电子靠近样品表面传播,使相互作用区更接近表面,背散射电子出射样品的机会增加,背散射电子产率 η 也随样品倾角增大而上升。因此,背散射电子像有衬度变化,可以显示样品的微观形貌。

在扫描电镜中利用闪烁体——光电倍增管探测器检测二次电子信号时,也包含了背散射电子信号。背散射电子能量较高,离开样品表面后沿直线轨迹运动,正对着探测器那部分的背散射电子也被收集,但立体角 Ω 小,信号强度低,这种探测器对背散射电子的几何收集效率为 1%～10%,而对二次电子,通常高于 50%,见图 9.5.8。因此,任何一张形貌像都包含这两种信号。如果把收集器上的 +300V 偏压关掉或置负偏压,排斥掉二次电子,就只有 Ω 立体角内的背散射电子被收集,而背向探测器的那些区域出射的背散射电子达不到探测器,结果形成图像上的暗区,这部分细节看不清,图像有阴影。

背散射电子形貌像反映的样品表面细节不如二次电子像,但当样品处于高倾角时,其背散射电子的分布在电子束的镜面反射方向上有最大值,见图 9.5.9。这些背散射电子只在样品浅层穿过,受到有限次数的散射离开样品表面,能量损失小,称为"低能损失电子"。

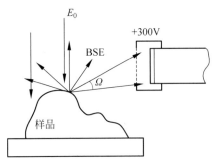

图 9.5.8 检测背散射电子示意图

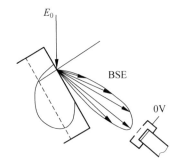

图 9.5.9 高倾角样品背散射信号的检测

2）成分衬度

电子束与样品相互作用会产生某些与样品微区原子序数或化学成分有关的物理信号，例如背散射电子、吸收电子和特征 X 射线。检测这些信号成像，可以显示出微区内化学成分或原子序数的差异，称为成分衬度。

（1）背散射电子像的成分衬度

在检测表面光滑平整的样品时，由于没有微区形貌干扰，如果样品由纯元素构成，电子束扫描到不同部位，则样品的出射信号除电噪声起伏外，观察不到任何衬度。但是，如果样品是由两种原子序数分别为 Z_1 和 Z_2 的纯元素组成，并且 $Z_2 > Z_1$，则两者之间由明显的界面分开，见图 9.5.10，当电子束扫描从 Z_1 区通过分界面到 Z_2 区时，由探测器检测到的样品出射信号的强度不同，则 Z_2 区比 Z_1 区的背散射电子产率高。这种现象的起因是背散射电子产率与原子序数密切相关，原子序数高的元素原子结构复杂，入射电子受到散射变成背散电子的机会多。图 9.5.11 是一条试验曲线，可见背散射电子产率 η 随原子序数 Z 的增加以平滑、单调的方式上升。对于轻元素，η 随 Z 大致呈线性增加，对 $Z > 30$ 的元素，η 增加得比较缓慢，最后趋向 0.5。

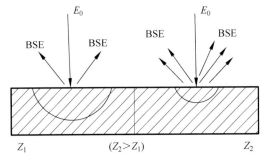

图 9.5.10 背散射电子产率示意图

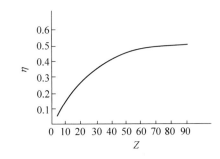

图 9.5.11 η 与 Z 的关系曲线

在上例中 $Z_2 > Z_1$，故 $\eta_2 > \eta_1$，由探测器检测的信号强度必然是 $I_2 > I_1$。因此成分衬度为

$$C = \frac{I_2 - I_1}{I_2} = \frac{\eta_2 - \eta_1}{\eta_2} \tag{9.5.3}$$

（2）吸收电流像的成分衬度

吸收电子的强度等于入射电子强度减去背散射电子和二次电子的强度。由于二次电子随原子序数变化不大，但背散射电子强度与原子序数相关，所以，样品背散射电子强的区域，吸收电子就弱。若将样品的吸收电流信号放大，输入视频放大器，输出像即为吸收电流像，其衬度与背散射电子像相反。

（3）特征 X 射线面分布图

利用特征 X 射线对样品中不同的元素"成像"，可以得到每个元素的面分布图。样品中某个元素的富集区，在分布图中呈现亮区，每个元素均可得到一张元素面分布图，也可以用不同的彩色分别表示每个元素，反映整个微区内的全部化学成分。由于元素特征 X 射线来自相互作用区的更深层部位，分布图的分辨率不如背散射电子像成分。

9.5.2　操作方法

1．启动电镜

不同型号扫描电镜的开机步骤并不完全相同，但基本顺序和过程大同小异，常见的扫描电镜开机一般要经过下列几步：

（1）接通电镜供电电源的总开关，打开供气的干氮气瓶阀门，若带有波谱仪，在使用波谱仪前还应打开 P10 气体的供气阀门。

（2）接通空气压缩机和冷却循环水机的电源。

（3）接通电镜主开关和真空系统各抽气泵电源。

（4）启动控制计算机的运行程序。

2．试样的安装、更换及停机

（1）把试样用双面黏合导电胶带或银浆、碳浆粘贴在试样座上。

（2）小心地把贴好试样的试样座拧进推杆，再慢慢推进到样品仓内的样品台上。

（3）关紧样品仓门，再启动抽真空系统进行抽真空，抽真空时间为 1.5～5min。

（4）当到达规定的真空度时，相应的指示灯会亮，加高压的"ON"键变黑或真空显示"OK"之后，方可加高压。

（5）若电镜配有 CCD 相机，可先在 CCD 的画面下移动，寻找要分析的试样及其大致部位；若没有配 CCD 相机，则只有在加完高压之后，再在电子束斑的照射下，用低倍率来寻找试样，再进行放大→调焦→寻找感兴趣部位→再调焦→消像散→最后采集图像或进行下一步分析。

3．图像调焦、消像散和动态聚焦

1）图像调焦和消像散

扫描电镜最主要的功能是用来对试样的微观形貌进行观察和分析，要获得一幅好图像，操作过程主要有以下几个步骤：

（1）在最低倍率下，移动样品台，找到所要分析的试样，再对该试样进行放大、调焦。

（2）通过转动样品台或旋转光栅，摆好图像的角度，选好合适的放大倍数。

（3）在原选定放大倍数的基础上再放大若干倍，进行更精准的调焦和消像散。这时可通过选择选区来聚焦，在屏幕中会出现一个小的区域。若该小区域里的回扫速率过快，会造成对入射束欠焦或过焦的判断。入射束的欠焦或过焦都会使图像模糊,只有把焦距调到正焦,并把像散消除到最小时,图像中的细节才能锐利、清晰。

(4)对感兴趣的分析部位进行衬度和亮度调节,使整个视场的衬度既能做到黑白层次分明,又能保持适当反差,使表面的层次和细节丰富。若画面偏亮,浅色部位的细节会减少;反之,若画面偏暗,则深色部位的细节会减少。由于这种画面太亮或太暗而引起的过饱和都会减少层次,造成细节丢失。

以上操作主要是调焦,在调/聚焦的同时,往往需要与 X、Y 的消像散交替进行。调节焦距时,焦距的变化如图 9.5.12 所示。

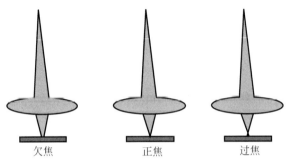

图 9.5.12　焦距的调整

当改变物镜线圈的电流时,图像的聚焦点就会在正焦的像面附近上下变化,从过焦→正焦→欠焦来回循环反复多次,同时结合图像像散流的变动方向进行消像散,尽量做到既正焦像散又最小,这样的图像才能达到最清晰。

2)图像动态聚焦

为增加立体感或其他分析的需要,通常会把试样倾斜一定角度,若试样倾斜角大(>30°),视场中相对高(图像的下缘)、低(图像的上缘)的部位可能会超出有效聚焦的深度范围,造成高低部位出现散焦,使上下部位的细节模糊。要减少这种现象的发生,除了可选用小光栏和增大工作距离(降低 Z 轴),再重新调焦和消像散之外,还可以启用电镜的动态聚焦功能。

在现代扫描电镜中,这种聚焦(F)、亮度(B)和衬度(C)的调节也可以让计算机自动执行(Auto-FBC)。

4. 图像采集

在前述步骤完成后,开始进行图像采集。对于导电性好的试样,采用慢扫描一次完成采集图像,每帧的扫描时间可选 30～60s。对于导电性差的试样,选用小光阑和低加速电压,在缩短帧扫描时间的同时,也可在快扫描的速率下采用多幅图像的叠加或多帧图像的积分方式。同时若电镜配备有减速功能、环扫或低真空模式,建议启用减速功能、环扫或低真空模式来采集图像。

9.5.3　测试实例

以砂岩为研究对象,采用 SEM 和单轴压缩试验等手段对遇水冷却和自然冷却的高温砂岩孔隙率、孔径分布、孔隙扩展和内部裂隙贯通、强度变化及其与孔隙变化间的关系进行分析,探讨不同冷却方式对砂岩力学特性及渗透性质的影响规律和原因,为高温冷却砂岩工程的稳定性评价、渗透特性分析和类似工程防护提供借鉴。

1. 试验方案及条件

采用蔡司 Crossbeam 550 电镜扫描仪对砂岩进行 SEM 试验。试样来源于单轴压缩后的破坏岩样,首先进行切割,然后磨片、喷炭,最后扫描。

2. SEM 结果分析

对两种冷却方式下不同热处理温度砂岩进行 SEM 图像扫描,现以 25℃ 作为对照组,300℃ 自然冷却和水冷却作为试验组为例进行简要分析,如图 9.5.13 所示。

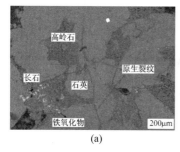 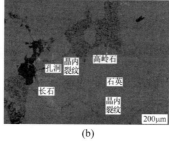 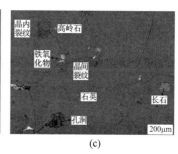

(a) (b) (c)

图 9.5.13 不同冷却条件下热处理砂岩 SEM 图像

(a) 25℃;(b) 300℃ 自然冷却;(c) 300℃ 水中冷却

由图 9.5.13 可以看出:

(1) 25℃时,内部结构比较复杂,由各种砂粒胶结而成,石英含量较高,还有高岭石、长石、铁氧化物等矿物成分。此外,岩石内部含少量微裂纹,以矿物颗粒边缘扩展的原生裂纹为主。

(2) 当温度达到 300℃后,岩样内部开始出现少量晶内裂纹和晶间裂纹,但此时裂纹尚未完全发育,宽度较小,彼此之间亦未完全贯通。对比图 9.5.13(b)和(c)可知,此温度范围内两种冷却条件对砂岩微观裂纹的扩展影响差别不大,这在宏观上表现为孔隙变化趋势一致且变化幅度相差不大。

9.6 其他测试技术

目前应用于岩石力学领域的测试技术除了上述的五种主要技术外,X 射线衍射(X-Ray diffraction,XRD)技术和核磁共振技术(核成像技术)也在此领域有着广泛的应用。

9.6.1 X 射线衍射技术

X 射线衍射试验(X-ray diffraction,XRD)是指对材料进行 X 射线衍射,分析其衍射图谱,获得材料的成分、内部原子或分子的结构或者形态等信息。用于岩石和矿物研究的主要是粉晶 X 射线衍射技术,其广泛应用在矿物的定性与定量研究。粉晶 X 射线衍射所获得的结果可以揭示矿物成因,这对研究成矿、造岩作用以及矿物岩石的组成等方面都具有重要意义。

1. 原理及应用

1）X 射线衍射原理

X 射线射入晶体后可以发生多种现象，对于物相分析及研究晶体结构来说，主要利用其衍射现象，而衍射则是相干散射发生干涉加强的结果。

衍射是指相干波产生干涉时互相加强的结果，最大程度加强的方向为衍射方向。单晶体、多晶体及非晶体发生衍射时的现象如图 9.6.1 所示。

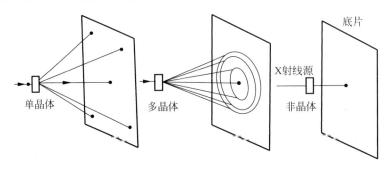

图 9.6.1　X 射线衍射现象

当具有一定波长的 X 射线照射到结晶性物质上时，将受到晶体点阵排列的不同原子或分子所衍射。X 射线因在结晶内遇到规则排列的原子或离子而发生散射，散射的 X 射线在某些方向上的相位得到加强，从而显示与结晶结构相对应的特有的衍射现象。X 射线照射两个距离为 d 的晶面时，受到晶面反射，当两束反射 X 射线光程差 $2d\sin\theta$ 是入射波长的整数倍时，两束光的相位一致，发生相长干涉，这种干涉现象称为衍射。衍射 X 射线满足布拉格方程：

$$2d\sin\theta = n\lambda \tag{9.6.1}$$

式中，λ 为 X 射线的波长，nm；θ 为衍射角，(°)；d 为结晶面间隔，nm；n 为整数。

波长 λ 可用已知的 X 射线衍射角测定，进而求得面间距，即结晶原子或离子的规则排列状态。将求出的衍射 X 射线强度和面间距与已知的表对照，即可确定试样结晶的物质结构，这就是定性分析。从衍射 X 射线强度的比较，可进行定量分析。

2）X 射线衍射技术的应用

X 射线物相分析是利用 X 射线衍射技术来鉴定和研究单晶或多晶的方法。大多数由粉末制成的材料（如陶瓷、高分子材料和金属）是多晶体。对应单晶或多晶物相分析方法有单晶 X 射线衍射法和多晶（或粉晶、粉末）X 射线衍射法。

X 射线物相分析不能直接测出所鉴定物相的化学成分及各种元素含量的多少，而只能根据鉴定出来的物相间接地推知它们的主要化学组成。另外，对于混合物相中含量较少的物相而言，X 射线物相分析方法的灵敏度不高，这一点与其他物相鉴定方法相似。

X 射线衍射技术还可以测定材料的结构、晶格畸变、晶粒大小、晶体取向、晶体织构、晶体内应力、结晶度，也可以进行固溶体分析及相变研究等方面的工作。利用 X 射线衍射技术进行晶体结构分析，必须首先进行物相鉴定，提出试用结构，用衍射强度理论值和试验值拟合结果加以证明。对于岩石力学领域，X 射线衍射技术主要用于岩石或矿石的成分分析上。

2．XRD 试验操作过程

1）打开循环水系统

水温默认值为 17℃，如果超过 20℃，表示设备出现故障，禁止使用；水压默认值为 0.3MPa，不能超过 0.4MPa，否则禁止使用。

2）打开 XRD 测试仪及测试软件

打开仪器开关，等待半分钟机器自检过程，然后方可打开计算机，打开 XRD 测试软件，初始化数据。

3）放样品

将样品放进卡槽，样品与卡槽之间放入极少量的橡皮泥，大玻璃板盖在样品上面将橡皮泥压平。放入样品室时，先将弹簧片压下，再将卡槽推到最里面。

4）扫描样品

根据相关操作手册及规定，设定试验参数，选择好要进行分析的样品后，开始扫描样品。

5）数据处理

通过 XRD 数据处理软件保存数据，并进行相关数据分析，分析完成后导出结果文件。

6）关闭仪器

关闭计算机 15min 后关 XRD 测试仪，再过 30min 关循环水。

3．测试实例

由于砂岩在不同温度条件下，其矿物成分会发生变化，从而对其力学性质产生影响，故采取 XRD 试验对不同温度条件下砂岩的矿物成分及力学性质进行研究，以探究砂岩力学强度变化的原因。

1）试验过程

试样矿物分析使用布鲁克 D8X 射线粉末衍射仪。图 9.6.2 为不同温度下（以 25℃、150℃ 和 300℃ 为例）砂岩试样 X 衍射图谱，砂岩试样主要成分为石英、高岭石、云母以及高温下出现的伊利石，其中石英含量最多，其次为高岭石，云母和伊利石含量较少，石英与高岭石对砂岩试样的力学性质影响最大。

2）试验分析

图 9.6.3 为对图 9.6.2 进行统计的矿物衍射强度与温度关系曲线。

由图 9.6.3 可以看出：当温度低于 450℃ 时，试样中除伊利石略有减少外，其他矿物变化不明显，砂岩力学性质的改变主要是由微观孔隙变化造成；当温度高于 450℃ 时，云母石含量急剧降低，此时高岭石会发生脱水反应：

$$Al_2O_3 \cdot 2SiO_2 \cdot 2H_2O \longrightarrow Al_2O_3 \cdot 2SiO_2 \cdot \frac{1}{2}H_2O + \frac{3}{2}H_2O \qquad (9.6.2)$$

$$Al_2O_3 \cdot 2SiO_2 \cdot \frac{1}{2}H_2O \longrightarrow Al_2O_3 \cdot 2SiO_2 + \frac{1}{2}H_2O \qquad (9.6.3)$$

高岭石经脱水后转变为偏高岭石，还可与砂岩中游离的 Ca^{2+} 结合形成铝酸钙等新相矿物，改变了砂岩微观结构间的胶结物，宏观表现为虽然孔隙率持续增加，但砂岩峰值强度并未降低，反而有所增加。

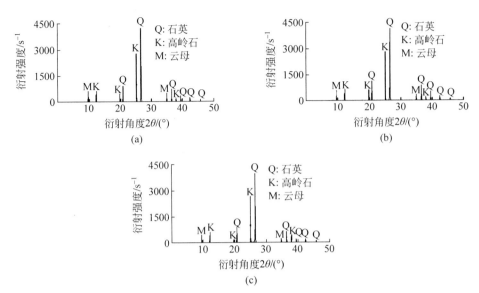

图 9.6.2 不同温度下试样 X 射线衍射强度图谱

(a) B1-25；(b) B2-150；(c) B3-300

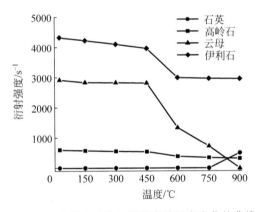

图 9.6.3 试样中矿物衍射强度随温度变化的曲线

9.6.2 核磁共振测试技术

核磁共振成像(nuclear magnetic resonance imaging，NMRI)，又称磁共振成像(magnetic resonance imaging，MRI)，是利用核磁共振原理，依据所释放的能量在物质内部不同结构环境中不同的衰减，通过外加梯度磁场检测所发射出的电磁波，即可得知构成这一物体原子核的位置和种类，据此可以绘制成物体内部的结构图像。

1. 原理及应用

1）核磁共振原理

核磁共振是指受磁场磁化影响的原子核对于射频的响应特性。原子核处于磁场中时，其运动轨迹与陀螺在地球重力场中的运动轨迹相似，围绕着外磁场的方向不停地转动。受外部磁场和原子核之间作用的影响，会自动产生有效测量的信号，又称自旋回波串。借助于此种现象,磁化矢量形成,有效测量的信号也会被检测到。

岩石是一种多孔介质材料,从核磁共振弛豫测量中可以获得它的孔隙度、渗透率和孔径分布等信息。

弛豫是指宏观磁化矢量过渡到平衡状态下的整个过程,其主要包括纵向弛豫过程 T_1 和横向弛豫过程 T_2。纵向弛豫过程和横向弛豫过程均服从指数衰减函数的分布规律。因横向弛豫时间具有测量速度快的优点,所以在测量中多采用横向弛豫时间测量法。

对于岩石孔隙中的流体有 3 种不同的弛豫机制:自由弛豫、表面弛豫和扩散弛豫。自由弛豫和扩散弛豫与表面弛豫相比非常小,可以忽略不计,因而岩石的横向弛豫过程 T_2 主要由表面弛豫决定。核磁共振总的横向弛豫速率 $1/T_2$,可以表示为

$$\frac{1}{T_2} \approx \frac{1}{T_{2\text{表面}}} \tag{9.6.4}$$

表面弛豫与介质表面面积有关,介质比表面,即多孔介质孔隙表面积 S 与孔隙体积 V 之比越小,则弛豫越强,反之亦然。$T_{2\text{表面}}$ 表示为

$$\frac{1}{T_{2\text{表面}}} = \rho_2 \left(\frac{S}{V}\right)_{\text{孔隙}} \tag{9.6.5}$$

将式(9.6.5)代入式(9.6.4)可得

$$\frac{1}{T_2} = \rho_2 \left(\frac{S}{V}\right)_{\text{孔隙}} \tag{9.6.6}$$

式中,ρ_2 为 T_2 表面弛豫强度;$(S/V)_{\text{孔隙}}$ 为孔隙表面积与孔隙体积之比。

单个孔道内 T_1 和 T_2 均受比表面的控制影响,都可以描述核磁共振信号衰减的速度。同时,对于不同大小的孔隙,其弛豫时间 T_2 往往不同。所以借助于 CPMG(Carr-purcell-meiboom-gill)序列记录到的自旋回波串可以得到 T_2 值的分布,但不是具体每一个 T_2 值的衰减,t 时刻的磁化矢量 $M(t)$ 为

$$M(t) = \sum M_i(0) \mathrm{e}^{-\frac{1}{T_{2i}}} \tag{9.6.7}$$

式中,T_{2i} 为第 i 个横向弛豫分量衰减时间,ms;$M_i(0)$ 为第 i 个弛豫分量的磁化分量初始值。

针对测量得到的弛豫信号,采用反演计算的方法,可以获得弛豫时间谱。这里的反演是指基于总衰减曲线,可以计算获得所有弛豫分量 T_{2i} 以及与 T_{2i} 相对应的数值大小。

孔隙尺寸与 T_2 分布之间的具体对应关系如图 9.6.4 所示,弛豫时间随着孔隙尺寸的增加而逐渐延长。除此之外,T_2 分布曲线更加远离左侧。岩石内部多孔介质结构的尺寸大小不同,其分布也呈曲线状态。核磁共振信号是不同孔隙系统中水的信号叠加的结果,再通过多指数拟合方法,得到核磁共振 T_2 谱,因此核磁共振谱反映了孔隙大小及其分布。

2)核磁共振的应用

核磁共振弛豫可以从一块岩样中得到孔隙度、自由流体指数、孔径分布以及渗透率等多种参数,具有无损检测、样品重复检测、一机多参数、一样多参数的显著优点,可以在裂缝识别、孔隙分布、岩石内部结构研究等方面开展试验和研究,为岩石细观结构研究、介质分布状态研究等提供了先进的检测手段。

2. 操作过程

1)试验设备

标准核磁共振试验一般需要以下设备:核磁共振岩芯分析仪、抽真空加压饱和仪、电子

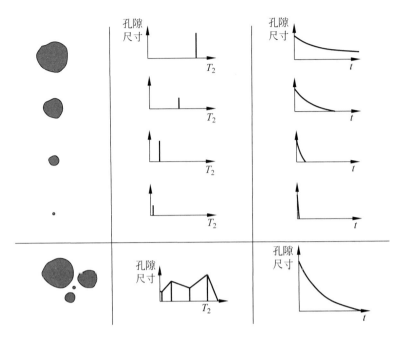

图 9.6.4　多孔介质内多指数弛豫衰减曲线

天平和离心机(或其他驱替装置)。

2) 仪器开启及预热

(1) 打开仪器电源,按照仪器要求设定磁体控制温度,并使探头和磁体保持恒温。在梯度磁场条件下进行测量时,应打开冷凝设备。

(2) 仪器预热 16h 以上,打开计算机,进入测量控制软件。

3) 试验流程

(1) 岩样准备

根据仪器敏感区域的有效尺寸,选择直径为 25.4mm、长度为 35～50mm 的圆柱形岩样进行预处理(洗油洗盐),测量样品直径、长度。

(2) 岩样烘干

将洗油、洗盐后的岩样放入恒温烘箱进行烘干,直至岩样恒重为止。岩样烘干后,放入干燥器中冷却至室温,待岩样完全烘干并冷却后,记录岩样干重。

(3) 岩样饱和

对进行洗油、洗盐且烘干的岩样,放入抽真空加压饱和装置进行加压饱和。在进行加压饱和前,先对放入岩样并密封的岩芯腔抽真空,然后对容器内岩样加压饱和。对于饱和后的样品,测量记录样品湿重,在正式测量前,需放在溶液内保持完全饱和状态。

(4) 饱和样测试

打开核磁岩芯分析仪电源后,需要按照仪器要求设定磁体控制温度,使用前需对仪器进行预热,以使探头和磁体保持恒温。待仪器稳定后,需要进行扫频、脉宽确定,之后采用预先设计好的测量参数,制作刻度标线,测量饱和岩样。

(5) 岩样脱水

饱和岩样测量完成后,需要将岩芯中的可动水驱离,一般采用高速离心机进行脱水。根据岩性的不同(或指定驱替压力),采用合适的脱水压力,将可动水驱离岩芯。驱离完成后将样品用保鲜膜包好放入恒温箱稳定一段时间。

(6)离心样测试

将驱替后的岩芯,采用同样的测量参数进行核磁测试。

4)数据处理

对于 CPMG 脉冲序列采集得到的回波串信号,利用反演软件对测量的回波串进行拟合,反演得到 T_2 谱。利用标准刻度曲线,计算得到饱和岩样核磁总孔隙度,并可获得饱和岩样和离心岩样区间孔隙度曲线及累积孔隙度曲线。

5)关闭仪器

使用完毕后依次关闭测试软件和成像软件、射频单元、梯度柜单元、计算器及工控机。

3. 测试实例

以砂岩为研究对象,采用 MRI 对遇水冷却和自然冷却的高温砂岩孔隙率、孔径分布、孔隙扩展以及强度变化与孔隙变化间的关系进行分析,探讨不同冷却方式对砂岩力学特性及渗透性质的影响规律和原因,为高温冷却砂岩工程的稳定性评价、渗透特性分析和类似工程防护提供借鉴。

1)试验方案

为了获得不同冷却条件下高温砂岩内部孔径分布及孔隙变化,采用 MRI 对两种冷却方式各温度砂岩孔隙进行测定。首先将岩样抽真空,并进行饱水。试验中强制饱水条件:真空度 -0.095MPa,浸泡 24h;然后运用核磁共振成像分析仪对一定体积的已知孔隙度的标样测核磁信号,得到核磁信号大小与孔隙度的相关性曲线,即定标,如图 9.6.5 所示;最后将待测岩芯试样放到检测仓中,利用定标曲线对未知孔隙度的样品进行测量。

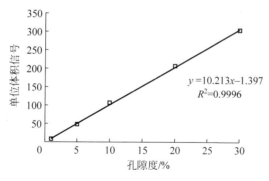

图 9.6.5　定标曲线

2)结果分析

(1)孔径分析

利用 MRI 可以检测每个孔隙内水的信号强度和总孔隙内水的信号强度,它们之间的比值可以表征岩石内部不同孔径孔隙所占总孔隙的比例,即孔径分布。为了避免不同岩样测定带来的误差,每个岩样先在 25℃下测定一次,然后加热至某一温度进行冷却后再测定一次,测定数据取 3 个岩样的平均值,最终得到结论如下。

根据温度区间可以将孔径分布分为 3 组:第 1 组(100℃),自然冷却,中小孔(10μm)占比减少,大孔($>10\mu m$)占比增加,即加热后使得砂岩试样内部中孔减少,大孔增多,水冷却时,中孔减小比例和大孔增加比例均比自然冷却下有所下降,说明水冷却使得岩石内部孔隙快速受冷而部分收缩;第2组($100\sim 600℃$),两组曲线之间的差别不大,均是在加热后岩石内部孔隙变大,而在水冷却的作用下,曲线变化趋势变为中孔占比减少,小孔和大孔占比增加;第3组($600\sim 800℃$),加热后自然冷却和水冷却图形趋势相似,均为岩石内部孔隙变大,但水快速冷却使得大孔占比要大于自然冷却。

(2)孔隙率

核磁共振测得的不同工况下平均孔隙率如表9.6.1所示。其中,25℃指未进行加热处理,因此也未做水中冷却处理。

表9.6.1 不同工况平均孔隙率

热处理温度/℃	孔隙率/%	
	自然冷却	水中冷却
25	13.86	—
100	12.96	13.20
300	14.96	14.39
500	15.66	15.35
600	15.79	16.17
800	15.97	17.48

为了准确表征不同冷却条件对孔隙率的影响,避免采用不同岩样原始孔隙差异给孔隙对比带来误差,采用3个岩样的平均孔隙变化率来表示不同冷却方式引起的孔隙率变化,孔隙变化率δ定义为

$$\delta = \frac{n_2 - n_1}{n_1} \times 100\% \qquad (9.6.8)$$

式中,n_1为25℃试样的孔隙率;n_2为冷却后的孔隙率。

不同冷却条件下热处理砂岩孔隙变化率随温度变化如图9.6.6所示。

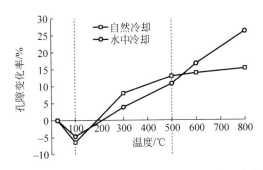

图9.6.6 不同冷却条件下热处理砂岩孔隙变化率

由图9.6.6可以看出:①砂岩加热温度较低时,$\delta<0$,即相对于25℃时的岩石而言,加热并冷却后岩石孔隙率降低,热处理砂岩孔隙率降低主要是由矿物颗粒膨胀,部分孔隙闭合引起的;②热处理温度$T>100℃$后,两种砂岩孔隙变化率都呈上升趋势,表明随着热处理温度升高,岩样微裂隙和微孔隙萌生和扩展,此阶段孔隙度有较大幅增加,而热处理温度

$T<500℃$ 时,两种冷却方式对砂岩总孔隙率影响不大;③热处理温度 $T>500℃$ 时,自然冷却下砂岩孔隙变化率基本保持不变,而水冷却后砂岩孔隙变化率持续升高,由于高温快速冷却所产生的温度梯度比供给稳定热流所产生的温度梯度要大得多,致使岩石内部产生热冲击,加剧了裂隙裂纹的产生和发展,因此,孔隙率继续以较高速率增大。所以,500℃可以看作不同冷却方式对砂岩孔隙率影响的温度临界值,对于 $T>500℃$ 的高温环境下的砂岩工程,采用水冷却方式(如隧道着火后用水灭火)要充分考虑其孔隙率的急剧增长带来的危害。

课后习题

1. 简述 CT 值的基本概念,并给出相关表达式。

2. 简述像素与体素的基本概念,并说出它们之间的区别和联系。

3. CT 扫描中有哪些注意事项?

4. 什么是声发射检测技术,声发射检测具有什么特点?

5. 通过声发射试验,可以观察到岩石的破裂过程分为哪几个阶段,分别有什么表现特征?

6. 可以通过哪些声发射信号来实现对岩石破裂过程及规律的研究?

7. 简述 SHPB 试验的基本原理。

8. 在 SHPB 试验中,能够用到的测速装置有哪些?

9. 简述形貌衬度和成分衬度的概念,它们各包括哪些类型,彼此之间有什么区别?

10. 物理信号探测系统有哪几种类型? 并说出二次电子探测和背散射电子探测有什么区别和联系。

11. 扫描电镜技术在岩石力学领域的发展前景如何,主要集中在哪些方面?

12. 岩石力学中的哪些研究可以综合运用 CT、声发射、DIC、SEM、XRD 及 MRI 等多种测试技术,每种测试技术各适用于哪些方面?

岩石工程数值分析方法

　　岩石是具有非均质、非连续和非线性等特性的地质结构体,由于复杂的边界条件、几何形状和加卸载过程,岩石力学问题在使用解析方法求解时常常会遇到困难。相比之下,数值分析方法具有广泛的适用性,不仅能模拟岩体复杂的力学和结构特性,也能方便地分析各种边值问题和施工过程,并对工程问题进行分析预测。因此,岩石力学数值分析方法是解决岩土工程问题的有效手段之一。

　　数值分析方法的共同特点是将所分析的问题(或方程)离散为线性代数方程组,并采用适当的求解方法解方程组,获得基本未知量,进而根据几何和物理方程求出其他未知量。岩石力学数值分析方法主要可分为连续介质力学方法、非连续介质力学方法以及连续-非连续介质力学方法,其中在岩石力学领域应用相对更广泛的是连续介质力学方法中的有限差分法、有限元法以及非连续介质力学方法中的离散单元法。本章将对有限差分法、有限元法以及离散单元法的基本原理、特点、求解过程和应用实例进行介绍。

10.1　有限差分法

10.1.1　有限差分法及 FLAC 软件简介

　　有限差分法是求解初值和(或)边值问题较早提出的数值方法之一。随着计算机技术的飞速发展,有限差分法以其独特的计算方式和流程显示出一定的优势,其主要思想是将待求解问题的基本方程组和边界条件(一般均为微分方程)采用差分方程(代数方程)近似表示,即由一定规则的空间离散点处的场变量(应力、位移)代数表达式代替,这些变量在单元内是非确定的,从而把求解微分方程的问题转化成求解代数方程的问题。

　　有限差分法通常采用显式的时间步长解算代数方程。连续介质快速拉格朗日法是最具代表性的显式有限差分方法之一,该方法遵循连续介质的假设,利用差分格式按照时步积分求解,随着计算模型结构形状的变化不断更新坐标,适用于分析非线性大变形问题,且其界面或滑动面可用来模拟滑动或分离的界面,如断层、节理或摩擦边界。因此,基于连续介质快速拉格朗日法开发的商业程序 FLAC 及 FLAC3D 非常适用于岩土工程的计算模拟。

　　FLAC 是一种用于工程力学计算的显式有限差分程序,可以模拟由土、岩石或其他在到达屈服极限时发生塑性流动的材料。材料通过单元和区域的形式表示并形成网格,用户可自行调整网格来匹配被模拟物体的形状。每个单元根据事先与应力和边界约束所对应的线性或非线性应力、应变法则进行模拟。材料既可屈服也可发生流动,并且网格会随着所代表的材料发生变形和移动。FLAC 应用的显式拉格朗日计算方法和混合离散分区技巧确保了模拟塑性崩塌和塑性流动的精确性,相对于隐式算法,显式算法的每一时步只需要少量的计算,无需形成矩阵,占用内存小,且适用于大位移、大应变问题,无需额外计算。显式公式的缺点(即小的时步局限性和需要阻尼的问题)在一定程度上可以通过自动惯性缩放和自动阻尼来克服,而这并不会影响破坏的模式。

FLAC 程序提供了多种内嵌的本构模型来模拟地质材料和类似材料的高度非线性和不可逆性力学响应等问题。除此之外,FLAC 还具有许多其他的特性:界面单元可以模拟滑坡和断裂发生的位置;平面应变、平面应力和轴对称几何体模式;自动计算地下水位的地下水和固结(完全耦合)模型;结构单元模拟结构支撑;很方便绘制任意问题变量的绘图;可选的动态分析性能;可选的黏弹性和黏塑性(蠕变)模型;可选的热力学建模性能;可选的两相流模型模拟两种不相混合流体在多孔介质的流动;提供 C++ 语言编写的用户自定义本构模型的可选择功能,用户模型先编译成 DLL 并在需要时载入 FLAC。

10.1.2　基本原理

1. 显式有限差分法一般原理

在有限差分法中,一般将微分方程的基本方程组和边界条件都近似地改用差分方程(代数方程)来表示,即由空间离散点处的场变量(应力、位移)的代数表达式代替。这些变量在单元内是非确定的,从而把求解微分方程的问题改换成求解代数方程的问题。

弹性力学中的差分法是建立有限差分方程的理论基础。如图 10.1.1 所示,在弹性体上用相隔等间距 h 而平行于坐标轴的两组平行线划分网格。设 $f=f(x,y)$ 为弹性体内某一连续函数,它可能是应力分量或位移分量,也可能是应力函数、温度、渗流等。这个函数在平行于 x 轴的一根网格线上,它只随 x 坐标的变化而改变。在邻近节点 0 处,函数 f 可以展开为泰勒级数:

$$f=f_0+\left(\frac{\partial f}{\partial x}\right)_0(x-x_0)+\frac{1}{2!}\left(\frac{\partial^2 f}{\partial x^2}\right)_0(x-x_0)^2+\frac{1}{3!}\left(\frac{\partial^3 f}{\partial x^3}\right)_0(x-x_0)^3+\cdots$$

$$(10.1.1)$$

在节点 3 及节点 1,x 分别等于 x_0-h 及 x_0+h,即:$x-x_0$ 分别等于 $-h$ 和 h。将其代入式(10.1.1),可得

$$f_3=f_0-h\left(\frac{\partial f}{\partial x}\right)_0+\frac{h^2}{2}\left(\frac{\partial^2 f}{\partial x^2}\right)_0-\frac{h^3}{6}\left(\frac{\partial^3 f}{\partial x^3}\right)_0+\frac{h^4}{24}\left(\frac{\partial^4 f}{\partial x^4}\right)_0-\cdots \quad (10.1.2)$$

$$f_1=f_0+h\left(\frac{\partial f}{\partial x}\right)_0+\frac{h^2}{2}\left(\frac{\partial^2 f}{\partial x^2}\right)_0+\frac{h^3}{6}\left(\frac{\partial^3 f}{\partial x^3}\right)_0+\frac{h^4}{24}\left(\frac{\partial^4 f}{\partial x^4}\right)_0+\cdots \quad (10.1.3)$$

假定 h 是充分小的,可以不计高次幂的各项,则式(10.1.2)和式(10.1.3)可以简化为

$$f_3=f_0-h\left(\frac{\partial f}{\partial x}\right)_0+\frac{h^2}{2}\left(\frac{\partial^2 f}{\partial x^2}\right)_0 \quad (10.1.4)$$

$$f_1=f_0+h\left(\frac{\partial f}{\partial x}\right)_0+\frac{h^2}{2}\left(\frac{\partial^2 f}{\partial x^2}\right)_0 \quad (10.1.5)$$

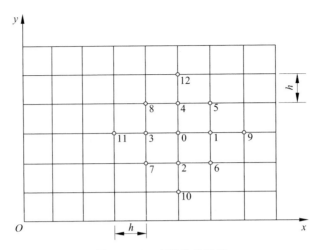

图 10.1.1　有限差分网格

将式(10.1.4)和式(10.1.5)联立求得差分公式：

$$\left(\frac{\partial f}{\partial x}\right)_0 = \frac{f_1 - f_3}{2h} \tag{10.1.6}$$

$$\left(\frac{\partial^2 f}{\partial x^2}\right)_0 = \frac{f_1 + f_3 - 2f_0}{h^2} \tag{10.1.7}$$

同样可得

$$\left(\frac{\partial f}{\partial y}\right)_0 = \frac{f_2 - f_4}{2h} \tag{10.1.8}$$

$$\left(\frac{\partial^2 f}{\partial x^2}\right)_0 = \frac{f_2 + f_4 - 2f_0}{h^2} \tag{10.1.9}$$

通过式(10.1.6)～式(10.1.9)基本差分公式可推导出其他差分公式。例如,利用式(10.1.6)和式(10.1.8)可推导出混合二阶导数的差分公式：

$$\left(\frac{\partial^2 f}{\partial x \partial y}\right)_0 = \left[\frac{\partial}{\partial x}\left(\frac{\partial f}{\partial y}\right)\right]_0 = \frac{1}{4h^2}[(f_6 + f_8) - (f_5 + f_7)]_0 \tag{10.1.10}$$

同理,由式(10.1.7)及式(10.1.9)可推导出四阶导数的差分公式。

2. 显式有限差分算法——时间递步法

我们期望对问题能找出一个静态解,然而在有限差分公式中包含有运动的动力方程。这样,可以保证在被模拟的物理系统本身是非稳定的情况下,有限差分数值计算仍有稳定解。对于非线性材料,物理不稳定的可能性总是存在的,例如,顶板岩层的断裂、煤柱的突然垮塌等。在实际问题中,系统的某些应变能转变为动能,并从力源向周围扩散。有限差分法可以直接模拟这个过程,因为惯性项包括在其中——动能产生与耗散。相反,不含有惯性项的算法必须采取某些数值手段来处理物理不稳定。尽管这种做法可有效防止数值解的不稳定,但所取的"路径"可能并不真实。

图 10.1.2 是显式有限差分计算流程图。计算过程首先调用运动方程,由初始应力和边界力计算出新的速度和位移。然后,由速度计算出应变率,进而获得新的应力或力。每个循

环为一个时步,图 10.1.2 中的每个矩形框是通过那些固定的已知值,对所有单元和节点变量进行计算更新。例如,从已计算出的一组速度,计算出每个单元新的应力。该组速度被假设为"冻结"在框图中,即新计算出的应力不影响这些速度。

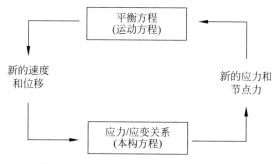

图 10.1.2　显式有限差分法计算流程图

显式算法的核心概念是计算"波速"总超前于实际波速,因此在计算过程中方程总是处在已知值为固定的状态。尽管本构关系具有高度非线性,显式有限差分法从单元应变计算应力过程中无需迭代过程,这比通常用于有限元程序中的隐式算法有着明显的优越性。显式算法的缺点是时步很小,这就意味着要有大量的时步。因此,对于病态系统——高度非线性问题、大变形、物理不稳定等,显式算法是最好的,但在模拟线性、小变形问题时,效率不高。

由于显式有限差分法无需形成总体刚度矩阵,可在每个时步通过更新节点坐标的方式,将位移增量加到节点坐标上,以材料网格的移动和变形模拟大变形。这种处理方式称为"拉格朗日算法",即在每步过程中,本构方程仍是小变形理论模式,但在经过许多步计算后,网格移动和变形结果等价于大变形模式。

用运动方程求解静力问题,还必须采取机械衰减方法来获得非惯性静态或准静态解,通常采用动力松弛法,在概念上等价于在每个节点上联结一个固定的"黏性活塞",施加的衰减力大小与节点速度成正比。

前已述及,显式算法的稳定是有条件的:"计算波速"必须大于变量信息传播的最大速度。因此,时步的选取必须小于某个临界时步。若用单元尺寸为 Δx 的网格划分弹性体,满足稳定解算条件的时步 Δt 为

$$\Delta t < \frac{\Delta x}{C} \tag{10.1.11}$$

式中,C 为波传播的最大速度,典型的是 P 波的 C_P:

$$C_\mathrm{P} = \sqrt{\frac{K + 4G/3}{\rho}} \tag{10.1.12}$$

对于单个质量-弹簧单元,稳定解的条件为

$$\Delta t < 2\sqrt{\frac{m}{k}} \tag{10.1.13}$$

式中,m 为质量;k 为弹簧刚度。

在一般系统中,包含各种材料和质量-弹簧连接成的任意网格,临界时步与系统的最小自然周期 T_min 有关:

$$\Delta t < \frac{T_{\min}}{\pi} \tag{10.1.14}$$

3. 空间导数的有限差分近似

快速拉格朗日分析采用混合离散方法,将区域离散为常应变六面体单元的集合体,又将每个六面体看作以六面体角点为节点的常应变四面体的集合体,应力、应变、节点不平衡力等变量均在四面体上进行计算,六面体单元的应力应变取值为其内四面体体积的加权平均。这种方法既避免了常应变六面体单元常会遇到的位移剪切锁死现象,又使得四面体单元的位移模式可以充分适应一些本构要求。

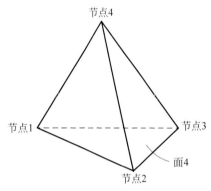

图 10.1.3　四面体单元的面和节点

如图 10.1.3 所示四面体,节点编号为 1~4,第 n 面表示与节点 n 相对的面,设其内一点的速率分量为 v_i,由高斯公式得

$$\int_V v_{i,j}\, \mathrm{d}V = \int_S v_i n_j\, \mathrm{d}S \tag{10.1.15}$$

式中,V 为四面体体积;S 为四面体外表面;n_j 为外表面的单位法向向量分量。

对于常应变单元,v_i 为线性分布,n_j 在每个面上为常量,由式(10.1.11)得

$$v_{i,j} = \frac{1}{3V} \sum_{i=1}^{4} v_i^m n_j^{(l)} S^{(l)} \tag{10.1.16}$$

而应变速率张量的分量形式为

$$\xi_{ij} = -\frac{1}{6V} \sum_{m=1}^{4} \left[(v_i^m n_j^{(l)} + v_j^m n_i^{(l)}) \right] S^{(l)} \tag{10.1.17}$$

式中,m 为节点 i 的变量;(l) 为面 l 的变量。

4. 运动平衡方程

快速拉格朗日分析以节点为计算对象,将力和质量均集中在节点上,然后通过运动方程在时域内进行求解。节点运动方程可表示为如下形式:

$$\frac{\partial v_i^a}{\partial t} = \frac{F_i^a(t)}{m^a} \tag{10.1.18}$$

式中,$F_i^a(t)$ 为 t 时刻 a 节点在 i 方向的不平衡力分量,可由虚功原理导出;m^a 为 a 节点的集中质量。对于静态问题,采用虚拟质量以保证数值稳定,对于动态问题,则采用实际的集中质量。

将式(10.1.18)左端用中心差分来近似,可得

$$v_i^a \left(t + \frac{\Delta t}{2} \right) = v_i^a \left(t - \frac{\Delta t}{2} \right) + \frac{F_i^a(t)}{m^a} \Delta t \tag{10.1.19}$$

5. 应变、应力及节点不平衡力

快速拉格朗日分析由速率来求某一时步的单元应变增量,即

$$\Delta e_{ij} = \frac{1}{2}(v_{i,j} + v_{j,i}) \Delta t \tag{10.1.20}$$

有了应变增量,即可由本构方程求出应力增量,各时步的应力增量叠加即可得到总应

力。在大变形情况下,还需根据本时步单元的转角对本时步之前的总应力进行旋转修正。然后由虚功原理求出下一时步的节点不平衡力,进入下一时步的计算,其具体公式这里不再赘述。

6. 本构关系

作用在可变形固体上的其他方程组为本构关系,或者称为应力-应变准则。首先由速度梯度得出应变速率,公式如下:

$$\dot{e}_{ij} = \frac{1}{2} \left[\frac{\partial \dot{u}_i}{\partial x_j} + \frac{\partial \dot{u}_j}{\partial x_i} \right] \tag{10.1.21}$$

式中,$\dot{e}_{ij}$ 为应变率分量;$\dot{u}_i$ 为速度分量。

本构关系的形式如下:

$$\sigma_{ij} := M(\sigma_{ij}, \dot{e}_{ij}, \kappa) \tag{10.1.22}$$

式中,$M()$ 是本构关系的函数形式;κ 为依赖于特定的定律可能出现的一个变量;":="为变量代换。

一般而言,非线性本构定律以增量的形式表示,因为应力和应变间的对应关系并非唯一,上式给出了在以前的应力张量和应变(或应变增量)下对应力张量的新估计值。最简单的本构定律为各向同性的弹性本构关系:

$$\sigma_{ij} := \sigma_{ij} + \left[\delta_{ij} \left(K - \frac{2}{3} G \right) \dot{e}_{kk} + 2G \dot{e}_{ij} \right] \Delta t \tag{10.1.23}$$

式中,δ_{ij} 为 Kronecker 符号;Δt 为时间步;G 为剪切模量;K 为体积模量。

7. 时间导数的有限差分近似

由本构方程和变形速率与节点速率之间的关系,一般的差分方程可以表示为

$$\frac{\mathrm{d}v_i^{\langle l \rangle}}{\mathrm{d}t} = \frac{l}{M^{\langle l \rangle}} F_i^{\langle l \rangle} (t, \{v_i^{\langle 1 \rangle}, v_i^{\langle 2 \rangle}, v_i^{\langle 3 \rangle}, \cdots, v_i^{\langle p \rangle}\}^{\langle l \rangle}, k), \quad l = 1, n_n \tag{10.1.24}$$

式中,$\{\}^{\langle l \rangle}$ 为全局节点中 l 节点速度值的子集。

在时间间隔 Δt 中,实际节点的速度假定是线性变化的,式(10.1.24)左边导数用中心有限差分估算。

$$v_i^{\langle l \rangle} \left(t + \frac{\Delta t}{2} \right) = v_i^{\langle l \rangle} \left(t - \frac{\Delta t}{2} \right) + \frac{l}{M^{\langle l \rangle}} F_i^{\langle l \rangle} (t, \{v_i^{\langle 1 \rangle}, v_i^{\langle 2 \rangle}, v_i^{\langle 3 \rangle}, \cdots, v_i^{\langle p \rangle}\}^{\langle l \rangle}, k) \tag{10.1.25}$$

类似地,节点的位置也用中心有限差分法进行迭代:

$$x_i^{\langle l \rangle} (t + \Delta t) = x_i^{\langle l \rangle} (t) + \Delta t v_i^{\langle l \rangle} \left(t + \frac{\Delta t}{2} \right) \tag{10.1.26}$$

因此,节点位移也有以下公式:

$$u_i^{\langle l \rangle} (t + \Delta t) = u_i^{\langle l \rangle} (t) + \Delta t v_i^{\langle l \rangle} \left(t + \frac{\Delta t}{2} \right) \tag{10.1.27}$$

8. 阻尼力

快速拉格朗日分析以节点为计算对象,使力和质量均集中在节点上,然后通过运动方程在时域内进行求解。节点运动方程可表示为如下形式:

$$\frac{\partial v_i^l}{\partial t} = \frac{F_i^l(t)}{m^l} \tag{10.1.28}$$

对于静态问题,在式(10.1.18)的不平衡力中加入了非黏性阻尼,以使系统的振动逐渐衰减直至达到平衡状态(即不平衡接近零),此时式(10.1.18)变为

$$\frac{\partial v_i^l}{\partial t} = \frac{F_i^l(t) + f_i^l(t)}{m^l} \tag{10.1.29}$$

阻尼力为

$$f_i^l(t) = -\alpha \mid F_i^l(t) \mid \text{sign}(v_i^l) \tag{10.1.30}$$

式中,α 为阻尼系数,其默认值为 0.8。

另有

$$\text{sign}(y) = \begin{cases} +1, & y > 0 \\ -1, & y < 0 \\ 0, & y = 0 \end{cases} \tag{10.1.31}$$

10.1.3 模拟过程

FLAC3D 是基于命令驱动模式的软件,因为大多数的分析都需要用到输入文件,命令语句控制着分析的进程。当然用户交互式的图形控制界面在某些时候还是可以派上用场,比如在控制出图的时候会相对方便一些。

要建立一个可以用 FLAC3D 来模拟计算的模型,其流程图如图 10.1.4 所示。

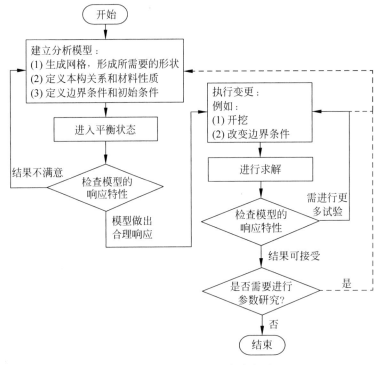

图 10.1.4 FLAC3D 的一般求解流程

其中最主要的三步工作为:①建立所需要的形状,生成网格;②定义本构关系和材料性质;③定义边界条件和初始条件。

由网格来定义所要模拟的几何空间。由本构模型和材料参数来限定模型对于外界扰动做出的变化规律。由边界条件和初始条件来定义模型的初始状态。

做好了以上三步工作,就可以进行模型初始平衡状态的计算了。接着对模型做些变动(如开挖或者改变边界条件),然后再对改动后的模型进行计算。FLAC3D 为采用显式解法的软件,它的实际求解过程不同于常规的隐式解法。FLAC3D 是采用显式时间步推的方法来求解代数方程组的,通过一些时间步的计算,才能得到所要的计算结果。完成计算所需要的时间步可以由软件自动控制,也可以人为地指定计算步数。但最后还是需要用户自己来判断进行了这些时间步的计算后,模拟的问题是否已经得到了最终所需要的解。

接下来将对模拟过程进行分步叙述。

1. 简单网格生成

FLAC3D 提供了多种网格生成的方法,可以用命令直接创建原型库网格,或借助于内建的、人机交互的"拉伸"工具和"砌块"工具建立网格,还可以导入 ANSYS、ABAQUS 等软件的几何(或网格)文件建立网格。

2. 基本形状网格的连接与分离

建立复杂几何形状的网格时,单一采用某一基本形状网格有时候难以达到目的,这时就要对基本网格进行匹配、连接,才能得到与分析对象相符的网格形状。

命令 zone attach 可以用来连接单元大小不同的基本网格,但对各网格连接面上的单元尺寸有限制,要求它们之间的比率成整数倍,不影响计算结果的精确性。

3. 其他软件的网格导入

尽管采用 FLAC3D 内置网格生成器配合 FISH 语言可以生成一些较为复杂形状的网格,但是这要求用户具有较高的编程水平,对于单元和节点众多的网格建模而言,这种建模方式生成网格的速度也较慢;此外,FLAC3D 的网格和几何模型是同时生成的,这不利于复杂形状网格单元的连接、匹配和修改,制约了其在复杂网格模型分析中的广泛应用。而其他有限元软件和专业建模软件在网格建立方面具有较大的优势,它们所建立的网格都能以节点、单元和组(材料)的数据格式输出,为这些软件的网格导入 FLAC3D 中提供了方便。

4. 正确选择本构模型

FLAC3D 6.0 版本中内置 19 种岩土本构模型以适应各种工程分析的需要,它们是:空模型;3 种弹性模型;15 种塑性模型。在建模时应选择与工程材料力学特性契合度较高的本构模型。表 10.1.1 给出了各本构模型适用的典型材料和应用范围。

表 10.1.1　基本的本构模型

组　　名	模　型　名	描　　述
空	空(null)	空模型
弹性模型	各向同性弹性(elastic)	均匀的、各向同性的连续体,线性应力-应变行为
	横向同性弹性(anisotropic)	层状、弹性各向异性(如板岩)
	正交各向异性弹性(orthotropic elastic)	正交各向异性材料
塑性模型	德鲁克-普拉格(Drucker-Prager)	有限应用,摩擦角小的软黏土
	莫尔-库仑(Mohr-Coulomb)	松散胶结的颗粒材料;土壤、岩石、混凝土

组　名	模　型　名	描　述
塑性模型	节理(ubiquitous-joint)	强度表现为各向异性的层状材料(如板石)
	横向同性多节理 (anisotropic-elasticity ubiquitous-joint)	把横向同性模型与多节理模型综合起来一并考虑
	应变软化/硬化 (train-softening/hardening Mohr-Coulomb)	塑性屈服开始后,黏聚力、摩擦角、剪胀角和抗拉强度可能软化或硬化
	双线性应变硬化/软化多节理 (bilinear strain-hard ening/softening ubiquitous-joint)	表现为非线性硬化或软化的层状材料
	D-Y(Double-Yield)	不可逆压缩为胶结的颗粒状材料
	修正剑桥(Modified Cam-Clay)	渐进硬化/软化弹塑性模型
	霍克-布朗(Hoke-Brown)	源于 Hoek 对完整脆性岩石研究结果和 Brown 对节理岩体模型的研究成果
	霍克-布朗-PAC(Hoke-Brown-PAC)	相对于霍克-布朗模型而言,破坏面采用塑性流动法则,它随围压的变化而变化
	C-Y(cap-yield)	提供了土壤非线性行为的综合表征
	简化 C-Y(simplified cap-yield)	提供了一个简化的 Cap-Yield 模型
	塑性硬化(plastic-hardening)	具有剪切和体积化的弹塑性模型
	膨胀(swell)	基于非伴生的剪切与张力的流动规律的莫尔-库仑模型
	莫尔-库仑拉裂 (Mohr-Coulomb tension crack)	是一个扩展的莫尔-库仑本构模型,认为拉伸塑性应变是可逆的,并防止产生压应力(垂直于裂纹)之前关闭裂纹

各向同性弹性模型和莫尔-库仑模型是计算效率最高的两种塑性模型,其他塑性模型的计算则需要更大的内存和更多的时间。不过,这两个模型并不能直接计算出塑性应变;要获得塑性应变,需采用应变软化、双线性遍布节理或双屈服模型,它们适用于破坏后的阶段对材料力学特性有重要影响的分析,如矿柱屈服、坍塌或回填的研究。

在 FLAC3D 中,定义材料的本构模型都在 ZONE 命令中,力学模型、流体模型和热力模型命令格式分别如下:

zone cmodel　关键字

zone fluid cmodel　关键字

zone thermal cmodel　关键字

如果希望修改已有的本构模型(内置的或用户自定义的),以使其更符合特定材料的力学特性时,可通过下述 3 种方法实现:①调用 FISH 函数,来修改内置模型的属性;②参阅本构模型的表达式,在每一时步中对用户自定义的模型属性进行修改;③以查阅表格(命令 TABLE)的方式对模型属性进行修改,例如,在内置应变软化模型和双屈服模型中,使用表格将抗剪强度定义为塑性应变的函数。

下面以一个简单的模型测试为例进行说明:

model new;系统重置

zone create cylinder point 0=(0,0,0) point 1=(1,0,0)…

point 2＝(0,2,0) point 3＝(0,0,1) …

size＝(4,5,4)；先建 1/4 圆柱网格

zone reflect normal＝(1,0,0)；以 y-z 平面镜像网格

zone reflect normal＝(0,0,1)；以 x-y 平面镜像网格

;指定本构模型及材料属性参数

zone cmodel assign mohr-coulomb

zone property bulk 1.19e10 shear 1.1e10

zone property cohesion 2.72e5 friction 44 tension 2e5

;边界条件,固定 $y＝0,2$ 处 x,y,z 方向位移

zone gridpoint fix velocity range position-y 0

zone gridpoint fix velocity range position-y 2

;初始化条件

zone gridpoint initialize velocity-y 1e-7 range position-y -0.1 0.1

zone gridpoint initialize velocity-y-1e-7 range position-y 1.9 2.1

zone gridpoint initialize pore-pressure 1e5；考虑孔隙水压力

model step 3000；求解 3000 步

5. 定义材料参数

在 FLAC3D 中需要的材料属性参数有两组,一组为弹性变形参数,另一组为强度参数。不同的本构模型需要不同的材料属性参数,这里列出各向同性弹性(elastic)模型和莫尔-库仑 Mohr-Coulomb(弹塑性模型)两种常用的本构模型的材料属性参数,分别见表 10.1.2 和表 10.1.3。

除正交各向异性弹性模型和横向同性弹性模型外,FLAC3D 其他模型在弹性范围内都有两个弹性常量进行描述,即体积模量 K 和剪切模量 G。在 FLAC3D 中,常用模量 K 和 G,而不用弹性模量 E 和泊松比 ν。它们的关系如下:

$$K = \frac{E}{3(1-2\nu)}, \quad G = \frac{E}{2(1+\nu)} \tag{10.1.32}$$

$$E = \frac{9KG}{3K+G}, \quad \nu = \frac{3K-2G}{2(3K+G)} \tag{10.1.33}$$

表 10.1.2 各向同性弹性模型

序 号	参 数	值 类 型	说 明
1	bulk	f	体积模量,K
2	shear	f	剪切模量,G
3	poisson	f	泊松比,ν
4	young	f	杨氏模量,E

注:本构模型只能用 K 和 G,或者 E 和 ν 定义。选择后者时,必须先给出 E。

表 10.1.3　莫尔-库仑弹塑性模型

序　号	参数	值类型	说　　　明
1	bulk	f	体积模量，K
2	cohesion	f	黏聚力，c
3	dilation	f	剪胀角，ψ
4	friction	f	内摩擦角，φ
5	poisson	f	泊松比，ν
6	shear	f	剪切模量，G
7	tension	f	抗拉强度，σ_t
8	young	f	杨氏模量，E
9	Flag-brittle*	b	若为真，拉伸破坏后抗拉强度置为零，默认为假

注：1. 用 K 和 G 定义，或者用 E 和 ν 定义。选择后者时，必须先给出 E。

　　2. 抗拉强度 $\sigma_t = \min(\sigma_t, c/\tan\varphi)$。

　　3. 带 * 的为高级参数，有一默认值，简单应用时不需要考虑。

6. 设定边界条件

网格生成且确定好本构模型之后，还需要设定边界条件。边界分两类：真实边界和人为边界。真实边界是存在于模型中的真实物理对象，如隧道面或地面，而人为边界不是真实存在的，但为了封闭单元体必须做假定。施加于边界的力学条件有两大类：指定位移和指定应力。

人为边界分为两类：对称面和切断面。对称面边界是利用了模型及其所受荷载沿一个或多个面的对称性而设定的；切断面边界是由于实际问题的边界广阔无边，或者相对于所要关注的区域来说非常大，而在建模时考虑到计算和内存的要求，只取实际区域的一部分来模拟问题而产生的边界面。

1）位移边界

FLAC3D 中不能直接控制位移。为了对边界施加给定位移，就需要指定边界对给定步数的速度，如果希望位移为 D，则步数 N 与速度 v 的关系为：$N = D/v$，实践中，为了对系统的影响最小，v 应小而 N 应大。

2）应力边界

FLAC3D 网格边界默认不受应力和任何约束，借助于 zone face apply 命令，可以对任何边界或部分边界施加力或应力，用 stress-xx、stress-yy、stress-zz、stress-xy 等关键字来指定应力张量的单个分量。

许多情况下可能需要逐渐改变边界应力，这时要尽量减少对系统的冲击，尤其是与路径相关的计算。zone face apply 命令具有逐步增加或减少边界条件的选项，例如，为在保持准平衡时递增应用的压力，可以使用 ramp 选项作为 servo 的关键字。

用 FISH 函数或表作为乘数可以改变边界应力值，每个计算步都会查询表或调用函数，应用边界的值将乘以返回值。因此，返回值为 1 无效果，返回值为 0 将有效地消除边界。

地下工程通常要进行开挖工作，由于 FLAC3D 通过物理现象反映静态收敛路径，模型的突然变化具有准惯性效应，可能会增大开挖损伤。为减轻这种现象，可采用逐步开挖或逐步改变应力边界的方式。

总之，确定边界条件的最佳方法是：在详细分析计算之前，用不同的边界位置多次运算模型，评估潜在的影响。

7. 设定初始条件

FLAC3D 中,在模型发生变化以前必须使模型先达到一个初始力的平衡状态。如果是简单的模型,可以直接定义模型的边界条件和初始条件,模型可能自然地已经达到了初始的平衡状态。但是,在大多数情况下,模型需要在给定边界条件和初始条件的前提下,进行一些时步计算使模型达到初始平衡状态,尤其在模型比较复杂或者模型中有多种材料的时候。

地表下均匀的土层或岩层,垂直应力通常等于 $g\rho z$。这里,g 是重力加速度;ρ 是材料密度;z 是离地表的深度。可是,原始的水平应力可以根据实际工程所处位置的地应力大小在网格上施加系列应力,然后运行直至平衡。

10.1.4 隧道分析实例

某隧道总里程长达 33.7km。全线设计等级为高速公路,行车速度设计值定为 80km/h,车道设置为双向四车道。隧道为重难点工程,全线为双线分离式隧道,全长 4645m。而且由于隧道双线分离,并且两条线路几乎是同时下穿了同一条水带,导致两个隧道内均出现了富水段。隧道采用钻爆法进行开挖,新奥法进行施工,分为上下双台阶,遇水或软弱地带可临时改为三台阶。隧道主洞内轮廓设计如图 10.1.5 所示。

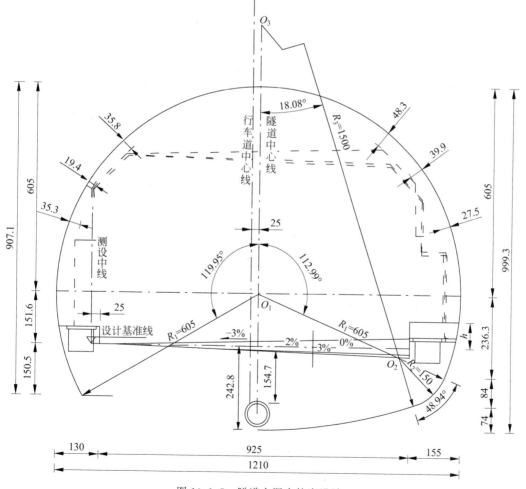

图 10.1.5 隧道主洞内轮廓设计

从现场监控量测得到的结果来看,隧道的富水与否对隧道的变形影响很大。因此,为了给隧道开挖和支护提供可靠的参考依据,需要对富水隧道整体变形机理作出准确分析。根据现场勘查,本隧道富水性主要受断层控制,富水地层为一断层破碎带。采用有限差分软件(FLCA3D)进行建模;采用 Drucker-Prager(D-P)模型对隧道进行模拟,考虑断层富水的影响,模拟隧道在富水与无水的情况下支护结构及上层顶板的变形及受力情况。

1. 隧道模型建立

首先利用 AutoCAD 建立基坑隧道的实际三维模型,模型长 402m,宽 174m,高 418m。利用 ANSYS 划分网格,模型节点共 75033 个,单元共 439416 个,与同类模型相比,节点和单元数更多,模型更加精确。将模型分组之后,导入 FLAC3D 开始模拟。在建模过程中,由于本章需要讨论富水性对隧道变形的影响,因此需要建立隧道及衬砌,并考虑含水层的流固耦合。隧道富水主要是断层破碎带中含有水,因此要给断层破碎带施加孔隙水压力,并将模拟结果与无水段结果进行对比,如图 10.1.6~图 10.1.10 所示。

彩图 10.1.6

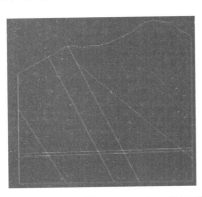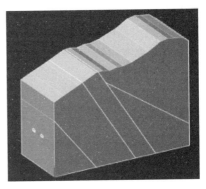

图 10.1.6 AutoCAD 建模过程及咬合桩的实现

彩图 10.1.7

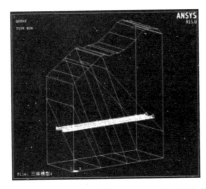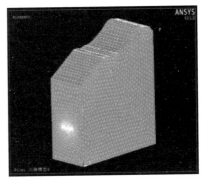

图 10.1.7 ANSYS 模型网格划分以及分组

2. 数值模拟岩土材料参数及本构模型

岩土材料的本构模型采用岩土分析中经典的 Drucker-Prager 模型。通过工程手册或采样室内常规试验及三轴压缩试验获取岩体力学参数(表 10.1.4)。

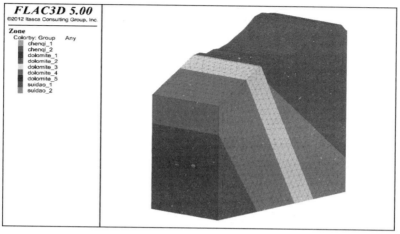

彩图 10.1.8

图 10.1.8 FLAC3D 模型网格划分及分组

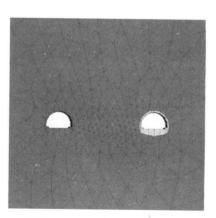

彩图 10.1.9

图 10.1.9 隧道网格划分

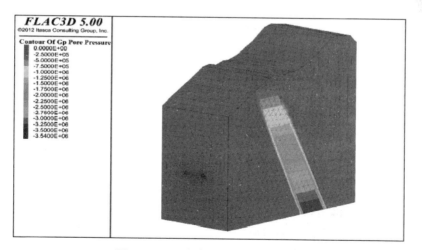

彩图 10.1.10

图 10.1.10 富水情况下孔隙水压力

表 10.1.4 岩体力学参数

岩土层	容重 $\gamma/(kN \cdot m^{-3})$	弹性模量 E/GPa	泊松比 ν	黏聚力 c/kPa	内摩擦角 $\varphi/(°)$
白云岩 1	23.5	1.65	0.34	180.0	36
白云岩 2	23.0	1.00	0.28	95.0	28

3. 边界条件

对于本隧道,边界条件全采用固定边界,对左右边界固定 X 方向的位移和速度,对前后边界固定 Y 方向的位移和速度,对底部边界固定所有位移和速度,顶部则为自由边界。

4. 富水段对隧道位移的影响

1) 竖向位移

从竖向位移图(见图 10.1.11~图 10.1.13)整体结果来看,无水隧道位移较为均衡,竖向位移主要表现为隧道顶部的沉降以及隧道底板的隆起,其最大沉降量为 33.5mm,最大隆起量为 24.2mm,处于安全范围内。而富水隧道结果表明,在富水区其最大沉降量以及最大隆起量明显增大,其最大沉降量达到 73.8mm,最大隆起量达到 88.5mm,远大于无水情况。这种结果说明,富水隧道断层中孔隙水压力的作用,导致隧道变形显著增大,因此有必要对其采取一定的防护措施。

彩图 10.1.11

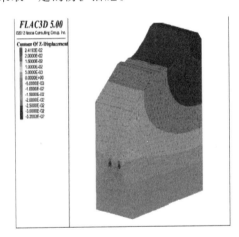
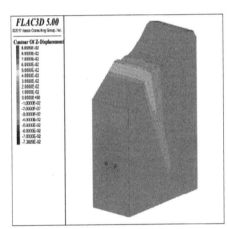

图 10.1.11 无水隧道与富水隧道竖向位移

彩图 10.1.12

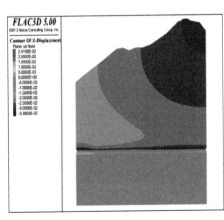
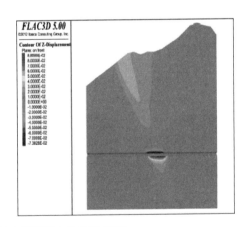

图 10.1.12 无水隧道与富水隧道竖向位移纵剖面

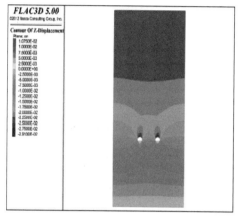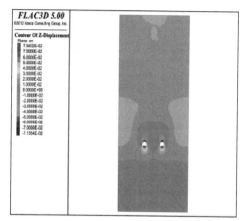

彩图 10.1.13

图 10.1.13　无水隧道与富水隧道竖向位移横剖面

2）水平位移

从水平位移图（见图 10.1.14 和图 10.1.15）来看，无水隧道与富水隧道云图较为相似，均表现为隧道左右两侧壁的水平位移最大，其值较为接近。无水隧道的水平位移主要表现为向洞内挤压，其最大水平位移量为 2.9mm。富水隧道与无水隧道类似，但其最大水平位移达到 27.4mm，远大于无水情况。这种现象说明，富水隧道断层中孔隙水压力的作用，不仅导致竖向位移增大，也会明显增大隧道在水平方向的变形。

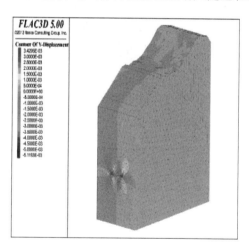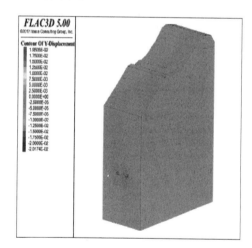

彩图 10.1.14

图 10.1.14　无水隧道与富水隧道水平位移

5. 富水段对隧道应力的影响

1）最大主应力

根据模拟结果（见图 10.1.16 和图 10.1.17）可知，最大主应力的方向与重力方向基本一致，由于隧道开挖会释放应力，所以隧道顶部的应力和底部的应力均会减小，同时这部分释放的应力会发生转移，转而由隧道两侧岩土体承担。因此隧道两侧的最大主应力会增大，并且由于富水隧道在承受上部岩体压力的同时，还要承受孔隙水压力的作用，因此其最大主应力也由原来的 13.6MPa 增加至 40.4MPa。

彩图 10.1.15

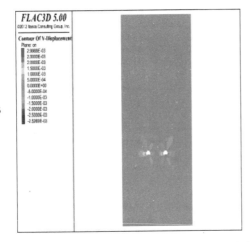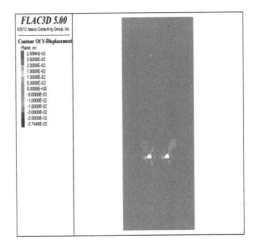

图 10.1.15　无水隧道与富水隧道水平位移纵剖面

彩图 10.1.16

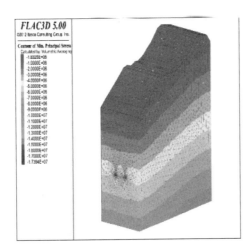

图 10.1.16　无水隧道与富水隧道最大主应力

彩图 10.1.17

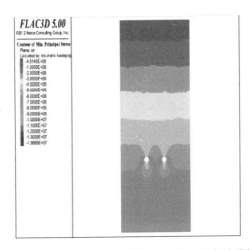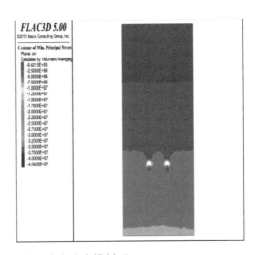

图 10.1.17　无水隧道与富水隧道最大主应力横剖面

2）竖向应力

根据模拟结果（见图 10.1.18 和图 10.1.19）可知，竖向应力与最大主应力方向和大小均较为接近，地表附近的竖向应力最小。与最大主应力类似，由于隧道开挖会导致应力释放，所以隧道顶部的应力和底部的力均会减小，同时这部分释放的应力会发生转移，转由隧道两侧岩土体承担。因此隧道两侧的竖向应力会增大，并且由于富水隧道在承受上部岩体压力的同时，还要承受孔隙水压力的作用，因此其竖向应力也由原来的 16.8MPa 增加至 41.3MPa。在较高的应力条件下建议做好隧道的支护措施，防止隧道两侧发生片帮、岩爆等地质灾害。

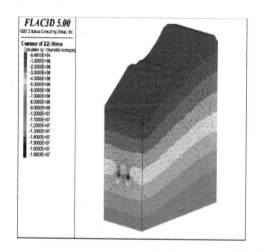
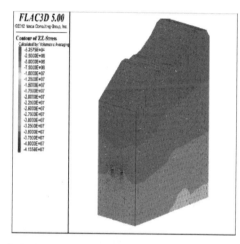

彩图 10.1.18

图 10.1.18　无水隧道与富水隧道竖向应力

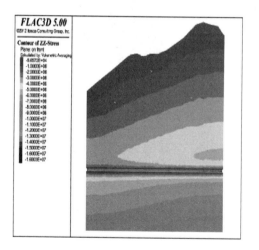
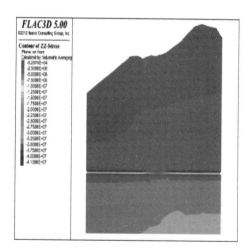

彩图 10.1.19

图 10.1.19　无水隧道与富水隧道竖向应力纵剖面

3）剪切应变量

从剪应力分布的横剖面图（见图 10.1.20）可以看出，在各个隧道开挖部位，剪应变均呈现出 X 型共轭现象，且越靠近隧道，剪应变及剪应变增量越大，剪应变若超过了岩体的泊松比极限，将导致破坏。其中，无水隧道最大剪应变增量为 1.12%，富水隧道的最大剪应变增量为 1.57%。

彩图 10.1.20

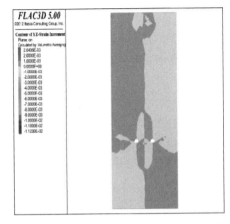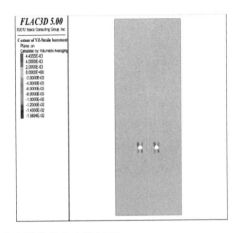

图 10.1.20　无水隧道与富水隧道剪应力横剖面

6. 富水段对隧道塑性变形区的影响

　　从塑性区分布(见图 10.1.21～图 10.1.23)叫看到,富水隧道整体塑性变形范围明显大于无水隧道,同时由于孔隙水压力的作用,该处岩体在巨大的压力下将一直保持塑性状态。

彩图 10.1.21

图 10.1.21　无水隧道与富水隧道塑性变形区分布

彩图 10.1.22

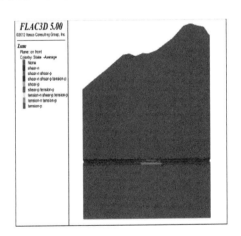

图 10.1.22　无水隧道与富水隧道塑性区分布纵剖面

彩图10.1.23

图 10.1.23 无水隧道与富水隧道塑性区分布横剖面

无水隧道虽然也有塑性区,但为开挖过程中产生的塑性区,而富水隧道的塑性区显示其仍在发生形变。这种结果表明,孔隙水压力的作用,导致富水隧道的稳定性较差,若受到持续作用,则可能产生更大的变形。

综合以上富水隧道和无水隧道两种方案对比发现,富水隧道会显著增大围岩压力,使围岩和支护结构的压力和变形增大,可能会造成围岩和结构损伤,因此有必要对其采取必要的防治措施。

10.2 有限元法

10.2.1 有限元法及 ANSYS 软件简介

20 世纪 60 年代,美国 R. W. Clough 教授及我国冯康教授分别在论文中提出了"有限单元"的概念。经过半个多世纪的发展,有限元法已从分析弹性力学平面问题扩展到空间问题和板壳问题;从静力问题扩展到动力问题、稳定性问题和波动问题;从线性问题扩展到非线性问题;从固体力学领域扩展到流体力学、传热学以及电磁学等其他连续介质领域;从单一物理场计算扩展到多物理场的耦合计算。有限元法经历了从低级到高级、从简单到复杂的发展过程,目前已成为工程计算应用最广泛的方法之一。

有限元法将实际复杂的结构体(求解域)假想为由有限个单元组成,每个单元只在"节点"处连接并构成整体,求解过程是先建立每个单元的节点位移和节点力关系方程,然后将单元连接组集成整体,形成方程组;再引入边界条件,对方程组进行求解;最终获得原型在"节点"和"单元"内的未知量(位移或应力)及其他辅助量值。有限元法按其所选未知量的类型,可用节点位移或节点力作为基本未知量,或二者皆用,其可分为位移型、平衡型和混合型有限元法。

有限元法在岩土工程中主要用于分析岩土介质的连续小变形和小位移问题,由于引入了变形协调的本构关系,无需引入假定条件,保持了理论的严密性。目前,有限单元法已广泛应用于求解弹塑性、黏弹性、黏弹塑性、弹脆性以及弹黏脆性等岩土工程问题,对非均质、不连续问题,可采用特殊单元进行模拟分析,从而获得岩土体应力、应变的大小与分布。

ANSYS 软件是美国 ANSYS 公司研制的大型通用有限元套装工程分析软件,集结构、热、流体、电磁、声学于一体,可广泛用于核工业、铁道、石油化工、航空航天、机械制造、能源、汽车交通、国防军工、电子、土木工程、生物医学、水利、日用家电等一般工业及科学研究。该软件的特点包括:①具有多物理场优化功能,可实现多场及多场耦合分析;②强大的非线性分析功能;③多种求解器分别适用于不同的问题及不同的硬件配置;④支持异种、异构平台的网络浮动,在异种、异构平台上用户界面统一、数据文件全部兼容;⑤支持分布式并行及共享内存式并行;⑥良好的用户开发环境。

10.2.2 基本原理

有限元法的基本思想是将连续的求解区域离散为一组有限个,按一定方式相互联结在一起的单元组合体。由于单元能按不同的联结方式进行组合,且单元本身又可以有不同形状,因此可以模型化几何形状复杂的求解域。

有限元法作为数值分析方法的另一个重要特点,是利用在每一个单元内假设的近似函数分片表示全求解域内待求的未知场函数。单元内的近似函数通常由未知场函数及其导数在单元各个节点的数值和其插值函数来表达。这样一来,在一个问题的有限元分析中,未知场函数及其导数在各个节点上的数值就成为新的未知量(也即自由度),从而使一个连续的无限自由度问题变成离散的有限自由度问题。求解出这些未知量,就可以通过插值函数计算出各个单元内场函数的近似值,从而得到整个求解域上的近似解。显然随着单元数目的增加,也即单元尺寸的缩小或者随着单元自由度的增加及插值函数精度的提高,解的近似程度将不断改进。如果单元是满足收敛要求的,近似解最后将收敛于精确解。

简言之,有限元的求解思路是:根据力学的虚功原理,利用变分法将整个结构(求解域)的平衡微分方程、几何方程和物理方程建立在结构离散化的各个单元上,从而得到各个单元的应力、应变及位移。进而求出结构内部应力和应变,其理论基础是弹性力学的变分原理。

1. 弹性力学基本方程

弹性体在荷载作用下,体内任意一点的应力状态可由 σ_x、σ_y、σ_z、τ_{xy}、τ_{yz}、τ_{zx} 6 个应力分量来表示,其中 σ_x、σ_y、σ_z 为正应力,τ_{xy}、τ_{yz}、τ_{zx} 为剪应力。弹性体内任一点的位移可由沿直角坐标轴方向的 3 个位移分量 u、v、w 来表示。应力分量的正负号规定如下:如果某一个面的外法线方向与坐标轴的正方向一致,这个面上的应力分量就以坐标轴正方向为正,与坐标轴反方向为负;相反,如果某一个面的外法线方向与坐标轴的负方向一致,这个面上的应力分量就以沿坐标轴负方向为正,与坐标轴同方向为负,应力分量及其正方向如图 10.2.1 所示。

弹性力学分析问题从静力学条件、几何学条件与物理学条件三方面考虑,分别得到平衡微分方程、几何方程与物理方程,统称为弹性力学的基本方程。

1) 平衡方程

弹性体 V 域内任一点沿坐标轴 x,y,z 方向的张量形式平衡方程为

$$\sigma_{ij,i} + X_i = 0 \qquad (10.2.1)$$

式中,X_i 为微分单元 x、y、z 方向的体积力,N/m^3。

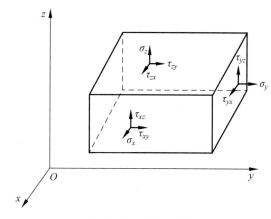

图 10.2.1　应力分量

式(10.2.1)给出了应力和体积力的关系,称为平衡微分方程,又称为 Navier 方程。

2) 几何方程

几何方程表述应变和位移之间的关系,是在微小位移和微小变形的情况下,略去位移导数的高次幂的几何关系,则应变张量和位移张量的几何关系有

$$\boldsymbol{\varepsilon}_{ij} = \frac{1}{2}(\boldsymbol{u}_{i,j} + \boldsymbol{u}_{j,i})$$ (10.2.2)

式中,$\boldsymbol{\varepsilon}_{ij}$ 为应变张量。

式(10.2.2)即几何方程,又称为 Cauchy 方程。

3) 物理方程

每一种具体材料,在一定条件下,其应力和应变之间必然有着确定关系,应力和应变之间的这种物理关系即为本构关系,对应的函数方程称为物理方程或本构方程,对于各向同性的线性弹性材料,其应力与应变关系(广义胡克定律)的表达式为

$$|\boldsymbol{\sigma}| = [\boldsymbol{D}]\{\boldsymbol{\varepsilon}\}$$ (10.2.3)

式中,$\boldsymbol{D}$ 为弹性矩阵,它完全取决于弹性常数 E 和 μ。

2. 虚功原理

变形体的虚功原理可以叙述如下：变形体中满足平衡的力系在任意满足协调条件的变形状态上所做虚功为零,即体系外力的虚功与内力的虚功之和等于零。虚功原理是虚位移原理和虚应力原理的总称,它们都可以认为是与某些控制方程等效的积分"弱"形式。虚位移原理是平衡方程和力边界条件的等效积分"弱"形式；虚应力原理则是几何方程和位移边界条件的等效积分"弱"形式。

1) 虚位移

虚位移(virtual displacement)是指假定的、约束允许的、任意微小的位移,它不是结构实际产生的位移。所谓约束允许,是指结构的虚位移必须满足变形协调条件和几何边界条件；所谓任意的和微小的,是指包括约束条件允许的所有可能出现的位移,而与结构外荷载状况无关,同时它是一个微量。

2) 外力虚功和内力虚功

结构上,凡是作用力在非自身原因引起的位移上做的功,称为虚功。这里"虚"字不是"虚无"的意思,而是强调位移由其他力、支座移动或温度变化等原因引起的。与实功相似,

虚功也分为外力虚功和内力虚功。

如图 10.2.2 所示简支梁在集中力 F 的作用下,已经产生了一定的变形,如图点画线所示。后来由于别的原因,梁又产生新的变形,如图 10.2.2(a)中虚线所示,在荷载 F 的作用点产生新的位移,由 A 点移动到 B 点,产生的位移量为 δ^*,这个位移与原来的力 F 无关,力 F 在产生新的位移过程中做了虚功,虚功大小为图 10.2.2(b)中矩形面积。

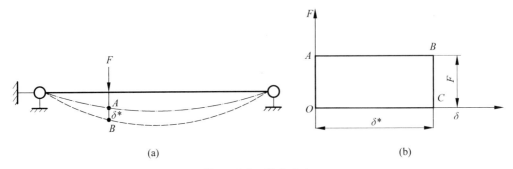

图 10.2.2 外力虚功

简言之,外力虚功(external virtual work)是指如果在结构上作用有外荷载 F,在力作用点上相应产生虚位移 δ^*,外荷载在虚位移上所做的功为外力虚功,用 W_e 表示:

$$W_e = \delta^{*\mathrm{T}} F \tag{10.2.4}$$

式中,$\delta^* = [u \quad v \quad w]^{\mathrm{T}}$,$[u \quad v \quad w] = [u_x \quad v_y \quad w_z]$;$F = [F_x \quad F_y \quad F_z]$。

内力虚功如图 10.2.3 所示,简支梁在荷载作用下已产生了一定的形变,并在后续又产生新的形变。如图 10.2.3 中的虚线所示,取微段 $\mathrm{d}l$ 为分离体,荷载已引起的内力有 N、Q 和 M。因为它们与新的变形无关,所以它们在新的变形上做了虚功。$\mathrm{d}W_N$、$\mathrm{d}W_Q$ 和 $\mathrm{d}W_M$ 各微段内力的虚功求和,就得到整个结构的内力虚功 W_i:

$$W_i = \sum \int \frac{N^2 \mathrm{d}l}{EA} + \sum \int \frac{M^2 \mathrm{d}l}{EI} + k \sum \int \frac{Q^2 \mathrm{d}l}{GA} \tag{10.2.5}$$

式中,N、Q、M 为荷载引起的内力,N。

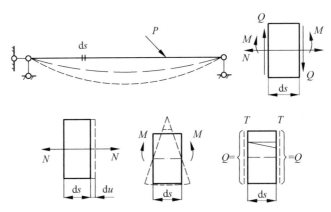

图 10.2.3 内力虚功

3)实功与虚功

实功是作用在结构上的力在实位移上所做的功,其大小为如图 10.2.4 所示三角形面积

$Fu/2$；虚功是作用在结构上的力在虚位移上做的功，虚位移过程中，力 F 是恒定不变的。

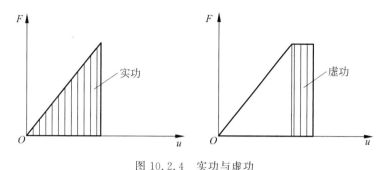

图 10.2.4 实功与虚功

4）虚功原理

对于外力作用下处于平衡状态的可变形体，当给予其微小虚位移时，外力在虚位移上所做虚功等于物体的虚应变能，即

$$\delta W = \delta U \tag{10.2.6}$$

虚功原理的一般表达式为

$$\int_V \boldsymbol{\varepsilon}^{*\mathrm{T}} \boldsymbol{\sigma} \mathrm{d}V = \boldsymbol{\delta}^{*\mathrm{T}} \boldsymbol{F} \tag{10.2.7}$$

式（10.2.7）通过虚位移和虚应变表明了外力与应力之间的关系。该公式是有限元公式的基础，虚功原理也是最基本的能量原理，它是用功能的概念阐述结构的平衡条件。

虚功原理的应用条件为：

（1）力系在变形过程中始终保持平衡；

（2）变形是连续的，不出现搭接和裂缝；

（3）虚功原理既适合于变形体，也适合于刚体。

3. 位移模式和形函数

在有限元中，将连续体划分成若干单元，单元与单元之间用节点连接起来，有限元所求的位移就是这些节点的位移。与结构体积相比，当单元划分很小时，这些单元节点位移就能够反映出整个结构的位移场情况。

这里，将每个单元都看作一个连续的、均匀的、完全弹性的各向同性体。由式（10.2.1）可知，如果位移函数 u 是坐标（x、y、z）的已知函数，则由式（10.2.1）可得到应变，再由式（10.2.3）可得到应力。

根据有限元的思想，单元节点位移作为待求未知量是离散的，不是坐标的函数，式（10.2.1）、式（10.2.3）都不能直接用。因此，首先要想办法得到单元内任意点位移用节点坐标表示的函数。显然，当单元划分很小时，就可以采用插值方法将单元中的位移分布表示成节点坐标的简单函数，这就是位移模式（displacement model）或位移函数。

在构造位移模式时，应考虑位移模式中的参数数量必须与单元的节点位移未知数数量相同，且位移模式应满足收敛性的条件，特别是必须有反映单元的刚体位移项和常应变项的低幂次项的函数。另外，必须使位移函数在节点处的值与该点的节点位移值相等。

将单元节点位移记作

$$\boldsymbol{\delta}^{\mathrm{e}} = [\delta_i \ \delta_j \ \delta_m \cdots]^{\mathrm{T}} = [u_i \ v_i \ w_i \cdots]^{\mathrm{T}} \tag{10.2.8}$$

位移模式反映单元中的位移分布形态,是单元中位移的插值函数,在节点处等于该节点位移,位移模式可表示为

$$u = N\delta^e \tag{10.2.9}$$

式中,N 为形态函数或形函数。

在有限元中,各种计算公式都依赖于位移模式,位移模式的选择与有限元法的计算精度和收敛性有关。

形函数(shape function)是构造出来的,理论和实践证明,位移模式满足下面三个条件时,则有限元计算结果在单元尺寸逐步取小时能够收敛于正确结果。

(1) 必须能反映单元的刚体位移。就是位移模式应反映与本单元形变无关的由其他单元形变所引起的位移。

(2) 能反映单元的常量应变。所谓常量应变,就是与坐标位置无关,单元内所有点都具有相同的应变。当单元尺寸取小时,则单元中各点的应变趋于相等,也就是单元的形变趋于均匀,因而常量应变就成为应变的主要部分。

(3) 尽可能反映位移连续。尽可能反映单元之间位移的连续性,即相邻单元位移协调。

4. 刚度和刚度矩阵

计算单元刚度矩阵(stiffness matrix)是位移法有限元分析的重要一步,这里讨论弹簧的刚度用以说明刚度矩阵的物理概念。

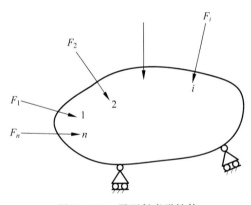

图 10.2.5　平面任意弹性体

使弹簧产生单位位移需要加在弹簧上的力,称为弹簧的刚度系数,简称为刚度,由刚度系数组成的矩阵称为刚度矩阵。

如图 10.2.5 所示,设有一个弹性体,在其上作用有广义力 $F_1, F_2, \cdots, F_i, \cdots, F_n$。作用点的编号为 $1, 2, \cdots, i, \cdots, n$。设在支座约束下,弹性体不能发生刚体运动,仅产生弹性变形。在各点相应的广义位移(线位移和转角)为 $\delta_1, \delta_2, \cdots, \delta_i, \cdots, \delta_n$。如以节点 i 为例,广义位移 δ_i 是弹性体受这一组广义力 $F_1, F_2, \cdots, F_i, \cdots, F_n$ 共同作用而产生的。由于弹性体服从胡克定律和微小变形的假定,按叠加原理可写出线性方程式(注:只有线性弹性体才能进行叠加):

$$\delta_i = c_{i1}F_1 + c_{i2}F_2 + \cdots + c_{ij}F_j + \cdots + c_{in}F_n \tag{10.2.10}$$

式中,c_{ij} 为柔度系数或位移影响系数。

因此,作用在 i 点上的力($F_i \neq 1$)所引起 i 点的位移应为 $c_{ij}F_i$。同理每一个点的位移方程式为

$$\begin{cases} \delta_1 = c_{11}F_1 + c_{12}F_2 + \cdots + c_{1n}F_n \\ \delta_2 = c_{21}F_1 + c_{22}F_2 + \cdots + c_{2n}F_n \\ \vdots \\ \delta_i = c_{i1}F_1 + c_{i2}F_2 + \cdots + c_{in}F_n \\ \vdots \\ \delta_n = c_{n1}F_1 + c_{n2}F_2 + \cdots + c_{nn}F_n \end{cases} \tag{10.2.11}$$

写成矩阵的形式为

$$
\begin{bmatrix} \delta_1 \\ \delta_2 \\ \vdots \\ \delta_i \\ \vdots \\ \delta_n \end{bmatrix} = \begin{bmatrix} c_{11} & c_{12} & \cdots & c_{1n} \\ c_{21} & c_{22} & \cdots & c_{2n} \\ \vdots & \vdots & & \vdots \\ c_{i1} & c_{i2} & \cdots & c_{in} \\ \vdots & \vdots & & \vdots \\ c_{n1} & c_{n2} & \cdots & c_{nn} \end{bmatrix} \begin{bmatrix} F_1 \\ F_2 \\ \vdots \\ F_i \\ \vdots \\ F_n \end{bmatrix}
\tag{10.2.12}
$$

简写为：$\boldsymbol{\delta} = c\boldsymbol{F}$，$c$ 为柔度矩阵。

反之，如果用位移表示所产生的力时（用位移法求解的有限元），则同理可得在 i 点由这组广义位移所引起的力为

$$
F_i = k_{i1}\delta_1 + k_{i2}\delta_2 + \cdots + k_{ij}\delta_j + \cdots + k_{in}\delta_n
\tag{10.2.13}
$$

如有 n 个点，可写出 n 个表示式，即

$$
\begin{bmatrix} F_1 \\ F_2 \\ \vdots \\ F_i \\ \vdots \\ F_n \end{bmatrix} = \begin{bmatrix} k_{11} & k_{12} & \cdots & k_{1n} \\ k_{21} & k_{22} & \cdots & k_{2n} \\ \vdots & \vdots & & \vdots \\ k_{i1} & k_{i2} & \cdots & k_{in} \\ \vdots & \vdots & & \vdots \\ k_{n1} & k_{n2} & \cdots & k_{nn} \end{bmatrix} \begin{bmatrix} \delta_1 \\ \delta_2 \\ \vdots \\ \delta_i \\ \vdots \\ \delta_n \end{bmatrix}
\tag{10.2.14}
$$

简写为：$\boldsymbol{F} = \boldsymbol{K}\boldsymbol{\delta}$。

其中，刚度系数 k_{ij} 表示 j 点有单位位移（$\delta_i = 1$）在 i 点所引起的力，如果力和位移同向则为正，反之为负。因此，在 j 点上如果位移为 δ_j 时（$\delta_i \neq 1$），则在 i 点上引起的力为 $k_{ij}\delta_j$。如果弹性体在 n 个点上均产生位移，即有 $\delta_1, \delta_2, \cdots, \delta_n$，则按线性叠加原理，在 n 个点上所引起的力即为：$\boldsymbol{F} = \boldsymbol{K}\boldsymbol{\delta}$。

如果弹性体只取一个单元，则称为单元刚度矩阵（单刚矩阵），通常表示为 $\boldsymbol{k}^e$，如果是由各个单元组集成的总体结构，则 $\boldsymbol{K}$ 称为结构刚度矩阵（总刚度矩阵，总刚矩阵）。

10.2.3　模拟过程

1. 前处理

前处理是整个分析过程的开始阶段，其目的在于建立一个符合实际情况的结构有限单元分析模型，一般分为如下几个操作环节。

1）分析环境设置

进入 ANSYS 分析环境界面后，指定分析的工作名称以及图形显示的标题，开始一个新的结构分析。

2）定义单元以及材料类型

定义在分析过程中需要用到的单元类型（桁架单元、梁单元、壳单元、实体单元等）及其相关的参数（梁单元的剪切因子和横截面面积、惯性矩、板壳单元的厚度等），指定分析中所用的材料模型以及相应的材料参数（线性弹性材料的弹性模量、泊松比、密度等）。

3）建立几何模型

建立几何模型就是建立一个与实际结构外形大致相同的几何图形元素的组合体。

在 ANSYS 中,所有问题的几何模型都是由关键点、线、面、体等各种图形元素(简称图元)所构成,图元层次由高到低依次为体、面、线及关键点。

可以通过自底向上或者自顶向下两种途径来建立几何模型。自底向上的建模方式是首先定义关键点,再由这些点连成线,由线组成面,由面围合形成体,即由低级图元向高级图元的建模顺序。自顶向下的建模方式直接建立较高层次的图元对象,其对应的较低层的图元对象随之自动产生,这种方式建模将用到布尔运算,即各种类型对象的相互加、减、组合等操作。

当 ANSYS 的建模功能有时无法满足用户的需求,尤其是建立复杂的几何模型时,也可以通过从 Auto CAD 中直接导入的方式获得模型。

在模型创建过程中应遵循下面的几条基本准则:

(1) 在开始建模之前,对整个问题的分析过程进行必要的规划。

(2) 在模型中变形结果不重要的部分使用刚体,刚体可以节省大量的 CPU 时间,但不要用很高的不切实际的值来定义刚体的弹性模量。

(3) 对材料或单元的性能要使用符合实际的值,对于壳单元不要使用不切实际的厚度值。对于材料特性、长度和时间等应使用自协调单位系统。尽可能不用三角形/四面体/棱柱体的退化实体单元,这些形状在弯曲时经常很僵硬,为了得到满意的分析结果,应尽量使用立方体的砖块单元。

(4) 在网格划分时候要注意尽量避免小尺寸单元,因为小尺寸单元会极大地降低显示积分的时间步长,如果需要小尺寸单元,可使用质量缩放来增加极限时间步长。

4）网格的划分

在几何模型上进行单元剖分,形成有限单元网格(mesh)。一般情况下,在 ANSYS 中划分有限元网格分为定义要划分形成的单元属性(属于何种单元类型、实参数类型以及材料属性),指定划分网格的尺寸和形状,执行网格划分形成有限单元模型等三个步骤。

5）形成 PART

PART 是指具有相同单元类型、实常数和材料号的单元组成的一个集合,每个 PART 都被赋予一个编号,叫作 PART ID。由于后续的操作与 PART ID 相关,因此划分网格之后需要形成 PART 表。

6）定义边界及约束条件

在上述有限单元模型上,引入实际结构的边界条件(零位移、滑移或者循环、无反射等)、自由度之间的耦合关系与约束方程以及其他的一些条件。

2. 施加荷载、设置求解参数并求解

这一步骤的目的在于分析定义荷载,指定分析类型以及各种求解控制参数,一般分为以下几个实际操作环节。

1）定义荷载信息

ANSYS 结构分析的荷载包括位移约束、集中力、表面荷载、体积荷载、惯性力以及耦合场荷载(如热应力)等。可以将结构分析的荷载施加到几何模型上(关键点、线、面)或者有限元模型上(节点、单元)。

施加在几何模型上的荷载独立于有限单元网格,也就是说可以改变结构的网格划分而不影响已施加的荷载。施加于有限元模型上的荷载网格修改时将会失效,需要删除以前的荷载并在新的网格上重新定义荷载。

2) 指定分析类型和分析选项

ANSYS 提供了很多的结构分析类型,实际分析中可以根据问题的性质选择不同的分析类型。表10.2.1给出了 ANSYS 中常见的分析类型。

对于各种分析,需要设置相应的参数,如求解器类型,非线性分析选项和迭代次数设置,模态分析的模态提取方法,模糊提取阶数、模糊提取频率范围等各种分析选项。

3) 执行求解计算

在施加了荷载并设置了相关的分析选项之后,即可调用求解程序开始求解。在求解过程中,可通过输出窗口获取计算过程的一些实时信息。

表 10.2.1　ANSYS 结构分析类型

数 字 代 号	分 析 类 型	中 文 名 称
0	STATIC	静力学分析
1	BUCKLE	屈曲分析
2	MODAL	模态分析
3	HARMIC	谐载荷响应分析
4	TRANS	瞬态动力分析
5	SUBSTR	子结构分析
6	SPECTR	谱分析

3. 后处理

该步骤对计算结果数据进行可视化处理和相关的分析,可以利用 ANSYS 的通用后处理器 POST1 和时间历程后处理器 POST26 完成。一般的后处理包括如下的操作环节:

1) 进入后处理器并读入计算结果

进行结果后处理之前,需要先进入相应后处理器。进入通用后处理器之后,第一步就是把计算结果文件读入数据库。而当进入时间历程后处理器时,结果文件会自动载入。

2) 进行后处理操作

利用通用后处理器程序可以显示结构变形情况、各种物理量的等值线分布图形等,对各种数据信息进行列表操作,并可动画显示各种量的变化过程。利用时间历程后处理器可以绘制各种变量的时间历程变化曲线,或者一个变量相对于另一个变量的变化曲线。

3) 输出后处理操作的结果

后处理操作得到的一些图形或动画结果可以输出到文件,也可被组织成多媒体形式的分析报告。

10.2.4　边坡稳定性分析实例

边坡发生破坏失稳是一种复杂的地质灾害过程,由于边坡内部结构的复杂性和组成边坡岩石物质的不同,造成边坡破坏具有不同的模式。不同的破坏模式存在不同的滑动面,因此应采用不同的分析方法及计算公式来分析其稳定状态。

1. 试验模型参数与边界条件确定

1）工程背景

以爆炸源上部和水平岩体为研究对象,分析振动波在岩体介质中的传播衰减规律。根据现场实际爆破情况建立模型。现场台阶要素与爆破参数为:台阶高度 12m,台阶坡面倾角 75°,炮孔直径 120mm,孔距 5.5m,排距 4m,超深 1.2m,装药长度 9.5m,填塞长度 3.7m;炮孔布置形式:垂直孔,每排 5 个孔,4 排共 20 个孔;采用孔间、排间微差爆破,孔间延时 25ms,排间延时 50ms。

为了简化计算,选取了 5 个台阶边坡为研究对象。第 1 个台阶宽为 36m,布置 4 排炮孔,孔距为 5.5m,排距为 4m,最后一排孔位于第 2 个台阶坡脚线 20m 处;第 2 个台阶宽为 40m;第 3 个台阶宽为 30m;第 4 个台阶宽为 20m;第 5 个台阶宽为 20m,台阶坡面倾角为 75°。

2）模型几何形状

试验方案建立 1/2 对称边坡模型,在对称面上施加垂直约束,模型两侧面和底面施加无反射边界体条件以模拟无限介质,其他定义为自由边界。建模时采用的是 Solid-164 单元和流固耦合算法,如图 10.2.6 所示。

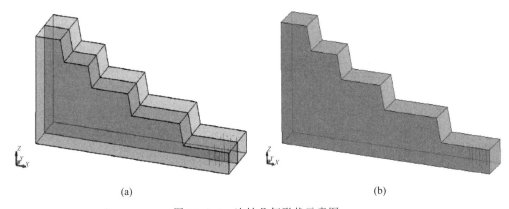

(a)   (b)

图 10.2.6　边坡几何形状示意图

(a) 整体边坡几何形状;(b) 1/2 边坡几何形状

3）模型网格划分

采用六面体网格对模型进行网格划分,如图 10.2.7 所示。

2. 材料模型与参数取值

1）边坡岩体本构模型

模拟采用与应变率相关的塑性随动模型 * MAT_PLASTIC_KINEMATIC 来模拟岩石材料,此材料模型可以很好地表现岩体塑性和剪胀性等特征,适用于破坏后的岩体,其中各向同性和随动硬化特性可以通过调整相应的硬化参数来选取。通过 Cowper-Symonds 模型来考虑应变率的选取,而屈服应力可以用与应变率相关的因子来表示,即按式(10.2.15)、式(10.2.16)计算:

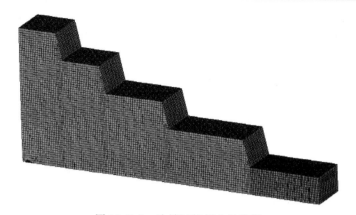

图 10.2.7 边坡网格划分示意图

$$\sigma_\gamma = \left[1 + \left(\frac{\varepsilon}{C} \right)^{\frac{1}{p}} \right] \cdot (\sigma_0 + \beta E_p \varepsilon_p^{eff}) \tag{10.2.15}$$

$$E_p = \frac{E_{tan} E}{E - E_{tan}} \tag{10.2.16}$$

式中，σ_γ 为屈服应力，Pa；σ_0 为初始屈服应力，Pa；ε 为应变率，s^{-1}；β 为方程参数；C，p 为应变率参数；ε_p^{eff} 为有效塑性应变；E_p 为塑性硬化模量，Pa；E 为弹性模量，MPa；E_{tan} 为切线模量，MPa。

台阶边坡岩体参数通过现场地质调查与室内岩石物理力学试验获得，如表 10.2.2 所示。

表 10.2.2 台阶边坡岩体参数

密度/(t·m⁻³)	弹性模量/GPa	泊松比	切线模量/GPa	屈服应力/MPa
2.5	34.8	0.23	0.43	35

2）炸药材料参数及其状态方程

炸药起爆后，爆轰波产生拉应力使岩石破碎，爆轰产物的压力-体积关系用 JWL 状态方程来确定 JWL 状态方程是机械状态分析中被广泛使用的一种应变能量模型。它模拟材料在压缩力输入到一定时间或位移后的变形和弹性能量变化情况，以说明材料的机械性质。即按式（10.2.17）计算：

$$p = A \left(1 - \frac{\omega}{R_1 \bar{V}} \right) e^{-R_1 \bar{V}} + B \left(1 - \frac{\omega}{R_2 \bar{V}} \right) e^{-R_2 \bar{V}} + \frac{\omega E}{\bar{V}} \tag{10.2.17}$$

式中，p 为爆轰气体产物爆炸的压力，Pa；$\bar{V}$ 为相对体积；E 为初始内能密度；A、B、R_1、R_2、ω 为状态方程特征参数。

乳化炸药参数和 JWL 状态方程参数，如表 10.2.3 所示。

表 10.2.3 炸药及状态方程参数

A/GPa	B/GPa	R_1	R_2	ω	E/GPa	$\bar{V}$
214	0.18	4.5	1.0	0.15	3.5	1.0

3. 模拟过程和结果分析

由于受到最大单响药量、爆心距、地质条件以及人为干扰等众多因素的影响,每次测试的爆破振动强度都存在差异。因此,根据每次爆破最大单响药量的不同,选取了前 3 次爆破对露天矿边坡的影响,分别建立 3 组模型进行数值模拟分析。根据现场每组设定的 4 个测点,对应设置模型的 4 个测点,模拟爆破后提取这 4 个测点的速度-时程曲线图和有效应力-时程曲线图进行分析。

以第 1 次爆破振动数值模拟分析为例,模拟爆破最大单响药量 81kg,测点选取 A,B,C,D,模拟爆破结束后提取这 4 个测点的振动速度和有效应力数值。4 个模型测点对应实际测点位置,如图 10.2.8 所示。

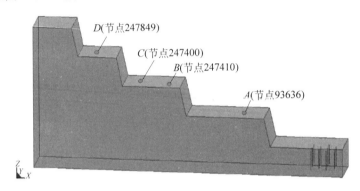

图 10.2.8　模型测点对应实际测点布置示意图

(1) 炸药在岩体中爆炸 100ms 内的应力云图,如图 10.2.9 所示。

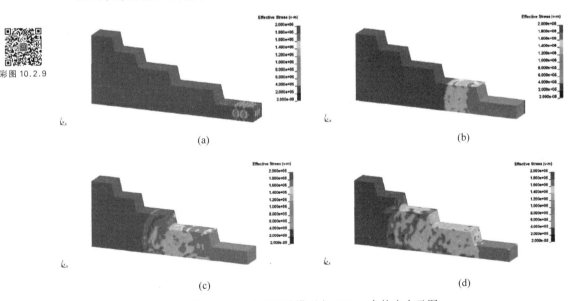

图 10.2.9　台阶边坡模型在 100ms 内的应力云图

(a) $T=20$ms；(b) $T=40$ms；(c) $T=50$ms；(d) $T=60$ms；(e) $T=80$ms；(f) $T=100$ms

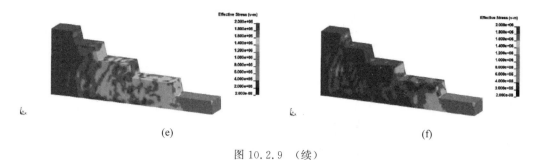

图 10.2.9　（续）

（2）爆破振动合速度传播至 4 个测点时振动速度云图，如图 10.2.10 所示。

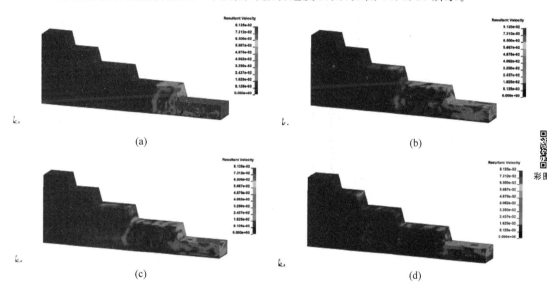

彩图 10.2.10

图 10.2.10　台阶边坡振动速度云图

(a) A 测点；(b) B 测点；(c) C 测点；(d) D 测点

（3）测点 A 的速度时程和有效应力时程，如图 10.2.11 所示。

可见，水平径向最大振动速度为 3.11cm/s，水平切向最大振动速度为 2.95cm/s，垂直方向最大振动速度为 2.85cm/s，最大有效应力为 4.6MPa。

（4）测点 B 的速度时程和有效应力时程，如图 10.2.12 所示。

可见，水平径向最大振动速度为 1.84cm/s，水平切向最大振动速度为 1.92cm/s，垂直方向最大振动速度为 1.07cm/s，最大有效应力为 0.997MPa。

（5）测点 C 的速度时程和有效应力时程，如图 10.2.13 所示。

可见，水平径向最大振动速度为 1.46cm/s，水平切向最大振动速度为 1.38cm/s，垂直方向最大振动速度为 0.82cm/s，最大有效应力为 0.962MPa。

（6）测点 D 的速度时程和有效应力时程，如图 10.2.14 所示。

可见，水平径向最大振动速度为 0.81cm/s，水平切向最大振动速度为 2.11cm/s，垂直方向最大振动速度为 0.86cm/s，最大有效应力为 0.313MPa。

采用同样的方式对第 2 次、第 3 次的模拟爆破进行建模分析，得出各个测点振动速度峰值。将 3 次实测数据与模拟数据及对应相关数据列表，如表 10.2.4 所示。

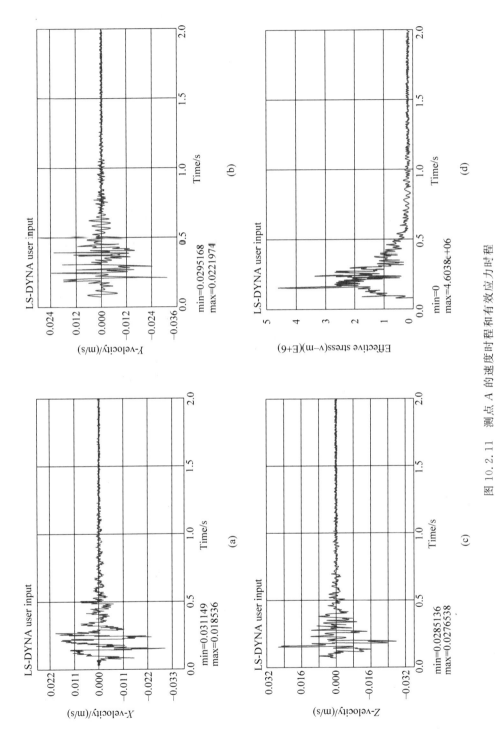

图 10.2.11 测点 A 的速度时程和有效应力时程

(a) X 轴振动速度时程曲线；(b) Y 轴振动速度时程曲线；(c) Z 轴振动速度时程曲线；(d) 测点 A 振动有效应力曲线

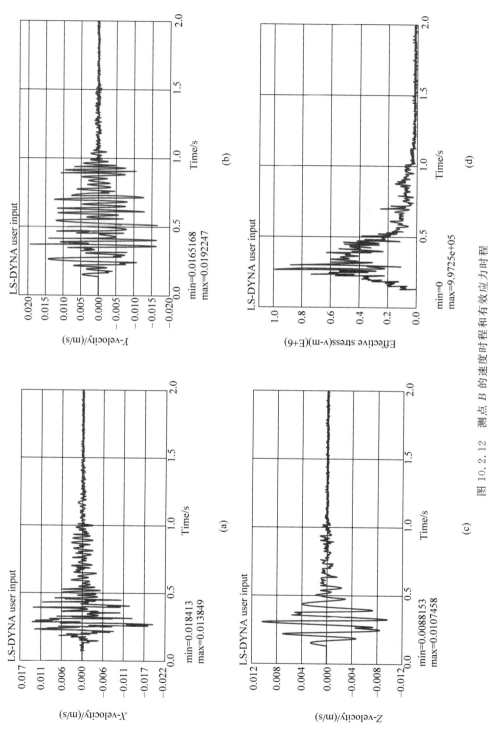

图 10.2.12 测点 B 的速度时程和有效应力时程

(a) X 轴振动速度时程曲线; (b) Y 轴振动速度时程曲线; (c) Z 轴振动速度时程曲线; (d) 测点 B 振动有效应力曲线

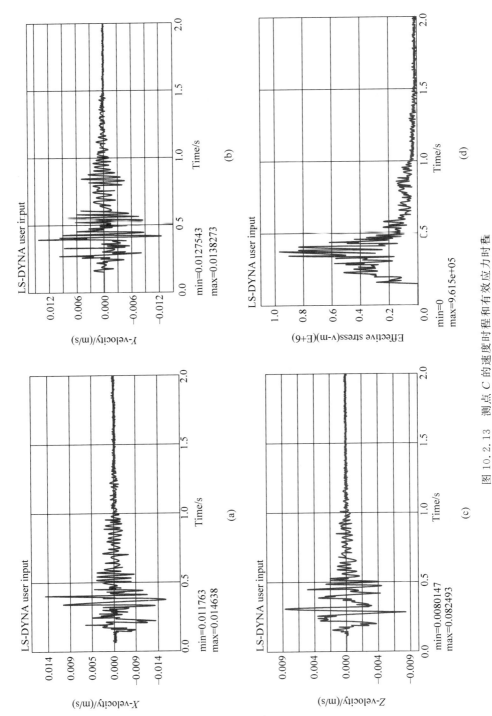

图 10.2.13　测点 C 的速度时程和有效应力时程

(a) X 轴振动速度时程曲线；(b) Y 轴振动速度时程曲线；(c) Z 轴振动速度时程曲线；(d) 测点 C 振动有效应力曲线

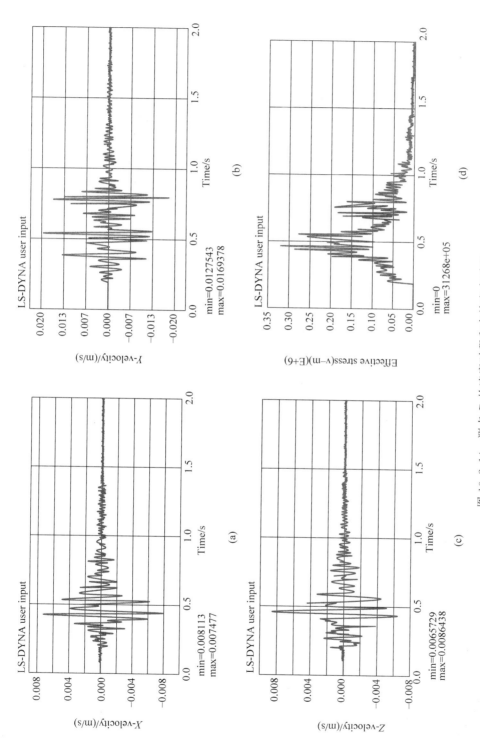

图 10.2.14 测点 D 的速度时程和有效应力时程

(a) X 轴振动速度时程曲线；(b) Y 轴振动速度时程曲线；(c) Z 轴振动速度时程曲线；(d) 测点 D 振动有效应力曲线

表 10.2.4　3 次实测试验与爆破模拟数据结果

测点次数	测点编号	爆心距/m	振动实测峰值速度/(cm·s⁻¹)			振动模拟峰值速度/(cm·s⁻¹)			三个方向误差率/%		
			v_x	v_y	v_z	v_x'	v_y'	v_z'	X	Y	Z
1	A	57.1	2.92	2.85	2.73	3.11	2.95	2.85	6	6	6
	B	79.3	1.80	1.78	0.99	1.84	1.92	1.07	2	7	8
	C	93.0	1.39	1.30	0.77	1.46	1.38	0.82	5	6	6
	D	110.5	0.75	1.83	0.78	0.81	2.11	0.86	7	13	9
备注：总药量 10400kg，最大单响药量 81kg											
2	A	60.0	4.81	3.18	1.86	5.04	3.47	1.97	5	8	5
	B	75.0	2.45	2.32	1.93	2.94	2.53	2.12	17	8	9
	C	95.0	1.59	1.45	0.90	1.73	1.63	1.02	8	11	12
	D	105.0	1.21	1.14	1.78	1.38	2.11	1.40	7	15	18
备注：总药量 16040kg，最大单响药量 125kg											
3	A	58.5	2.35	2.14	1.85	2.57	2.48	2.09	9	14	12
	B	82.0	1.85	1.76	0.57	1.76	1.96	1.71	14	10	8
	C	96.5	1.72	1.39	0.72	1.39	1.72	0.93	25	19	22
	D	120.0	1.33	1.12	1.09	1.09	1.59	1.31	16	24	17
备注：总药量 9360kg，最大单响药量 90kg											

　　根据表 10.2.4 的数据对比可见,3 次数值计算结果与实测结果大致相近,除去个别较大数据外,整体误差范围在 20% 以内,由于模拟过程存在各种假设、简化以及忽略了节理裂隙等细节,使得计算结果与实测结果存在一定差异。3 次对比误差分别在 10%,15%,20% 范围以内,由于矿山爆破是一个持续的过程,在进行数值模拟时未考虑前一次爆破对后一次爆破的影响,忽略了爆破损伤对岩体原有构造的破坏,导致后面爆破数值计算误差较前面误差大。

10.3　离散单元法

10.3.1　离散单元法及 PFC 软件简介

　　连续介质分析方法具有计算效率高、可构建复杂模型等优点,但也存在诸多缺点,如不能反映岩土材料细微观结构之间的复杂相互作用,难以再现岩土体材料非连续介质的破裂演化过程,难以计算岩土体材料的大变形、运动问题。在这一背景下,离散单元法应运而生。

　　离散单元法(discrete element method,DEM)最早应用于具有裂隙、节理的岩体问题,将岩体视为被裂隙、节理切割的若干块体组合的非连续介质。基于岩体的变形主要受控于软弱结构面这一客观事实,提出了将岩块假定为刚体,以刚性单元及其边界几何、运动和接触的相互作用为基础,基于单元之间的接触本构方程进行计算,求解节理岩体的变形与应力状态。根据离散体单元的几何形状,可分为块体和颗粒两大分支。块体离散元以多边形块体或多面体块体为基本单元,依照块体间的接触状态,可分为顶点-面接触、面-边接触、顶点-边接触等接触关系,在接触搜索时需先判断块体间的接触形式,并确定其接触面法向。

颗粒流理论是离散单元法的一个重要分支。在颗粒流理论中,物体的宏观本构行为通过单元间细观接触模型实现。在具有颗粒结构特性岩土介质中的应用,就是从其细观力学特征出发,将材料的力学响应问题从物理域映射到数学域内进行数值求解。

PFC软件是基于颗粒流理论和显式差分法开发的细观力学分析软件,其将介质整体离散为圆盘形(disk)或球形(sphere)颗粒单元进行分析,从细观角度探索研究对象的受力、变形、运动等力学响应。PFC建立的计算模型由颗粒、接触及墙体构成。在二维分析时,离散颗粒为单位厚度的圆盘,在三维分析中为实心圆球。每个离散单元均为具备有限质量的刚性体,颗粒单元的直径及排列分布可根据需求设定,通过调整颗粒尺寸及粒径分布可以控制模型的孔隙率和非均匀性。墙体是面(facet)的集合,面可以组成任意复杂多变的空间多边形,在PFC2D模型中面以线段的形式表示,在PFC3D模型中则为三角形。

颗粒间的接触模型是PFC模型的核心要素,分为非黏结模型与黏结模型两类,其中非黏结模型主要用于模拟散体材料,描述其变形和运动,黏结模型在此基础上加入了强度的限制,主要用于模拟岩石及类岩石材料。对于黏结模型,当颗粒之间的接触承受的应力大于其黏结强度时,黏结断裂,形成微破裂。当微破裂逐渐增多,颗粒相互运动,模型发生变形和位移,实现岩土体损伤破坏机制模拟。

10.3.2　基本原理

在离散单元法的计算过程中,采用时步算法在每个颗粒上反复使用运动方程(牛顿第二运动定律),在每一个接触上反复使用力-位移方程,并持续更新墙体的位置。运动方程用于计算单个颗粒的运动,而力-位移方程用于计算颗粒间接触处的接触力。在每个时间步开始时,更新颗粒之间和颗粒与墙体之间的接触,根据颗粒间的相对运动,使用力-位移方程更新颗粒间的接触力;然后,根据作用在颗粒上的力和弯矩,使用运动方程更新颗粒的速度和位置,同时根据指定的墙体速度,更新墙体的位置。计算循环如图10.3.1所示。

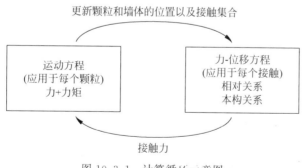

图 10.3.1　计算循坏示意图

1. 运动方程

运动方程描述了单个颗粒的平动和转动。首先,根据颗粒上的力和力矩,计算颗粒的平动加速度和转动加速度;然后,根据平动加速度和转动加速度,计算颗粒在时间 Δt 内的平动速度和转动速度以及平动位移和转动位移。设在 t_0 时颗粒在 x 方向的合力为 F_x,弯矩为 M_x,颗粒质量为 m,转动惯量为 I_x,则颗粒在 x 方向的平动加速度和转动加速度分别为

$$\ddot{u}_x(t_0) = \frac{F_x}{m} \tag{10.3.1}$$

$$\dot{w}_x(t_0) = \frac{M_x}{I_x} \tag{10.3.2}$$

在时间 $t_1 = t_0 + \Delta t/2$ 时,颗粒在 x 方向的平动速度和转动速度分别为

$$\dot{u}_x(t_1) = \dot{u}_x\left(t_0 - \frac{\Delta t}{2}\right) + \ddot{u}_x(t_0)\Delta t \tag{10.3.3}$$

$$w_x(t_1) = w_x\left(t_0 - \frac{\Delta t}{2}\right) + \dot{w}_x(t_0)\Delta t \tag{10.3.4}$$

在时间 $t_2 = t_0 + \Delta t$ 时,颗粒在 x 方向的位移为

$$u_x(t_2) = u_x(t_0) + \dot{u}_x(t_1)\Delta t \tag{10.3.5}$$

值得注意的是,在计算颗粒的速度和位移时,采用中心有限差分法向前推进。

2. 力-位移方程

力-位移方程描述了颗粒间接触处的相对位移和接触力之间的关系。设颗粒间的法向接触力为 F_n,颗粒间的相对位移为 u_n,则颗粒间法向力-位移方程如下:

$$F_n = k_n u_n \tag{10.3.6}$$

式中,k_n 为法向接触刚度,N/m。

颗粒间的切向剪力使用增量形式来描述,设颗粒间切向剪力增量为 ΔF_s,切向相对位移为 Δu_s,则颗粒间切向力-位移方程如下:

$$\Delta F_s = k_s \Delta u_s \tag{10.3.7}$$

式中,k_s 为切向接触刚度,N/m。

3. 边界条件

在离散元方法中,可以通过墙体和球对颗粒体系施加边界条件。静止的墙体设置在模型边界可以模拟模型受到的约束。墙体可以设置一定的平动速度和转动速度对模型进行加载,在加载过程中,墙体速度始终保持不变。但是,不能在墙体上施加荷载。可以通过对球体施加荷载的方式模拟模型边界的受力。球体一旦施加荷载,在整个模拟过程中,球体上施加的力将始终保持不变。此外,也可以通过对球体施加速度的方式模拟模型边界条件。当球体所施加的速度被固定时,球体速度在整个模拟过程中将始终保持不变;当球体所施加的速度没有被固定时,球体速度将根据受力情况发生变化。

4. 时间步长的确定

在离散元显式求解中,仅当时间步长小于一个临界时间步长时,才能保证求解的稳定。这个临界时间步长和整个模型的最小固有周期有关。然而,对于颗粒数量庞大并且持续变化的颗粒系统而言,进行模型特征值分析是不可行的。因此,在离散元模拟中,在每一个分析步开始时,使用一种简化的方法来估算系统的临界时间步长。在每个分析步中所使用的实际时间步长则是所估算临界值的分数。下面介绍临界时间步长的估算方法。

首先,考虑单个质点-弹簧系统的情况,如图 10.3.2 示。质点质量为 m,弹簧刚度为 k。质点运动服从微分方程:$-kx = m\ddot{x}$。与这个方程二阶有限差分求解对应的临界时间步长为

$$t_{crit} = \frac{T}{\pi} \qquad (10.3.8)$$

$$T = 2\pi\sqrt{m/k} \qquad (10.3.9)$$

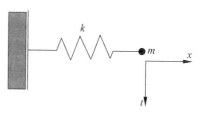

式中,T 为系统的运动周期,s。

　　然后,考虑无穷多个质点-弹簧系统串联的情况,如图 10.3.3 所示。当所有质点做同步反向运动时,这个系统的运动周期最短。此时,系统中每个弹簧的中心都没有运动。这个系统的临界时间步长为

图 10.3.2　单个质点-弹簧系统

$$t_{crit} = 2\sqrt{m/4k} = \sqrt{m/k} \qquad (10.3.10)$$

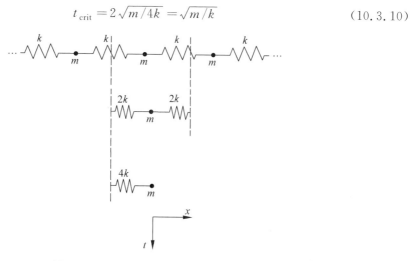

图 10.3.3　无穷串联质点-弹簧系统

　　上述两个系统是针对平动的情况。转动时可以由相同的系统来分析。但是要把质量 m 替换成转动惯量 I,并且要把平动刚度换成转动刚度。因此,无穷串联质点-弹簧系统的临界时间步长为

$$t_{crit} = \begin{cases} \sqrt{m/k_{tran}}, & \text{平动} \\ I/k_{rot}, & \text{转动} \end{cases} \qquad (10.3.11)$$

式中,k_{tran} 为平动刚度,N/m;k_{rot} 为转动刚度,N·m/rad。

　　在实际离散元模型中,模型可简化为一系列质点-弹簧系统。颗粒可以视为质点,接触可以视为弹簧。每个颗粒的质量和接触处的刚度可能不相同。在实际计算时,首先利用式(10.3.11)逐一计算每个颗粒在各个自由度上的临界时间步长,最后计算所使用的临界时间步长是所有颗粒在所有自由度上的临界时间步长的最小值。

10.3.3　模拟过程

1. PFC 命令流与 FISH 语言

　　PFC 是一个命令驱动式软件,要想精通与掌握解决问题的技能,必须熟练掌握基本的命令和 FISH 语言的相关功能。

　　1) PFC 命令流的编制

　　在编制 PFC 命令流时,必须按照一定的顺序,分别实现不同的功能,才能进行最终分

析。比如接触的定义必须在球、墙生成之后,domain 必须在球、墙生成之前。下面以简单的实例说明 PFC(5.0 版本)命令流的编制过程。

第一步:释放当前内存,开始新的任务分析。

第二步:设置日志文件,该选项可设置,也可不设置。

第三步:设置模型名称,这是用于图像显示等用途,可有可无。

第四步:设定计算区域(必要条件,必须在 ball、wall 等实体部分建立前设置)。

第五步:指定随机种子(若不指定,种子随机,则每次生成的模型不一样,试样不可重复)。

第六步:生成模型的边界 wall(必要条件),边界除了可以用 wall 来施加,也可用一组 ball 来施加。

第七步:创建颗粒体系(ball、clump、cluster 等),并分组用于后面的属性赋值。

第八步:设定球的实体属性(必要条件),如密度、速度、阻尼等。

第九步:指定接触模型(必要条件),可以采用 contact 方式、cmat 方式或属性继承方式来实现。

第十步:设置球的表面属性(即接触属性)。

第十一步:添加外力(重力场、外界施加的作用力等)。

第十二步:设定时间步长(若不指定,取默认值)。

第十三步:记录数据(针对 ball、wall、clump、measure、contact 等对象)。

第十四步:计算求解(必要条件)。

第十五步:输出数据,并分析。

第十六步:保存模型及模型调用。

2)FISH 语言

FISH 是 PFC 内置的一种编程语言,可用于操作 PFC 模型,并自定义变量和函数。这些函数可扩展 PFC 的功能,或增加用户定义特征,例如,输出或者打印特殊定义的变量,实现特殊的颗粒生成,数值试验中伺服控制,定义特殊的颗粒分布以及参数研究。

FISH 是为了解决现有软件功能相对困难或无法解决的难题而诞生的,而不是为了把很多新的、专业化的特征嵌入 PFC,因此 FISH 常用于编写函数执行自定义分析。即使是没有编程经验的人,编写简单的 FISH 函数也很容易实现。

2. PFC 数值模拟过程

完整的 PFC 数值模拟过程一般包括下面的基本步骤。

1)数据获取与处理

根据实际问题,提取建模和试验所需数据,并根据建模和试验所需对数据进行处理。

2)建模

基于第一步提取与处理的数据,结合实际拟解决的问题建立数值模型。

3)伺服

由于我们初始建立的模型多数是不能满足解决实际问题所要求的,这时候就需要利用伺服机制,以强迫模型接近于我们想要的状态。

4)设置接触和细观参数

在数值模型建立之后,需根据实际问题设置接触,包括接触类型和接触模型。接触的力学行为是离散元计算方法的关键问题,大量的球、簇、墙通过接触相互联系,由局部影响整体,反映微细观介质的各类力学行为。

离散元模型中物体的宏观力学行为通过单元间细观接触模型描述,细观接触参数与通常意义上的宏观参数存在较大区别,如何根据材料的宏观参数选择适当的接触模型并确定合理的细观参数,是建立模型前首先需要解决的问题。细观参数通常需要通过"试错法"来标定,即对设定好细观参数的模型不断进行单轴、双轴、三轴及裂纹扩展模拟等数值试验,直至计算结果和材料宏观性质及裂纹扩展模式近似一致。

以岩体材料为例,当已知地质强度指标、单轴抗压强度等宏观参数后,根据 Hoek-Brown 强度准则,可得到不同围压条件下的岩体峰值强度曲线。在给定一组细观参数情况下,利用 PFC 进行不同围压条件下的双轴或三轴试验,可获得不同围压下的峰值强度,与通过宏观参数确定的 Hoek-Brown 强度包络线进行比较,判断选取的细观参数是否合理;若不合理,则需要改变细观参数,并重新进行计算。

5)模拟试验

在模型建立、接触和细观参数设置之后,就开始进行模拟试验。此过程包括相关试验参数(如加载速率)、监测参数(如应力、应变)、终止条件等的设置,以设置参数的方式进行模拟试验。在进行模拟试验时需根据实际问题选择不同参数和参数大小,并且根据需要进行监测和记录数据,以供后续分析。

6)分析

根据上述的模拟过程和试验步骤,能使用 PFC 对实际问题进行数值建模和试验,并可根据数值模拟试验结果进行分析,以指导和解决实际问题。

10.3.4 岩样分析实例

构建可靠的裂隙网络模型是岩质边坡、隧道和地下矿山巷道等各类岩体工程稳定性研究的基础。然而,天然岩体中存在大量裂隙,构建包含全部裂隙的岩体模型几乎无法实现,大量裂隙的存在亦对分析岩体力学性质造成极大困难。因此,亟须在确保分析准确性的前提下,甄别对岩石力学特性影响显著的关键裂隙,摒弃无显著影响的裂隙,从而合理简化岩体裂隙网络,为实现工程岩体高效建模与分析奠定基础。

已有研究表明,裂隙的长度及倾角对岩石力学性质的影响不尽相同。研究含不同裂隙岩石的力学性质,有利于确定对岩体产生显著影响的裂隙长度、倾角等参数的阈值。本节采用基于熔融沉积 3D 打印技术与 DIC 技术的室内试验手段和基于细观颗粒流软件 PFC2D 的数值试验手段制备含水平和垂直裂隙试样,监测记录在加载过程中裂隙端部和中部等不同位置局部应力和应变场变化过程及裂纹演化过程。研究成果对岩质边坡、隧道及地下工程等岩体中关键裂隙的甄别、简化及其力学特性分析有借鉴意义。

1. 室内试验与数值模拟方案

由水泥砂浆制作的类岩石试样,被称为相似材料试样,重点研究结构面对相似材料试样的影响,而并不是试样本身的性质。因此,采用相似材料来研究裂隙对试样力学特征和破裂特性的影响较为广泛。

1)室内试验方案

为研究水平和垂直裂隙对试样强度及裂纹演化规律的影响,制备含水平和垂直裂隙类岩石试样,试样的制作流程如图 10.3.4 所示:采用熔融沉积 3D 打印技术,以聚乳酸(PLA)为打印材料预制贯通裂隙(图 10.3.4(a)),通过水泥砂浆浇筑制备含水平和垂直裂隙的类岩石试样(图 10.3.4(c))。浇筑前将 3D 打印预制裂隙放入模具中(图 10.3.4(b)),由于预制裂隙底座长×宽为 50mm×100mm，因此能确保预制裂隙在试样正中。试样制作过程中水泥∶砂∶水的比例为 4∶2∶1，水泥采用标号为 42.5 的硅酸盐水泥，采用的标准砂粒径为 0.300～0.600mm。预制试样长×宽×高为 50mm×50mm×100mm，为消除试验误差，每种含裂隙试样制作 3 个，试样强度和弹性模量取其平均值。为保证试样含水条件相同，故制备阶段保持所有试样的制作过程和养护环境均一致；由于 PLA 材料刚度较小，其对试样强度的影响可以忽略，因此本次试验中裂隙类型为可被压缩的张开裂隙，裂隙厚度为 1.0mm。

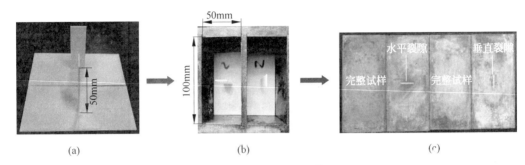

(a)　　　　　　　　　　(b)　　　　　　　　　　(c)

图 10.3.4　类岩石试样制作流程

(a) 3D 打印预制裂隙；(b) 浇筑试样；(c) 类岩石试样

本次试验所用试验系统主要包括：加载系统、观测系统和数据分析系统等。单轴压缩试验采用 YAW-600 微机控制电液伺服刚性压力试验机，试验过程采用位移控制加载方式，加载速率为 0.001mm·s^{-1}；使用 DIC 对试样压缩过程进行监测，直观探测试样裂纹的扩展规律；最后采用 Vic-2D 软件对试样中应变场和位移场进行分析。室内试验系统布设如图 10.3.5 所示。

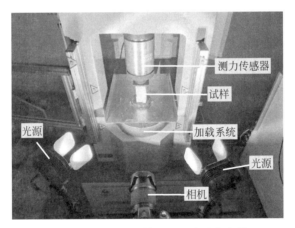

图 10.3.5　室内单轴压缩试验系统布设

2）数值模拟方案

利用 PFC^{2D} 建立尺寸为 50mm×100mm 的不含裂隙数值模型，颗粒半径取 0.300～0.498mm，颗粒间接触模型采用平行黏结接触模型。通过调整颗粒间接触的细观参数，匹配力学试验中试样的峰值强度、弹性模量、峰值应变和泊松比等。通过采用表 10.3.1 所示的颗粒体细观参数计算得到的完整试样应力-应变曲线如图 10.3.6 所示，力学参数及破坏形态如表 10.3.2 所示。类岩石试样内存在众多的微孔隙,而数值模拟试样中缺少可压缩的微孔隙,导致基于 PFC 的离散元方法无法模拟类岩石试样中的微孔隙压密阶段。从图 10.3.6 中可以看出,数值模拟完整试样应力-应变曲线与室内试验完整试样应力-应变曲线较为接近。从表 10.3.2 中可以看出,室内试验与数值模拟中完整试样的力学参数较为接近,且破坏模式相近,可以认为,利用表 10.3.1 中所列细观参数组合可以准确模拟完整类岩石试样力学特性及破坏形态。数值模拟轴向加载速率设置为 0.05m/s,计算终止条件为达到峰值应力的 50%。

表 10.3.1 数值模型细观力学参数

细 观 参 数	赋 值
颗粒体密度/(kg·m^{-3})	2060
颗粒模量/GPa	6.2
颗粒刚度比 k_n/k_s	3.5
摩擦系数	0.5
黏结模量/GPa	6.2
黏结刚度比 $\bar{k}_n/\bar{k}_s$	3.5
黏结法向强度均值/MPa	19.5
黏结法向强度标准差/MPa	1.95
黏结黏聚力均值/MPa	19.5
黏结黏聚力标准差/MPa	1.95

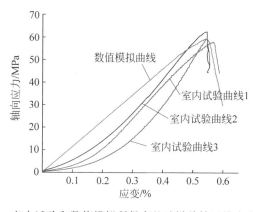

图 10.3.6 室内试验和数值模拟所得完整试样单轴压缩应力-应变关系

表 10.3.2 完整类岩石试样力学参数及破坏形态

试样参数	室内试验		数值模拟	
	力学参数	破坏形态	破坏形态	力学参数
峰值强度/MPa	58.04			59.40
弹性模量/GPa	14.89			11.50
泊松比	0.34			0.32
峰值应变/%	0.55			0.54

目前裂隙岩体的数值模拟研究中,通常采用光滑节理模型(smooth-joint model)或删球法预制裂隙。由于删球法会致使试样质量不守恒,因此采用光滑节理模型预制裂隙,光滑节理模型细观参数设置如表 10.3.3 所示。裂隙类型有水平裂隙和垂直裂隙 2 种,在 PFC 软件中,初始裂隙的长度应大于 10 个颗粒的直径,根据前期研究经验,分别设置水平裂隙长度为 15mm,垂直裂隙长度为 15mm。利用如图 10.3.7 所示在裂隙端部和裂隙中部布设的测量圆监测局部应力变化。

表 10.3.3 光滑节理模型细观参数

法向刚度/GPa	切向刚度/GPa	摩擦系数	黏结法向强度/MPa	黏结黏聚力/MPa	黏结内摩擦角/(°)
3.0	3.0	0.6	0	0	0

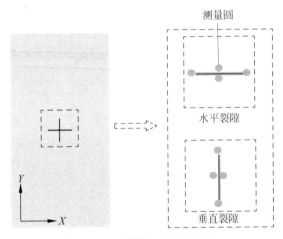

图 10.3.7 裂隙和测量圆布设

2. 含水平、垂直裂隙试样试验及数值结果分析

1) 强度及变形特征

室内试验中含水平、垂直裂隙试样的单轴抗压强度与弹性模量的变化规律如图 10.3.8 所示。完整试样的单轴抗压强度为 58.04MPa,含水平裂隙试样的单轴抗压强度为 45.91MPa,相比完整试样强度下降 20.9%,而含垂直裂隙试样强度为 56.24MPa,降幅仅为 3%左右。完整试样的弹性模量为 14.89GPa,含水平、垂直裂隙试样的弹性模量分别为 12.35GPa 和 14.69GPa,其中含水平裂隙试样的弹性模量降幅为 17.1%,含垂直裂隙试样的弹性模量降幅仅为 1%左右。因此,试样中水平裂隙的存在对试样单轴抗压强度及弹性模量具有显著劣化作用,而垂直裂隙的存在对试样单轴抗压强度和弹性模量影响较小。

2) 裂纹演化规律

采用室内试验手段无法观测试样内的局部应力,因此采用数值模拟方法研究原生裂隙周围局部应力变化对裂纹演化规律的影响。

(1) 含水平裂隙试样裂纹演化规律。图 10.3.9 为数值模拟中含水平裂隙试样裂纹演化及应力变化。为更加直观地监测裂隙周围拉应力变化过程,故布设局部测量圆对裂隙周围 X 方向正应力变化进行监测。如图 10.3.9 所示,含水平裂隙试样受压条件下次生裂纹

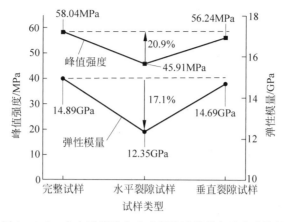

图 10.3.8 含水平裂隙和垂直裂隙试样强度及变形特性

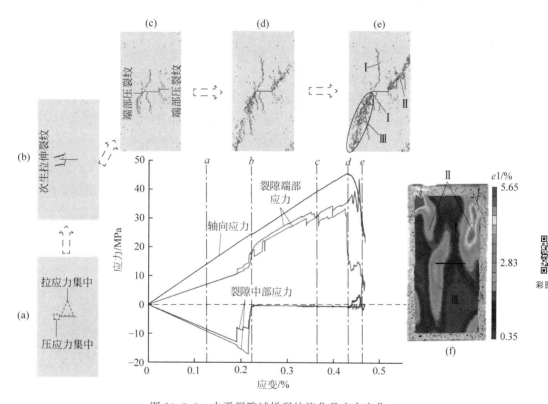

图 10.3.9 水平裂隙试样裂纹演化及应力变化

(a) a 点试样裂纹分布；(b) b 点试样裂纹分布；(c) c 点试样裂纹分布；(d) d 点试样裂纹分布；(e) e 点试样裂纹分布；(f) 室内试验试样破裂模式

扩展模式可分为以下三个阶段：①原生裂隙中部次生拉伸裂纹产生及扩展。如图 10.3.9(a) 所示，在加载初始阶段，裂隙中部形成拉应力集中，裂隙端部形成压应力集中，对应于应力-应变曲线 a 点。由于岩石材料局部的非均匀性，次生拉伸裂纹首先出现的位置并非原生裂隙的几何中心（图 10.3.9(b)）。对称性张拉裂纹开始随着荷载的增加向加载方向扩展，此时水平裂隙端部的压应力集中突增，对应应力-应变曲线的 b 点。②原生裂隙端部压裂纹的产生。如图 10.3.9(c)所示,随着加载进行,水平裂隙端部集中的应力越来越大,次生压裂纹开始在原生裂隙端部萌生。③拉压裂纹的贯通及试样破坏。继续加载,裂隙端部所萌生的裂纹不断沿轴向扩展,试样在 d 点达到峰值强度,并随着轴向的继续加载,在 e 点完全破坏。

根据颗粒间黏结键的破裂形式,可把产生的微破裂分为张拉型微破裂(蓝色短线)和剪切型微破裂(红色短线)。根据裂纹的产生原因,将宏观裂纹分为:张拉型裂纹、剪切型裂纹和张拉-剪切混合型裂纹,分别用 Ⅰ 型裂纹、Ⅱ 型裂纹以及 Ⅲ 型裂纹表示。图 10.3.9(f)为室内试验中含水平裂隙试样主应变云图,从图 10.3.9(e)和图 10.3.9(f)中可以看出,室内试验和数值模拟结果较为接近:Ⅰ 型裂纹主要出现在水平裂隙的中部,由上述分析可知,此处出现了拉应力集中区;Ⅱ 型裂纹主要出现在水平裂隙的端部,此处为压应力集中区;Ⅱ 型裂纹扩展过程中逐渐演变为 Ⅲ 型裂纹。

(2)含垂直裂隙试样裂纹演化规律。图 10.3.10 为数值模拟中含垂直裂隙试样裂纹演化及应力变化。含垂直裂隙试样受压条件下次生裂纹扩展模式可分为以下两个阶段:①试样内微裂纹随机产生。如图 10.3.10(a)所示,在加载初始阶段,垂直裂隙中部和端部的应力集中并不显著,试样内萌生的微裂纹随机分布。加载到如图 10.3.10(b)所示阶段,试样内的微裂纹开始联通,形成局部宏观裂纹,由于垂直裂隙附近未形成显著的应力集中区,因此含垂直裂隙试样产生宏观裂纹的时间较含水平裂隙试样产生宏观张拉裂纹晚(水平裂隙中部在轴向应变为 0.2% 后即产生张拉裂纹(图 10.3.9 中 b 点),而含垂直裂隙试样在

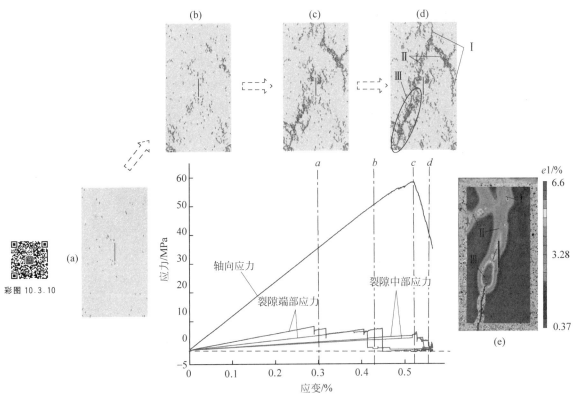

彩图 10.3.10

图 10.3.10　垂直裂隙试样裂纹演化及应力变化

(a) a 点试样裂纹分布;(b) b 点试样裂纹分布;(c) c 点试样裂纹分布;(d) d 点试样裂纹分布;(e)室内试验试样破裂模式

0.4%应变后才形成宏观裂纹(图10.3.10中b点))。②次生裂纹扩展贯通。继续施加轴向应力,试样内不断产生微裂纹,次生裂纹进一步扩展,在c点达到峰值强度,应变继续增大,宏观裂纹贯通试样,试样在d点迅速破坏。值得注意的是,试样裂纹的发展与应力变化具有明显的不同步现象,试样宏观次生裂纹的贯通滞后于应力-应变曲线的峰值强度点。

从图10.3.10(e)中可以看出,Ⅰ型裂纹主要出现在试样的端部以及Ⅱ型裂纹的末端,预制的垂直裂隙对Ⅰ型裂纹的产生无显著影响;Ⅰ型裂纹扩展过程中产生Ⅱ型裂纹;Ⅲ型裂纹产生在试样端部,主要由许多Ⅰ型裂纹和Ⅱ型裂纹构成。

3)含水平、垂直裂隙试样强度特征差异化分析

试样中的初始应力与应变状态对后续试样的裂纹演化及强度特征有重要影响。图10.3.11为室内试验中试样在初始加载阶段的应变分布,图10.3.12为数值模型中试样在初始加载阶段的局部力链分布。由图10.3.9和图10.3.12可知:在初始加载阶段,试样水平裂隙附近产生了较大压缩量,导致裂隙周围产生较大应变(图10.3.11(a)),试样中最大压应变达0.435%,此时水平裂隙附近的岩石可简化为"固支梁"力学模型。如图10.3.13所示,固支梁上部受均布荷载,则梁的中下部受到明显的拉应力集中(图10.3.12(a)中红色力链),水平裂隙端部产生了压应力集中(图10.3.12(a)中蓝色力链);对于垂直裂隙而言,其裂隙周围的应变情况与试样内的应变情况一致(图10.3.11(b)),相同时刻垂直裂隙中的最大压应变值仅为0.212%,远远小于含水平裂隙试样中的最大压应变值,并且最大压应变出现的位置与垂直裂隙无关,因此垂直裂隙周围并未形成显著的应力集中(图10.3.12(b))。

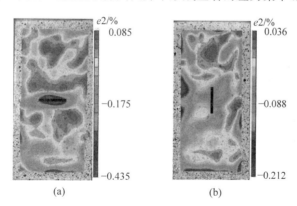

图10.3.11　室内试验加载阶段试样内的应变分布

(a)含水平裂隙试样;(b)含垂直裂隙试样

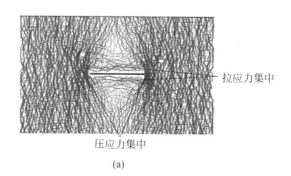

彩图10.3.12

图10.3.12　数值模拟加载阶段裂隙附近的应力分布

(a)含水平裂隙试样;(b)含垂直裂隙试样

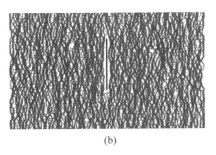

(b)

图 10.3.12 （续）

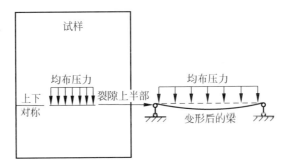

图 10.3.13　水平预制裂隙附近固支梁受力变形示意图

课后习题

1. 简述 FLAC3D 数值模拟使用的基本原理。
2. 有限差分法与有限元法的主要区别是什么？
3. 简述 FLAC3D 中基本形状网格的基本特征。
4. 简述有哪几种网格生成方法。
5. FLAC3D 中有哪几种内嵌的本构模型？其特点是什么？
6. 莫尔-库仑模型（Mohr-Coulomb）和各向同性弹性模型（elastic）用到的材料参数都有哪些？
7. 简述 FLAC3D 中边界条件有哪几种？
8. 完整叙述 FLAC3D 计算模拟过程。
9. ANSYS 的主要功能和技术特点是什么？
10. 试说明有限单元法解题的基本思路。
11. 有限元法中虚位移的含义是什么？
12. ANSYS 的模拟过程分为哪几个步骤？
13. 与其他常用的数值分析软件比较，ANSYS 有哪些优缺点？
14. 离散单元法的基本思想是什么？
15. 离散单元法的计算原理是什么？
16. 颗粒流程序 PFC 的基本思想和计算假设是什么？
17. 颗粒流程序 PFC 的数值模拟过程分为哪几个步骤？请简要描述。
18. 什么是颗粒流程序 PFC 的 FISH 语言？
19. 简述颗粒流程序 PFC 命令流一般编制过程。

参考文献

[1] 蔡美峰.岩石力学与工程[M].2 版.北京:科学出版社,2013.

[2] 吴顺川.岩石力学[M].北京:高等教育出版社,2021.

[3] 任建喜,张向东,杨双锁,等.岩石力学[M].徐州:中国矿业大学出版社,2013.

[4] 夏祥,李海波,李俊如,等.中等应变速率花岗岩的动态力学特性研究[M].北京:科学出版社,2019.

[5] 陶振宇.岩石力学的理论与实践[M].武汉:武汉大学出版社,2013.

[6] 赵明阶.岩石力学[M].北京:人民交通出版社,2011.

[7] 沈明荣,陈建峰.岩体力学[M].2 版.上海:同济大学出版社,2015.

[8] 侯公羽.岩石力学高级教程[M].北京:科学出版社,2018.

[9] 刘东燕.岩石力学[M].重庆:重庆大学出版社,2014.

[10] 朱万成,唐春安,左宇军.深部岩体动态损伤与破裂过程[M].北京:科学出版社,2014.

[11] GOODMAN R E. Introduction to rock mechanics[M]. New York: John Willey amd Sons,1980.

[12] 宁建国.岩体力学[M].北京:煤炭工业出版社,2014.

[13] 李俊平.矿山岩石力学 [M].2 版.北京:冶金工业出版社,2017.

[14] 陈海波,兰永伟,徐涛.岩体力学[M].徐州:中国矿业大学出版社,2013.

[15] 蔡美峰.地应力测量原理和技术[M].北京:科学出版社,1995.

[16] 谢耀社,季明,徐营,等.矿山岩体力学[M].徐州:中国矿业大学出版社,2016.

[17] 刘高.工程岩体力学[M].兰州:兰州大学出版社,2018.

[18] 许明,张永兴.岩石力学[M].4 版.北京:中国建筑工业出版社,2020.

[19] 赵光明.矿山岩石力学[M].徐州:中国矿业大学出版社,2015.

[20] 康红普.我国煤矿巷道围岩控制技术发展 70 年及展望[J].岩石力学与工程学报,2021,40(1):
     1-30.

[21] 吴顺川.边坡工程[M].北京:冶金工业出版社,2017.

[22] 郑颖人,陈祖煜,王恭先,等.边坡与滑坡工程治理[M].2 版.北京:人民交通出版社,2010.

[23] 饶运章.岩土边坡稳定性分析[M].长沙:中南大学出版社,2012.

[24] 徐朝霞.边坡稳定性影响因素的全局敏感性分析[D].重庆:重庆大学,2020.

[25] 肖海平.中小型露天矿边坡稳定性动态评价方法及应用[D].北京:中国矿业大学,2019.

[26] 杨天鸿,张锋春,于庆磊,等.露天矿高陡边坡稳定性研究现状及发展趋势[J].岩土力学,2011,
     32(5):1437-1451,1472.

[27] 郑颖人,赵尚毅,邓卫东.岩质边坡破坏机制有限元数值模拟分析[J].岩石力学与工程学报,
     2003(12):1943-1952.

[28] 卢坤林,朱大勇,甘文宁,等.一种边坡稳定性分析的三维极限平衡法及应用[J].岩土工程学报,
     2013,35(12):2276-2282.

[29] 岳鹏飞.岩质陡坡防护与绿化复合结构研究[J].铁道工程学报,2015,32(12):25-29.

[30] 余伟健,高谦.综合监测技术在高陡边坡中的应用[J].北京科技大学学报,2010,32(1):14-19,38.

[31] 付小敏,邓荣贵.室内岩石力学试验[M].成都:西南交通大学出版社,2012.

[32] 汪中林.单轴压缩下单裂隙类岩石力学特性和破坏规律研究[D].荆州:长江大学,2018.

[33] 杨永杰.煤岩强度、变形及微震特征的基础试验研究[D].青岛:山东科技大学,2006.

[34] 刘新荣,涂义亮,王鹏,等.基于大型直剪试验的土石混合体颗粒破碎特征研究[J].岩土工程学报,
     2017,39(8):1425-1434.

[35] 李二强,冯吉利,张龙飞,等.水-岩及风化作用下层状炭质板岩巴西劈裂试验研究[J].岩土工程学
     报,2021,43(2):329-337.

[36] 孙小霞,魏荣华.基于点荷载试验边坡不同区域灰岩强度特性研究[J].中国设备工程,2020(24):
     220-221.

[37] SHI L,LI X,BING B,et al. A Mogi-type true triaxial testing apparatus for rocks with two moveable frames in horizontal layout for providing orthogonal loads[J]. Geotechnical Testing Journal,2017, 40(4):542-558.

[38] 朱杰兵,蒋昱州,王黎.岩石力学室内试验技术若干进展[J].固体力学学报,2010,31(S1):209-215.

[39] 王本鑫,金爱兵,赵怡晴,等.基于CT扫描的含非贯通节理3D打印试样破裂规律试验研究[J].岩土力学,2019,40(10):3920-3927.

[40] 彭瑞东,杨彦从,鞠杨,等.基于灰度CT图像的岩石孔隙分形维数计算[J].科学通报,2011,56(26):2256-2266.

[41] 张茹,艾婷,高明忠,等.岩石声发射基础理论及试验研究[M].成都:四川大学出版社.2017.

[42] 沈攻田.声发射检测技术及应用[M].北京:科学出版社,2015.

[43] 詹思博.三点弯曲实验条件下岩石Ⅰ型破裂声发射多元信息研究[D].唐山:华北理工大学,2020.

[44] 臧小为.分离式霍普金森压杆实验数据处理程序设计及编制[J].仪器仪表标准化与计量,2018(5):45-48.

[45] [美]陈为农,[美]宋博.分离式霍普金森(考尔斯基)杆设计、试验和应用[M].姜锡权,卢玉斌,译.北京:国防工业出版社,2018.

[46] 田岩,彭复员.数字图像处理与分析[M].武汉:华中科技大学出版社,2009.

[47] 邓继忠,张泰岭.数字图像处理技术[M].广州:广东科技出版社,2005.

[48] 金爱兵,王树亮,王本鑫,等.基于DIC的3D打印交叉节理试样破裂机制研究[J].岩土力学,2020,41(12):3862-3872.

[49] 任小明.扫描电镜/能谱原理及特殊分析技术[M].北京:化学工业出版社,2020.

[50] 张大同.扫描电镜与能谱仪分析技术[M].广州:华南理工大学出版社,2009.

[51] 金爱兵,王树亮,魏余栋,等.不同冷却条件对高温砂岩物理力学性质的影响[J].岩土力学,2020,41(11):3531-3539.

[52] 刘粤惠,刘平安.X射线衍射分析原理与应用[M].北京:化学工业出版社,2003.

[53] 屈展,王萍.泥页岩井壁蠕变损伤失稳研究[M].北京:科学出版社,2016.

[54] 李杰林.基于核磁共振技术的寒区岩石冻融损伤机理试验研究[D].长沙:中南大学,2012.

[55] 陈育民,徐鼎平.FLAC/FLAC3D基础与工程实例[M].2版.北京:中国水利水电出版社,2016.

[56] 李围.隧道及地下工程FLAC解析方法[M].北京:中国水利水电出版社,2009.

[57] 彭文斌.FLAC3D实用教程[M].2版.北京:机械工业出版社,2019.

[58] 孙书伟,林杭,任连伟.FLAC3D在岩土工程中的应用[M].北京:中国水利水电出版社,2011.

[59] 贾长治,李志尊.ANSYS17.0有限元分析完全自学手册[M].2版.北京:机械工业出版社,2017.

[60] CAE应用联盟.ANSYS17.0有限元分析从入门到精通[M].2版.北京:机械工业出版社,2018.

[61] 赵奎,袁海平.有限单元法原理与实例教程[M].北京:冶金工业出版社,2018.

[62] 尚晓江,邱峰,赵海峰,等.ANSYS结构有限元高级分析方法与范例应用[M].2版.北京:中国水利水电出版社,2008.

[63] 石崇,张强,王盛年.颗粒流(PFC5.0)数值模拟技术及应用[M].北京:中国建筑工业出版社,2018.

[64] 王涛,韩彦辉,朱永生,等.PFC2D/3D颗粒离散元计算方法及应用[M].北京:中国建筑工业出版社,2020.

[65] 陈俊,张东,黄晓明.离散元颗粒流软件(PFC)在道路工程中的应用[M].北京:人民交通出版社,2015.

[66] 宿辉,董卫,胡宝文,等.离散元颗粒流在水利及岩土工程中的应用[M].北京:科学出版社,2017.